职业技能培训类教材
依据劳动和社会保障部制定的《国家职业标准》编写

机械工人基础技术

主　编　沈　云　耿玉岐
副主编　李　立　张永约　孙贵鑫
编著者　耿　炜　单汝刚　唐文海
　　　　姜奎书　程　群
主　审　单洪标

金盾出版社

内 容 提 要

本书依据《国家职业标准》对所有机械类通用工种的基本要求和《国家职业技能鉴定规范》进行编写,可用于所有机械类通用工种的知识学习和技能培训。主要内容包括职业道德、劳动安全及相关法律、法规知识,常用材料及金属材料热处理,极限、配合及表面粗糙度,常用量具、量仪及其使用、维护保养,常用的联接件及支承件,常用机构及机械传动,金属切削及刀具基本知识,常用金属切削机床及机床夹具,钳工基本知识,电工基本知识等。全书在保证知识连贯性的基础上,着眼于机械类各通用工种的基础技术学习,力求突出针对性、典型性、实用性。

各章末附有配合学习的复习思考题,以便于企业培训、考核鉴定和读者自测自查。

本书除可作为机械类各通用工种职业技能考核鉴定的培训教材和自学用书,还可供技工学校和职业学校的学生学习参考。

图书在版编目(CIP)数据

机械工人基础技术/沈云,耿玉岐主编. —北京:金盾出版社,2008.8
(职业技能培训类教材)
ISBN 978-7-5082-4931-5

Ⅰ.机… Ⅱ.①沈…②耿… Ⅲ.机械工业－工业技术－技术培训－教材 Ⅳ.TH

中国版本图书馆 CIP 数据核字(2008)第 008503 号

金盾出版社出版、总发行
北京太平路5号(地铁万寿路站往南)
邮政编码:100036 电话:68214039 83219215
传真:68276683 网址:www.jdcbs.cn
封面印刷:北京精美彩色印刷有限公司
正文印刷:北京四环科技印刷厂
装订:海波装订厂
各地新华书店经销
开本:705×1000 1/16 印张:25.5 字数:526千字
2008年8月第1版第1次印刷
印数:1—10000册 定价:42.00元

(凡购买金盾出版社的图书,如有缺页、
倒页、脱页者,本社发行部负责调换)

前　言

随着我国改革开放的不断深入和工业的飞速发展,企业对技术工人的素质要求越来越高。企业有了专业知识扎实、操作技术过硬的高素质人才,才能确保产品加工质量,才能有较高的劳动生产率、较低的物资消耗,使企业获得较好的经济效益。我们本着"以就业为导向,重在培养能力"的原则,依据劳动和社会保障部最新颁布的《国家职业标准》,精心策划、编写了这套"职业技能培训类教材"。其中针对《国家职业标准》对机械类各通用工种提出的基本要求,编写了《机械工人基础技术》和《机械识图》;根据工作要求编写了《车工基本技能》、《钳工基本技能》、《电工基本技能》、《维修电工基本技能》、《气焊工基本技能》、《电焊工基本技能》、《冷作钣金工基本技能》和《铣工基本技能》。

我们根据《国家职业标准》和职业技能鉴定的基本要求,编写了这本机械类各通用工种、各级别从业人员共用的《机械工人基础技术》一书。

本教材内容上力求在满足各工种、各级别从业人员职业考核、鉴定基本需求的前提下,适当扩大知识面,并尽量做到理论紧密结合实践。本教材采用了国家新标准、法定计量单位和最新名词、术语。文字精练、简明,图与表直观、鲜明,便于自学阅读。为检查和巩固所学,每章末都有复习思考题,可帮助读者把握学习重点、顺利取得国家颁发的职业资格证书。

本教材由沈云、耿玉岐、李立、张永约、孙贵鑫、耿炜、单汝刚、唐文海、姜奎书、程群编写,单洪标主审。

由于作者水平有限,加之时间仓促,书中难免存在缺点和不足,敬请广大读者批评指正,以期再版时加以改正,使之臻于完善。

作者

目　　录

第一章　职业道德、劳动安全及相关法律、法规知识 ………………… 1
　　第一节　职业道德 ……………………………………………… 1
　　第二节　安全文明生产守则 …………………………………… 2
　　第三节　质量管理知识 ………………………………………… 4
　　第四节　环境保护法知识 ……………………………………… 5
　　第五节　劳动法相关知识 ……………………………………… 7
第二章　常用材料及金属材料热处理 ……………………………………… 12
　　第一节　金属材料性能 ………………………………………… 12
　　第二节　钢铁的分类、牌号及应用 …………………………… 18
　　第三节　钢铁的鉴别方法 ……………………………………… 34
　　第四节　钢铁的热处理 ………………………………………… 38
　　第五节　常用非铁金属及非金属材料 ………………………… 50
　　复习思考题 ……………………………………………………… 61
第三章　极限、配合及表面粗糙度 ………………………………………… 63
　　第一节　尺寸公差 ……………………………………………… 63
　　第二节　配合 …………………………………………………… 76
　　第三节　形状和位置公差 ……………………………………… 78
　　第四节　表面粗糙度 …………………………………………… 85
　　复习思考题 ……………………………………………………… 92
第四章　常用量具、量仪及其使用、维护保养 …………………………… 95
　　第一节　钢直尺和卡钳 ………………………………………… 95
　　第二节　游标卡尺 ……………………………………………… 97
　　第三节　千分尺 ………………………………………………… 102
　　第四节　百分表与千分表 ……………………………………… 106
　　第五节　角度尺 ………………………………………………… 108
　　第六节　水平仪 ………………………………………………… 111
　　第七节　极限量规和块规 ……………………………………… 116
　　复习思考题 ……………………………………………………… 122
第五章　常用的联接件及支承件 …………………………………………… 123
　　第一节　常见联接及联接件 …………………………………… 123

第二节　常用的支承件 …………………………………… 146
　复习思考题 ………………………………………………… 156
第六章　常用机构及机械传动 ………………………………… 157
　第一节　基本概念 ………………………………………… 157
　第二节　常用的平面机构 ………………………………… 162
　第三节　凸轮机构 ………………………………………… 172
　第四节　间歇运动机构 …………………………………… 176
　第五节　齿轮传动 ………………………………………… 182
　第六节　轮系 ……………………………………………… 206
　第七节　带传动 …………………………………………… 212
　第八节　链传动 …………………………………………… 223
　第九节　螺旋传动 ………………………………………… 225
　复习思考题 ………………………………………………… 229
第七章　金属切削及刀具基本知识 …………………………… 231
　第一节　切削运动、加工表面及切削用量 ……………… 231
　第二节　刀具切削部分的构成及主要参数 ……………… 233
　第三节　刀具材料 ………………………………………… 238
　第四节　金属切削过程中的基本规律及重要物理现象简介 … 245
　第五节　切削过程基本规律的实际应用 ………………… 256
　第六节　常用切削刀具简介 ……………………………… 266
　复习思考题 ………………………………………………… 273
第八章　常用金属切削机床及机床夹具 ……………………… 275
　第一节　机床型号编制方法 ……………………………… 275
　第二节　常用金属切削机床 ……………………………… 280
　第三节　机床夹具的功用、组成及分类 ………………… 294
　第四节　常用的机床通用夹具 …………………………… 298
　复习思考题 ………………………………………………… 307
第九章　钳工基本知识 ………………………………………… 309
　第一节　钳工工作范围及主要设备 ……………………… 309
　第二节　划线 ……………………………………………… 311
　第三节　錾削 ……………………………………………… 317
　第四节　锉削 ……………………………………………… 321
　第五节　锯削 ……………………………………………… 325
　第六节　孔加工及攻螺纹、套螺纹 ……………………… 328
　第七节　刮削 ……………………………………………… 342
　复习思考题 ………………………………………………… 348

第十章 电工基本常识 ... 350

第一节　直流电路 ... 350
第二节　电磁原理与正弦交流电 ... 354
第三节　常用低压电器及使用 ... 363
第四节　常用变压器 ... 372
第五节　常用异步电动机 ... 375
第六节　电气图及其识读方法 ... 382
第七节　电气安全基本常识 ... 393
复习思考题 ... 399

第一章 职业道德、劳动安全及相关法律、法规知识

> **培训学习目的** 明确机械工人应具有的职业道德规范；了解安全文明生产守则和质量管理知识；了解《中华人民共和国环境保护法》和《中华人民共和国劳动法》及其他相关法律、法规的有关内容

第一节 职业道德

一、职业道德的概念

职业道德是社会道德在职业行为和职业关系中的具体体现，是整个社会道德生活的重要组成部分，职业道德是指从事某种职业的人员在工作或劳动过程中所应遵守的、与职业活动紧密联系的道德规范和原则的总和。职业道德是各个行业的从业人员，在道德方面对社会应尽的责任和义务。

职业道德是社会主义道德体系的重要组成部分。因为每个职业都与国家、人民的利益密切相关，每个工作岗位都包含着如何处理个人与集体、个人与国家利益的关系问题。

职业道德的实质内容是要求各行业从业人员要树立全新的社会主义劳动态度，亦即在社会主义市场经济条件下，约束从业人员的行为，鼓励其通过诚实劳动，在改善自己生活的同时，增加社会财富，促进国家建设。

劳动既是个人谋生的手段，也是为社会服务的途径。劳动的双重含义决定了从业人员的劳动态度和职业道德观念。

二、职业道德的基本规范

(1) 爱岗敬业，忠于职守　爱岗敬业是对从业人员工作态度的首要要求。爱岗就是热爱自己的工作岗位和本职工作。敬业就是以一种严肃认真的态度对待工作，勤奋努力，精益求精，尽心尽力，尽职尽责。不爱岗很难做到敬业，不敬业更谈不上爱岗。忠于职守就是要把自己职业范围内的工作做好，达到工作质量标准和规范要求。

(2) 诚实守信，办事公道　诚实守信，办事公道是做人的基本道德品质，也是职业道德的基本要求。诚实就是人在社会交往中不讲假话，忠于事物的本来面目，不歪曲、不篡改事实，不隐瞒自己的观点，光明磊落，表里如一。守信就是信守诺言，讲

信誉、重信用,忠实履行自己应承担的义务。办事公道是指在利益关系中,正确处理好国家、企业、个人及他人的利益关系,不徇私情,不谋私利。要处理好企业和个人的利益关系,做到个人服从集体,个人利益与集体利益相统一。

(3)遵纪守法,廉洁奉公　任何社会的发展都需要强有力的法律和规章制度来维护社会各项活动的正常运行。法律、法规、政策和各种规章制度,都是用以约束人们的行为规范。从业人员除了要遵守国家的法律、法规和政策外,还要自觉遵守与职业活动行为有关的制度和纪律,如劳动纪律、操作程序、工艺文件等。廉洁奉公强调的是从业人员要公私分明,不损害国家和集体的利益,不利用岗位职权牟取私利。

(4)服务群众,奉献社会　服务群众就是为人民服务。每个人都承担着为他人做出职业服务的职责,做到心中有群众、尊重群众、真心对待群众,做什么事都要想到方便群众。奉献社会是职业道德中的最高境界,也是做人的最高境界。奉献社会是指一种融在一件件具体事情中的高尚人格,就是全心全意为人民服务。

第二节　安全文明生产守则

机械行业的技术工人必须严格遵守安全操作规程和各项安全生产规章制度。

一、文明生产的基本要求

①执行规章制度,遵守劳动纪律。
②严肃工艺纪律,贯彻操作规程。
③优化工作环境,创造良好的生产条件。
④按规定完成设备的维修保养。
⑤严格遵守生产纪律。

二、安全生产的一般常识

①工作开始前,必须按规定穿戴好防护用品。
②不准擅自使用不熟悉的机床和工具。
③清除切屑要使用工具,不得直接用手擦、拉。
④毛坯、半成品应按规定堆放整齐,通道上下不准堆放任何物品,并应随时清除积水等。
⑤工具、夹具、器具等应放在固定的地方,严禁乱堆乱放。

三、常用机械设备安全防护的一般知识

1. 常用机械设备旋转部件的危险性

(1)挂钩和卷带　操作人员的手套、上衣下摆、裤管、鞋带及长头发等,若与旋转部件接触,则易被带入或卷进机器,或被旋转部件的凸出部分挂住而造成伤害。

(2)绞碾和挤压　齿轮传动机构、螺旋输送机构、钻床等,由于旋转部件有棱角或呈螺旋状,人的上衣、裤、手、长头发等易被绞进机器,或因旋转部件的挤压而造成伤害。

(3)刺割　铣刀、木工机械的圆盘锯、木刨等旋转刀具,作业人员若操作不当,接触到刀具就会被刺伤或割伤。

(4)打击　旋转部件产生离心力,旋转速度越快,产生的离心力越大。如果零、部件有裂纹等缺陷,不能承受很大的离心力,便会破裂并高速飞出,作业人员被飞出的碎片击中,会造成严重伤害。

2. 常用机械设备直线运动部件的危险性

如果身手误入做直线运动的刀具、模具等的作业范围,就会造成伤害。这类设备有剪床、冲床、插床、刨床等。

3. 安全防护措施

(1)封闭隔离　将传动装置封闭起来,或加防护罩、防护网,使人接触不到运动部件。

(2)安全联锁　为保证操作人员的安全,有些设备装有安全联锁装置,当操作者误操作时,设备不动作或立即停车。

(3)紧急刹车　要有能采取紧急措施的装置。

4. 防止机械伤害通则

(1)正确使用和维护防护设施　应安装而没有安装防护设施的设备不能运行;不能随意拆卸防护装置、安全设备、安全用具或使其无效。修理和调节设备完毕后,应立即重新安装好这些防护装置和设备。

(2)旋转部件未停稳不得进行操作　机器在运转中会有较大的离心力,如压缩机、离心机等,因此机器不停稳不能进行生产操作、拆卸零部件、清洁保养等工作。

(3)正确穿戴防护用品　防护用品是保护职工安全和健康的必备用品,必须正确穿戴衣、帽、鞋等防护用具。工作服要做到三紧,即袖口紧、下摆紧、裤口紧。某些工种要戴防护眼镜。

(4)站位得当　使用砂轮机时,应站在侧面,以免万一砂轮破碎飞出时打伤自己;不要在起重机吊臂或吊钩下行走或停留。

(5)旋转部件上不得搁放物品　如在机床夹持工件过程中,易将量具等物品顺手放在旋转部件上,开车时这些物品极易飞出而发生事故。

(6)不要跨越运转的机轴　无防护设施的机轴,不要随便跨越。

(7)执行操作规程,做好维护保养　严格执行有关规章制度和操作方法,是保证安全运行的重要条件。

四、机械加工工人安全守则

1. 机床操作

①工作时应穿工作服,戴工件帽,头发塞在帽子里。

②切削工件时,头不能离工件太近,以防切屑飞溅伤人,最好戴防护眼镜。

③在机床上操作时,不能戴手套。

④手和身体不能靠近旋转着的机件,如传动带、带轮、齿轮、轴等,更不得在这些

地方嬉闹。

⑤工件、刀具、夹具必须装夹牢固,以防飞出伤人。

⑥当工件很重时,应使用起重设备,或请他人帮助,不要一人单干。

⑦机床正在运转时,不能手工测量工件的尺寸,也不要用手摸工件或刀具的表面。

⑧不能用手直接清除切屑,应该用专用钩子等来清除。

⑨不要用手刹住还在转动的工件或刀具轴。

⑩不要任意拆卸电器设备。

2. 钳工台上锉削操作

①不能用无柄或柄已裂开的锉刀,锉刀柄的安装应正确牢固,否则不但无法用力,而且可能因柄脱落而刺伤手部。

②不能用嘴吹切屑或用手清除切屑,以防切屑飞入眼中或刺伤手指。

③不能用手摸锉削表面,因手上有油污,锉削时会打滑伤人。

④锉刀不用时不能乱放,以免掉落砸脚。

3. 钳工台上锯割操作

①当工件将要锯断时,手的压力要减小,以防止锯条折断飞出伤人。

②要防止工件被锯下的部分掉落伤脚。

4. 在砂轮机上操作

①不要在没有防护罩的砂轮上磨削工件。

②砂轮未转稳时不能磨削工件。

③砂轮的托架与砂轮表面之间的空隙不能太大,否则容易使工件嵌入而发生危险。

④磨削时,工人应站在砂轮侧面,防止碎屑飞入眼中,最好戴上防护眼镜。如果碎屑已飞入眼中,不能用手揉擦,应使用洁净的手帕揩,或立即去保健室清除。

⑤磨削时,不能用力过大,否则容易被砂轮伤及手指。

第三节　质量管理知识

质量管理是企业的生命线,是企业为保证和提高产品、技术、服务的质量,达到市场和客户的需求所进行的质量调查、质量目标确定、计划、组织、控制、协调和信息反馈等一系列经营管理活动。从企业整体来说,它包括制定企业的质量方针、质量目标、工作程序、操作规程,管理标准,以及确定内、外部的质量保证和质量控制的组织机构、组织实施等活动。对每个职工而言,质量管理的主要内容有岗位的质量要求、质量目标、质量保证措施和质量责任等。

一、企业的质量方针

企业的质量方针,是由企业的最高管理者正式发布的、企业全面质量管理的目标和方向,是企业总方针的重要组成部分。

企业的质量方针是每个职工必须熟记,并在工作中认真贯彻的质量准则。因此,每个职工首先要详细了解企业的质量方针,全面完成本岗位工作的质量目标;其次要把自己的工作岗位作为实现企业质量方针的一个环节,做好与上下工序之间的衔接配合,为全面实现企业质量方针作出自己的贡献;再者要精益求精,在工作中不断进行改善,努力提高产品和工作的质量,实现企业的质量目标,满足市场和客户的要求。

二、岗位的质量要求

岗位的质量要求是企业根据对产品、技术或服务最终的质量要求和本身的条件,对各个岗位质量工作提出的具体要求,一般体现在各岗位的作业指导书或工艺规程中,包括操作程序、工作内容、工艺规程、参数控制、工序的质量指标、各项质量记录等。岗位的质量要求是每个职工都必须做到的最基本的岗位工作职责。

三、岗位的质量保证措施

①要有明确的岗位质量责任制,按作业指导书或工艺规程的规定,明确岗位工作的质量标准以及上下工序之间、不同班次之间对相应的质量问题的责任、处理方法和权限。

②要经常通过对本岗位产生的质量问题进行统计与分析等活动,采取排列图、因果图和对策表等数理统计方法,提出解决这些问题的办法与措施,必要时经过专家咨询来改进岗位工作,如取得明显的效果,可在报上级批准后,将改进后的工作方法编入作业指导书或工艺规程,进一步规范和提高岗位的工作质量。

③要加强对员工的质量培训工作,提高职工的质量观念和质量意识,并针对岗位工作的特点,进行保证质量方面的方法与技能的学习和培训,提升操作者的技术水平,以提高产品、技术或服务的质量水平。

第四节 环境保护法知识

环境是指影响人类生存和发展的各种天然或经过人工改造的自然因素的总体,包括大气、水、海洋、土地、矿藏、森林、草原、野生动物、自然遗迹、文物遗迹、自然保护区、风景名胜区、城市和乡村等。环境保护是指运用环境科学的理论和方法,在更好地利用自然资源的同时,深入认识污染和破坏的根源及危害,有计划地保护环境,预防环境质量恶化,控制环境污染,促进人类与环境协调发展,提高人类生活质量,保护人类健康,惠及子孙后代。

一、我国环境保护法的任务和作用

《中华人民共和国环境保护法》是我国环境保护的基本法。

(1)我国环境保护法的基本任务 保护和改善环境,防止污染和其他公害,合理利用自然资源,维护生态平衡,保障人民健康,促进社会主义现代化的发展。

(2)环境保护法的作用 为环境保护工作提供法律保障。

①为全体公民和企业单位维护自己的环境权益提供法律武器。

②为国家执行环境监督管理职能提供法律依据。

③维护我国环境权益的重要工具。

④可促进我国公民提高环境意识和环境法律观念。

二、环境保护法的基本原则

①环境保护与社会经济协调发展的原则。

②预防为主、防治结合、综合治理的原则。

③污染者治理、开发者保护的原则。

④政府对环境质量负责的原则。

⑤依靠群众保护环境的原则。

三、工业企业对环境污染的防治

《环境保护法》中指出,产生环境污染和其他公害的单位,必须把环境保护工作纳入计划,建立环保责任制;采取有效措施,防治在生产建设或其他活动中产生的废气、废水、废渣、粉尘、恶臭气体、放射性物质以及噪声、振动、电磁波辐射等对环境的污染和危害。新建工业企业和现有工业企业的技术改造,应采用资源利用效率高、污染物排放量少的设备和工艺,采用经济合理的废弃物综合利用技术和污染物处理技术。

1. 防治大气污染

①研究和发展煤硫共生矿藏的分选技术,提高煤质,回收硫资源。

②分期、分批淘汰并报废现有煤耗高、热效低、污染重的锅炉和工业窑炉,并停止这类产品的生产,报废的锅炉、水泥设备等不得再用。

③电厂、钢铁厂、有色金属冶炼厂、煤气厂等用煤企业,应采用脱硫、回收硫的技术和设备,防止二氧化硫污染。

④改革能源结构,积极进行煤炭筛选分级使用及煤粉成形燃烧;开发太阳能、风力、水力等无污染能源和天然气、沼气等低污染能源。

⑤改革生产工艺,减少有毒有害物料的使用量,降低废气、粉尘、恶臭污染物的产生和排放量。

⑥对产生污染物的设备及工艺系统,加强技术、设备的管理及日常的维护、检修,减少废气、粉尘、恶臭污染物的跑冒,杜绝泄漏和事故性排放。

2. 防治水污染

①企业应该按消耗定额实行计划用水,并列入企业考核指标。

②废水实行清污分流,工艺废水尽量回收或闭路循环,一水多用。

③冷却水要循环使用,积极推广空冷技术及其他节水技术。

④建设完善的废水监测系统,健全监测制度,建立废水处理的技术档案。

3.防治企业噪声污染的途径

(1)声源控制　运转的机械设备和运输工具等是主要的声源,控制它们的噪声有两条途径:

①改革结构,提高其中部件的加工精度和装配质量,采用合理的操作方法等,以降低声源的噪声发射功率。

②利用声的吸收、发射、干涉等特性,采用吸声、隔声、减振、隔振等技术以及安装消声器等,以控制声源的噪声辐射。

(2)噪声传播途径控制　目前的科技水平要使一切设备都是低噪声还办不到,需要从传播途径上进行控制,常用的方法有吸声、隔声、消声、隔振、阻尼等。

(3)接收者的防护　接收者佩戴护耳器,如耳塞、耳罩、防声盔等;减少在噪声环境中的暴露时间,如调整工艺,或设置隔声操作、监视室等;根据听力监测结果,适当调整在噪声环境中的工作人员。

4.防止固体废弃物污染

①各类工业固体废弃物都要妥善处理,不得倾倒在江河、湖泊、水库和近岸海域,要因地制宜地加以利用,发展处理和利用固体废物的工业和行业。

②对含有毒性、易燃性、腐蚀性和放射性的有害废弃物,首先要综合利用。凡不能利用的,应从产生、收集、储存、运输、无害化处理等环节进行专门管理,不得倾入水体或混入一般的固体废弃物中去。

5.积极开发防治污染新技术

①在开发新产品、新技术、新工艺和新材料时,必须注意其可能带来的环境污染,同时开发防治环境污染的相应技术和装置。凡对环境产生不良影响,不符合环境质量基本要求的科研成果,不予通过,不准推广。

②积极研究和发展各种低能耗、高效率、少污染(包括低噪声)的工艺技术和机电产品。

③积极研究和开发有利于综合治理污染的组合技术,及无害或少废弃物的生产工艺流程。

第五节　劳动法相关知识

劳动法是指调整劳动关系(包括直接和间接劳动关系)的法律规范的总称。它既包括国家最高权力机关颁布的劳动法,也包括其他调整劳动关系的法规。《中华人民共和国劳动法》于1995年1月1日起开始施行。

一、劳动者的权利和义务

1.劳动者的基本权利

①平等就业和选择职业的权利。

②获得劳动报酬的权利。

③休息和休假的权利。
④在劳动中获得劳动安全和劳动卫生保护的权利。
⑤接受职业培训的权利。
⑥享有社会保险和福利的权利。
⑦提请劳动争议处理的权利。
⑧法律、法规规定的其他劳动权利。

2. 劳动者的基本义务
①完成劳动任务。
②提高职业技能。
③执行劳动安全卫生规程。
④遵守劳动纪律和职业道德。

二、劳动合同制度

劳动合同制度就是以合同形式明确用工单位和劳动者个人的权利与义务,实现劳动者与生产资料科学结合的方式,是确立社会主义劳动关系,适应社会主义市场经济发展需要的一项重要劳动法律制度。

①有固定期限的劳动合同　这类劳动合同明确规定了合同的起始与终止时间。

②无固定期限的劳动合同　这类合同只规定了合同起始日期,没有注明合同终止日期,但同时规定了解除合同的条件,这种条件一旦具备,合同即终止。劳动者在同一用人单位连续工作满 10 年以上,当事人双方同意续延劳动合同的,如果劳动者提出订立无固定期限的劳动合同,应当订立无固定期限的劳动合同。

③以完成一定的工作为期限的劳动合同　这类劳动合同是将完成某项工作或工程的时间作为劳动合同的起始与终止的条件。

三、劳动合同的订立、变更和解除

1. 订立劳动合同的原则

(1) 平等自愿的原则　平等是指当事人双方以平等的身份订立合同,自愿是指订立劳动合同完全出于当事人自己的意志。

(2) 协商一致的原则　协商一致是指当事人双方在充分表达自己意志的基础上,经过平等协商,取得一致意见,签订劳动合同。

(3) 依法订立的原则
①订立合同的目的要合法。
②订立合同的主体要合法,即签订劳动合同的双方必须具有签订该合同的法律资格(劳动者应是年满 16 周岁的公民;用人单位应是依法成立的企业、事业单位、国家机关、社会团体和个体经营户等用人单位)。
③订立的合同内容要合法,即劳动合同的各项条款必须符合国家政策和劳动法规的规定。

2. 订立劳动合同的程序

①用人单位公布招生简章或就业规则,确定被要方。
②被要方自愿报名,提交证明文件。
③全面考核,择优录用。
④当事人双方依法就劳动合同的条款经过协商,取得一致意见,经双方签名盖章,劳动合同即告成立。

3. 劳动合同的内容

劳动合同的内容包括:生产上应当达到的数量指标、质量指标,或者应完成的任务;试用期限、合同期限;生产、工作条件;劳动报酬和保险、福利待遇;劳动纪律;劳动合同终止条件;违反劳动合同者应承担的责任;双方认为应当规定的其他事项。

4. 劳动合同的变更

劳动合同的变更主要指劳动合同内容发生变化,而不包括当事人的变化。

(1)劳动合同变更的条件
①当事人双方同意变更,并且不因此损害国家利益。
②由于不可抗力或紧急情况而单方变更劳动合同。
③依据劳动者身体健康状况而单方变更劳动合同。
④依据企业经营需要或临时歇工变更劳动合同。
⑤订立劳动合同时所依据的法律已经修改。

(2)劳动合同变更的程序
①当事人一方提出变更的要求,并说明变更原因、内容及请求对方答复的期限。
②当事人另一方得知后应在对方规定的期限内作出是否同意的答复。
③当事人双方就变更劳动合同的内容经过协商,取得一致意见,并达成变更劳动合同的书面协议,经双方签字盖章生效。

5. 劳动合同的解除

这是指劳动合同期限未满以前,由于出现某种情况,导致当事人双方提前终止劳动合同的法律效力,解除双方的权利和义务关系。劳动合同的解除必须遵守劳动法的规定。

(1)劳动者解除劳动合同 劳动者解除劳动合同,应当提前30日以书面形式通知用人单位。劳动法第32条规定,有下列情况之一的,劳动者可以随时通知用人单位解除劳动合同:
①在试用期内。
②用人单位以暴力威胁或非法限制人身自由的手段强迫劳动的。
③用人单位未按照劳动合同约定支付劳动报酬或提供劳动条件的。

(2)用人单位解除劳动合同 劳动法第25条规定,劳动者有下列情形之一的,用人单位可以解除劳动合同:
①在试用期间被证明不符合录用条件的;

②严重违反劳动纪律或用人单位规章制度的；
③严重失职，营私舞弊，对用人单位利益造成重大损害的；
④被依法追究刑事责任的。

(3) 用人单位提前通知可解除劳动合同　劳动法还规定，有下列情况之一的，用人单位可以解除劳动合同，但应当提前 30 日以书面形式通知劳动者本人：
①劳动者患病或非因工负伤，医疗期满后，不能从事原工作，也不能从事用人单位另行安排的工作的；
②劳动者不能胜任工作，经过培训或调整工作岗位，仍不能胜任工作的；
③劳动合同订立时所依据的客观情况发生重大变化，致使原劳动合同无法履行，经当事人协商不能就变更劳动合同达成协议的；
④用人单位被撤销或破产的。

(4) 用人单位不得解除劳动合同　在下列情况下用人单位不得解除劳动合同：
①劳动者患职业病或因工负伤被确认丧失或部分丧失劳动能力的；
②劳动者患病或负伤，在规定的医疗期限内的；
③女职工在孕期、产期、哺乳期内的；
④法律、法规规定的其他情形。

《中华人民共和国劳动合同法》已于 2008 年 1 月 1 日起施行。有关劳动合同的订立、履行、变更、解除和终止必须依照该法律执行，有关特别规定如集体合同、劳务派遣及非全日制用工，以及劳动合同的监督检查与法律责任等，亦必须依照该法律执行。具体法律内容可查 2008 年 2 月出版的《中华人民共和国劳动合同法（附关联法规与示范文本）》。

四、劳动安全卫生制度

劳动安全是指生产劳动过程中，防止危害劳动者人身安全的伤亡和急性中毒事故。劳动卫生是指生产劳动环境要合乎国家规定的卫生条件，防止有害物质危害劳动者的健康。

1. 劳动安全卫生管理制度的主要内容
①安全生产责任制度。
②劳动安全技术措施计划制度。
③劳动安全卫生教育制度。
④劳动安全卫生检查制度。
⑤特种作业人员的专门培训和资格审查制度。
⑥劳动防护用品管理制度。
⑦职业危害作业劳动者的健康检查制度。
⑧职工伤亡事故和职业病统计报告处理制度。
⑨劳动安全卫生监察制度。

2. 对女职工的特殊劳动保护
①根据女职工的生理特点安排就业，实行同工同酬。

②禁止女职工从事特别繁重的体力劳动和有损健康的工作。

③建立健全对女职工"五期"保护制度。"五期"保护是指女职工在经期、孕期、产期、哺乳期、更年期给予特殊保护。

④定期进行身体检查,加强妇幼保健工作。

3. 对未成年工(年满16周岁未满18周岁)的特殊劳动保护

①严禁一切企业招收未满16周岁的童工。

②对未成年工应缩短工作时间,禁止安排他们做夜班或加班加点。

③禁止安排未成年工从事矿山井下、有毒有害、国家规定的第四级体力劳动强度的劳动和其他禁止从事的劳动。

五、社会保险制度

社会保险是指国家或社会对劳动者在生育、年老、疾病、工伤、待业、死亡等客观情况下给予物质帮助的一种法律制度。它是现代社会保障制度的一部分。它通过国家立法,强制征集专门资金用于保障劳动者在丧失劳动能力或劳动机会时的基本生活需求。

社会保险待遇种类包括:养老待遇、医疗待遇、失业待遇、生育待遇。

六、劳动争议处理

劳动争议是指以劳动关系为中心所发生的一切争议和纠纷。

(1)当事人自行协商解决　是通过劳动关系当事人双方互谅、互让,协商解决。

(2)向劳动争议调解委员会申请调解　劳动争议调解委员会设立在用人单位,由职工代表、用人单位代表和用人单位工会代表三方组成,由工会代表任调解委员会主任。劳动争议调解委员会负责调解本单位发生的劳动争议。

(3)向劳动争议仲裁委员会申请仲裁　市、县、市辖区设立劳动争议仲裁委员会,由劳动行政部门代表、同级工会代表、用人单位代表组成,主任由劳动行政部门代表担任。仲裁委员会负责处理本委员会管辖范围的劳动争议案件。仲裁委员会对于受理的案件,应先行调解,调解达成协议应当制作调解书。经调解无效或调解书送达前一方反悔的,应当及时进行仲裁,并制作仲裁决定书。当事人对仲裁裁决不服,可以自收到仲裁裁决书之日起15日内,向人民法院提起诉讼,逾期不起诉,裁决即发生法律效力。已生效的裁决,与人民法院判决的效力等同。当事人如果不履行裁决,另一方当事人可以申请人民法院强制执行。

还可以向人民法院提起诉讼。

第二章 常用材料及金属材料热处理

> **培训学习目的**　了解常用金属材料的性能；掌握钢铁的分类、牌号及用途；掌握钢铁的常用热处理方法；了解钢铁的鉴别方法和常用非铁金属及非金属材料。

　　常用材料包括钢铁材料、非铁金属材料和非金属材料。由一种金属元素组成的金属称为纯金属，如纯铁、纯铜等；由一种金属元素和另外的一种或几种元素熔合而成的金属称为合金。以铁碳为基础的铁碳合金，统称为钢铁材料，也称为黑色金属。钢铁以外的金属材料称为非铁金属材料，也称为有色金属。钢铁和非铁金属材料以外的材料称为非金属材料，如塑料、橡胶、陶瓷等。本章将对这三大类材料逐一介绍，重点介绍钢铁材料及其热处理。

第一节　金属材料性能

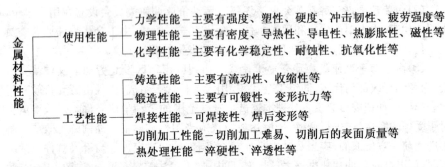

　　使用性能是指机器在正常工作情况下零件材料应具备的性能。它决定了金属材料的使用范围和使用寿命。

　　工艺性能是指制成机器零件、工具的过程中，材料能经受各种冷、热加工的能力。它决定了金属材料对加工、成形的适应能力。

一、金属材料的力学性能

　　力学性能也称为机械性能，是指金属材料受外力作用时所表现出来的性能。金属材料力学性能的优劣，主要取决于强度、塑性、硬度、冲击韧性和疲劳强度五个指标。

　　1. 强度

　　金属材料在静载荷作用下，抵抗塑性（永久）变形或断裂破坏的能力。材料的强度越高,所能承受的载荷越大。根据载荷作用方式不同,材料的变形形式亦不同,其强度指标亦不同。如起吊重物的钢丝绳或钢杆等零件受拉力作用,产生拉伸变形,以抗拉强度为强度指标;受压的钢柱、千斤顶的螺杆等零件受压力作用,产生压缩变形,以抗压强度为强度指标;天车大梁、带传动轴等零件受力产生弯曲变形,以抗弯强度为强度指标;汽车驱动车轮轴的传动轴等零件受扭转力矩作用,产生扭转变形,以抗扭强度为强度指标;而受垂直轴线方向,且作用线相错的两力作用的铰制孔联接螺栓、铆接头的铆钉等零件产生剪切变形,以抗剪强度为强度指标。以上五种强度指标中,抗拉强度是金属材料最基本的强度指标。

(1)拉伸试验及拉伸曲线图 抗拉强度是通过拉伸试验测定的,方法是在材料试验机上用静拉力对标准试件(图2-1a所示)进行轴向拉伸,同时连续测量不断增大的拉力和相应的伸长量,直至试件被拉断为止,拉断后的试件如图2-1b所示。取横坐标表示伸长量ΔL,单位为mm,纵坐标表示拉力F,单位为N(牛顿),将测得的数据对应在此坐标系中描点并绘出曲线,即得图2-1c所示的拉伸曲线图。它表明了拉力F与试件相应伸长量ΔL之间的变化关系。

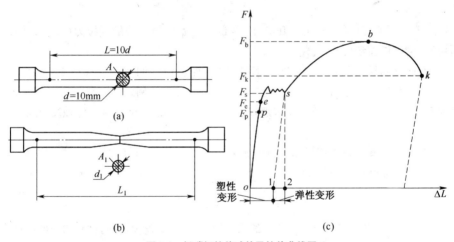

图2-1 低碳钢拉伸试件及拉伸曲线图
(a)拉伸前的标准试件 (b)拉断后的试件 (c)拉伸曲线图

从拉伸曲线图中看出,低碳钢在拉伸时,表现出了以下几个变形阶段:

①弹性变形阶段(oe段) 在此阶段中,试件的变形随拉力存在而产生,随拉力的去除而又完全消失,这种变形称为弹性变形。因oe为斜直线,故在此阶段内拉力与相应弹性变形成正比(实际上op为斜直线,pe为曲线,因为p、e两点极为靠近,故将oe段近似地视为一个弹性阶段)。

②屈服阶段(es段) 也称为流动阶段。该阶段在卸除拉力后,试件不再恢复原样,而出现了不能随拉力去除而消失的变形,即塑性变形,如图2-1c所示。在该阶段,曲线上出现了锯齿状或直线状的平台,这表明拉力虽未增加,试件仍在继续伸

长,金属材料丧失了抵抗变形的能力,这种现象称为屈服。发生屈服时,在试件表面上会出现与轴线成 $45°$ 的网纹。F_s 是材料屈服时的最低屈服拉力。

③强化阶段(sb 段) 屈服阶段过后,欲使试件继续伸长,必须不断加大拉力,随着塑性变形的增大,试件变形抗力也逐渐增大,强度和硬度提高,这种现象称为加工硬化或形变强化。拉力 F_b 是试件断裂前承受的最大拉力。

④缩颈阶段(bk 段) 当拉力达到 F_b 后,在试件标距 L 内的某处开始局部变细,称为缩颈。由于缩颈处横截面面积缩小,继续变形所需的拉力也随之减小,当拉力达到 F_k 时,试件在缩颈处被拉断。

(2) 屈服点和抗拉强度 有了拉伸曲线,就可以获得金属材料的两个主要强度指标:屈服点(又称屈服强度)及抗拉强度。强度以应力表示。当材料受外力作用而未破坏时,其内部产生的与外力相平衡的抗力,称为内力,其数值大小与外力大小相等。单位横截面面积上所承受的内力称为应力。

①屈服点 金属材料产生屈服现象时的最低应力,称为屈服点,以 σ_s 表示。

$$\sigma_s = \frac{F_s}{A}$$

式中,σ_s 为屈服点(N/mm^2 或 MPa);F_s 为试件开始屈服时的最低拉力(N);A 为试件原始横截面面积(mm^2)。

有些金属材料如高碳钢、淬火钢等,屈服现象极不明显。国标(GB/T 228—2002)规定,以试件原始标距长 L 范围内产生 0.2% 非比例延伸率(或塑性变形)时的应力,作为这些金属材料的屈服点,以 $\sigma_{0.2}$ 表示,称为规定非比例延伸强度(也称为条件屈服点)。

②抗拉强度 金属材料在拉断前所能承受的最大应力称为抗拉强度,以 σ_b 表示,单位为 N/mm^2 或 MPa。

$$\sigma_b = \frac{F_b}{A}$$

σ_s 和 σ_b 是机器零件设计和选材的重要依据。σ_s、σ_b 越大,说明材料的强度越高。

2. 塑性

塑性是指金属材料在载荷作用下,产生塑性变形而不破坏的能力。塑性也是通过拉伸试验测定的。表示塑性的指标有断后伸长率 δ 和断面收缩率 Ψ。

(1) 伸长率 δ 试件拉断后,标距的伸长量(L_1-L)与原始标距 L 之比的百分率称为断后伸长率 δ。

$$\delta = \frac{L_1 - L}{L} \times 100\%$$

式中,L_1 为试件断后标距长度(mm)。

(2) 断面收缩率 Ψ 试件拉断后,缩颈处断口横截面面积的缩减量($A-A_1$)与原始横截面面积 A 之比的百分率,称为断面收缩率 Ψ。

$$\Psi = \frac{A - A_1}{A} \times 100\%$$

式中，A_1 为试件缩颈处断口的横截面面积（mm²）。

金属材料的 δ 和 Ψ 值越大，表示材料的塑性越好。塑性好的材料在承受载荷过大时，首先产生塑性变形而不致突然断裂。工程实践中，一般将 $\delta > 5\%$ 的材料，称为塑性材料，如中、低碳钢材及铜、铝材料等；$\delta < 5\%$ 的材料，如铸铁等称为脆性材料。

3. 硬度

硬度是指金属材料抵抗更硬物体压入其表面的能力。硬度对零件的加工难易、使用性能和使用寿命有重要影响。

金属材料的硬度指标是在硬度计上测定的。常用的硬度测量方法有布氏和洛氏两种，其测定的硬度指标分别为布氏硬度和洛氏硬度。

(1) 布氏硬度　布氏硬度试验原理如图 2-2 所示。它用直径为 D 的淬火钢球或硬质合金球作压头，用规定的试验力 F 将压头垂直压入被测材料表面，保持载荷达到规定时间后卸除载荷，用读数放大镜测出压痕直径 d 的数值，用试验力除以压痕表面面积即可计算出硬度值，或用 d 值查布氏硬度数值表，可查得硬度值。布氏

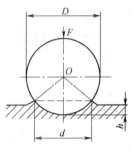

图 2-2　布氏硬度试验原理

硬度指标的符号用 HBS（用淬火钢球作压头时）和 HBW（用硬质合金球作压头时。新标准规定只用 HBW）。

显然，d 越大，材料越软，布氏硬度值越小。布氏硬度指标表示方法为：在符号 HBW 前写出硬度值的数字。例如 220HBW，即表示布氏硬度值为 220。

布氏硬度主要适用于测定灰铸铁、各种软钢和非铁金属等材料的硬度。布氏硬度与材料的抗拉强度之间存在一定的近似关系，如低碳钢为 $\sigma_b \approx 0.36 \times$ HBW 值、调质合金钢为 $\sigma_b \approx 0.325 \times$ HBW 值等，因而应用较广泛。但这种试验法不适用于高硬材料，也不适于测定成品件及薄片。

(2) 洛氏硬度　洛氏硬度试验也是用规定的试验力，将金刚石锥体或淬火钢球压头垂直地压入被测材料表面，保持一定时间后卸除试验力，以测得的压痕深度来计算洛氏硬度值，可从硬度计刻度盘上直接读出。

洛氏硬度的符号为 HR。在一台硬度计上测定由软到硬的不同金属材料的硬度，是通过变换不同的压头和总试验力，配合组成不同的洛氏硬度标尺测定的。常用洛氏硬度标尺有 A、B、C 三种，对应使用的压头、试验力、硬度值范围及应用实例见表 2-1。

洛氏硬度表示方法：60HRC，表示用标尺 C 测定的洛氏硬度值为 60。

洛氏硬度测量方便，压痕小，几乎不损伤工件表面，所以可用来测定较软、较硬、特硬材料和半成品、成品件的硬度。

表 2-1　洛氏硬度试验条件及应用

标尺	硬度符号	压头类型	试验力/N	允许使用的硬度值范围	应用
A	HRA	120°金刚石圆锥	588.4	20～88HRA	硬质合金、渗碳或渗氮钢等特硬材料
B	HRB	$S\phi 1.5875$mm 淬火钢球	980.7	20～100HRB	供应状态的钢材、铜合金、铝合金等较软材料
C	HRC	120°金刚石圆锥	1470	20～70HRC	淬火钢等较硬材料

除以上两类硬度指标外,工程中还有维氏硬度,符号为 HV,主要用来测定薄材及表面薄层的硬度;肖氏硬度,符号为 HS,肖氏硬度计体积小便于携带,主要用于测定大而笨重的工件或大型钢材的硬度,也可用于测定精密量具表面的硬度,因它测量后不留痕迹。

各种硬度指标的硬度值之间虽没有理论上的换算关系,但人们在实践中却总结出了各种硬度值之间存在的近似关系,可供精度要求不高时使用。如当布氏硬度值在 200～600HBW 范围时,有 1HBW≈1/10HRC;当布氏硬度值<450HBW 时,有 1HBW≈1HV,1HS≈1/6HBW 等近似关系。

4. 冲击韧性

金属材料抵抗冲击载荷的能力称为冲击韧性。冲击载荷作用速度快,其破坏性远大于静载荷的破坏性,如锻锤的锤杆、冲床的冲头、冲模等零件工作时都受冲击载荷作用,对这类零件的材料除了强度要求外,还必须要求有足够的冲击韧性。冲击韧性的指标是冲击韧度 a_k。

冲击韧度是在摆锤式冲击试验机上测定的。图 2-3 是冲击试验示意图。被测材料要做成标准试样,如图 2-3a 所示,然后放在试验机的支座上,试样的缺口要背向摆锤的冲击方向,再将质量为 G 的摆锤升至一定高度 h_1,然后让摆锤自由向下摆动,将试样冲断。摆锤的部分势能被试样吸收,剩余势能使摆锤回升至最终高度 h_2,因此,试样吸收的冲击功 A_K,应等于摆锤的势能差,即:

$$A_K = Gh_1 - Gh_2 = G(h_1 - h_2)$$

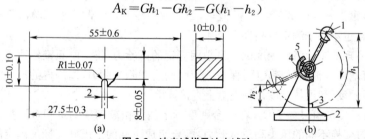

图 2-3　冲击试样及冲击试验
(a)冲击试样　(b)摆锤冲击试验
1. 摆锤　2. 机架　3. 试样　4. 刻度盘　5. 指针

则冲击韧度 $a_k(J/cm^2)$ 为

$$a_k = \frac{A_K}{S}$$

式中，A_k 为试样吸收的冲击功，单位为焦耳(J)；S 为试样缺口处横截面面积(cm^2)。

冲击韧度 a_k 越大，表示材料的冲击韧性越好。

5. 疲劳强度

许多机械零件是在交变应力作用下工作的，如转轴、齿轮、轴承、弹簧、连杆等。大小或大小和方向随时间做周期性改变的应力，称为交变应力。在交变应力作用下，发生低应力下(比材料的屈服点 σ_s 低得多)突然断裂的现象，称为金属疲劳。

(1) 零件疲劳破坏的特征　据统计，大约有 80% 以上的机械零件失效于疲劳破坏。发生疲劳破坏的零件有三个重要特征：

① 零件疲劳断裂前并没有明显的塑性变形，也没有预兆，而是突然破坏。

② 引起疲劳破坏的应力很低，属低应力破坏。

③ 断口由贝壳状的光滑部分(疲劳裂纹发生源及扩张区)和粗糙部分(最后断裂区)组成。

表示金属疲劳的指标是疲劳强度。金属材料在经受无限次(或规定次)交变应力作用而不破坏的最大应力，称为疲劳强度。当交变应力为对称循环应力时，疲劳强度用符号 σ_{-1} 表示。工程上规定，钢经受 10^7 次、非铁金属经受 10^6 次交变应力作用而不破坏的应力作为其疲劳强度。显然，疲劳强度值越大，材料抗疲劳破坏的能力越强。

(2) 避免零件疲劳破坏的措施　零件发生疲劳断裂，是由于材料表面或内部有缺陷，如表面质量不高，结构尺寸不合理，有划痕，内部有杂质、气孔、沙眼、显微裂纹等。在这些缺陷处会产生应力集中，其内部应力大到超过屈服点时，就产生局部塑性变形导致产生微裂纹，这些微裂纹随应力循环次数的增加而逐渐扩大，直到使零件承载的截面积减小到不能承受所加载荷而突然断裂。所以，为了提高疲劳强度、避免疲劳破坏，常见的措施有：

① 零件在加工、搬运、装配过程中要避免表面划碰；

② 比较重要的零件要进行表面和内部探伤或断裂力学测试，决定其是否可用；

③ 零件的尺寸变化不要过大，过渡圆角不能过小；

④ 表面粗糙度要合理，不要过大；

⑤ 必要时表面可进行强化处理，如喷丸、滚压、表面淬火、渗碳、氮化等。

二、物理性能及化学性能

金属的物理性能是指金属固有的属性。零件不同，对其材料要求的物理性能也不尽相同，不同材料的物理性能对零件的加工工艺的影响亦不同。

金属材料在常温或高温情况下抵抗各种化学作用的能力，称为金属的化学性能。例如刀具材料的抗氧化性，对高速切削刀具的磨损及耐用度有很大影响；为了表面防腐蚀，常采用油漆、电镀及喷涂等；为了使金属材料耐酸碱、抗腐蚀，常在钢中加入铬、镍等合金元素，如不锈钢。

第二节　钢铁的分类、牌号及应用

一、碳素钢

碳(C)质量分数 w_C（即含碳量）为 0.0218%～2.11%，并含有少量硅(Si)、锰(Mn)、磷(P)、硫(S)等杂质元素的铁碳合金称为碳素钢，简称碳钢。

1. 碳素钢的基本组织及性能特点

碳素钢的性能取决于其化学成分和金相组织。

碳是钢中除铁(Fe)外最主要的成分，对钢的组织及性能起决定性作用。当碳含量和温度不同时，会有不同的组织，其性能也不同。基本组织有：

①铁素体(F)　含碳极少，似纯铁（含碳量小于0.0218%的铁碳合金），其强度、硬度很低，但塑性、韧性很好；

②奥氏体(A)　硬度及强度不高，但塑性较好；

③渗碳体　它是铁和碳的化合物（分子式为 Fe_3C），其硬度很高，但很脆，塑性、韧性极差，但耐磨；

④珠光体(P)　它是铁素体和渗碳体的机械混合物，力学性能介于铁素体和渗碳体之间，硬度适中，强度较高，并有一定的塑性；

⑤莱氏体(L_d 及 L'_d)　它是奥氏体和渗碳体组成的机械混合物，室温时是珠光体和渗碳体的机械混合物，硬度很高，塑性很差。

2. 碳素钢中的杂质及对性能的影响

碳钢中的杂质元素含量虽少，但对钢的性能影响却较大。

①硅与锰　它们是在炼钢时作为脱氧剂进行脱氧反应后残留在钢中的，因其可提高钢的硬度和强度，且锰还能消除硫对钢的危害，故都是钢中的有益元素。钢中硅与锰的质量分数一般分别为 0.17%～0.37% 与 0.25%～0.80%。

②硫与磷　硫是生铁中带来而炼钢时又不能除尽的有害元素，它与钢中的铁生成化合物 FeS，FeS 熔点较低，当钢加热到 1000℃～1200℃ 进行热轧或锻造时，会导致钢材内部开裂，这种现象称为钢的热脆性。因此，要控制钢中硫的质量分数不得超过 0.05%。在钢中加入锰，可从 FeS 中夺走 S 而生成 MnS，MnS 熔点高(1620℃)，在钢热轧或锻造时不熔化，具有足够的塑性，所以能有效地消除热脆性。磷也是有害元素，它能与铁形成化合物，使钢在室温下的强度、硬度显著提高，但使钢的塑性、韧性大为下降，变得很脆，这种现象称为钢的冷脆性。磷还会使钢的焊接性能变坏。因此要严格控制磷的含量，一般钢中磷的质量分数控制在 0.04% 以内。

3. 碳素钢的分类

(1) 按碳质量分数分

①低碳钢　其 $w_c \leqslant 0.25\%$。

②中碳钢　其 w_c 在 0.25%～0.60% 之间（或 $w_c = 0.30\%～0.55\%$）。

③高碳钢　其 $w_c \geqslant 0.60\%$。

(2)按硫、磷质量分数(即以钢中含有害元素 S、P 多少)分
①普通钢　其 $w_s \leqslant 0.05\%$，$w_p \leqslant 0.045\%$。
②优质钢　其 $w_s \leqslant 0.035\%$，$w_p \leqslant 0.035\%$。
③高级优质钢　其 $w_s \leqslant 0.020\%$，$w_p \leqslant 0.030\%$。
(3)按用途分
①结构钢　即用于制作结构件的碳钢。
②工具钢　即用于制造各种刀具、量具和模具等的碳钢。

4. 碳素钢的牌号及应用

(1)普通碳素结构钢　其牌号由四部分组成。

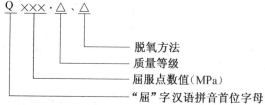

脱氧方法符号分别用 F、b、Z、TZ 表示。F 表示沸腾钢；b 表示半镇静钢；Z 表示镇静钢；TZ 表示特殊镇静钢，在牌号中 Z 与 TZ 可省略。

质量等级符号分别用 A、B、C、D 表示，质量依次提高，即钢中 S、P 的质量分数依次降低。

例如 Q215A·b 表示屈服点为 215MPa 的 A 级半镇静钢；Q235A·F 表示屈服点为 235MPa 的 A 级沸腾钢。

普通碳素结构钢牌号及其化学成分、力学性能，可查阅国标 GB/T 700—1988。它通常轧制成钢板和多种型材，主要用于工程结构及受力不大的机械零件。常用牌号的用途见表 2-2。

表 2-2　普通碳素结构钢常用牌号及用途

牌号		用　途
新牌号	旧牌号	
Q195	A1	常用于制造地脚螺栓、铆钉、犁板、低碳钢丝、薄板、焊管、拉杆、心轴、短轴、吊钩、垫圈、支架及焊接件等
	B1	
Q215-A	A2	
Q215 B	C2	
Q235-A	A3	常用于制作一般机械零件，如连杆、轴、螺钉、螺栓、螺母、轴、机架、气缸、焊接件、桥梁及厂房结构用的各种型材、钢筋等
Q235-B	C3	
Q235-C	—	
Q235-D	—	
Q255-A	A4	常用于制造强度要求不高的零件，如螺栓、键、楔、拉杆、摇杆、销轴、心轴、钢结构用各种型材等
Q255-B	C4	
Q275	C5	常用于制造强度较高的零件，如齿轮、转轴、心轴、销轴、键、链轮、螺栓、螺母、垫圈、鱼尾板、刹车杆、农机机架、耙齿等

(2) 优质碳素结构钢　其牌号用两位数字表示,数字表示钢中平均碳质量分数的万分数,如 45 钢,表示碳质量分数为 0.45% 的优质碳素结构钢。有一部分优质碳素结构钢含锰量较高($w_{Mn}=0.70\% \sim 1.2\%$),这类钢的强度高,热处理性能较好,在牌号后面要标出元素符号 Mn。如 60Mn,表示碳质量分数为 0.60% 的高锰优质碳素结构钢。若为沸腾钢,则在牌号后面标出规定的符号,如 10F 表示碳质量分数为 0.10% 的沸腾优质碳素结构钢。

优质碳素结构钢含杂质较少,力学性能良好,主要用来制造重要的机械零件。使用前一般要经过锻造和热处理来改善其力学性能。常用优质碳素结构钢的性能与用途见表 2-3。

表 2-3　常用优质碳素结构钢的性能与用途

牌号	性能	用途
08、08F、10、10F	系低碳钢,具有高塑性和高韧性,有优良的冷冲压性能和焊接性能	制作冷冲压件,如汽车车身、驾驶室、仪表外壳、压力容器等
15、20、25	系低碳钢,硬度、强度不高,但塑性、韧性好,渗碳淬火后表面耐磨,而心部保持高韧性	制造受力不大、韧性要求高的零件,如螺钉、螺母、法兰盘、拉杆;渗碳淬火的凸轮、摩擦片、样板等
30、35、40、45	系中碳钢,经调质处理后有良好的力学性能。正火后切削性良好	制作汽车曲轴、连杆、机床主轴、齿轮及受力不太大的轴类等
55、60、65	系高碳钢,经淬火后具有良好弹性、高强度和耐磨性,但焊接性和切削性较差	制作弹簧、钢丝绳及其他弹性零件和耐磨件等

(3) 碳素工具钢　是碳质量分数在 0.65%~1.35%,S、P 含量更低的高碳钢,都是优质或高级优质碳钢。

牌号以"碳"的汉语拼音首位字母"T"及后面的数字表示,数字表示钢中平均碳质量分数的千分数;若为高级优质碳素工具钢,则在牌号数字后标注字母 A。例如 T10,表示平均碳质量分数为 1.0% 的碳素工具钢;T8Mn 表示平均碳质量分数 0.8%、含 Mn 量较高的碳素工具钢;T10A 表示平均质量分数 1.0% 的高级优质碳素工具钢。碳素工具钢含碳量高,经热处理后,具有高硬度和高耐磨性。常用来制作小型刃具及量具、模具等。常用碳素工具钢的热处理硬度及用途见表 2-4。

表 2-4　碳素工具钢热处理硬度及用途

牌号	硬度		用途
	退火状态 ≤HBW	淬火状态 ≥HRC	
T7 T7A	187	62	制作受冲击载荷韧性要求高,高硬、耐磨的工具,如木工工具、小型冲头、錾子、锤子等
T8 T8A	187		
T8Mn T8MnA	187		

续表 2-4

牌号	硬度		用 途
	退火状态 ≤HBW	淬火状态 ≥HRC	
T9 T9A	192	62	制作要求中等韧性的受较小冲击载荷和耐磨性较好的工具,如丝锥、板牙、冲模、手工锯条、钻头及量规、样板、卡尺等
T10 T10A	197		
T11 T11A	207		
T12 T12A	207	62	不受冲击而要求高硬度、高耐磨性的工具和机件,如钻头、锉刀、刮刀及量规、样板等量具
T13 T13A	217		

(4) **易切削结构钢** 牌号以"易"的首个拼音字母 Y 及后面的数字表示。数字表示平均碳质量分数。有些牌号的数字后面尚标注铅(Pb)、锰(Mn)或钙(Ca)等元素符号。表示钢中含该种元素较多,如 Y40Mn、Y45Ca、Y12Pb 等。

易切削结构钢主要用在自动机床上加工大批、大量生产的零件,如螺钉、螺母等标准件和自行车、缝纫机、打字机零件。要求切削加工性好时,可选用含 S 量较高的 Y15;要求焊接性能好时,可选用含 S 量较低的 Y12;要求强度较高时,可选用 Y20、Y30;若强度要求更高时,可选用中碳易切削结构钢 Y40Mn 等;为了减轻刀具磨损,可采用含铅或含钙的易切削结构钢。

(5) **铸钢** 碳质量分数一般在 0.20%~0.60% 之间的铸造用钢称为铸钢。铸造碳素钢约占铸钢总产量的 80%,其余为铸造合金钢。铸钢牌号表示方法如下:

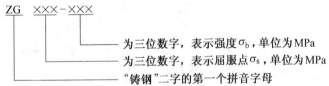

常用铸造碳钢的化学成分、力学性能及用途见表 2-5。

表 2-5 常用铸造碳钢的化学成分、力学性能及用途

牌号	化学成分				力学性能(正火)						用 途
	C	Mn	Si	S,P	σ_b	σ_s	δ	Ψ	a_k	HBW	
	%				MPa		%		J/cm²	—	
ZG230 ~450	0.22~ 0.32	0.5~ 0.8	0.2~ 0.45	0.04	450	240	20	32	45	≥131	用作受力不大,要求韧性高的零件,如阀体、外壳、机座等
ZG270 ~500	0.32~ 0.42				500	280	16	25	35	≥143	应用最广,如轧钢机架、箱体、轴座、曲轴、缸体等
ZG310 ~570	0.42~ 0.52				580	320	12	21	30	169~ 229	用作承受较大载荷的耐磨件,如缸体、机架、大齿轮、制动轮等

续表 2-5

牌号	化学成分				力学性能(正火)					用途
	C	Mn	Si	S,P	σ_b	σ_s	δ	Ψ	a_k	HBW	
	%				MPa		%		J/cm²	—	
ZG340~640	0.52~0.62	0.5~0.8	0.2~0.45	0.04	650	350	10	18	20	169~229	制作齿轮、棘轮、联轴器等

铸钢的熔点高、铸造性能差,比铸铁铸造困难。铸钢件组织不均匀、力学性能不够高。尤其韧性较低,因此,铸钢件必须经过退火或正火热处理,才可获得所需力学性能。一般只有在铸铁性能不能满足要求时才用铸钢。而在相应条件下,铸钢件比锻件成本低,所以用铸钢件替代锻件比较合算。

二、常用的合金钢

为改善钢的性能,特意加入某些合金元素而炼成的钢称为合金钢。常加入的合金元素有硅(Si)、锰(Mn)、钨(W)、铝(Al)、铬(Cr)、镍(Ni)、钼(Mo)、钒(V)、钛(Ti)、钴(Co)、磷(P)、硼(B)、铌(Nb)、钽(Ta)、锆(Zr)和其他稀土元素等。

合金钢与碳素钢的性能比较见表 2-6。

表 2-6 合金钢与碳素钢的性能比较

性能	比碳素钢	实例
力学性能	高	中碳钢在有一定塑性、韧性条件下,其 $\sigma_b \leq 1000$MPa,而一些合金钢的 σ_b 可达 1800MPa
高温硬度(或热硬性)	高	碳钢在 250℃以上工作时,硬度很快下降,不能保持高的耐磨性和好的切削加工性。而高速钢在 600℃还能保持 50HRC 以上,仍能进行切削
淬透性	好	在相同冷却介质中冷却,合金钢的淬透深度大得多,淬火、回火后的力学性能也更好,因而合金钢可制作大截面零件
耐热性(或高温强度)	好	中碳钢在 550℃时的 σ_b 不超过 300MPa,而 30CrMnSi 合金钢在相同温度下的 σ_b 达 540MPa
特殊性能	有且好	耐蚀的不锈钢;高温下有高抗氧化性和较高强度的耐热钢;耐强冲击和高耐磨性的耐磨钢等合金钢
工艺性	较差	冶炼困难;锻造、铸造、焊接及热处理等工艺性比碳钢复杂;成本也较高

加入的合金元素对钢的组织和性能的主要影响有:

①强化铁素体,可提高钢的强度和硬度(如加 Mn 等),但塑性、韧性有所下降。

②形成合金碳化物,提高钢的硬度、耐磨性和热硬性,如加 W、Ti、V 等。

③稳定奥氏体,提高钢的淬透性,如加 Cr、B 等。

④细化晶粒,提高钢的强度和韧性及综合力学性能,如加 Mo、Ti、Nb、Ta 等。

⑤稳定回火组织,提高钢的回火稳定性,如加 Si、Cr、Al 等。

1. 合金钢的分类及牌号表示法
(1) 按合金钢用途分

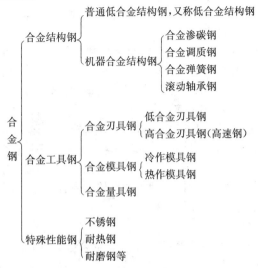

(2) 按所含合金元素总量分
① 低合金钢　合金元素总质量分数<5%。
② 中合金钢　合金元素总质量分数为5%~10%。
③ 高合金钢　合金元素总质量分数>10%。
(3) 合金钢的牌号
① 合金结构钢的牌号表示法：

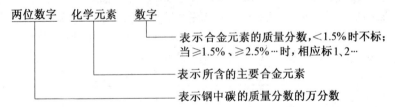

例如35SiMn钢,表示碳质量分数(平均)0.35%；硅质量分数为1.1%~1.4%, <1.5%,所以不标出；锰的质量分数为1.1%~1.4%,也不标出。又如60Si2Mn,表示碳质量分数(平均)为0.6%；硅质量分数2%,锰质量分数为0.6%~0.9%。
② 合金工具钢牌号表示法：

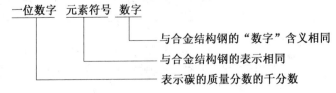

当碳的质量分数>1%时不标出,<1%时标出其平均数。例如9SiCr钢,表示碳质量分数(平均)为0.9%,硅的质量分数(1.2%~1.4%)<1.5%不标出,铬的质量分数(0.95%~1.25%)<1.5%也不标出。又例如CrWMn钢,表示碳质量分数>1%,铬与锰的质量分数均<1.5%。

③特殊性能钢牌号表示法 特殊性能钢的牌号和合金工具钢的表示法基本相同。例如3Cr13铬不锈钢,表示其碳质量分数为0.3%,铬的质量分数为13%。

当碳的质量分数<0.03%时,用00表示;当碳质量分数为0.03%~0.10%时,用0表示。如00Cr30Mo2钢及0Cr18Ni9等。

还有些特殊专用钢,为表示其用途,在钢牌号前冠以汉语拼音字母,而不标出碳质量分数,另外其金属元素的质量分数标注也与前述有所不同。例如滚动轴承钢前面标"G"("滚"字的汉语拼音首个字母)。牌号GCr15中,铬后数字表示铬质量分数为千分数即1.5%的滚动轴承钢。若牌号中除铬外尚有其他元素,如GCr9SiMn钢,其中Si、Mn的质量分数仍用百分数表示。

2. 低合金结构钢

低合金结构钢是在低碳钢基础上加入少量合金元素(合金元素总质量分数<3%)而制成的钢。其成分特点:

①碳质量分数低(一般为0.1%~0.25%)。

②加入的主要元素是锰(质量分数为0.8%~1.8%)。

③其他的合金元素有硅(Si)、钒(V)、铌(Nb)、钛(Ti)、磷(P)、铜(Cu)及稀土元素(RE)等。锰、硅可强化铁素体,使钢的强度提高;V、Ti、Nb可细化晶粒,可提高钢的韧性和强度;Cu、P能有效地提高钢对大气的抗蚀能力;RE元素能净化钢水、改善钢的韧性等。因此,这类钢比碳质量分数相同的碳素结构钢的强度高得多,且塑性、韧性、焊接性、抗蚀性良好,代替碳素结构钢可减轻结构重量、节约钢材、降低成本,经济技术性良好。如南京长江大桥采用Q345钢建造比采用低碳钢建造节约了15%的钢材。常用低合金结构钢的牌号及用途见表2-7。

表2-7 低合金结构钢的牌号及用途

牌 号		用 途
新 (GB/T 1591—1994)	旧 (GB 1591—88)	
Q295	09MnV、09Mn2、09MnNb、12Mn	一般在热轧或正火状态下使用。适用于制作各种容器、螺旋焊管、车辆冲压件、建筑结构件、农机结构件、油罐、低压锅炉汽仓,造船,大型钢结构等
Q345	12MnV、14MnNb、16Mn、16MnRE、18Nb	一般在热轧或正火状态下使用。适用于制作桥梁、船舶、车辆、锅炉、管道、油罐、电站、厂房、低压容器等结构件

续表 2-7

牌号		用途
新 (GB/T 1591—1994)	旧 (GB 1591—88)	
Q390	15MnV、15MnTi、16MnNb、10MnPNbRE	一般在热轧状态下使用。适用于制作锅炉汽仓,中、高压石化容器、桥梁、船舶、起重机较高载荷的焊接制件等
Q420	15MnVN、14MnVTiRE	一般在热轧或正火状态下使用。适于制作高压容器、重型机械、桥梁、船舶、机车车辆、电站设备,中、高压锅炉及大型焊接结构件等
Q460	—	一般淬火加回火后使用。适于制作大型挖掘机、起重运输机械、钻井平台等

3. 合金渗碳钢

其成分特点是碳质量分数低(0.10%～0.25%),所含合金元素总量不超过30%。含有合金元素铬、锰、硼,主要来提高淬透性,在渗碳、淬火、低温回火后使心部有较高强度;还含有 Ti、V、Mo,可细化晶粒,使心部有良好的韧性。经过渗碳、淬火和低温度回火后,表面强度可达 60～62HRC, a_k >70J/cm^2,获得"表硬内韧"性能。常用合金渗碳钢的牌号、力学性能及用途见表 2-8。

表 2-8 常用合金渗碳钢的牌号、力学性能及用途

牌号	试样毛坯尺寸/mm	力学性能					用途
		σ_b/MPa ≥	σ_s/MPa	δ_5(%)	Ψ(%)	a_k/(J/cm^2)	
20Cr	15	835	540	10	40	60	齿轮、小轴、凸轮、活塞销等
20Mn2B	15	980	785	10	45	70	齿轮、轴套、离合器、气阀顶杆等
20MnVB	15	1080	885	10	45	70	重型机床轴与齿轮、汽车后桥齿轮等
20MnTiB	15	1130	930	10	45	70	汽车、拖拉机变速齿轮等
20CrMnTi	15	1080	835	10	45	70	汽车、拖拉机、变速齿轮等
20CrMn	15	930	735	10	45	60	齿轮轴、蜗杆、活塞销、摩擦轮等
20CrNi3	15	930	685	11	50	90	重载齿轮、轴、凸轮轴等
20Cr2Ni4	15	1175	1080	10	45	80	大型齿轮和轴类,也可作调质件
18Cr2Ni4WA	15	1175	835	10	45	100	大型齿轮和轴类

4. 合金调质钢

它是经过调质热处理(即淬火后再高温回火的热处理)后使用的碳质量分数为0.3%～0.5%的中碳合金结构钢。常加入的合金元素有铬、锰、硅、镍、硼,以及少量的钼、钨、钒、钛等。

合金调质钢主要用于制造受重载和冲击载荷同时作用,要求其有良好综合力学

性能的重要零件。常用合金调质钢的牌号、热处理、力学性能及用途见表2-9。

表2-9 常用合金调质钢牌号、热处理、力学性能及用途

牌号	调质热处理				力学性能					用 途
	淬火		高温回火		σ_b /MPa	σ_s /MPa	δ (%)	Ψ (%)	a_k /(J/cm²)	
	温度 /℃	介质	温度 /℃	介质	≥					
40Cr	850	油	520	水、油	980	785	9	45	60	主轴、齿轮、花键轴、连杆等重要零件
40MnVB	850	油	520	水、油	980	785	10	45	60	可代替40Cr,节约Cr元素
45Mn2	840	油	520	水、油	885	735	10	45	60	重要的轴类和螺栓、齿轮等
35CrMo	850	油	550	水、油	980	835	12	45	80	曲轴、连杆、大截面轴类等
30CrMnSi	880	油	520	水、油	1080	835	10	45	50	重要螺栓、飞机起落架等
30CrMnTi	880/850	油	200	水、空气	1470	—	9	40	60	汽车主动锥齿轮、后齿轮、齿轮轴等
38CrMoAlA	940	水、油	640	水、油	980	835	14	50	90	精密丝杠、磨床主轴、量规及高压阀门、缸套等渗氮件等

5. 合金弹簧钢

合金弹簧钢主要用于制造各种弹簧(圆柱形弹簧、板弹簧等),是碳质量分数为0.5%~0.70%的高碳合金钢。常加入的主要元素有锰、硅、铬、钒、硼、钨等。其力学性能特点是高弹性、高疲劳强度,并有足够的韧性,以储存弹性变形能,缓振和缓冲。其热处理特点是:热成形的截面尺寸(如直径等)≥8mm的大型弹簧,一般采用淬火后中温回火;冷成形的截面尺寸(如直径等)≤8mm的弹簧,一般采用去应力退火处理。常用合金弹簧钢的牌号、热处理、力学性能及用途,见表2-10。

表2-10 常用合金弹簧钢的牌号、热处理、力学性能及用途

牌号	热处理			力学性能				用 途
	淬火温度 /℃	淬火剂	回火温度 /℃	σ_b /MPa	σ_s	δ (%)	Ψ	
55Si2Mn	870±20	油	480±50	1275	1177	6	30	做截面尺寸20~50mm弹簧,工作温度≤230℃
60Si2Mn	870±20	油	480±50	1275	1177	5	25	做截面尺寸25~30mm弹簧,工作温度≤230℃
60Si2MnWA	870±20	油	440±50	1900	1700	5	20	做截面尺寸≤50mm且强度要求较高的弹簧,可用于≤350℃工作温度
50CrVA	850±20	油	500±50	1300	1100	10	45	做截面尺寸≤30mm弹簧,工作温度≤400℃
60Si2CrVA	850±20	油	410±50	1863	1667	6	20	做截面尺寸<50mm弹簧,工作温度≤250℃

6. 滚动轴承钢

它是主要用来制作滚动轴承的内、外套圈及滚球、滚柱的专用钢,也广泛用于制

作小型量、刃具、模具及耐磨件等。它具有的性能特点是有高而均匀的硬度和耐磨性、高弹性极限、高抗压强度、高接触疲劳强度、足够的韧性和一定的耐蚀性。

它的碳质量分数高达0.95%～1.15%,铬的质量分数为0.40%～1.65%,以保证高硬、耐磨和高淬透性。还含有适量的硅、锰等元素,以进一步提高淬透性。

为降低钢的硬度(207～220HBS)、改善切削加工性能,并为淬火做好组织准备,必须进行预备热处理(即球化退火),最终热处理是淬火加低温回火,达到要求硬度62～66HRC。常用滚动轴承钢的牌号、热处理及用途见表2-11。

表2-11 常用滚动轴承钢的牌号、热处理及用途

牌号	淬火温度及淬火剂/℃	回火温度	回火后硬度 HRC	用　　途
GCr6	800～820 水、油	150～170	62～64	直径<10mm的滚球、滚柱和滚针
GCr9	800～820 水、油	150～170	62～66	直径<20mm的滚球、滚柱和滚针
GCr9SiMn	810～830 水、油	150～160	62～64	壁厚<12mm、外径<250mm的套圈;25～50mm的滚球、直径<22mm的滚柱
GCr15	820～840 油	150～160	62～64	
GCr15SiMn	810～830 油	150～200	61～65	壁厚>12mm、外径>250mm的套圈;直径>50mm的滚球和直径<22mm的滚柱

三、常用的合金工具钢及特殊性能钢

合金工具钢是制造刀具、量具和模具的钢种。具有高硬、高耐磨和高热硬性(红硬性)、淬透性及热处理变形小等特点。按用途分为刃具钢、合金模具钢和合金量具钢等。

1. 刃具钢

(1)低合金刃具钢　低合金刃具钢是在碳素工具钢的基础上,加入某些合金元素的钢。其碳质量分数一般为0.75%～1.5%,合金元素的总质量分数不超过5%,常加入的合金元素主要有铬、硅、锰,以提高钢的淬透性和强度;加入钨、钒,形成碳化物,以提高钢的硬度、耐磨性和热硬性(可达300℃),并细化晶粒以改善钢的韧性;硅也能改善热硬性;锰还可减小淬火变形等。经淬火和低温回火后,可制作低速切削刀具。常用低合金刃具钢的牌号、热处理和用途见表2-12。

表2-12 常用低合金刃具钢的牌号、热处理及用途

牌号	淬火温度,冷却介质/℃	回火温度	回火硬度 HRC	用　　途
9SiCr	820～860, 油	180～200	60～62	制作板牙、丝锥、钻头、铰刀、拉刀、冷冲模等
CrWMn	800～830, 油	140～160	62～65	制作板牙、拉刀、丝锥、长丝锥、量规、形状复杂和高精度冲模等

续表 2-12

牌号	淬火温度,冷却介质/℃	回火温度	回火硬度 HRC	用 途
Cr12MoV	980,油	160～80	61～62	制作冷切剪刀、圆锯、切边模、滚边模、拉丝模及量规、标准工具等
	1120,油	510(三次)	60～61	
3Cr2W8V	1075～1125,油	560～580(三次)	44～48	制作压模、热剪切力、压铸模等
9Mn2V	780～810,油	150～200	60～62	制作丝锥、板牙、精密丝杠、量规、块规、样板、铰刀、小件模、冷压模等
8MnSi	800～820,油	180～200	58～60	制作木工切削工具如锯条、凿子等

(2) 高合金工具钢(即高速钢) 详见第七章第三节刀具材料。

2. 合金量具钢

生产中使用的受力不大的各种量具,如游标卡尺、千分尺、量规及样板等,为保证其测量精度要求,制作它们的钢经过热处理后,应具有高硬度、高耐磨性、高尺寸稳定性和足够的韧性。尺寸不大的样板、卡规等,可用经渗碳、淬火及低温回火的15、20 优质碳素钢制作,也可用经表面淬火的 50、55 钢制作;普通量规可用碳素工具钢制作;形状复杂、精度要求高的量具,常用热处理变形小的低合金刃具钢如 CrMn、CrWMn 制作,或用 GCr15 等滚动轴承钢制作;抗蚀性要求高的量具,可用 4Cr13、9Cr18 等不锈钢制作。

3. 合金模具钢

制作锻压、冲压和压铸等模具的模具钢,根据模具工作条件不同,可分为热作模具钢和冷作模具钢两类。

(1) 热作模具钢 用以制作热锻模、热挤压模及压铸模等。工作中受巨大冲击、反复受冷、受热,工作条件恶劣。因此要求其制作钢种应有高的热强性、热硬性、高温耐磨性、抗氧化性、高导热性及高抗热疲劳性。常用中碳合金钢有 5CrMnMo、5CrNiMo(做热锻模),3Cr2W8V(做热挤压模和压铸模)。

(2) 冷作模具钢 冷冲模、冷挤压模、拉丝模等使金属在冷态下变形的模具,要求其制作钢种应具有高硬度、耐磨性、一定的韧性和抗疲劳性,大型模具还应有良好的淬透性。

尺寸小、形状简单、对耐磨性和热处理变形要求不高的冷作模,可用 T8A、T10A 等碳素工具钢制作。形状复杂、要求热处理变形小的冷作模,可用 CrWMn、9Mn2V、9SiCr 或 GCr15 制作。尺寸大或耐磨性要求很高、热处理变形小的冷作模,常用 Cr12、Cr12MoV 等高碳铬钢制作。

4. 特殊性能钢

指具有特殊物理、化学性能的钢。这类钢种很多,下面仅介绍常用的几个钢种。

(1) 不锈钢 指在大气、酸、碱、盐水溶液等腐蚀介质中具有高化学稳定性的钢。通常将在大气中能抗腐蚀的钢称为不锈钢。在较强腐蚀介质中能抗腐蚀的钢称为耐酸钢。其碳质量分数一般为 0.1%～0.45%，其主要合金元素是 Cr、Ni。Cr 的质量分数必须＞12.5%，否则难达到不锈、抗蚀目的。常用不锈钢的牌号、特点及用途见表 2-13。

表 2-13 常用不锈钢的牌号、特点及用途

类别	牌号	特点	用途
铬不锈钢	1Cr13、2Cr13	有良好的抗大气、海水、蒸汽等介质腐蚀的能力，韧性、塑性也很好	制作水压机阀门，汽轮机叶片等
	3Cr13、3Cr13Mo、4Cr13	淬火、低温回火硬度可达 50HRC	制作弹簧、热油泵轴、轴承、医疗器械等
铬镍不锈钢	0Cr19Ni9、1Cr19Ni9、1Cr18Ni9Ti	指 $w_c<0.15\%$，w_{Cr} 为 17%～25%、w_{Ni} 为 4%～16% 的不锈钢称镍铬不锈钢。硬度不高，但耐蚀性、韧性、塑性均比铬不锈钢好，且无磁性	制作在硝酸、磷酸、碱水溶液等强腐蚀介质中工作的零件，如吸收塔、储运容器、管道、阀门等

(2) 耐磨钢　指用于制作在工作中经受严重摩擦和强烈冲击或振动的零件的钢种。如球磨机衬板、挖掘机铲斗、铁道岔和履带等。常用的是高锰钢，其碳质量分数为 0.9%～1.4%，锰质量分数为 11%～14%，硅质量分数为 0.3%～1.0%。常用牌号有 ZGMn13 钢系列。

高锰钢常经"水韧处理"，即将钢加热至 1000℃～1100℃，保温一定时间后迅速水淬，此时钢的硬度并不高(180～220HBW)，但韧性很高。当在工作中受到强烈冲击和压力时，表面会产生强烈的加工硬化，使其硬度提高到 50HRC 以上，从而获得表面的高耐磨性，当表层磨损后，新露出的表面继续加工硬化，保持住高耐磨性，而心部仍保持高的塑性和韧性。显见，这种钢制作的零件，若在强烈冲击和压力等不具备加工硬化的工作条件下，并不耐磨。

由于高锰钢极易产生强烈的加工硬化，使其切削加工很困难，因此，高锰钢零件大多采用铸造成形。ZGMn13-1 适用于制作低冲击零件；ZGMn13-2 适于制作普通件；ZGMn13-3 适于制作复杂冲击零件；ZGMn13-4 适于制作高冲击零件。

(3) 耐热钢　在高温下仍具有较高强度和高抗氧化性能的钢称为耐热钢。它又可分为热强钢和抗氧化钢两大类。热强钢是在高温下具有较高的高温强度和良好的抗氧化能力的钢。抗氧化钢是高温下有较好抗氧化能力的钢。

常用的热强钢牌号有 15CrMo、4Cr14Ni14W2Mo。前者是典型的锅炉用钢，可在 300℃～500℃下长期工作；后者可制作在 600℃以下工作的零件，如汽轮机叶片、大功率内燃机排气阀等。

常用的抗氧化钢牌号有 4Cr9Si2、1Cr3SiAl 等，它们高温下能在钢表面形成致密而稳定的高熔点氧化膜，使钢与高温氧化性气体隔绝。可用于制作各种加热炉的底板、渗碳处理用的渗碳箱等。

四、铸铁

$2.11\% < w_c$（碳质量分数）$< 6.69\%$ 的铁碳合金称为铸铁。生产中常用铸铁的 w_c 一般为 $2.2\% \sim 4.0\%$。铸铁中除主要含铁、碳外，还含有硅和少量的锰、磷、硫等杂质元素，杂质含量比钢高。

铸铁的强度、塑性和韧性比钢差，不能锻造，但因其有优良的铸造性能、切削加工性、较高的耐磨性、减振性，生产设备及工艺简单，价格低廉，而广泛应用于各工业部门，在机床和重型机械制造业中占到总质量的 $60\% \sim 90\%$。有的铸铁性能已达到了铸钢、锻钢的性能，从而一些受载荷较大、受力复杂的钢锻件已被该种铸铁件所取代。

1. 铸铁的分类

(1) 根据碳在铸铁中存在的形式不同分类

①白口铸铁　除少量的碳溶于铁素体外，其余的碳均以渗碳体形式存在。其断口呈银白色。其性能既硬又脆，故白口铸铁很少直接制作零件，主要用来炼钢。

②灰口铸铁　除少量碳溶于铁素体中外，其余全部或大部以石墨形式存在。其断口呈暗灰色，是工业生产中产量最高(占各种铸铁总产量的 80% 以上)、应用最广的一类铸铁。

(2) 根据铸铁中石墨形态的不同分类

①灰铸铁　石墨为片状或蠕虫状。

②可锻铸铁　石墨呈团絮状。

③球墨铸铁　石墨呈球状。

如果在以上各类铸铁中加入某些合金元素(Cu、Cr、Mn、Mo、V、Ti 等)，可使铸铁获得高强度、耐磨、耐热等特殊性能，这类铸铁称为合金铸铁。下面仅介绍常用的几种铸铁。

2. 灰铸铁

灰铸铁的组织是由钢的基体和片状石墨组成的。而钢基体组织的类型取决于铸铁的石墨化程度。

铸铁中的碳以石墨形式析出的过程称为石墨化。影响石墨化过程的主要因素有两个，一是化学成分，如 C 和 Si 是强促进石墨化的元素，S 是阻碍石墨化的元素等；二是铸件冷却速度，冷却速度越小，越有利于石墨化。

(1) 灰铸铁的组织　根据石墨化程度的不同，其组织有三种：

①珠光体灰铸铁(珠光体＋片状石墨)；

②铁素体-珠光体灰铸铁(铁素体＋珠光体＋片状石墨)；

③铁素体灰铸铁(铁素体＋片状石墨)。

(2) 灰铸铁的性能　嵌入钢基体中的大量片状石墨的力学性能十分低($\sigma_b \approx$ 20MPa，$\delta = 0$，硬度为 3HBW)，就像分散在钢中的许多"微裂纹"，因此灰铸铁可看做"布满微小裂纹的钢"，也正因此，它是脆性材料。

灰铸铁的抗拉强度低,抗压强度接近钢,塑性和韧性近于零。但有良好的铸造性(如流动性好、收缩率小),良好的切削性和减磨性(片状石墨有润滑作用),良好的减振性(因石墨松软,能吸收振动),较低的缺口敏感性(因片状石墨本身就有许多微裂纹)等。

(3)灰铸铁的牌号及应用 其牌号表示法如下

```
HT ×××
   └── 三位数字,表示最低抗拉强度,单位为MPa
 └────── 灰铸铁中取"灰""铁"两字汉语拼音首字母
```

常用灰铸铁的牌号、性能、组织及用途见表2-14。

表2-14 常用灰铸铁的牌号、性能、组织及用途

牌号	铸件壁厚/mm	组织 基体	组织 石墨	最低抗拉强度/MPa	硬度(HBW)	用途
HT100	2.5~10 10~20 20~30 30~50	F+P	粗片状	130 100 90 80	110~167 93~140 87~131 82~122	制作低载荷不重要件或薄件,如罩、盖、手轮、重锤等
HT150	2.5~10 10~20 20~30 30~50	F+P	较粗片状	175 145 130 120	136~205 119~179 110~167 105~157	制作受中等载荷铸件,如机床支架、基座、箱体、轴承座、法兰、泵体、带轮、飞轮、电动机座、工作台、阀体、低压管路附件等
HT200	2.5~10 10~20 20~30 30~50	P	中等片状	220 195 170 160	157~236 148~222 134~200 129~190	制作受中等载荷的重要铸件,如气缸、齿轮、飞轮、底架、刀架、一般机床床身、中等压力液压筒等
HT250	4~10 10~20 20~30 30~50	P	较细片状	270 240 220 200	174~262 164~247 157~236 150~225	制作床身、机体、气缸、齿轮、凸轮、液压缸、轴承座、衬套、联轴器、齿轮箱、阀体等
HT300	10~20 20~30 30~50	S或T	细小片状	290 250 230	182~272 168~251 161~241	制作受重载、要求耐磨和高气密性的重要铸件,如重型机床和冲床身、活塞环、车床卡盘、导板、齿轮、凸轮、高压油缸、液压泵体、滑阀体等
HT350	10~20 20~30 30~50	S或T	细小片状	340 290 260	199~298 182~272 171~257	

注:①表中 F 表示铁素体,P 表示珠光体,S 表示索氏体,T 表示屈氏体。
②HT100 为铁素体灰铸铁,HT150 为铁素体珠光体灰铸铁,HT200 及 HT250 为珠光体灰铸铁、HT300 及 HT350 为孕育铸铁。

为了提高灰铸铁的强度,可采用孕育处理(也称为变质处理)方法。孕育铸铁(也称为变质铸铁)和稀土灰铸铁,就是经孕育处理后得到的两种高强度灰铸铁。表

2-14 中的 HT300 和 HT350 就是孕育铸铁。

孕育(或变质)处理就是在铸件浇注前,往出炉的铁水中加入少量经预热后的孕育(或变质)剂(常用 Si 质量分数 75%,并粉碎成 5~10mm 的硅铁作孕育剂,加入量约为铁水质量的 0.2%~0.6%),经搅拌后进行浇注的方法。得到的组织为细小晶粒的珠光体和细小均匀分布的片状石墨,使铸铁的强度显著提高,其塑性、韧性亦有改善。

如果孕育处理时,加入出炉铁水中的是稀土合金孕育剂(加入量为铁水质量的 0.8%~2%),则使石墨变成了形似蠕虫状,并使钢基体强化,为防止出现白口,孕育处理后需向铁水中加入铁水质量 0.4%~0.6% 的硅铁。这种铸铁称为稀土灰铸铁。它强度很高(σ_b=400MPa、200~260HBW),耐磨性好,抗热冲击性好。这种灰铸铁可代替高牌号的孕育铸铁和合金铸铁。

3. 可锻铸铁

可锻铸铁俗称马口铁或玛钢。它是将白口铸铁通过石墨化退火(在 900℃~1000℃长时间保温),使渗碳体在固态下分解,而获得团絮状石墨的一种铸铁。因团絮状石墨大大减轻了对钢基体的割裂作用和应力集中,所以该种铸铁的强度比灰铸铁高,塑性和韧性也比灰铸铁好。正因为它有较大的塑性变形能力,故名可锻铸铁。但实际上并不能锻造。

根据退火工艺的不同,可形成黑心可锻铸铁与珠光体可锻铸铁。黑心可锻铸铁的断口为灰黑色,其组织为铁素体与团絮状石墨,具有一定的强度、塑性和韧性。珠光体可锻铸铁的断口呈灰色,其组织是珠光体与团絮状石墨,具有较高的强度、硬度和耐磨性,但塑性与韧性较低。

可锻铸铁的牌号表示如下

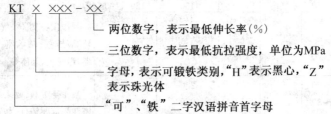

如 KTH35-10 表示黑心可锻铸铁,最低抗拉强度为 350MPa,最低伸长率为 10%。常用可锻铸铁的牌号、性能及用途见表 2-15。

表 2-15 常用可锻铸铁的牌号、性能及用途

| 牌号 | | 试样直径 d /mm | σ_b /MPa | σ_s /MPa | δ (%) | 硬度 (HBW) | 用途 |
A 系列	B 系列		≥	≥	≥	≤	
KTH300-6	—	12 或 15	300	—	6	150	适于静载和动载且要求气密性好的管件,如弯头、三通等管道配件及中低压阀门等

续表 2-15

牌号		试样直径 d /mm	σ_b /MPa	σ_s /MPa	δ (%)	硬度 (HBW)	用途
A系列	B系列		≥			≤	
—	KTH330-8	12或15	330	—	8	150	适于中等静、动载荷的零件,如机床扳手、钢丝绳接头、车轮毂等
KTH350-10	—		350	200	10		适于制作受较高冲击、振动及扭转载荷的零件,如汽车差速器壳体、前后轮毂、转向节壳、制动器等
—	KTH370-12		370	—	12		
KTZ450-06	—		450	270	6	150~200	其韧性、塑性较低。适于制作受较高载荷、耐磨损的重要零件,如曲轴、凸轮轴、活塞环、齿轮、连杆、万向联轴器接头、扳手、棘轮、传动链、摇臂等
KTZ550-04	—		550	340	4	180~230	
KTZ650-02	—		650	430	2	210~260	
KTZ700-02	—		700	530	2	240~290	

注:B系列为过渡性牌号。

4. 球墨铸铁

在浇注前往铁水中加入一定量的球化剂(纯镁或镁合金等)和墨化剂(硅铁或硅钙合金),使石墨呈球状的铸铁,称为球墨铸铁。由于球状石墨对钢基体的割裂作用和应力集中大为减小,使更多的钢基体(70%~90%)被有效利用。因此球墨铸铁的力学性能大大高于灰铸铁而接近于钢。它的强度和硬度高,耐磨性好,其塑性及韧性虽略低于钢,但其疲劳强度接近中碳钢,耐磨性则优于表面淬火钢,且具有良好的铸造性能、切削加工性、低缺口敏感性,而且价格低廉。在机械工业中,球墨铸铁已经取代了部分承受较大载荷、受力复杂的钢锻件,如汽车、拖拉机、压缩机中的曲轴,已为珠光体球墨铸铁取代。

球墨铸铁按其钢基体的组织不同,可分三类:

①铁素体球墨铸铁,其塑性、韧性较好;

②珠光体球墨铸铁,其强度、硬度相对较高;

③铁素体-珠光体球墨铸铁,其强度、硬度介于其他两类之间。

球墨铸铁的牌号表示方法如下:

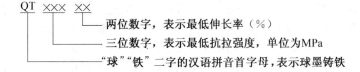

常用球墨铸铁的牌号、性能及用途见表 2-16。

表 2-16　常用球墨铸铁的牌号、性能及用途

牌号	钢基体组织	σ_b/MPa	$\sigma_{0.2}$/MPa	δ(%)	硬度(HBW)	用　　途
QT400-18	F	400	250	18	130～180	制作汽车后桥壳、轮毂、差速器壳体、拨叉、离合器壳、阀体、阀盖、农机件等
QT400-15	F	400	250	15	130～180	
QT450-10	F	450	310	10	160～210	
QT500-07	F+P	500	320	7	170～230	制作油泵齿轮、铁路车辆轴瓦、阀、飞轮等
QT600-03	P+F	600	370	3	190～270	制作柴油机曲轴、凸轮轴、连杆、气缸套、进排气门座、蜗轮蜗杆、磨床、车床、铣床的主轴、矿车轮、水轮机主轴、农机配件等
QT700-02	P	700	420	2	225～305	
QT800-02	P	800	480	2	245～335	
QT900-02	B或M	900	600	2	280～360	汽车及拖拉机的传动齿轮、传动轴、内燃机曲轴、凸轮轴等

注：表中 B 表示贝氏体；M 表示马氏体。

第三节　钢铁的鉴别方法

钢铁的鉴别方法很多，有条件的工厂可在化验室鉴别，没有化验室的工厂或车间可用以下几种简易方法进行鉴别。

一、钢铁火花鉴别法

钢铁火花鉴别法，是将被鉴别的钢铁材料与高速旋转的砂轮相接触，根据磨削产生的火花形状和颜色等特征，鉴别钢铁化学成分的方法。是近似地估计钢铁成分最简易、最迅速、最常用的方法。

1. 火花鉴别原理

当被鉴别的钢铁材料用一定压力在砂轮机上磨削时，由于摩擦产生高温，其磨下的细微颗粒受到砂轮旋转作用而抛射出来，并沿抛射轨迹一面剧烈回转（每秒钟回转达数百次），一面向前运行。由于微粒与空气摩擦发生氧化，并迅速升温，使微粒达到熔融状态。每颗微粒在高温下运行的轨迹形成一条明亮的"流线"。微粒中首先起氧化作用的是铁，在其表面形成氧化铁（FeO），又因微粒中含有碳元素，当达 400℃以上时，碳很快夺取 FeO 中的氧（即铁被还原）而形成 CO（一氧化碳）。还原的铁又与空气中的氧发生氧化生成 FeO。此反应在运行中反复进行，就使微粒内积聚了较多的 CO 气体，与固态铁微粒氧化后的 FeO 相比体积差异甚大。当微粒内部因 CO 引起的压力大于其微粒表面强度时，将使微粒爆裂形成明亮的"爆花"，它爆裂一次后，若被粉碎的微末中仍留有未反应的碳，则又会进入氧化、还原的反复反应中，而发生二次、三次甚至多次爆花。因而钢铁中的碳是形成钢铁火花的基本元素，含碳愈多，火束愈多，火花愈多。当钢铁中含有其他合金元素（如 W、Cr、Mn、Si、Ni 等）时，对火花的线条、颜色、爆花形状均有不同的影响，因而可基本上鉴别出合金元

素的种类及其大致质量分数(含量),但不如碳钢那样容易和准确。火花鉴别法就是根据火花爆裂的数量、形态、流线、颜色等特征来鉴别钢铁化学成分的。

2. 火花各部分主要名称

(1) 火束　钢铁材料磨削时产生的全部火花统称为火束。靠近砂轮部分称为根部或根花。中间部分叫中部或间花,是火花最密集的部分,从这部分可看出钢中含碳的多少。火束末端称为尾部或尾花,根据尾花的形状,可判断所含的合金元素。

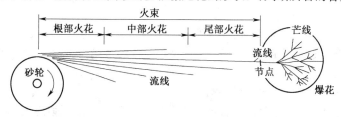

图2-4　火束各部位的名称

(2) 流线　是指高温粉末状的钢粒在空间高速飞行时,呈发光的线条状轨迹。因钢的成分不同,流线的形状、颜色、疏密也不同。流线通常有直线状流线、断续状流线和波纹状流线三种。

碳钢火束是直线状流线,镍铬钢或合金工具钢的火束中常夹有断续的流线。高速钢的火束中常夹有波纹状流线。

(3) 节点和芒线　流线中途爆裂的明亮点称为节点。爆裂时发射出来的分叉直线称为芒线(或分叉)。随含碳多少不同,有二根、三根、四根和多根芒线之分,如图2-5所示。

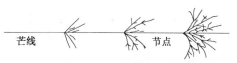

图2-5　爆花的各种形式(一次,二次,三次爆花)

(4) 节花　又称爆花。是碳元素所具有的火花特征,是铁末爆裂时在流线上由节点、芒线所组成的火花。爆花随流线、芒线的爆裂情况不同,有一次、二次、三次及多次之分,如图2-5所示。流线上第一次发射出的火花称为一次节花,一般低碳钢多产生这类节花。在一次节花的芒线上若再爆裂即发生二次节花,中碳钢多是二次节花。在二次芒线上若再爆裂即发生三次节花,这是高碳钢的特性。含碳越多,三次节花也越多,火束越短。三次节花里有许多点状花芯,称为花粉。

3. 火花鉴别要点

(1) 流线的鉴别

① 颜色　亮白色的多是碳钢;橙色和红色的,多是合金钢和铸铁。

② 数量　随含碳增多,流线数量也增多。

③ 长度　碳钢含碳越多,流线就越短。铸铁和高碳钢的流线常比低、中碳钢的短。

(2)节花的鉴别

①数量 碳钢含碳越多,节花次数就越多,高速钢一般没有节花。

②位置 碳钢随含碳增加,节花位置由根部推向尾部。

③明亮程度及节花大小 低碳钢到中碳钢时,节花的明亮程度及节花大小逐渐增加,碳质量分数为 0.55% 时节花最大、最明亮。随碳质量分数继续增加,节花变小、颜色由亮变暗。铸铁的节花为无数小芒线,并有大量花粉,在尾部聚成一团而下垂,均呈暗红色。

(3)尾花的鉴别 尾花的形状通常是判断合金元素的主要特征之一。例如钨钢和高速钢是狐尾花;铬钢的尾花多呈菊花状,芒线和节花很多,花粉密,分叉上有小花,橙黄色。

4. 常用合金元素对火花的影响

(1)铬 当含铬不多时,铬有助长火花爆裂的作用。爆裂强度大,火束显著缩短,颜色明亮,节点明显,火花呈大星形。但碳质量分数达 0.8% 以上时,反而使火花受抑制,与相同碳质量分数的碳钢比,芒线短、花形小,爆裂强度有所降低,爆花出现为无数层次的细树枝状爆裂。

(2)锰 是助长火花爆裂的元素,使爆裂强度增加,花形变大,芒线增多,花粉增加,颜色明亮,有大量白亮节点。

(3)硅 当硅质量分数 $<0.4\%$ 时,爆花形式整齐,爆裂强度增加。当硅质量分数 $>1\%$ 时,有明显抑制作用,花形缩小,芒线缩短,但有白亮圆球状的闪光点。

(4)钨 由于钢中 WC 较稳定,钨不易氧化,也不易生成 CO。它是强烈抑制火花爆裂的元素。流线呈暗红色,有狐尾尾花,当含钨增高时,狐尾数量逐渐减少,流线细而稀、短,呈断续状。

常用碳钢及合金钢的火花形状及特征见表 2-17。

表 2-17 常用碳素钢及合金钢的火花形状及特征

钢材种类		火 花 形 状	火 花 特 征
碳素钢	低碳钢(以 20 钢为例)		火束较长,橙黄带红色,芒线稍粗,呈一次花,多根分叉,爆裂,流线多而粗;尾部稍下垂,光色减弱
	中碳钢(以 45 钢为例)		火束稍短,橙黄色,发光明亮、多根分叉的三次花为主,火花盛开,花数约占火束的 3/5 以上,花间花粉较多
	高碳钢(以 T12 钢为例)		火束橙红,根部暗淡,流线多而细密,光束粗短,爆花多根分叉,三次花数多,碎花及花粉很多,尾花较少,火束射力强劲,爆裂强度较弱,火束灿烂美丽;磨时手感很硬

续表 2-17

钢材种类		火 花 形 状	火 花 特 征
合金钢	高速钢(以 W18Cr4V 为例)		光束细长且少,红橙色,发光极暗弱,因钨影响,几乎无爆花出现,仅尾部有三、四根分叉爆裂,花量极少,根部与中部为断续流线,有时出现波浪流线,芒线及尾部膨胀下垂,形成点形狐尾花,磨时手感极硬
	合金调质钢(以 38CrMoAl 为例)		火束稍长,亮红色;爆花为多根分叉的一次花,尖端多发光点及花粉,呈大星形、橙黄色;花量因铝而减少,占火束的 1/4;流线细呈红色,清晰易见,磨时抗力不很强
	合金工具钢(以 CrWMn 为例)		火束细较长,流线稀疏,暗红色,发光稍暗;爆花为十数根分叉一次花,量稍多,呈大星形,赤橙色;芒线细密,有蓝白色大星点;流线根部呈断续状,尾部有赤橙色穗及芒线,细而长,形如狐尾花,深黄色狐尾花在近砂轮处,磨时手感颇硬
	不锈钢(以 1Cr18Ni9 为例)		火束细,流线很少,亮朱红色,发光稍大;爆花为三根分叉的一次花,星形,整齐一致;流线根部为断续状,暗红色,中部有镍的花苞出现;淡橙黄色,花量极少,磨时手感甚硬

二、涂色鉴别法

钢厂生产的钢材,据钢种不同,按标准涂上不同颜色,以便于识别。常用钢材涂色标记见表 2-18。

表 2-18 常用钢材涂色标记(摘录)

钢种	牌号或钢组	涂色	钢种	牌号或钢组	涂色
普通碳素结构钢	Q195 Q215 Q235 Q255 Q275	白色+黑色 黄色 红色 黑色 绿色	高速钢 YB(T)2	W12Cr4V4Mo W18Cr4V W9Cr4V2	棕色一条+黄色一条 棕色一条+蓝色一条 棕色两条
优质碳素结构钢 GB/T 699	08~15 20~25 30~40 45~85 15Mn~40Mn 45Mn~70Mn	白色 棕色+绿色 白色+蓝色 白色+棕色 白色两条 绿色三条	合金结构钢 GB/T 3077	锰钢 硅锰钢 锰钒钢	黄+蓝 红+黑 蓝+绿

续表 2-18

钢种	牌号或钢组	涂色	钢种	牌号或钢组	涂色
合金结构钢	铬钢	绿+黄	滚珠轴承钢 YB9	滚铬 9 钢	白+黄
	铬硅钢	蓝+红		滚铬 9 硅锰钢	绿色两条
	铬锰钢	蓝+黑			
	铬锰硅钢	红+紫		滚铬 15 钢	蓝色一条
	铬钒钢	绿+黑			
	铬锰钛钢	黄+黑	不锈钢 GB/T 1220	铬镍钢	铝白+红
	铬钨钒钢	棕+黑		铬锰镍钢	铝白+棕
	钼钢	紫		铬镍钛钢	铝白+蓝
	铬钼钢	绿+紫		铬镍铜钛钢	铝白+蓝+白
	铬锰钼钢	紫+白		铬镍钼钛钢	铝白+红+黄
	铬钼钒钢	紫+棕			
	铬硅钼钒钢	棕+紫	耐热钢 GB/T 1221	铬硅钢	红+白
	铬铝钢	铝白色		铬钼钢	红+绿
	铬钼铝钢	黄+蓝		铬硅铝钢	红+黑
	铬钨钒铝钢	黄+红		铬硅钛钢	红+黄
	硼钢	紫+蓝		铬镍钨钼钢	红+棕
	铬钼钨钒钢	紫+黑			

第四节　钢铁的热处理

一、钢的热处理概念及分类

(1) 钢的热处理概念　将固态下的钢采用适当的方式进行加热、保温和冷却来改变钢的内部组织,以获得所需性能的工艺方法,称为钢的热处理。热处理的目的:

①提高钢材的性能,从而提高钢制零件的使用性能和延长零件的使用寿命。

②改善工件的加工工艺性能,提高工件的加工质量。

(2) 钢的热处理方法分类　按加热(包括保温)及冷却方法不同,热处理可分为下列几种:

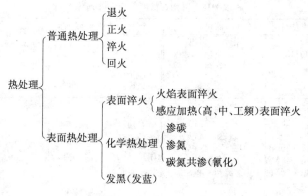

二、铁碳合金状态图简介

铁碳合金是以铁为基础的合金,是钢和生铁的统称。铁碳合金状态图是根据实验方法得到的,它表示在缓慢冷却(或加热)的平衡状态条件下,不同成分的铁碳合金在不同温度下所具有的组织状态的一种图形。

铁碳合金状态图不仅是选用材料、判断切削加工性能的参考依据,也是制定铸、锻、轧制工艺及正确选择退火、正火、淬火、回火等热处理温度的重要参考资料。

1. 铁碳合金状态图及其上各点、线的意义

图 2-6 所示为简化的铁碳合金状态图。

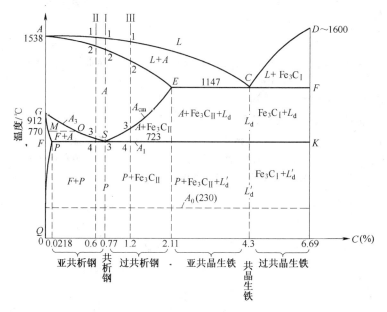

图 2-6 简化的铁碳合金状态图

图中的各种组织代号及其性质见第二节。其中莱氏体 L_d 为由共晶点 C 继续冷却时,得到的 $(A+Fe_3C_{II}+Fe_3C)$ 的机械混合物。而莱氏体 L'_d 为冷却至共析线以下温度时得到的 $(P+Fe_3C_{II}+Fe_3C)$ 的机械混合物。Fe_3C_{II} 是从莱氏体内部的 A 中二次析出的渗碳体。过共晶生铁中的 Fe_3C_I 是合金由液态 L 冷却到与液相线 CD 相交的温度时,结晶出的一次渗碳体。

(1) ACD 线 为液相线,此线以上区域内的合金为液态,用 L 表示,达到此线温度时开始结晶。A 点温度(纯铁的熔点)为 1538℃;C 点温度(共晶点)为 1147℃;D 点温度(渗碳体的熔点)为 1600℃,而渗碳体的熔点计算值为 1227℃,有的资料上标注为 1277℃。

(2) $AECF$ 线 为固相线,此线以下的合金为固态。ECF 线为共晶反应等温

线,其温度为1147℃。

(3) GS线即A_3线 奥氏体A冷却到A_3线时,开始析出铁素体F。G点温度为912℃。

(4) ES线即A_{cm}线 奥氏体A冷却至A_{cm}线时,开始析出二次渗碳体Fe_3C_{II}。

(5) PSK 线即A_1线 称为共析线,奥氏体冷却至A_1线时,碳质量分数 $>0.0218\%$的合金均发生共析转变,产生珠光体$P(F+Fe_3C)$。A_1线的共析温度为723℃,S点为共析点。

(6) MO线 为磁性转变线 此线以下铁素体有铁磁性,此线以上铁素体的铁磁性消失。

(7) A_0虚线 是渗碳体的磁性转变线,在230℃以上,渗碳体失去铁磁性,在230℃以下有弱铁磁性。

碳质量分数 $w_c<0.0218\%$的铁碳合金称为纯铁;$0.0218\%<w_c<0.77\%$的钢称为亚共析钢;$w_c=0.77\%$的钢称为共析钢;$0.77\%<w_c<2.11\%$的钢称为过共析钢。w_c为$2.11\%\sim6.69\%$的铁碳合金称为生铁,它根据w_c的不同,又可分为共晶铸铁、亚共晶铸铁和过共晶铸铁,此不赘述。

2. 铁碳合金的结晶过程及组织转变

利用铁碳合金状态图,可以非常方便清楚地看到不同的铁碳合金由高温到室温的结晶过程及其组织转变。例如,图2-6中有3种碳质量分数不同的铁碳合金Ⅰ、Ⅱ、Ⅲ。它们的结晶过程及组织转变分析如图2-7所示。

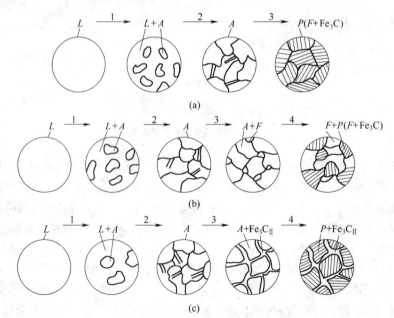

图2-7 钢冷却结晶过程及组织转变分析
(a)共析钢 (b)亚共析钢 (c)过共析钢

在铁碳合金状态图中，A_1、A_3 及 A_{cm} 线是在极为缓慢的加热或冷却条件下测得的，但在实际生产中，加热或冷却并非极其缓慢，所以加热或冷却时各线位置有差异。实际加热时各特性线为 Ac_1、Ac_3 和 Ac_{cm}，而实际冷却时各特性线为 Ar_1、Ar_3 及 Ar_{cm}。如图 2-8 所示。例如共析钢，要使珠光体 P 转变为奥氏体 A，必须将钢加热至超过 Ac_1 温度以上。

3. 钢在加热、冷却时的组织转变

(1) 钢加热时奥氏体的形成过程 在对钢热处理时，首先要对材料加热，加热的目的是为获得奥氏体。奥氏体钢高温状态时其组织的晶粒大小、成分及均匀程度对钢冷却后的组织和性能有重要影响。

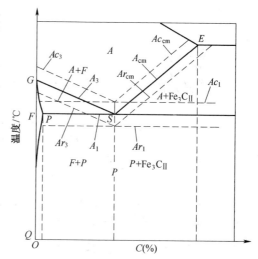

图 2-8 钢在加热和冷却时各特性线的位置

钢在加热到一定温度后，内部组织才能开始发生转变，通常将发生组织转变时的温度称为临界温度或临界点。将钢加热到临界温度（即 Ac_1 或 Ac_3 或 Ac_{cm} 线温度）以上，使其组织全部或部分转变为奥氏体，该过程称为奥氏体化。奥氏体具体形成过程是通过 3 个步骤完成的。下面以共析钢为例加以说明。

①晶核形成并长大 在铁素体(F)和渗碳体(Fe_3C)的界面上易生成 A 的晶核，晶核生成后，铁素体中的铁原子通过扩散转移到 A 的晶核上，使 A 的晶核长大。同时渗碳体通过分解，不断溶入形成的奥氏体中，使奥氏体不断长大。

②剩余渗碳体向奥氏体中继续溶解 由于渗碳体的晶体结构、碳的质量分数与奥氏体差别太大，故渗碳体向奥氏体的转变，必然落后于铁素体向奥氏体的转变，在 F 完全转变为 A 后，仍有遗留的渗碳体尚未转变，这部分渗碳体将继续向 A 中溶解，直至全部消失为止。

③奥氏体的均匀化 由于 F 与 Fe_3C 的碳质量分数相差极大，所以在刚形成的 A 晶粒中，原来的渗碳体处的碳质量分数比原来的铁素体处的碳质量分数高，这就需要一定的保温时间，通过碳原子的扩散，使奥氏体晶粒中的碳质量分数渐趋均匀。可见热处理加热后的保温阶段，不仅是为了把钢料热透，也是为了获得成分均匀的奥氏体组织，以便在冷却后得到良好的组织与性能。图 2-9 所示为共析钢中奥氏体形成过程示意图。

奥氏体实际晶粒粗细对钢的性能影响很大。粗晶粒组织会使钢的韧性变坏，热处理淬火时会形成裂纹；而细晶粒组织的强度、塑性、冲击韧度都比粗晶粒组织高。

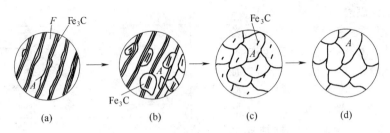

图 2-9 共析钢中奥氏体形成过程示意图
(a)形成晶核 (b)晶核长大 (c)A 中残余 Fe_3C 溶解
(d)A 中的成分均匀化较转变完成

奥氏体晶粒粗细与加热至临界温度以上的温度高低及保温时间的长短有很大关系。加热温度越高,保温时间越长,奥氏体晶粒越粗大,这是因为随着温度升高,原子扩散比较容易,使晶粒之间互相吞并,故而晶粒长大变粗。所以,为了得到细小而均匀的奥氏体晶粒,就必须严格控制加热温度和保温时间。

(2)奥氏体在冷却时的转变 试验表明,钢在室温时的性能,不仅与高温加热获得的奥氏体晶粒大小、成分均匀程度有关,且与奥氏体在冷却时的转变有直接关系,冷却速度和冷却方式对奥氏体的转变有很大影响。同一种钢,加热条件相同,而冷却条件不同,则钢的机械性能亦明显不同。这是因为奥氏体随冷却速度的不同而发生了不同的组织转变。如转变为珠光体、索氏体、马氏体等。

奥氏体的冷却方式大致有两种:

①等温冷却(转变),即把加热到奥氏体状态的钢快速冷却至某一温度,在该温度保温一段时间,使奥氏体发生组织转变,然后再冷却至室温。如常用的等温淬火、等温退火等。

②连续冷却,即将奥氏体状态的钢从高温连续冷却至室温,使奥氏体发生组织转变。如常用的普通淬火(水冷、油冷、空冷正火及炉冷退火)等。图 2-10 所示为等温冷却和连续冷却的示意图(图 a 中冷却曲线中出现的平台表示等温冷却)。

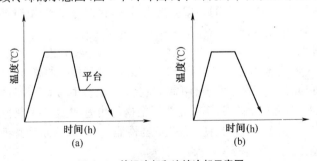

图 2-10 等温冷却和连续冷却示意图
(a)等温冷却 (b)连续冷却

三、钢的普通热处理

1. 钢的退火

将钢加热到一定温度,经一定时间保温后,缓慢冷却(一般随炉冷却)的热处理工艺,称为退火。根据钢的成分和热处理目的的不同。常用的退火方法主要有三种。

(1)完全退火 主要用于亚共析钢和低、中碳合金结构钢制作的铸、锻件、型材和焊接结构件的退火。完全退火不能用于过共析钢,因为完全退火会使过共析钢的机械性能和切削加工性变坏。具体操作是将钢加热到 Ac_3 线以上 30℃~50℃,保温一定时间后,随炉冷却(或埋在砂或石灰中冷却)至 500℃ 以下,出炉空冷。完全退火能达到细化晶粒、消除内应力、降低硬度之目的。

(2)球化退火 主要用于过共析钢及合金工具钢制件(如模具、量具、刀具等)的退火。可达到提高塑性、降低硬度、改善切削加工性能,并为淬火做好准备之目的。具体操作是将钢加热到 Ac_1 线以上 20℃~40℃,充分保温后随炉缓慢冷却至 600℃以下,出炉空冷。

(3)去应力退火 主要用来消除铸件、锻件、焊接件的内应力和精密零件在粗加工后产生的内应力。具体操作是将钢加热至 Ac_1 线以下的某一温度(一般为 500℃~650℃),保温一段时间后随炉缓慢冷却,至 200℃~300℃时出炉空冷。由于加热温度低于临界温度,所以退火过程中不发生组织转变,只是在热状态(保温)下消除内应力。也称为低温退火。

2. 钢的正火

将钢加热到 Ac_3 线或 Ac_{cm} 线以上 30℃~50℃,保温一定时间后出炉空冷。目的是低碳钢和低碳合金钢正火后,可适当提高其硬度,从而改善其切削加工性;中碳钢经正火,可细化晶粒,均匀组织,提高其强度和硬度;对于力学性能要求不高的零件,可用正火作为最终热处理;高碳钢经正火,可消除内部网状渗碳体,改善钢的力学性能,为球化退火做组织准备。

正火比退火生产周期短、操作方便,成本低,所以在可能的条件下应优先采用正火。对于形状复杂的零件,由于正火冷却速度比退火快,容易产生裂纹和开裂,故采用退火为宜。几种退火及正火的加热温度范围如图 2-11a 所示。

3. 钢的淬火

将钢加热到 Ac_3 或 Ac_1 线(即临界温度)以上,保温一定时间,然后快速冷却而获得马氏体或奥氏体组织的热处理工艺称为淬火。淬火的目的主要是获得马氏体组织,提高钢的强度、硬度和耐磨性。

(1)淬火过程中的组织分析与质量保证 淬火加热温度是根据碳的质量分数确定的。碳素钢的淬火温度范围如图 2-11b 所示。具体地说,亚共析钢的淬火温度一般是 Ac_3 线以上 30℃~50℃,淬后得到均匀的马氏体,若加热到 Ac_1 与 Ac_3 之间,则温度过低,会因淬火组织中有未溶铁素体,而降低淬火钢的硬度。共析钢和过共析钢的淬火温度一般为 Ac_1 线以上 30℃～50℃，淬火后为马氏体和粒状二次渗碳体。如果加热至 Ac_{cm} 以上，则温度过高，会得到粗大晶粒的马氏体使钢脆化，而且由于二次渗碳体全部溶解，使奥氏体中的碳质量分数过高，从而降低了马氏体的转变温度，淬火后钢中残余奥氏体增加，故而使淬火钢的硬度和耐磨性降低。

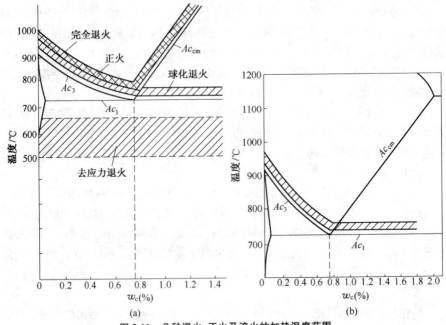

图 2-11　几种退火、正火及淬火的加热温度范围
(a)几种退火及正火加热温度范围　(b)碳素钢淬火加热温度范围

为了得到马氏体，淬火时要快速冷却，然而快冷不可避免地要引起很大的内应力，往往会使钢件产生变形和裂纹。解决这个问题的手段有两个：

① 合理选用淬火介质即淬火剂。常用淬火剂有水、盐水、碱水和油等。水是最常用的淬火剂，冷却能力强、方便而经济。生产中一般采用循环水，使水温不超过40℃。水淬常用于形状简单的碳钢件，因为水在 300℃～200℃ 范围内冷却速度仍然很快（约 270℃/s），易引起变形和开裂，故不能用于形状复杂的钢件。

矿物油主要用于合金钢淬火。虽然其冷却能力较低，稍大的碳钢件在油中不易淬硬，但大部分合金钢可在油中淬硬，且产生的内应力较小，不易产生变形和开裂。

还有含盐、硝盐、碱、聚乙烯醇的水溶液等淬火剂，其冷却能力介于水与油之间。适用于油淬不硬、水淬易开裂的碳钢件。

② 正确选用淬火方法。为了保证钢件的淬火质量，还必须正确采用淬火方法。常用的淬火方法有单液淬火、双液淬火、分级淬火与等温淬火等。它们的操作方法及特点见表 2-19。

表 2-19 常用淬火操作方法及特点

淬火方法	操作方法	特点	备注
单液淬火	将加热了的工件浸入一种淬火介质中,连续冷却至室温	操作简单,易实现机械化和自动化	碳钢采用水淬,合金钢常用油淬
双液淬火	将加热后的工件先放入水中急冷至300℃左右,立即取出浸入油中冷却;或先在油中冷却,后在空气中冷却至室温	内应力小,既可淬硬,又防止变形和开裂,主要用于工具钢件	先浸入冷却能力强的介质,后浸入冷却能力弱的另一种介质
分级淬火	将加热后的工件先放入150℃~260℃的盐浴或碱浴中速冷,稍加保温,等工件内外温度与淬火剂一致,然后取出空冷	有效减小内应力,有效防止产生裂纹、变形和开裂,但冷却速度不够快	适用于小尺寸、尺寸精度要求高的工件,如模具、刀具
等温淬火	将加热后的工件,浸入盐浴或碱浴(稍高于230℃)中,保温足够长的时间,然后取出空冷	保温时间长,发生下贝氏体组织转变,使强化了的钢材获得较高的硬度和耐磨性	适用于形状复杂的刀具(展成刀具和成形刀具)及形状复杂的模具

(2) 冷处理 生产中有时还采用"冷处理"工艺,方法是将淬火钢继续冷却到室温以下(0℃以下)的某一温度(一般为-50℃~-80℃),停留一定时间(一般为1~2h),使钢中残余奥氏体转变为马氏体,然后再恢复到室温。淬火时奥氏体转变为马氏体的过程中,冷却至室温后会有残余奥氏体存在,这是因为转变过程中马氏体的体积会膨胀增大(碳的 w_c 越高,马氏体膨胀体积越大),使周围奥氏体受相当大的压力,从而阻碍了奥氏体向马氏体继续转变,故而转变结束时,残留下一些奥氏体。因奥氏体硬度很低,故若残余奥氏体量太多时,必影响淬火钢的硬度。冷处理工艺可消除残余奥氏体,达到增加淬火件的硬度和耐磨性、延长使用寿命和增加尺寸稳定性之目的。不过,只有马氏体转变的终止温度低于室温的钢,才能冷处理。冷处理常用于量具、模具、精密轴承及油泵、油嘴等较少工件上。

(3) 淬透性 被淬工件淬火后得到淬透层(马氏体)深度的能力称为钢的淬透性。如果工件表面和中心的冷却速度均超过材料的临界冷却速度,钢就被完全淬透了,而如果心部的冷却速度低于临界冷却速度,则淬后工件表面得到了马氏体,而心部则是屈氏体(即极细的珠光体)组织,说明工件未被淬透。淬透性的重要意义表现在两个方面:

①淬透性好的钢经淬火、回火后其断面上的组织均匀一致,综合力学性能好。故淬透性对提高大断面工件的力学性能、发挥材料潜力有重要意义。

②淬透性好的钢在淬火冷却时,可采用冷却能力较缓和的淬火剂,从而可减小淬火变形、开裂倾向。

(4) 淬硬性 是指钢在正常条件下淬得到马氏体组织后,能达到的最高硬度。它主要取决于钢中碳的质量分数,如低碳钢淬后硬度低,淬硬性差;高碳钢淬后硬度较高,淬硬性好。

(5) 常见淬火后的缺陷及解决方法

①氧化与脱碳　这是加热炉内的氧气与工件表面或与碳相互作用的结果。氧化是指工件表面形成一层较脆的氧化铁皮。它使金属损耗,并影响工件的表面质量和工作能力。脱碳是指工件表面的碳和淬火介质中的气体(CO_2、O_2 和水蒸气)作用而逸出,造成工件表面碳质量分数降低,从而使工件表层的强度、硬度和疲劳强度降低。为了防止氧化和脱碳,对强度要求较高的重要件和精密零件应在盐浴炉中加热,如果在电炉中加热,则可在钢件上涂上保护剂(如 3% 硼酸-酒精溶液)。如果零件要求较高,可在盐浴炉中加入脱氧剂(如硼砂、工业硅粉等)或在真空炉中加热。

②过热与过烧　钢在淬火加热时,由于加热温度过高或高温下停留时间过长而使奥氏体晶粒粗化的现象,称为过热。过热会降低钢的韧性等力学性能,并容易引起变形和开裂。加热温度过高至接近钢的熔点,会使晶粒之间的晶界氧化和部分熔化的现象,称为过烧。过烧的工件只能报废。

③硬度不够　加热温度过低、保温时间不足、冷却速度过低或表面脱碳等,都会造成硬度不够。一般的补救办法是重新淬火,且淬火后要进行一次退火或正火热处理。

④变形与开裂　淬火内应力是造成工件变形和开裂的原因。防止变形与开裂的措施是选好淬火剂和冷却速度。

4. 钢的回火

将淬火后的工件加热至低于 Ac_1 线以下的某一温度,保温一定时间,然后冷却至室温的热处理工艺称为回火。根据工件性能要求不同,回火温度亦不同(一般回火后钢的性能与冷却速度无关)。按回火温度的不同,回火可分为三种:

(1) 低温回火　在 150℃~250℃ 范围内进行的回火,即低温回火,回火后获得回火马氏体。低温回火的目的是在保持淬火钢的硬度、耐磨性的前提下,降低钢的脆性,提高韧性,减少内应力。主要用于高碳钢和高碳合金钢制作的工具、量具、模具、滚动轴承及渗碳后淬火的零件。

(2) 中温回火　在 350℃~500℃ 范围内进行的回火,称中温回火,回火后获得屈氏体。中温回火的目的是获得高屈服点(σ_s 或 $\sigma_{0.2}$)、高弹性极限(σ_p)和一定的韧性。主要用于各种弹簧、锻模及某些要求强度较高的零件,如刀杆、轴套等。

(3) 高温回火　在 500℃~650℃ 范围内进行的回火称为高温回火。回火后获得索氏体(即细珠光体)组织。高温回火的目的是获得适当的强度、足够的塑性和韧性,硬度可达 200~330HBW,使钢具有强而韧的综合力学性能。工件淬火后再高温回火,合称为调质处理,广泛用于中碳钢和中碳合金钢制造的各种重要零件,如轴、齿轮、连杆、螺栓等。调质钢比正火钢的塑性、韧性高,强度也较高。

四、钢的表面热处理

对于许多在冲击载荷和表面摩擦条件下工作的零件,如曲轴、齿轮、凸轮等,要求其表面有高硬度和高耐磨性的同时,还要求其心部有足够的韧性和塑性。普通热处理很难同时达到表、里两种要求,而表面处理却可以达到。常用的表面热处理工艺有表面淬火和化学热处理两种。

(1)表面淬火　仅对工件表层进行淬火,以改变其表层组织及其性能的热处理工艺,称为表面淬火。根据加热方式不同分为两种。

①火焰加热表面淬火　用氧乙炔火焰将工件表面迅速加热到淬火温度,并以大于临界速度的冷却速度喷水冷却的方法,称为火焰加热表面淬火,如图2-12a所示。适用于中、高碳的碳钢及合金钢,也可用于铸铁的表面淬火,如冷轧辊。淬硬层深度可达2~6mm,适用于单件或小批生产的大型工件,也可用于零件的局部淬火。该方法缺点是淬火质量不稳定,因为加热不均匀,温度不易控制,易造成工件表面过热和产生裂纹。

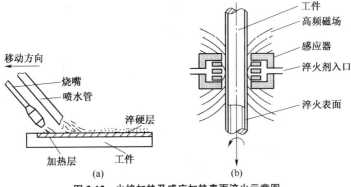

图2-12　火焰加热及感应加热表面淬火示意图
(a)火焰加热　(b)感应加热

②感应加热表面淬火　利用一定频率的感应电流通过工件所产生的"集肤效应",使工件表面快速加热到淬火温度,然后快速喷水冷却的淬火工艺,称为感应加热表面淬火,如图2-12b所示。所谓"集肤效应"即由铜管制成的感应线圈(与工件形状、尺寸相适应)内通入一定频率的交流电时,线圈周围产生交变磁场,工件内被感应出同频率的感应电流(涡流),工件表面的涡流密度最大,向工件心部渐减,中心部几乎为零。频率越高,涡流集中的表层越浅,工件表层几秒钟内可迅速升至淬火温度。

感应加热表面淬火能获得的淬硬层深度,主要取决于交流电的频率,频率越高,工件淬硬层深度越小。一般高频(100~1000kHz,最常用的为200~300kHz)感应加热淬硬层深度为0.2~2mm,适用于小型工件,特别是小型圆柱形件;中频(0.5~10kHz)感应加热的淬硬层深度为2~8mm,适用于中、大型工件;工频(50Hz)感应加热的淬硬深度为10~15mm以上,适用于大型工件。

感应加热表面淬火的特点是加热速度快而均匀,生产率高(2~5s),淬后组织极细,表层力学性能均匀良好,尤其疲劳强度、冲击韧度、淬火硬度都比普通淬火高,表层氧化、脱碳、变形都小,淬硬深度易控制,淬火过程易实现机械化和自动化,然而设备费用较高,形状复杂的感应线圈不易制作。主要适用于中碳钢、中碳合金钢、高碳工具钢及铸铁的表面淬火。

(2)化学热处理　将工件置于一定温度的活性介质(如碳、氮等)中保温,使介质中的一种元素或几种元素渗入它的表层,使表层的化学成分和组织均发生改变,从而使工件表层达到所需性能(硬度、耐磨性、耐蚀性、耐热性和疲劳强度等),而工件心部仍保持原成分、组织和性能的热处理工艺称为化学热处理。

化学热处理按渗入剂的形态不同,有固体渗入法、液体渗入法和气体渗入法。按渗入元素的不同,又有渗碳、渗氮、碳氮共渗、渗金属(如渗铬、渗铝等)及渗硅等。常见的有渗碳与渗氮。

①渗碳　即将低碳钢或低碳合金钢置于渗碳介质中加热、保温,使碳原子渗入工件表层,从而提高工件表层的碳质量分数。常用的渗碳方法有固体渗碳和气体渗碳。固体渗碳法是工件埋入装有木炭和碳酸钡或碳酸钠混合而成的固体渗碳剂的铸铁制成的渗碳箱内,加盖密封后装入加热炉,加热至900℃~950℃后,保温一定时间。保温时间越长,渗碳层深度越大,一般每小时渗入深度为0.1~0.15mm。固体渗碳的碳质量分数改变一般控制在0.8%~1.2%,渗碳层深度一般为0.5~2mm。因其渗碳速度慢,生产率低,质量不易控制,虽不需专用加热设备、费用少,除单件、小批生产的小工厂尚使用外,大多数工厂已不用,而常用气体渗碳。气体渗碳法,即将工件置于滴入煤油、苯、甲醇等碳氢化合物液体渗碳剂或通入天然气的密封井式气体渗碳炉中,在900℃~950℃的渗碳环境中加热、保温,使工件表层渗碳。渗碳速度比固体渗碳法快得多,可通过控制渗碳环境,获得要求的表层碳质量分数,生产率高,劳动条件好,可实现机械化和自动化,适于大批生产。

渗碳时,工件不渗碳的部位必须加以保护,常采用预留加工余量,渗碳后再将该部位的渗碳层除去;采用镀铜防渗,渗碳后再脱铜。

工件渗碳后必须再经过淬火和低温回火热处理,才能使渗碳工件的表层达到高硬度(可达58~64HRC)、高耐磨性和心部有高韧性的要求。

②渗氮　向工件表面渗入氮原子的过程称为渗氮(也称为氮化)。目的是提高工件表层硬度(可达65HRC以上)、耐磨性、疲劳强度、耐蚀性和热硬性。常用气体渗氮法,是利用氨气(NH_3)在500℃~560℃加热时分解出活性氮(N)原子,被工件表层吸收,并向内部扩散成渗氮层。一般氮化温度为500℃~650℃,氮化层深度为0.4~0.5mm,需时40~50h,随炉降温至200℃以下,停止供氨,工件出炉。渗氮后不必再进行淬火等其他热处理,且渗氮温度低,故工件变形小,氮化后的工件不需经过任何切削加工,直接精磨或研磨抛光即可。

氮化处理的对象通常是含Cr、Mo、Al及V、Ti等合金元素的合金钢。工件不需渗氮的部位应镀铜或镀锡防渗,也可预留加工余量,渗氮后磨去。

专为提高抗蚀性的氮化处理称为抗蚀氮化,特点是处理温度高达600℃~

700℃,保温 0.5～2h 后表面获得厚 0.01～0.04mm 的氮化层,在淡水、大气中有良好的抗蚀性。可代替镀镍、镀锌。氮化对象的材料为铸铁、碳钢。

气体渗氮广泛用于在交变载荷下工作并要求耐磨的重要零件,如高精度机床主轴、精密丝杠、高速精密齿轮及曲轴等,也适用于较高温度下工作的耐热、耐蚀、耐磨件,如气缸套筒、压铸模、排气阀等。

③气体碳氮共渗(也称氰化) 即同时向工件表面层渗入碳原子和氮原子的过程。目的是提高工件表层硬度、耐磨性和疲劳强度。操作过程是将渗碳气体和氨气同时通入炉中,加热至 840℃～860℃,保温 4～5h,预冷到 820℃～840℃油淬,共渗层深度可达 0.7～0.8mm。因共渗是以渗碳为主,故渗后工件必须进行淬火和低温回火处理。气体碳氮共渗温度低、工件变形小,生产周期短。常用于低、中碳的合金钢制的重、中载荷齿轮等。缺点是环境较难控制。

(3)钢的表面氧化(即发蓝或发黑) 即将零件放入加热的硝酸盐槽中,使零件表面氧化生成一层厚 0.5～1.5μm、黑色或蓝色的氧化铁薄膜。该薄膜可保护零件表面不生锈和起到美化装饰作用。发蓝前,经过机械加工的零件要用热碱水洗去油污;未经机械加工的零件和未经加工的铸、锻坯件,必须经过喷砂处理或在 15%～30%的盐酸溶液中酸洗后再行发蓝。发蓝广泛用于螺栓、螺母、垫圈等标准件和其他零件。

五、铸铁的热处理

1. 灰铸铁的热处理

灰铸铁的热处理只能改变基体组织,而不能改善石墨的形状和分布,不能从根本上消除片状石墨对基体的割裂作用。灰铸铁热处理的主要目的是消除铸件的内应力、消除铸件表层及薄壁部分的白口组织,而对提高灰铸铁的力学性能效果不大。灰铸铁常用的热处理方法有以下三种。

(1)消除内应力退火 也称为人工时效。铸铁件加热至 500℃～600℃,保温 2～8h。形状复杂的铸件一般要按 75℃～100℃/h 缓慢加热,保温时间一般按每 5min/mm 计算,随炉冷至 100℃～200℃出炉。可消除 90%～95%的内应力,且不会发生组织转变。因铸件厚薄不匀,浇注后各部分冷却快慢不同及组织转变时均会产生很大内应力,如不消除,会使铸件加工后发生变形而不能保证加工精度,甚至出现裂纹使铸件报废,所以必须进行消除内应力退火。

(2)高温退火 也称软化退火。指以消除灰铸铁件表面层及厚度薄的部分因冷却速度快而产生的白口组织为目的的退火,称为高温退火。高温退火时,加热至 850℃～950℃,保温 2～5h,使白口组织中的渗碳体(Fe_3C)分解为铁素体(F)和石墨,从而降低了硬度和脆性,改善其切削加工性。

(3)表面淬火 有些大型灰铸铁件如机床导轨表面、内燃机气缸套内壁等,其工作表面需要有较高硬度、耐磨性和疲劳强度,这些要求可用表面淬火来达到。

表面淬火方法有多种,除前面介绍的高频表面淬火与火焰淬火外,还有一种接触电热表面淬火方法,无淬火变形,设备简单、易操作,但生产效率低。

2. 球墨铸铁的热处理

球墨铸铁的热处理常以提高某方面的性能为目的。常用的几种热处理方法介绍如下。

(1)退火　为获得铁素体球墨铸铁,如 QT400-10 等,必须将其铸件进行退火。以使其混合钢基体组织($F+P+Fe_3C$)中的渗碳体和珠光体分解。根据铸态组织不同,有高温退火和低温退火两种。

①高温退火　当铸态组织为 $F+P+Fe_3C+$石墨时,必须进行高温退火。方法是将铸件加热至 900℃～950℃,保温一定时间(1～4h)后,随炉缓冷至约 600℃,再出炉空冷,即得到铁素体球墨铸铁。

②低温退火　当铸态组织为 $F+P+$石墨时,则只进行低温退火,即可得到铁素体球墨铸铁。方法是将铸件加热至 700℃～760℃(Ac_1线附近),保温一定时间(2～8h)后,随炉缓冷至约 600℃,然后出炉空冷。

(2)正火　当球墨铸铁件在铸态下有 $F+P+Fe_3C$ 混合组织的钢基体时,为获得高强度珠光体球铁,如 QT700-02 等,必须对铸件进行正火处理。方法是将铸件加热至 880℃～920℃,保温一定时间(不超过 3h),使组织全部转变为 $A+$石墨,然后空冷或风冷或喷雾冷却,即可得到珠光体含量不同的珠光体球墨铸铁。冷却速度越快,珠光体含量越多。但因冷却速度较快,常引起铸件一定的内应力,故正火后常需增加一次除内应力回火,方法是加热到 550℃～600℃,保温 1～2h,然后空冷。

(3)调质热处理　对于一些受力复杂、综合力学性能要求高的球铁件,如曲轴、连杆等,若用正火处理尚嫌其强度和韧度不够高时,可采用调质处理。方法是加热至淬火温度 860℃～900℃,水冷(对形状简单的铸件)或油冷(对形状复杂的铸件)。回火温度为 550℃～620℃。调质后获得回火索氏体(即细珠光体)+石墨组织。

(4)等温淬火　对于一些要求综合力学性能高,而外形又较复杂、热处理易变形或开裂的零件,如滚动轴承座圈、齿轮、凸轮轴等,常采用等温淬火处理,淬后得到具有高强度、高硬度和足够韧性的下贝氏体组织的球铁,如 QT900-02。方法是将铸件加热到等温淬火温度 840℃～900℃,适当保温后,快速移至 250℃～300℃的等温盐浴中进行等温淬火。

等温淬火只适用截面尺寸不大的铸件,否则因冷却速度不能达到临界冷却速度而达不到淬火目的。另外,不适于批量生产,工艺也较复杂。

第五节　常用非铁金属及非金属材料

一、常用非铁金属及其合金

1. 铜及其合金

(1)纯铜　因呈紫红色又称为紫铜。其密度为 $8.96×10^3 kg/m^3$,熔点 1083℃。

其导热性、导电性仅次于银,抗磁性好,塑性极好,强度低,易于冷、热压力加工。纯铜在含有二氧化碳的湿空气中会生铜绿。工业纯铜主要用于制作电线、电缆、电器开关、铜管等型材及配制铜合金等。工业纯铜牌号用"铜"汉语拼音首位字母"T"及顺序号(1 位数字)表示,有 T1(w_{Cu}≥99.95%)、T2(w_{Cu}≥99.90%)、T3(w_{Cu}≥99.70%)。还有制作纯真空器件及高导电性导线等的无氧铜牌号有 TU1(w_{Cu}≥99.97%)及 TU2(w_{Cu}≥99.95%),及 w_{Cu} 较低的磷脱氧铜,牌号为 TP1(w_{Cu}≥99.9%)及 TP2(w_{Cu}≥99.85%)。

(2)黄铜 是以锌(Zn)为主加元素的铜合金。按化学成分的不同又分为普通黄铜和特殊黄铜。

①普通黄铜 牌号表示为:

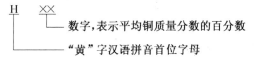

锌的质量分数越高,则强度也越高,而塑性越低。工业用黄铜的锌质量分数不超过 45%,否则会变脆及性能变差。常用牌号有 H90,用于制作印章、艺术品、供排水管等;H68,用于制作复杂冲压件、波纹管、弹壳、轴套等;H62,用于制作螺钉、螺母、垫圈、弹簧、销钉、铆钉等。

②特殊黄铜 即在普通黄铜基础上加入其他合金元素的黄铜。其牌号表示为:

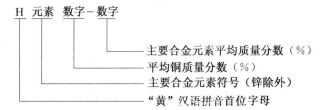

如加锡黄铜(HSn90-1 等),有抗海水及海洋大气腐蚀的能力,并可改善切削加工性,可用于制作船舶零件及弹性套管等。硅黄铜(如 HSi80-3 等),除具有耐海水及海洋大气腐蚀能力外,抗应力腐蚀破裂的能力也比普通黄铜高。可制作船舶零件、低于 265℃蒸汽条件下工作的零件。锰黄铜(如 HMn58-2 等),有良好的力学性能和耐海水、氯化物及过热蒸汽腐蚀的性能,可用于制作弱电电路用的零件等。铅黄铜(如 HPb59-1 等),加铅是为了改善切削加工性,但铅质量分数不要超过 3%,否则会使黄铜的强度、硬度和塑性大大降低,可用于制作各种螺钉、螺母、轴承保持架、销等。铝黄铜(如 HAl59-3-2 等),有很高的耐蚀性、强度和硬度高于普通黄铜,其铝质量分数不宜超过 3%,否则会使其韧性和塑性大为降低,可用于制作船舶、电动机及其他常温下工作的高强度、高耐腐蚀性零件。铁黄铜(如 HFe59-1-1 等)加入铁质量分数小于 1.5%及锡、铅等元素,可提高黄铜的力学性能、耐蚀性、耐磨性和切削加工性,可用于制作船舶和其他工业产品中要求耐蚀、耐磨、切削性好的高强度件、垫圈及衬套等。镍黄铜(如 HNi56-3 等),镍(Ni)可提高黄铜的强度、韧性、耐蚀性和耐磨性,可制作船舶压力表、冷凝管等。

如为铸造黄铜,其牌号表示方法为:

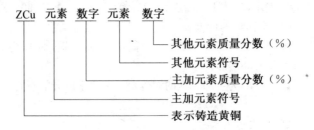

例如 ZCuZn40Pb2,表示锌质量分数为 40%、铅质量分数为 2%的铸造黄铜。

(3)青铜 除黄铜和白铜(即铜镍合金)外,所有铜基合金都称为青铜。按主加元素的不同,青铜分为锡青铜及无锡青铜(如硅青铜、铝青铜和铍青铜等)。其牌号表示法为:

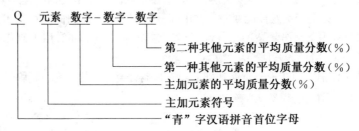

例如 QSn4-4-4,表示锡质量分数为 4%、铅质量分数为 3.5%~4.5%、锌质量分数为 3%~5%,其余为铜的锡青铜。如以"ZCu"取代"Q",则为铸造青铜牌号。常用青铜及铸造青铜的牌号、化学成分、力学性能及用途见表 2-20。

表 2-20 常用青铜的牌号、化学成分、力学性能及用途

类别	牌号	化学成分(%)		力学性能			用 途
		主加元素	其他元素	σ_b/MPa	δ(%)	硬度(HBW)	
锡青铜	QSn4-3	w_{Sn}3.5~4.5	w_{Zn}2.7~3.3 余为 Cu	350/550	40/4	60/160	弹性元件、管道配件、耐磨件及抗磁零件等
	QSn6.5-0.1	w_{Sn}6.0~7.0	w_P0.1~0.25 余为 Cu	400/750	65/9	80/180	弹簧、振动件、精密仪器中的耐磨件等
锡青铜	QSn4-4-4	w_{Sn}3.0~5.0	w_{Pb}3.5~4.5 w_{Zn}3.0~5.0 余为 Cu	310/650	46/3	62/170	重要的减磨件,如蜗轮、轴承、轴套、螺母等
	QSn6.5-0.4	w_{Sn}6~7	w_P0.26~0.4 余为 Cu	295/700	40/1	160/180	弹簧等

续表 2-20

类别	牌号	化学成分(%) 主加元素	化学成分(%) 其他元素	力学性能 σ_b /MPa	力学性能 δ (%)	力学性能 硬度 (HBW)	用 途
铝青铜	QAl7	$w_{Al}6.0\sim8.0$	余为 Cu	470/980	70/3	75/154	重要弹性元件
铝青铜	QAl9-4	$w_{Al}8.0$	$w_{Fe}2.0\sim4.0$ 余为 Cu	550/900	40/5	110/190	轴承、齿圈、蜗轮及高强度耐蚀件
硅青铜	QSi3-1	$w_{Si}2.7\sim3.5$	$w_{Mn}1.0\sim1.5$	370/700	55/3	80/180	弹簧、耐蚀件及耐磨件
硅青铜	QSi1-3	$w_{Si}0.6\sim1.1$	$w_{Ni}2.4\sim3.4$ $w_{Mn}0.1\sim0.4$ 余为 Cu	600	8	150/200	机器结构零件,<300℃工作的摩擦件
铍青铜	QBe2	$w_{Be}1.8\sim2.1$	$w_{Ni}0.2\sim0.5$ 余为 Cu	550/950	40/3	150/330	重要的弹性元件、耐磨件及高速、高压、高温下工作的轴承等

注:力学性能的数值中,分子为 600℃下退火状态测定值,分母为 50% 变形程度的硬化状态测定值。

2. 铝及其合金

(1)纯铝 呈银白色,密度为 2.72g/cm³,熔点为 658℃,导电性、导热性仅次于银和铜,强度低、硬度低、塑性好,易于冷、热压力成形加工,低温韧性好,-253℃时韧度仍不降低。因在空气中表面生成氧化铝(Al_2O_3)保护膜,故有良好抗氧化腐蚀能力。纯铝据纯度分为工业高纯铝及工业纯铝。常用的两种工业高纯铝之铝质量分数为 99.999% 及 99.995%,用于制作电子工业材料、高级合金和激光材料。常用的工业纯铝的牌号、成分及用途见表 2-21。

表 2-21 常用的工业纯铝的牌号、化学成分及用途

牌号 新(GB/T 16474—1996)	牌号 旧	化学成分(%) Al	化学成分(%) 杂质总量	用 途
1070	L₁	99.70	0.3	电容、电子管隔离罩、电缆、铝箔、包铝、铝合金的原料
1060	L₂	99.60	0.4	电容、电子管隔离罩、电缆、铝箔、包铝、铝合金的原料
1050	L₃	99.50	0.5	电容、电子管隔离罩、电缆、铝箔、包铝、铝合金的原料
1035	L₄	99.3	0.7	电容、电子管隔离罩、电缆、铝箔、包铝、铝合金的原料
1200	L₅	99.0	1.0	通信系统零件,电缆保护导管、电导体、防蚀器械、日常生活品、棒及型材等

(2)铝合金 在保持纯铝的小密度、抗蚀性好的前提下,向纯铝中加入适量的合金元素,如 Si、Cu、Mn、Mg、Zn 等,即可配制出各种铝合金。根据其化学成分和生产工艺特点可分变形(或形变)铝合金及铸造铝合金两大类。变形铝合金因其有良好的塑性,适于冷态或热态下进行压力加工而得名,按其性能特点分为防锈铝、硬铝、超硬铝和锻铝 4 类。铸造铝合金按加入的主要合金元素不同,分为铝硅(Al-Si)合

金、铝铜(Al-Cu)合金、铝镁(Al-Mg)合金和铝锌(Al-Zn)合金等。

①铝合金的牌号表示法(GB/T 16474—1996)

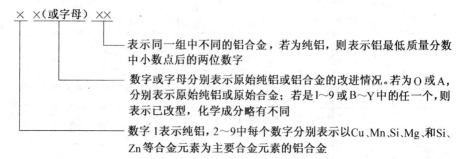

例如 1070,表示工业纯铝,铝的质量分数为 99.70%。又例如 2A70,表示以铜为主要合金元素的铝-铜合金(锻铝),A 表示原始合金,同组中序号为 70。

铸造铝合金的牌号表示法:

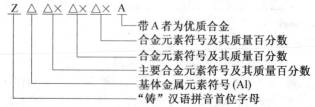

其中,除基本金属元素不标注质量分数外,其余合金元素均应标注质量百分数,当质量百分数≥1%时,约化为整数,必要时也可用带一位小数的数字标注,当质量百分数<1%时,一般不标注。

例如 ZAlSi5Cu1Mg,就是除基体元素 Al 外,尚有三种合金元素组成,其中 Si 是主要合金属元素,Si、Cu 的质量百分数均≥1%,而 Mg 的质量百分数<1%,故不标注。

续表 2-22 中的代号是旧标准,偶见有些材料手册、资料中仍在使用。ZAlSi5Cu1Mg 的合金代号为 ZL105。

②铝合金的热处理 铝合金常见的热处理有淬火、时效与退火。淬火加时效又称为强化处理,通过强化处理可提高铝合金的硬度、强度及抗蚀性。有些铝合金、工业纯铝和低强度铸造铝合金是不能热处理强化的,而大部分变形铝(除防锈铝外)是可经热处理强化的。以 Al-Cu 合金的硬铝为例,将硬铝合金加热至一定的高温(低于共晶温度),使过剩的金属化合物(即铜与铝的化合物)溶入固溶体,经保温后急速水冷淬火,得到不稳定的过饱和固溶体组织结构,而这种组织结构的晶格并不歪扭,故而淬火后并未强化。然后将有这种组织的合金在室温下放置相当长时间或在较高温度(150℃~200℃)下放置较短时间,则不稳定的过饱和固溶体组织转变到稳定状态,在转变过程中发生铜原子在固溶体中聚集,从而使固溶体的晶格严重歪扭,铝合金被强化,使铝合金的强度、硬度及抗蚀能力显著提高,这种现象称为时效。加热条件下的时效称为人工时效;室温下的时效称为自然时效。防锈铝合金不能通过淬

火时效得以强化,原因是它们时效作用很弱,故不能借热处理进行强化。但它可以利用冷、热加工,使其塑性变形而产生加工硬化(经反复塑性变形后,合金的强度、硬度提高的现象),来使其有所强化。

③常用变形铝合金及铸造铝合金的牌号、性能及用途见表2-22。

表2-22 常用变形铝合金及铸造铝合金的牌号、性能及用途

常用变形铝合金							
	牌 号		力 学 性 能			状态	用 途
	新(GB/T 3190—1996)	旧(GB3190—82)	$\sigma_b \geqslant$ /MPa	$\delta \geqslant$ (%)	硬度 (HBW)		
工业纯铝	1070A	L₁	60(厚12.5～25mm板材)	20	—	H112	制作电容、电子管隔罩、电缆、铝箔、包铝、装饰件及铝合金原料等
	1060	L₂				H112	
	1050A	L₃	70(厚12.5～25mm板材)	16	—	H112	
	1035	L₄	127(厚1.3～2mm带材)	4	—	H18	
	1200	L₅	85(厚12.5～25mm板材)	14	—	H112	不受力且有某种特性的零件,如通信系统零件,电缆保护导管、垫片、装饰件等
防锈铝	5A05	LF5	265	14	65	O/H112	焊接油箱、油管、焊条、铆钉及中载荷零件与制品
	5A11	LF11	260	15	70	H112	
	3A21	LF21	120	16	30	H112	焊接油箱、油管、液压容器、饮料罐、轻载荷零件与制品
硬铝	2A01	LY1	402(花纹板)	10	70	T14	工作温度小于100℃的结构用中等强度铆钉等
	2A11	LY11	370(厚12.5～25mm板材)	11	115	H112/T42	中等强度的结构零件,如骨架、螺旋桨叶片、螺栓、铆钉等
	2A12	LY12	420(厚12.5～25mm板材)	7	130	H112/T42	高载荷、高强度零件与构件,如飞机骨架、翼梁、蒙皮、铆钉等150℃以下工作的零件。使用量最大
超硬铝	7A04	LC4	490(厚12.5～25mm板材)	4	150	H112/T62	受力构件及高载荷零件,如飞机大梁、桁架、加强框、翼肋、蒙皮及起落架等
	7A09	LC9	490(厚12.5～25mm板材)	4	190		
锻铝	2A50	LD5	382(棒材)	10	105	H112/T6	制作形状复杂和中等强度的冲压件和锻件,压气机叶片、叶轮、圆盘、内燃机活塞及高温下工作的复杂锻件等
	2A70	LD7	353(棒材)	8	105	T6	
	2A80	LD8	353(棒材)	8	105	T6	
	2A14	LD10	430(厚12.5～40mm板材)	5	133	H112/T62	制作形状简单和高载荷的锻件和模锻件等

续表 2-22

常 用 铸 造 铝 合 金

类别	合金牌号	合金代号	铸造方法	状态	力学性能 σ_b /MPa	δ (%)	硬度 (HBW)	用 途
硅铝合金（也称硅铝明）	ZAlSi12	ZL102	SB、JB、RB、KB	F	145	4	50	形状复杂零件，如飞机、仪器零件、抽水机壳体，承受低载荷工作温度＜200℃的气密性零件
			J	F	155	2		
			SB、JB、RB、KB	T2	135	4		
			J	T2	144	3		
	ZAlSi5Cu-1Mg	ZL105	S、J、R、K	T1	155	0.5	65	形状复杂、工作温度＜225℃的零件，如风冷发动机的气缸头、液压泵体等
			S、R、K	T5	195	1.0	70	
			J	T5	235	0.5	70	
			S、R、K	T6	225	0.5	70	
			S、J、R、K	T7	175	1.0	65	
	ZAlSi2Cu1-Mg1Ni1	ZL109	J	T1	195	0.5	90	较高温度下工作的零件，如活塞等
			J	T6	245	—	100	
铝铜合金	ZAlCu5Mn	ZL201	S、J、R、K	T4	295	8	70	在175℃～300℃下工作的零件，如内燃机气缸头、活塞等
			S、J、R、K	T5	335	4	90	
			S	T7	315	2	80	
	ZAlCu4	ZL203	S、R、K	T4	185	6	60	中等载荷、形状简单的零件
			J	T4	205	6	60	
			S、R、K	T5	215	3	70	
			J	T5	225	3	70	
铝镁合金	ZAlMg10	ZL301	S、J、R	T4	280	10	60	在大气或海水中工作的零件，承受冲击载荷、外形不太复杂的零件，如船舶配件、氨用泵体等
	ZAlMg5Si1	ZL303	S、J、R、K	F	145	1	55	
铝锌合金	ZAlZn11Si7	ZL401	S、R、K	T1	195	2	80	用于制作结构形状复杂的汽车、飞机、仪器零件及日用品
			J	T1	245	1.5	90	
	ZAlZn6Mg	ZL402	J	T1	235	4	70	
			S	T1	215	4	65	

注：①标准(GB/T 16475—1996)规定铝合金状态代号有：F 表示自由加工状态；O 表示退火状态；H 表示加工硬化状态，如 H18 表示压花前板材的硬状态，H112 表示热加工加工硬化；W 表示固溶体热处理状态；T 表示不同于 F、O、H 的热处理状态，如 T1 为人工时效，T2 为退火，T4 为固溶热处理(淬火)+自然时效，T5 为固溶处理(淬火)+不完全人工时效，T6 为固溶处理(淬火)+完全人工时效，T7 为固溶处理(淬火)+稳定化处理，T8 为固溶处理+软化处理。

②铸造方法代号：S 表示砂型铸造；R 表示熔模铸造；J 表示金属型铸造；K 表示壳型铸造；B 表示变质处理。

3. 轴承合金

滑动轴承一般由轴承体(座)和轴瓦组成。轴承合金就是用来制造轴瓦及其内衬的合金。由于轴瓦与轴颈直接接触,当轴运转时,轴瓦既承受压力及交变载荷,又会发生剧烈摩擦造成磨损。因此,对轴承合金性能的要求是足够的强度和硬度;小摩擦系数和高耐磨性;足够的塑性和韧性,较高的疲劳强度;良好的导热性和耐蚀性;良好的磨合性等。

(1)轴承合金的牌号表示方法

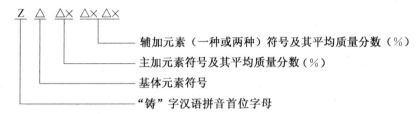

例如 ZSnSb12Pb10Cu4,表示锡基、主加元素锑(12%)、辅加元素铅(10%)、铜(4%)的锡基轴承合金。

(2)常用轴承合金及特点

①锡基轴承合金 也称为锡基巴氏合金。它是以锡为基础,加入锑、铜等主加和辅加合金元素组成的合金。具有适中的硬度、较小的摩擦系数、较好的塑性和韧性、良好的导热性和耐蚀性等优点。但其疲劳强度低、工作温度低(<150℃)。主要用作高速重载荷的重要轴承。

②铅基轴承合金 也称为铅基巴氏合金。它以铅为基础,加入锑、锡、铜等合金元素组成。其性能如强度、硬度、韧性等均低于锡基轴承合金,摩擦系数较大,但价廉。适用于低速、中低载荷或静载荷的轴瓦,如汽车、电机、减速器轴瓦等。

③铝基轴承合金 它是以铝为基础,加入锑、锡、铜、镁等合金元素组成的新型轴承合金。特点是密度小,导热性好,疲劳强度和耐蚀性高,价廉。广泛用于高速、重载下工作的轴承。如铝锑镁轴承合金(3.5%Sb、0.3%~0.7%Mg、0.75%Fe、0.5%Si,余为铝),大量用于低速柴油机、拖拉机等机械中。又如 20 高锡铝基轴承合金(20%Sn、1%Cu,其余为铝),可代替巴氏合金、铜基轴承合金和铝锑镁轴承合金,可制作汽车、拖拉机、内燃机车中的轴承。

常用锡基及铅基轴承合金的牌号、成分及用途见表 2-23。

表 2-23 常用锡基和铅基轴承合金的牌号、成分及用途

类别	牌号	化学成分(%)					杂质≤	硬度(HBW)≤	用途
		Sb	Cu	Pb	Sn	其他			
锡基轴承合金	ZSnSb12Pb-10Cu4	11~13	2.5~5.0	9.0~11.0	其余	—	0.55	29	一般发动机的主轴轴承,不适于高温工作条件。硬,耐压

续表 2-23

类别	牌号	化学成分(%) Sb	Cu	Pb	Sn	其他	杂质 ≤	硬度 (HBW) ≤	用途
锡基轴承合金	ZSnSb11Cu6	10.0~12.0	5.5~6.5	—	其余		0.65	27	适于1500kW以上的高速汽轮机和370kW涡轮机、透平机和高速内燃机的轴承，较硬
	ZSnSb8Cu4	7.0~8.0	3.0~4.0	—	其余		0.55	24	大型机械轴承、重型汽车发动机轴承
	ZSnSb4Cu4	4.0~5.0	4.0~5.0	—	其余		0.55	20	内燃机高速轴承及轴承衬套、耐蚀、耐磨、耐热
铅基轴承合金	ZPbSb16-Sn16Cu2	15~17	1.5~2.0	其余	15~17		0.6	30	蒸汽涡轮机、150~750kW电动机、小于1500kW起重机中的重推力轴承等
	ZPbSb15Sn5-Cu3Cd2	14.0~16.0	2.5~3.0	其余	5.0~6.0	砷0.6~1.0 镉1.75~2.25	0.4	32	船舶、小于250kW、水泵轴承等
	ZPbSb15Sn10	14~16	≤0.7	其余	9~11	—	0.45	24	高温、中压力下的机械轴承
	ZPbSb15Sn5	14~15.5	0.5~1.0	其余	4.0~5.5	—	0.75	20	低速、轻压力下的机械轴承
	ZPbSb10Sn6	9.0~11.0	≤0.7	其余	5.0~7.0	—	0.7	18	重载、耐蚀、耐磨轴承

注：旧牌号表示法为："ZCh"（"铸"、"承"汉语拼音首位字母）+基体元素符号+主加元素符号+主加元素平均质量分数（%）+辅加元素的质量分数（%），如ZChSnSb12-4-10，其新牌号即ZSnSb12Pb10Cu4。

二、常用非金属材料

1. 常用工程塑料

塑料是高分子材料，即以高分子化合物为主要组成物质的材料。分子量不大于500的化合物称为低分子化合物；分子量大于500的化合物称为高分子化合物。塑料的分子量大大高于500。高分子化合物一般由一种或几种简单的低分子化合物重复连接而成。高分子化合物形成过程称为聚合反应。高分子化合物均具有一定的弹性、塑性和强度。

塑料是以树脂为主要成分，再加入添加剂制成的。树脂用于粘接塑料的其他成分，并使塑料具有成形性能。树脂的种类、性质不同，加入量不同，都会影响塑料的性能。

添加剂是根据塑料的使用要求而掺入的其他物质。如加入增塑剂是为提高塑料的塑性和柔软性；加入云母、石棉粉可提高塑料的电绝缘性能；加入 Al_2O_3、TiO_2、SiO_2，可提高塑料的耐磨性和硬度；加入铝可提高塑料对光线的反射能力和防止老化;加入稳定剂可提高塑料在光与热的作用下的稳定性等。

(1) **按使用范围的不同分类**　塑料可分为三类:

①**通用塑料**　主要有聚乙烯(PE)、聚氯乙烯(PVC)、聚苯乙烯(PS)等。是一般工农业生产和日常生活中大量使用的塑料。

②**工程塑料**　是可以取代金属材料制作机械零件和工程结构的塑料。主要有聚酰胺即尼龙(PA)、聚甲醛即浓缩塑料(POM)、苯乙烯-丁二烯-丙烯腈的共聚物,即热塑性塑料(ABS)、环氧塑料(EP)、酚醛塑料(PF)等。

③**耐热塑料**　是指在较高温度(100℃～200℃)下工作的塑料。例如聚四氟乙烯(PTPE)、环氧塑料等。

(2) **按塑料的热性能不同分类**　又可分为热塑性塑料及热固性塑料。

①**热塑性塑料**　经"加热软化-可塑成形-冷却变硬"的物理变化制成所需物件。物件损坏或变形时,可再经上述变化做出新物件。常用的热塑性塑料有聚乙烯、聚氯乙烯、聚苯乙烯、ABS及聚丙烯(PP)等。

②**热固性塑料**　可加热软化-可塑成形-固化制成物件。但固化后不能再受热软化,只能塑制一次。常用的热固性塑料有酚醛塑料、环氧塑料等。

常用工程塑料的种类、代号、性能及用途见表2-24。

表 2-24　常用工程塑料的种类、代号、性能及用途

种类	名称	代号	主要性能	用途
热塑性塑料	聚乙烯	PE	有良好的耐蚀性和电绝缘性、高压PE柔软性透明性较好。低压PE强度高,耐蚀、耐磨、绝缘性良好	低压PE用于制作管、板、绳及承载小的零件,如轴承等；高压PE用于制作薄膜、软管、塑料瓶等
	聚酰胺(尼龙)	PA	有良好综合力学性能,尺寸稳定性好,耐油、耐磨、耐疲劳、耐水等,但吸水性强,成形收缩尺寸不稳定	制作一般机械零件,如轴承、齿轮、凸轮、轴、蜗轮等
	聚甲醛(浓缩塑料)	POM	尺寸稳定性高,耐老化,耐磨性良好,吸水性小,可在104℃以下长期使用。但过火易燃,长期暴晒会老化	制作耐磨、减磨件,如轴承、齿轮、凸轮、线圈骨架、化油器、仪表外壳等
	聚砜	PSU	耐寒、耐热、抗蠕变及尺寸稳定性良好,耐酸、碱及高温蒸汽,可在-65℃～150℃下长期工作	制作耐蚀、耐磨、减磨、绝缘零件,如齿轮、凸轮、接触器及仪表外壳等
	有机玻璃(聚甲醛丙烯酸甲)	PMMA	强度高、耐紫外线和大气老化,透光性好,可透过92%的阳光	制作航空、仪表和无线电工业中的透明件,如飞机座舱、电视屏幕、汽车风挡、光学镜片等
	(苯乙烯-丁二烯-丙烯腈)共聚物塑料	ABS	属共聚物。兼有三组元的性能,质硬、坚韧、刚性好。并且耐热、耐蚀、尺寸稳定性均好,易成形加工	制作齿轮、转向盘、凸轮、电视机壳等减磨、耐磨件

续表 2-24

种类	名称	代号	主要性能	用途
热固性塑料	环氧塑料	EP	强度及韧性较高,电绝缘性优良,化学稳定性及耐有机溶剂性能好	制作塑料模具、精密量具、电工电子元件及线圈的灌封与固定
	酚醛塑料	PP	用木屑做填料的酚醛塑料俗名电木。耐热性、绝缘性、化学稳定性、尺寸、稳定性及抗蠕变性优良。填料不同,其电性能及耐热性也不同	制作一般机械零件、绝缘件、耐蚀零件及水润滑零件等
	氨基塑料	UF	有优良的电绝缘性和耐电弧性能。硬度高、耐磨、耐油脂及溶剂。着色性好,使用中不会失其光泽	制作一般机器零件、绝缘件和装饰件,如玩具、餐具、纽扣、开关等
	有机硅塑料	IS	电绝缘性优良,可在 180℃～200℃下长期使用,憎水性好,防潮性强,耐辐射,耐臭氧	主要为浇铸料和粉料。浇铸料用于制作电工电子元件及线圈的灌封与固定 粉料用于压制耐热件和绝缘件

2. 橡胶

属高分子材料。室温下具有高弹性,其断后伸长率高达 100%～1000%,拉伸性能和储能性能优良,并有优良的隔声、绝缘性和耐磨性。广泛用于制作密封件、减振件、传动件、制动件、轮胎和电线、电缆等。

橡胶是以生胶为基础,加入适量的配合剂制成的。它怕氧化和光照,特别怕紫外线照射,因其都会使橡胶老化、龟裂或变脆而失去弹性。

工业常用橡胶的种类、代号、性能及用途见表 2-25。

表 2-25 工业常用橡胶的种类、代号、性能及用途

名称	代号	主要性能特点	用途
天然橡胶	NR	耐磨、抗撕裂,加工性能良好,耐油和溶剂性差,不耐高温	制作轮胎、胶管、胶带及通用的橡胶制品等
丁苯橡胶	SBR	耐磨性、耐热性和耐老化均优良,优于天然橡胶,但加工性能较差	制作轮胎、胶管、胶带及通用橡胶制品等
氯丁橡胶	CR	力学性能良好,耐油性、耐腐蚀、耐臭氧及耐溶剂性均较好,但密度大,电绝缘性差,加工时易粘模、粘辊	制作胶管、胶带、电缆制品、模压制品及汽车门窗嵌条、各种管道系统接头、垫片、O 形密封圈等
硅橡胶	SR	可在 -100℃～300℃下工作,有良好的耐气候性和耐臭氧性、优良的电绝缘性。但耐油性差,强度低	制作耐高、低温橡胶制品、电绝缘制品等
氟橡胶	FPM	耐高温,可在 315℃下工作,耐油、耐酸碱、耐高真空,有优良的抗辐射性能。但加工性差	制作耐化学腐蚀制品,如化工衬里、高级密封件、高真空件等

3. 复合材料简介

复合材料是由两种或两种以上性质不同的材料，经不同的工艺方法组合而成。它们可以是非金属材料之间、非金属材料与金属材料之间、金属材料之间的相互复合。复合材料既保持了各组成材料的最佳性能，又具有复合后的新特点，是一类新型工程材料。下面仅介绍几类常见的纤维复合材料。

(1) 玻璃纤维增强塑料　也称为玻璃钢。它又有两类：

① 玻璃纤维热塑性增强塑料　它是以尼龙、聚碳酸酯、聚乙烯和聚丙烯等热塑性树脂为粘结材料，以玻璃纤维为增强材料制成的一种复合材料。这类材料广泛用于要求质量轻、强度高的机械零件，如航空机械、机车车辆、船舶、汽车、农机等机械中的受热结构件、传动件及电机、电器绝缘件等。

② 玻璃纤维热固性增强塑料　它是以环氧、酚醛、氨基、有机硅等树脂为粘结材料，以玻璃纤维为增强材料制成的复合材料。它质量轻、强度高、耐蚀、电波透过性好，成形工艺简单。各工业部门都有广泛应用。

(2) 碳纤维增强塑料　它是以环氧树脂、酚醛树脂和聚四氟乙烯等为基体材料，碳纤维为增强材料制成的新型材料。特点是质量轻、强度高、导热性好、摩擦系数小、抗冲击性能好、疲劳强度高等。在机械工业中广泛应用，如制作轴承、密封圈、衬垫板、齿轮及飞机的翼尖、尾翼、起落架支柱、直升机的旋翼，还可制作火箭、导弹的鼻锥体、喷嘴、人造卫星支承架等。

除了以上纤维复合外，还有层叠复合、细粒复合和骨架复合等类型的复合材料。所有复合材料共同的性能特点是比强度高，可大大减轻同样强度要求下的零件质量；良好的抗疲劳破断的安全性能；优良的高温性能；良好的减振性能等。因此，复合材料越来越引起重视。

复习思考题

1. 金属材料的力学性能主要包括哪些方面？
2. 什么是强度？金属材料的强度指标有哪些？
3. 什么是塑性？金属材料的塑性指标用什么表示？
4. 什么是冲击韧度？金属材料的冲击韧度用什么表示？
5. 什么是硬度？有哪几种测定硬度的方法？各用什么符号表示？
6. 什么叫金属疲劳强度？疲劳破坏的原因及特点是什么？
7. 什么叫金属的物理性能和化学性能？
8. 什么叫金属的工艺性能？它主要包括哪些方面？
9. 有一直径为10mm、标距长为100mm的低碳钢试件，拉断时的最大拉力为28kN，断后标矩为142mm。试计算该材料的抗拉强度和断后伸长率。
10. 碳素钢的碳质量分数 w_C 是多少？低、中、高碳钢的 w_C 各为多少？
11. 碳素钢中两种主要的有害元素是什么？各会产生什么危害？

12. 碳素钢按用途分哪两种？T10 钢是什么钢，其 w_C 是多少？塔吊塔身和吊臂通常可用什么钢制作？

13. 50Mn、T12、45 这三种牌号的钢，它们的 w_C（平均）各是多少？各属什么钢种？

14. 热处理工艺主要由哪几个阶段组成？普通热处理有哪几种？

15. 退火的目的、种类及适用对象是什么？

16. 正火的目的是什么？

17. 淬火目的是什么？常用淬火方法的种类及其作用是什么？淬硬性与淬透性有何区别？过热与过烧有何区别？

18. 回火有几种？各起何作用及其适用对象是什么？

19. 何谓调质处理？调质的目的及适用对象是什么？

20. 何谓表面淬火？表面淬火方法有几种？各有何特点？

21. 何为钢的渗碳、渗氮？有何作用？

22. 何谓合金钢？合金钢中常加的合金元素有哪些？合金钢有何优缺点？

23. 合金钢常用的分类方法有哪两种？每种分类中都有哪些钢种？

24. 何谓高锰钢的"水韧处理"？经此处理后必须在什么条件下才能获得高硬度、高耐磨性？

25. 下列牌号的钢属于哪一类钢？它们的 w_C 大致是多少？合金元素的质量分数大致是多少？举例说明其用途。
Q295、20CrMnTi、35CrMo、60Si2Mn、GCr15、ZGMn13。

26. 何谓铸铁？据铸铁中石墨形态的不同，铸铁分哪几种？每种的石墨形态如何？

27. 何谓铸铁的石墨化？何谓变质（孕育）处理？变质处理后的铸铁的性能有何变化？

28. 下列牌号的铸铁各属于哪类铸铁？并说明牌号中字母和数字表示的含义。
HT200、KTH350-10、QT600-3。

29. 灰铸铁等常用的退火处理是哪两种？每种退火处理的目的是什么？

30. 何谓黄铜和青铜？黄铜中加锡和加铅元素后，各对黄铜的性能有何改变？

31. 铝合金按其成分和工艺特点不同分哪两大类？形变铝合金有哪四类？每类形变铝合金是怎样得到强化的？

32. 何为锡基巴氏合金、铅基巴氏合金和铝基巴氏合金？它们的特点和用途是什么？

33. 何谓塑料？热塑性塑料与热固性塑料的性能有何不同？

34. 组成塑料各成分，如粘结剂、填充剂、增塑剂、稳定剂，各起什么作用？

35. 橡胶的成分、特性都有哪些？

第三章　极限、配合及表面粗糙度

> **培训学习目的**　熟练掌握极限、配合及表面粗糙度的概念、术语、代号及标注方法；了解各种加工方法所能达到的尺寸精度、形状和位置精度及表面粗糙度精度。

第一节　尺寸公差

一、互换性与公差概念

1. 互换性

互换性是指在相同规格的一批零件或部件中，不经选择、修配或调整，任取其中一件进行装配，就能满足机械产品使用性能要求的一种特性。互换性的主要作用是可提高零件的制造水平；可缩短机器装配生产周期；便于机器的维护修理。

2. 误差与公差

零件加工后的几何参数（尺寸、形状及位置）与图样上标注的几何参数之间的差异，称为加工误差。加工时，由于工艺系统误差和其他因素误差的影响，工件不可能制作得绝对准确，总有误差存在，如尺寸误差、形状误差、位置误差及表面粗糙度等。要使具有加工误差的零件具有互换性，就要定出允许加工误差变动的范围，即允许零件的几何参数有一个变动量，这个允许的变动量或误差允许的变动范围称为公差。它包括尺寸公差、形状公差和位置公差。

二、尺寸的基本术语

（1）尺寸　以特定单位表示线性长度值的数字称为尺寸。图样和机械加工中通常用毫米（mm）作为特定单位，在图样上可省略标注。若采用其他单位时，图样上必须在数值后标注单位。

（2）孔、轴的尺寸

①孔　是指工件的圆柱形内表面和非圆柱形内表面。孔的尺寸指内表面的直径或宽度，孔在装配关系中属包容面。

②轴　是指工件的圆柱形外表面和非圆柱形外表面，轴的尺寸是指外表面的直径或长度，轴在装配关系中是被包容面。

③非孔非轴尺寸　既不满足孔尺寸特征又不满足轴尺寸特征的尺寸，就属于非孔非轴尺寸。如从轴一端加工出的不通孔的深度尺寸，就是非孔非轴尺寸。

如图 3-1 所示的轴,其中槽宽 4 ± 0.1、键槽宽 $8^{+0.036}_{0}$ 皆属孔的尺寸;尺寸 5、总长 $75^{0}_{-0.3}$ 及尺寸 $26^{0}_{-0.2}$ 等皆属轴的尺寸;而尺寸 35、25 等属非孔非轴的尺寸。

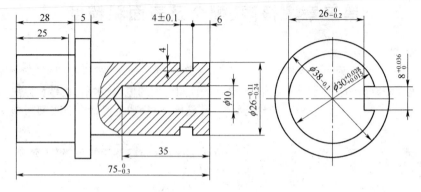

图 3-1 轴

(3) **基本尺寸** 即设计给定的尺寸。孔用 D 表示,轴用 d 表示。它是计算极限尺寸和极限偏差的起始尺寸。相配合的孔和轴的基本尺寸相同。

(4) **实际尺寸** 通过实际测量所得到的尺寸。孔用 D_a 表示,轴用 d_a 表示。由于存在测量误差、加工误差等,同批零件的实际尺寸不会完全相同,乃至同一零件的不同部位的实际尺寸也不一定相同。

(5) **极限尺寸** 允许尺寸变动的两个界限值称为极限尺寸。其中较大的界限值称为最大极限尺寸,较小的界限值称为最小极限尺寸。孔与轴的两个极限尺寸分别用 D_{max}、D_{min} 与 d_{max}、d_{min} 表示。孔的合格条件是 $D_{min} \leqslant D_a \leqslant D_{max}$;轴的合格条件是 $d_{min} \leqslant d_a \leqslant d_{max}$。

三、尺寸偏差、尺寸公差及公差带图

1. 尺寸偏差

某一尺寸减其基本尺寸所得的代数差,称为尺寸偏差,简称偏差。

(1) **实际偏差** 实际尺寸减去基本尺寸所得的代数差称为实际偏差。孔的实际偏差以 E_a 表示,$E_a = D_a - D$;轴的实际偏差以 e_a 表示,$e_a = d_a - d$。

(2) **极限偏差** 极限尺寸减去基本尺寸所得的代数差称为极限偏差。它又分上偏差及下偏差。

① **上偏差** 是最大极限尺寸减其基本尺寸所得的代数差。孔用 ES 表示,轴用 es 表示。计算式为

$$ES = D_{max} - D, \quad es = d_{max} - d$$

② **下偏差** 是最小极限尺寸减其基本尺寸所得的代数差。孔用 EI 表示,轴用 ei 表示,计算式为

$$EI = D_{min} - D, \quad ei = d_{min} - d$$

因为极限尺寸与实际尺寸都可以大于、小于或等于基本尺寸,所以偏差可以为

正值、负值或零。

2. 尺寸公差

允许的尺寸变动量称为尺寸公差,简称公差。公差的大小等于最大极限尺寸与最小极限尺寸之代数差的绝对值,也等于上偏差与下偏差之代数差的绝对值。公差是无正、负号的算术值。孔公差用 T_h 表示,轴公差用 T_s 表示。计算公式为:

$$T_h = D_{max} - D_{min} = ES - EI$$
$$T_s = d_{max} - d_{min} = es - ei$$

例 1 有相配的孔、轴分别按 $\phi 40^{+0.039}_{0}$ 及 $\phi 40^{-0.025}_{-0.050}$ 加工,试求其基本尺寸、极限偏差、极限尺寸和公差。

解 以下计算单位为 mm。

① 基本尺寸 $D=40, d=40$

② 上偏差 $ES=+0.039, es=-0.025$

③ 下偏差 $EI=0, ei=-0.050$

④ 最大极限尺寸 $D_{max}=D+ES=40+0.039=40.039$

$d_{max}=d+es=40+(-0.025)=39.975$

⑤ 最小极限尺寸 $D_{min}=D+EI=40+0=40$

$d_{min}=d+ei=40+(-0.05)=39.95$

⑥ 公差 $T_h=ES-EI=0.039-0=0.039$

$T_s=es-ei=(-0.025)-(-0.050)=0.025$

还可用以下条件式判断孔、轴尺寸是否合格:

孔的尺寸合格条件应满足 $D+EI \leqslant D_a \leqslant D+ES$

轴的尺寸合格条件应满足 $d+ei \leqslant d_a \leqslant d+es$

若上例中的轴,其加工后实际测得的尺寸为 $\phi 39.995$,已超过 d_{max},故为不合格的次品,尚不是废品,因其还可加工修复成合格品。

3. 公差带图

如图 3-2 所示,图中零偏差线即零线,表示基本尺寸。代表上、下偏差的两直线所限定的区域称为公差带。正偏差位于零线上方,负偏差位于零线下方。公差带在垂直于零线方向的宽度代表公差(T_h 及 T_s)大小,公差带对零线的位置可由上偏差或下偏差即基本偏差决定。公差带沿零线方向的长度是任意取定的。

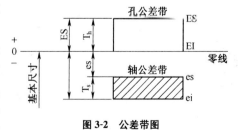

图 3-2 公差带图

四、标准公差、公差等级和基本偏差

1. 标准公差

国家标准中表列的、用以确定公差带大小的任一公差,即标准化的公差值,代号为IT。标准公差的数值是按一定公式计算出来的,生产实际中,标准公差可查表确定。

2. 公差等级

确定尺寸精确程度的等级称公差等级。国标规定的标准公差分为20级,各级标准公差的代号分别为IT01、IT0、IT1～IT18,其中IT01公差等级最高,IT18公差等级最低。公差等级高,则公差值小;公差等级低,则公差值大。另外,同一公差等级的孔和轴,随其基本尺寸的不同,其标准公差值的大小也不同,基本尺寸小者公差值小,基本尺寸大者公差值也大。显然,标准公差的数值与基本尺寸和公差等级有关。如果每个尺寸就对应规定一个公差值,那么标准公差数值表将十分庞大。为此,国标将基本尺寸从0～3150mm分成了21个尺寸段,每个尺寸段内的所有尺寸都有相同的标准公差。标准公差数值见表3-1。

表3-1 标准公差数值(GB/T 1800.3—1998)

基本尺寸/mm		公差等级																		
大于	至	IT01	IT0	IT1	IT2	IT3	IT4	IT5	IT6	IT7	IT8	IT9	IT10	IT11	IT12	IT13	IT14	IT15	IT16	IT17	IT18
		μm													mm						
—	3	0.3	0.5	0.8	1.2	2	3	4	6	10	14	25	40	60	0.1	0.14	0.25	0.40	0.6	1	1.4
3	6	0.4	0.6	1	1.5	2.5	4	5	8	12	18	30	48	75	0.12	0.18	0.3	0.48	0.75	1.2	1.8
6	10	0.4	0.6	1	1.5	2.5	4	6	9	15	22	36	58	90	0.15	0.22	0.36	0.58	0.9	1.5	2.2
10	18	0.5	0.8	1.2	2	3	5	8	11	18	27	43	70	110	0.18	0.27	0.43	0.70	1.1	1.8	2.7
18	30	0.6	1	1.5	2.5	4	6	9	13	21	33	52	84	130	0.21	0.33	0.52	0.84	1.3	2.1	3.3
30	50	0.6	1	1.5	2.5	4	7	11	16	25	39	62	100	160	0.25	0.39	0.62	1	1.6	2.5	3.9
50	80	0.8	1.2	2	3	5	8	13	19	30	46	74	120	190	0.3	0.46	0.74	1.2	1.9	3	4.6
80	120	1	1.5	2.5	4	6	10	15	22	35	54	87	140	220	0.35	0.54	0.87	1.4	2.2	3.5	5.4
120	180	1.2	2	3.5	5	8	12	18	25	40	63	100	160	250	0.4	0.63	1	1.6	2.5	4	6.3
180	250	2	3	4.5	7	10	14	20	29	46	72	115	185	290	0.46	0.72	1.15	1.85	2.9	4.6	7.2
250	315	2.5	4	6	8	12	16	23	32	52	81	130	210	320	0.52	0.81	1.3	2.1	3.2	5.2	8.1
315	400	3	5	7	9	13	18	25	36	57	89	140	230	360	0.57	0.89	1.4	2.3	3.6	5.7	8.9
400	500	4	6	8	10	15	20	27	40	63	97	155	250	400	0.63	0.97	1.55	2.5	4	6.3	9.7
500	630	4.5	6	9	11	16	22	32	44	70	110	175	280	440	0.7	1.1	1.75	2.8	4.4	7	11
630	800	5	7	10	13	18	25	36	50	80	125	200	320	500	0.80	1.25	2	3.2	5	8	12.5
800	1000	5.5	8	11	15	21	28	40	56	90	140	230	360	560	0.9	1.4	2.3	3.6	5.6	9	14
1000	1250	6.5	9	13	18	24	33	47	66	105	165	260	420	660	1.05	1.65	2.6	4.2	6.6	10.5	16.5
1250	1600	8	11	15	21	29	39	55	78	125	195	310	500	780	1.25	1.95	3.1	5	7.8	12.5	19.5
1600	2000	9	13	18	25	35	46	65	92	150	230	370	600	920	1.5	2.3	3.7	6	9.2	15	23
2000	2500	11	15	22	30	41	55	78	110	175	280	440	700	1100	1.75	2.8	4.4	7	11	17.5	28
2500	3150	13	18	26	36	50	68	96	135	210	330	540	860	1350	2.1	3.3	5.4	8.6	13.5	21	33

注:①基本尺寸>500mm 的 IT1 至 IT5 的标准公差数值为试行的。

②基本尺寸≤1mm 时,无 IT14 至 IT18。

公差等级的应用可参阅表 3-2。选择公差等级的基本原则是在满足使用要求的条件下,尽可能选择低的公差等级。公差等级与加工方法也有一定的对应关系,知道公差等级后可选用合适的加工方法。多种加工方法可达到的公差等级见表 3-2。

表 3-2　各种加工方法可达到的公差等级

加工方法	公差等级 IT																
	01	0	1	2	3	4	5	6	7	8	9	10	11	12	13	14	15	16
研磨																		
珩磨																		
圆磨																		
平磨																		
金刚石车																		
金刚石镗																		
拉削																		
铰孔																		
车削																		
镗削																		
铣削																		
刨削、插削																		
钻孔																		
滚压、挤压																		
冲压																		
压铸																		
粉末冶金成形																		
粉末冶金烧结																		
砂型铸造、气割																		
锻造																		

3. 基本偏差

用来确定公差带相对于零线位置的那个偏差(上偏差或下偏差)称为基本偏差。简言之,即靠近零线的那个偏差,就是基本偏差。

当公差带位于零线上方时,下偏差为基本偏差;公差带位于零线下方时,上偏差为基本偏差。例如图 3-2,要想画出孔公差带相对零线上方的位置,必须知道下偏差 EI;要想画出轴公差带相对零线下方的位置,必须知道上偏差 es,所以 ES 与 es 分别是孔与轴的基本偏差。

国家标准为孔和轴各规定了 28 个基本偏差,并以拉丁字母为代号,按顺序排列。其中大写字母表示孔的基本偏差,小写字母表示轴的基本偏差。图 3-3 所示为国标规定的孔、轴基本偏差系列图。

孔、轴基本偏差系列图中，基本偏差 a~zc 按上升曲线排列，基本偏差 A~ZC 按下降曲线排列；JS 与 js 为完全对称偏差，而 J 与 j 为近似对称偏差，因 J(j) 的数值与 JS(js) 相近，故放在同一位置上，且 J(j) 将逐渐被 JS(js) 取代，国标中现仅保留 J6、J7、J8 与 j5、j6、j7、j8；图中公差带均开口绘出其一端，公差带的另一端则必须由标准公差确定。

A~JS 基本偏差为下偏差 EI
A~G 的下偏差 EI>0
H 的下偏差 EI=0
JS 的公差带完全对称于零线，基本偏差为下偏差 $EI=-\frac{IT_n}{2}$

J~ZC 基本偏差为上偏差 ES
P~ZC 的上偏差 ES<0
K 的上偏差 ES 可为正值或零
N 的上偏差 ES 可为负值或零
M 的上偏差 ES 可为正值、负值或零

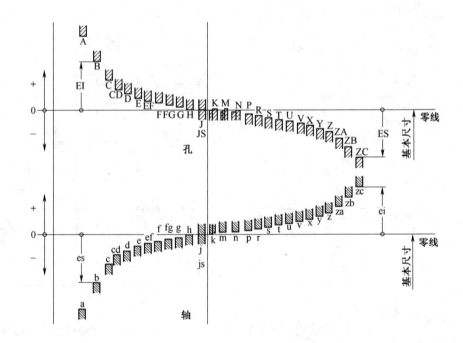

a~js 基本偏差为上偏差 es
a~g 的上偏差 es<0
h 的上偏差 es=0
js 的公差带完全对称于零线，基本偏差为上偏差 $es=+\frac{IT_n}{2}$

j~zc 基本偏差为下偏差 ei
m~zc 的下偏差 ei>0
k 的下偏差 ei 可为正值或零

图 3-3　基本偏差系列图

国标轴和孔的基本偏差数值见表 3-3、表 3-4。根据基本尺寸、基本偏差和公差等级查表，便可查得基本偏差值。

表 3-3 轴的基本偏差数值 (μm)

基本尺寸/mm		基本偏差数值														
		上偏差 es										下偏差 ei				
		所有标准公差等级										IT5和IT6	IT7	IT8	IT4至IT7	≤IT3 >IT7
大于	至	a	b	c	cd	d	e	ef	f	fg	g	h	js	j			k
—	3	−270	−140	−60	−34	−20	−14	−10	−6	−4	−2	0		−2	−4	−6	0	0
3	6	−270	−140	−70	−46	−30	−20	−14	−10	−6	−4	0		−2	−4		+1	0
6	10	−280	−150	−80	−56	−40	−25	−18	−13	−8	−5	0		−2	−5		+1	0
10	14	−290	−150	−95		−50	−32		−16		−6	0		−3	−6		+1	0
14	18																	
18	24	−300	−160	−110		−65	−40		−20		−7	0		−4	−8		+2	0
24	30																	
30	40	−310	−170	−120		−80	−50		−25		−9	0	偏差=±$\frac{IT_n}{2}$,式中IT_n是IT数值	−5	−10		+2	0
40	50	−320	−180	−130														
50	65	−340	−190	−140		−100	−60		−30		−10	0		−7	−12		+2	0
65	80	−360	−200	−150														
80	100	−380	−220	−170		−120	−72		−36		−12	0		−9	−15		+3	0
100	120	−410	−240	−180														
120	140	−460	−260	−200		−145	−85		−43		−14	0		−11	−18		+3	0
140	160	−520	−280	−210														
160	180	−580	−310	−230														
180	200	−660	−340	−240		−170	−100		−50		−15	0		−13	−21		+4	0
200	225	−740	−380	−260														
225	250	−820	−420	−280														
250	280	−920	−480	−300		−190	−110		−56		−17	0		−16	−26		+4	0
280	315	−1050	−540	−330														
315	355	−1200	−600	−360		−210	−125		−62		−18	0		−18	−28		+4	0
355	400	−1350	−680	−400														
400	450	−1500	−760	−440		−230	−135		−68		−20	0		−20	−32		+5	0
450	500	−1650	−840	−480														
500	560					−260	−145		−76		−22	0					0	0
560	630																	
630	710					−290	−160		−80		−24	0					0	0
710	800																	
800	900					−320	−170		−86		−26	0					0	0
900	1000																	
1000	1120					−350	−195		−98		−28	0					0	0
1120	1250																	
1250	1400					−390	−220		−110		−30	0					0	0
1400	1600																	
1600	1800					−430	−240		−120		−32	0					0	0
1800	2000																	
2000	2240					−480	−260		−130		−34	0					0	0
2240	2500																	
2500	2800					−520	−290		−145		−38	0					0	0
2800	3150																	

续表 3-3 (μm)

基本尺寸 /mm		基本偏差数值 下偏差 ei 所有标准公差等级												
大于	至	m	n	p	r	s	t	u	v	x	y	z	za	zb	zc
—	3	+2	+4	+6	+10	+14		+18		+20		+26	+32	+40	+60
3	6	+4	+8	+12	+15	+19		+23		+28		+35	+42	+50	+80
6	10	+6	+10	+15	+19	+23		+28		+34		+42	+52	+67	+97
10	14	+7	+12	+18	+23	+28		+33		+40		+50	+64	+90	+130
14	18								+39	+45		+60	+77	+108	+150
18	24	+8	+15	+22	+28	+35		+41	+47	+54	+63	+73	+98	+136	+188
24	30						+41	+48	+55	+64	+75	+88	+118	+160	+218
30	40	+9	+17	+26	+34	+43	+48	+60	+68	+80	+94	+112	+148	+200	+274
40	50						+54	+70	+81	+97	+114	+136	+180	+242	+325
50	65	+11	+20	+32	+41	+53	+66	+87	+102	+122	+144	+172	+226	+300	+405
65	80				+43	+59	+75	+102	+120	+146	+174	+210	+274	+360	+480
80	100	+13	+23	+37	+51	+71	+91	+124	+146	+178	+214	+258	+335	+445	+585
100	120				+54	+79	+104	+144	+172	+210	+254	+310	+400	+525	+690
120	140	+15	+27	+43	+63	+92	+122	+170	+202	+248	+300	+365	+470	+620	+800
140	160				+65	+100	+134	+190	+228	+280	+340	+415	+535	+700	+900
160	180				+68	+108	+146	+210	+252	+310	+380	+465	+600	+780	+1000
180	200	+17	+31	+50	+77	+122	+166	+236	+284	+350	+425	+520	+670	+880	+1150
200	225				+80	+130	+180	+258	+310	+385	+470	+575	+740	+960	+1250
225	250				+84	+140	+196	+284	+340	+425	+520	+640	+820	+1050	+1350
250	280	+20	+34	+56	+94	+158	+218	+315	+385	+475	+580	+710	+920	+1200	+1550
280	315				+98	+170	+240	+350	+425	+525	+650	+790	+1000	+1300	+1700
315	355	+21	+37	+62	+108	+190	+268	+390	+475	+590	+730	+900	+1150	+1500	+1900
355	400				+114	+208	+294	+435	+530	+660	+820	+1000	+1300	+1650	+2100
400	450	+23	+40	+68	+126	+232	+330	+490	+595	+740	+920	+1100	+1450	+1850	+2400
450	500				+132	+252	+360	+540	+660	+820	+1000	+1250	+1600	+2100	+2600
500	560	+26	+44	+78	+150	+280	+400	+600							
560	630				+155	+310	+450	+660							
630	710	+30	+50	+88	+175	+340	+500	+740							
710	800				+185	+380	+560	+840							
800	900	+34	+56	+100	+210	+430	+620	+940							
900	1000				+220	+470	+680	+1050							
1000	1120	+40	+66	+120	+250	+520	+780	+1150							
1120	1250				+260	+580	+840	+1300							
1250	1400	+48	+78	+140	+300	+640	+960	+1450							
1400	1600				+330	+720	+1050	+1600							
1600	1800	+58	+92	+170	+370	+820	+1200	+1850							
1800	2000				+400	+920	+1350	+2000							
2000	2240	+68	+110	+195	+440	+1000	+1500	+2300							
2240	2500				+460	+1100	+1650	+2500							
2500	2800	+76	+135	+240	+550	+1250	+1900	+2800							
2800	3150				+580	+1400	+2100	+3200							

注：①基本尺寸≤1mm 时，基本偏差 a 和 b 均不采用。

②公差带 js7 至 js11，若 IT_n 数值是奇数，则取偏差 $=\pm\dfrac{IT_n-1}{2}$。

第三章 极限、配合及表面粗糙度

表 3-4 孔的基本偏差数值

(μm)

基本尺寸/mm		基本偏差数值																						
		下偏差 EI													上偏差 ES									
		所有标准公差等级											IT6	IT7	IT8	≤IT8	>IT8	≤IT8	>IT8	≤IT8	>IT8			
大于	至	A	B	C	CD	D	E	EF	F	FG	G	H	JS		J		K		M		N			
—	3	+270	+140	+60	+34	+20	+14	+10	+6	+4	+2	0	偏差=±$\frac{IT_n}{2}$, 式中 IT_n 是 IT 数值	+2	+4	+6	0	0	−2	−2	−4	−4			
3	6	+270	+140	+70	+46	+30	+20	+14	+10	+6	+4	0		+5	+6	+10	−1+Δ		−4+Δ	−4	−8+Δ	0			
6	10	+280	+150	+80	+56	+40	+25	+18	+13	+8	+5	0		+5	+8	+12	−1+Δ		−6+Δ	−6	−10+Δ	0			
10	14	+290	+150	+95		+50	+32		+16		+6	0		+6	+10	+15	−1+Δ		−7+Δ	−7	−12+Δ	0			
14	18																								
18	24	+300	+160	+110		+65	+40		+20		+7	0		+8	+12	+20	−2+Δ		−8+Δ	−8	−15+Δ	0			
24	30																								
30	40	+310	+170	+120		+80	+50		+25		+9	0		+10	+14	+24	−2+Δ		−9+Δ	−9	−17+Δ	0			
40	50	+320	+180	+130																					
50	65	+340	+190	+140		+100	+60		+30		+10	0		+13	+18	+28	−2+Δ		−11+Δ	−11	−20+Δ	0			
65	80	+360	+200	+150																					
80	100	+380	+220	+170		+120	+72		+36		+12	0		+16	+22	+34	−3+Δ		−13+Δ	−13	−23+Δ	0			
100	120	+410	+240	+180																					
120	140	+460	+260	+200		+145	+85		+43		+14	0		+18	+26	+41	−3+Δ		−15+Δ	−15	−27+Δ	0			
140	160	+520	+280	+210																					
160	180	+580	+310	+230																					
180	200	+660	+340	+240		+170	+100		+50		+15	0		+22	+30	+47	−4+Δ		−17+Δ	−17	−31+Δ	0			
200	225	+740	+380	+260																					
225	250	+820	+420	+280																					
250	280	+920	+480	+300		+190	+110		+56		+17	0		+25	+36	+55	−4+Δ		−20+Δ	−20	−34+Δ	0			
280	315	+1050	+540	+300																					
315	355	+1200	+600	+360		+210	+125		+62		+18	0		+29	+39	+60	−4+Δ		−21+Δ	−21	−37+Δ	0			
355	400	+1350	+680	+400																					
400	450	+1500	+760	+440		+230	+135		+68		+20	0		+33	+43	+66	−5+Δ		−23+Δ	−23	−40+Δ	0			
450	500	+1650	+840	+480																					
500	560					+260	+145		+76		+22	0					0		−26	−26	−44	−44			
560	630																								
630	710					+290	+160		+80		+24	0					0		−30	−30	−50	−50			

续表 3-4

基本偏差数值 (μm)

基本尺寸/mm		下偏差 EI 所有标准公差等级											上偏差 ES				
大于	至	A	B	C	CD	D	E	EF	F	FG	G	H	JS	K	M	N ≤IT8	N >IT8
														≤IT8 >IT8	≤IT8 >IT8		
710	800					+290	+160		+80		+24	0	偏差=±IT/2,式中IT是IT数值	0	−30	−50	
800	900					+320	+170		+86		+26	0		0	−34	−56	
900	1000					+320	+170		+86		+26	0		0	−34	−56	
1000	1120					+350	+195		+98		+28	0		0	−40	−66	
1120	1250					+350	+195		+98		+28	0		0	−40	−66	
1250	1400					+390	+220		+110		+30	0		0	−48	−78	
1400	1600					+390	+220		+110		+30	0		0	−48	−78	
1600	1800					+430	+240		+120		+32	0		0	−58	−92	
1800	2000					+430	+240		+120		+32	0		0	−58	−92	
2000	2240					+480	+260		+130		+34	0		0	−68	−110	
2240	2500					+480	+260		+130		+34	0		0	−68	−110	
2500	2800					+520	+290		+145		+38	0		0	−76	−135	
2800	3150					+520	+290		+145		+38	0		0	−76	−135	

基本偏差数值 上偏差 ES 标准公差等级大于 IT7

基本尺寸/mm		≤IT7	P 至 ZC 在大于 IT7 的数值上增加一个 Δ 值										Δ 值 标准公差等级					
大于	至	P~ZC	P	R	S	T	U	V	X	Y	Z	ZA	ZB	ZC	IT3	IT4	IT5	IT6	IT7	IT8
—	3		−6	−10	−14	—	−18	—	−20	—	−26	−32	−40	−60	0	0	0	0	0	0
3	6		−12	−15	−19	—	−23	—	−28	—	−35	−42	−50	−80	1	1.5	1	3	4	6
6	10		−15	−19	−23	—	−28	—	−34	—	−42	−52	−67	−97	1	1.5	2	3	6	7
10	14		−18	−23	−28	—	−33	—	−40	—	−50	−64	−90	−130	1	2	3	3	7	9
14	18		−18	−23	−28	—	−33	−39	−45	—	−60	−77	−108	−150	1	2	3	3	7	9
18	24		−22	−28	−35	—	−41	−47	−54	−63	−73	−98	−136	−188	1.5	2	3	4	8	12
24	30		−22	−28	−35	−41	−48	−55	−64	−75	−88	−118	−160	−218	1.5	2	3	4	8	12
30	40		−26	−34	−43	−48	−60	−68	−80	−94	−112	−148	−200	−274	1.5	3	4	5	9	14
40	50		−26	−34	−43	−54	−70	−81	−97	−114	−136	−180	−242	−325	1.5	3	4	5	9	14
50	65		−32	−41	−53	−66	−87	−102	−122	−144	−172	−226	−300	−405	2	3	5	6	11	16

续表 3-4

(μm)

基本尺寸 /mm		基本偏差数值 上偏差 ES															Δ值 标准公差等级					
大于	至	≤IT7 P至ZC	标准公差等级大于IT7														IT3	IT4	IT5	IT6	IT7	IT8
			P	R	S	T	U	V	X	Y	Z	ZA	AB	ZC							
65	80		-32	-43	-59	-75	-102	-120	-146	-174	-210	-274	-360	-480		2	3	5	6	11	16
80	100		-37	-51	-71	-91	-124	-146	-178	-214	-258	-335	-445	-585		2	4	5	7	13	19
100	120			-54	-79	-104	-144	-172	-210	-254	-310	-400	-525	-690							
120	140		-43	-63	-92	-122	-170	-202	-248	-300	-365	-470	-620	-800		3	4	6	7	15	23
140	160			-65	-100	-134	-190	-228	-280	-340	-415	-535	-700	-900							
160	180			-68	-108	-146	-210	-252	-310	-380	-465	-600	-780	-1000							
180	200	在大于 IT7 的相应 数值上 增加一 个Δ值	-50	-77	-122	-166	-236	-284	-350	-425	-520	-670	-880	-1150		3	4	6	9	17	26
200	225			-80	-130	-180	-258	-310	-385	-470	-575	-740	-960	-1250							
225	250			-84	-140	-196	-284	-340	-425	-520	-640	-820	-1050	-1350							
250	280		-56	-94	-158	-218	-315	-385	-475	-580	-710	-920	-1200	-1550		4	4	7	9	20	29
280	315			-98	-170	-240	-350	-425	-525	-650	-790	-1000	-1300	-1700							
315	355		-62	-108	-190	-268	-390	-475	-590	-730	-900	-1150	-1500	-1900		4	5	7	11	21	32
355	400			-114	-208	-294	-435	-530	-660	-820	-1000	-1300	-1650	-2100							
400	450		-68	-126	-232	-330	-490	-595	-740	-920	-1100	-1450	-1850	-2400		5	5	7	13	23	34
450	500			-132	-252	-360	-540	-660	-820	-1000	-1250	-1600	-2100	-2600							
500	560		-78	-150	-280	-400	-600														
560	630			-155	-310	-450	-660														
630	710		-88	-175	-340	-500	-740														
710	800			-185	-380	-560	-840														
800	900		-100	-210	-430	-620	-940														
900	1000			-220	-470	-680	-1050														
1000	1120		-120	-250	-520	-780	-1150														
1120	1250			-260	-580	-840	-1300														
1250	1400		-140	-300	-640	-960	-1450														
1400	1600			-330	-720	-1050	-1600														
1600	1800		-170	-370	-820	-1200	-1850														
1800	2000			-400	-920	-1350	-2000														
2000	2240		-195	-440	-1000	-1500	-2300														

续表 3-4

(μm)

基本尺寸/mm		基本偏差数值 上偏差 ES												Δ值 标准公差等级					
		≤IT7	标准公差等级大于 IT7																
大于	至	P 至 ZC	P	R	S	T	U	V	X	Y	Z	ZA	AB	ZC	IT3	IT4	IT5	IT6	IT7	IT8
2240	2500	在大于IT7的相应数值上增加一个Δ值	−195	−460	−1100	−1650	−2500													
2500	2800		−240	−550	−1250	−1900	−2900													
2800	3150				−580	−1400	−2100	−3200												

注：① 基本尺寸小于或等于 1mm 时,基本偏差 A 和 B 及大于 IT8 的 N 均不采用。
② 公差带 JS7 至 JS11,若 IT_n 数值是奇数,则取偏差 $=\pm\dfrac{IT_n-1}{2}$。
③ 对小于或等于 IT8 的 K、M、N 和小于或等于 IT7 的 P 至 ZC,所需 Δ 值从表内右侧选取。
例如:18～30mm 段的 K7,Δ=8μm,所以 ES=−2+8=+6μm;
18～30mm 段的 S6,Δ=4μm,所以 ES=−35+4=−31μm。
④ 特殊情况:250～315mm 段的 M6,ES=−9μm(代替 −11μm)。

五、公差带代号

孔、轴的公带代号由基本偏差代号和公差等级数字组成。例如 $\phi50H7$ 和 $\phi50g6$：

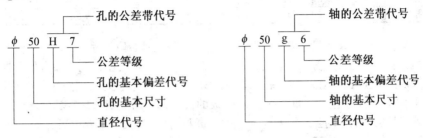

在图样上标注尺寸公差的方式有三种：

① 只注基本尺寸和尺寸公差带代号，如上例；

② 标注基本尺寸、公差带代号和上、下偏差值，如 $\phi50H7(^{+0.025}_{0})$、$\phi50g6(^{-0.009}_{-0.025})$；

③ 只标注基本尺寸和上、下偏差值，如 $\phi50^{+0.025}_{0}$、$\phi50^{-0.009}_{-0.025}$。常用第②、③种标注方式。

公差带一端的基本偏差已知，另一端开口处的极限偏差可用公式计算。其计算公式为：

若基本偏差是上偏差，则另一个未知的下偏差为

$$下偏差 = 上偏差 - 标准公差$$

若基本偏差是下偏差，则另一个未知的上偏差为

$$上偏差 = 下偏差 + 标准公差$$

生产实际中，一般不用计算法确定孔、轴的极限偏差，而是用查表法，直接由国标《极限与配合》(GB/T 1800.4—1999)中列出的孔、轴的极限偏差表查出孔和轴的两个极限偏差值，非常便捷。

六、一般公差

在图样上常见有的尺寸后面既无公差带代号，又无极限偏差，这种公差就是一般公差。一般公差即图样上未注出的线性尺寸和角度尺寸的公差，也称为未注公差，是指在车间一般加工条件下可得到保证的、非配合尺寸的公差。

国标 GB/T 1804—2000 规定，线性尺寸的一般公差分 4 个公差等级，分别为精密 f、中等 m、粗糙 c 和最粗 v，它们的极限偏差均对称分布。未注公差的线性尺寸的极限偏差值见表 3-5。

表 3-5　未注公差的线性尺寸的极限偏差数值　　　　　　　　　　(mm)

公差等级	基本尺寸分段							
	0.5~3	>3~6	>6~30	>30~120	>120~400	>400~1000	>1000~2000	>2000~4000
精密 f	±0.05	±0.05	±0.1	±0.15	±0.2	±0.3	±0.5	—
中等 m	±0.1	±0.1	±0.2	±0.3	±0.5	±0.8	±1.2	±2

续表 3-5

公差等级	基本尺寸分段							
	0.5~3	>3~6	>6~30	>30~120	>120~400	>400~1000	>1000~2000	>2000~4000
粗糙 c	±0.2	±0.3	±0.5	±0.8	±1.2	±2	±3	±4
最粗 v	—	±0.5	±1	±1.5	±2.5	±4	±6	±8

具有一般公差的尺寸多见于一般长度尺寸及孔、轴台阶尺寸、工序尺寸、组装后经加工所形成的尺寸等。一般公差通常注在技术要求中或图样上。如有的图样的技术条件中注有"所有未注尺寸公差均按 GB/T 1804—m 执行",则按各个未注尺寸所在的"基本尺寸分段",即可查出 m 等级的极限偏差值。例如确定轴件未注公差的外直径尺寸 $\phi30$ 的公差按 GB/T 1804—m 执行时,其极限偏差值可在 6~30mm 分段中查得为±0.2mm。

第二节 配 合

一、配合、配合类型及代号

1. 配合

基本尺寸相同的、相互结合的孔和轴的公差带之间的关系称为配合。配合的特点是孔与轴必须有相同的基本尺寸;孔与轴配合的松紧程度决定于孔、轴公差带的大小和相对位置。

2. 配合的类型

根据孔、轴公差带相对位置的不同,有三类配合,即间隙配合、过盈配合和过渡配合。

(1) 间隙配合 具有间隙(包括最小间隙等于零)的配合称为间隙配合。孔的尺寸减去轴的尺寸之代数差为正时为间隙(以 x 表示)。间隙配合时,孔的公差带完全在轴的公差带之上,孔的实际尺寸总是大于轴的实际尺寸,这是保证轴与孔能相对运动的条件。

(2) 过盈配合 具有过盈(包括最小过盈等于零)的配合称为过盈配合。孔的尺寸减去轴的尺寸之代数差为负时为过盈(以 y 表示)。过盈配合时,孔的公差带完全在轴的公差带之下,孔的实际尺寸总是小于轴的实际尺寸。要求孔与轴配合后的零件之间能够传递载荷或位置固定时,就要有过盈存在。

(3) 过渡配合 可能有间隙或可能有过盈的配合称为过渡配合。孔的尺寸减去轴的尺寸之代数差可能为正或负或为零。孔的公差带与轴的公差带交叉重叠。过渡配合使相配零件的定心精度高,装配也比过盈配合容易。

3. 配合代号

国标规定配合代号在图样中用孔、轴公差带代号组成,并写成分数形式,分子为孔的公差带代号,分母为轴的公差带代号,如 $\frac{H7}{g6}$。具体尺寸的孔、轴配合,还应在配合代号前标出孔与轴的基本尺寸,例如 $\phi 45 \dfrac{\text{H7}}{\text{g6}}$。

4. 配合公差(以 T_f 表示)

允许的间隙或过盈的变动量即为配合公差。具体计算公式如下:

间隙配合:$T_f = x_{max} - x_{min} = (ES-ei)-(EI-es) = (ES-EI)+(es-ei) = T_h + T_s$

过盈配合:$T_f = y_{min} - y_{max} = (ES-ei)-(EI-es) = (ES-EI)+(es-ei) = T_h + T_s$

过渡配合:$T_f = x_{max} - y_{max} = (ES-ei)-(EI-es) = (ES-EI)+(es-ei) = T_h + T_s$

其中,x_{max} 与 x_{min} 分别为最大间隙与最小间隙;y_{max} 与 y_{min} 分别为最大过盈与最小过盈。

基本尺寸一定时,配合公差 T_f 表示配合的精确程度,即使用要求。而孔公差 T_h 与轴公差 T_s 则分别表示孔与轴的精确程度,是制造要求或工艺要求。使用要求高,制造工艺要求就要提高,即 T_h、T_s 也要减小,则加工难度增加和成本都将提高。

二、基准制

国标规定的 28 种基本偏差和 20 种标准公差,理论上可组成 543 种孔公差带和 544 种轴公差带,它们可任意组合成近 30 万种配合,即使是常用的配合仍有 2596 种之多。而为了简化起见,以尽可能少的标准公差带形成多种配合,无需将孔、轴公差带同时变动,可固定一个,变更另一个,即可形成不同性质的配合。因此国标对孔与轴公差带之间的相互位置关系规定了基准制,即基孔制、基轴制及非基准制配合。

(1)基孔制　基本偏差为一定(或固定不变)的孔公差带,与不同基本偏差的轴的公差带形成各种配合的一种制度,称为基孔制,如图 3-4a 所示。

基孔制的特点是基孔制中的孔为基准孔,用孔的基本偏差代号 H 表示;基准孔的公差带位于零线上方,下偏差为 0,上偏差用两条虚线表示(表示其公差带的变化范围);基准孔的最小极限尺寸等于基本尺寸。

(2)基轴制　基本偏差为一定(或固定不变)的轴公差带,与不同基本偏差的孔的公差带形成各种配合的一种制度,称为基轴制,如图 3-4b 所示。

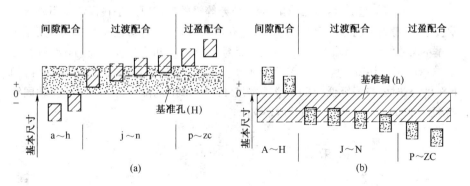

图 3-4　基准制

(a)基孔制　(b)基轴制

基轴制的特点是基轴制中的轴为基准轴,用轴的基本偏差代号 h 表示;基准轴的公差带位于零线下方,上偏差为 0,下偏差用两条虚线画出(表示其公差带的变化范围);基准轴的最大极限尺寸等于基本尺寸。

由配合代号可识别出是何种基准制的何种配合。例如,$\phi 30 \frac{H7}{g6}$,因其孔基本偏差代号为 H,故知为基孔制;又因 g 在 a~h 之间,故知该配合为基孔制间隙配合。又例如 $\phi 30 \frac{G7}{h6}$,因其轴基本偏差代号为 h,故知为基轴制;又因 G 在 A~H 之间,故知该配合为基轴制间隙配合。

3. 非基准制配合

国标规定在特殊需要情况下,允许将任一孔、轴的公差带组成配合,这种配合称为非基准制配合,也称为混合配合。例如 $\phi 50 \frac{F8}{k6}$,其中没有 H、h,故为非基准制配合。

4. 基准制的选用原则

(1) 优先选用基孔制　这是因为孔加工比轴加工要困难。采用基孔制可减少定值刀具、量具的规格和数量,有利于刀具、量具的标准化和系列化,提高经济效益。

(2) 当有明显经济效益时可选用基轴制　如用冷拔钢做轴时,若其本身精度(达 IT8)已能满足使用要求,无需再加工;或在同一基本尺寸的轴上要装多个不同配合的零件时,则可采用基轴制。

(3) 合理选用与标准件的配合基准制　与标准件配合时,基准制的选用一般依标准件而定。例如,与滚动轴承内圈孔相配合的轴应该用基孔制;与滚动轴承外圈配合的座孔应该用基轴制。

(4) 合理选用非基准制　特殊需要的情况下,为满足配合的特殊要求,允许采用任意孔、轴公差组成非基准制配合,即混合配合。

配合基准制选定后,其孔、轴的标准公差等级的选定原则是在保证使用要求的前提下,要考虑工艺的可能性与经济性。孔与轴标准公差等级的一般搭配原则是对于基本尺寸≤500mm 的配合,当公差等级高于 IT8 时,可选择低一级的孔与轴相配合,如 H8/f7、N7/h6 等;当公差等级等于 IT8 时,可选用同级的孔、轴相配合,如 H8/f8 等;对公差等级低于 IT8 或基本尺寸>500mm 的配合,一般选用孔、轴同级相配合,如 H9/d9、D9/h9、H11/c11 等。

第三节　形状和位置公差

一、概述

机械加工过程中,由于工件本身有内应力和受到切削力、夹紧力、温度、刀具磨损、振动及热处理变形等因素的影响,都会使零件的实际形状与理想形状之间,或零件上不同点、线、面的相对位置产生误差,即形状误差和位置误差。为了保证零件要求的形状和位置精度,必须将形状和位置误差限定在允许的范围内,因此国家标准规定了相应的形状和位置公差,简称形位公差。

在形位公差中,构成零件形状的点、线、面统称为零件的几何要素。它们可按几种方式分类。

(1) 按几何特征分

①轮廓要素 即直接感觉到的构成零件外廓的要素。如球面、圆柱面、圆锥面、素线、锥顶等。

②中心要素 即表示轮廓要素的对称中心的点、线、面。如轴线、球心等。

(2) 按存在状态分

①实际要素 即零件上实际存在的要素,也即加工形成的点、线、面。标准规定由测得要素代替它。

②理想要素 即几何意义上的要素或没有任何误差的要素,在实际生产中不可能得到。图样上画出的构成零件的点、线、面都是理想要素。理想要素是评价实际要素形位误差的基础,形位公差是对理想要素而言的。

(3) 按在形位公差中所处地位分

①被测要素 指图样上给出形位公差要求的对象。

②基准要素 即用来确定被测要素的方向和位置的要素,在图样上均用其符号标出。

(4) 按结构性能分

①单一要素 图样上仅对其本身的形状给出公差要求的要素,它与其他要素无功能关系。如圆柱面是单一要素,因由一个直径尺寸即可确定其形状。圆锥面则不是单一要素,因它需要基径和锥角两个尺寸才能确定其形状。

②关联要素 与其他要素有功能关系的要素。也即在图样上给出位置公差要求的要素,如有垂直要求的两垂直平面,就是关联要素。

二、形位公差及有关概念

形状公差是单一实际要素的形状所允许的变动全量,称为形状公差。或者说它是被测实际要素的形状相对于理想要素允许的最大变动量,用以限制形状误差的大小。

位置公差是关联实际要素的方向或位置对基准所允许的变动全量,用以限制被测要素对基准的方向或位置误差的大小。

1. 形位公差的项目及符号

国标规定了14项形位公差,其项目及其符号见表3-6。

表 3-6 形位公差的项目及符号

公差		特征项目	符号	基准要求
形状	形状	直线度	—	无
		平面度	▱	无
		圆度	○	无
		圆柱度	⌭	无
形状或位置	轮廓	线轮廓度	⌒	有或无
		面轮廓度	⌓	有或无
位置	定向	平行度	∥	有
		垂直度	⊥	有
		倾斜度	∠	有
	定位	位置度	⊕	有或无
		同轴(同心)度	◎	有
		对称度	⌰	有
	跳动	圆跳动	↗	有
		全跳动	↗↗	有

2. 形位公差代号及其标注方法

国标规定,形位公差用代号标注,当无法用代号标注时,也允许在技术要求中用文字说明。

(1)形位公差代号及其标注　形位公差代号由形位公差框格和指引线、项目符号、形位公差数值及其他有关符号、基准代号组成。

形状公差框格由两格组成,位置公差框格由三格及三格以上的多格组成。框格一律水平放置。框格从左面依次填写的内容:第 1 格为项目符号;第 2 格为数值和有关符号;第 3 格及以后的格为基准代号字母和有关符号,如图 3-5 所示。形位公差为线性值时只注数字;公差带为圆柱形时,公差数值前加注"ϕ";公差带为球形时,公差数值前加注"$S\phi$"。标注时,指引线引出端必须与框格垂直,它可以由左端或右端引出;被测要素是轮廓或表面时,箭头要指向要素的轮廓线或轮廓线的延长线上,同时必须与尺寸线明显地分开;当被测要素是中心要素(轴线、中心平面)时,箭头的指引线应与尺寸线的延长线重合;仅对被测要素的局部有形位公差要求时,可用粗点划线画出其范围,并注出尺寸,如图 3-6 所示。

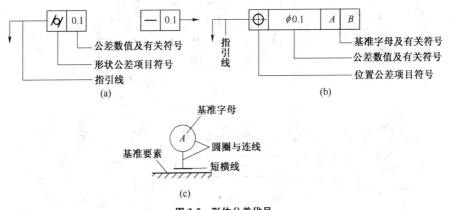

图 3-5　形位公差代号
(a)形状公差标注代号　(b)位置公差标注代号　(c)基准代号

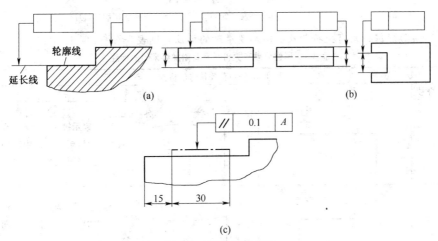

图 3-6　被测要素的标注
(a)轮廓要素　(b)中心要素　(c)局部要素

基准代号中,无论基准的方向如何,字母都应水平书写。字母一律大写,为不致误解,字母不得用 E、I、J、M、O、P、L、R、T。

标注方法是当基准要素是轮廓或表面时,可标注在要素的外轮廓或它的延长线上,但要与尺寸线明显错开,如图 3-7a 所示。当基准要素是中心要素(轴线、中心平面)时,基准代号中的连线应与尺寸线对齐,如图 3-7b、c 所示。基准还可置于用圆点指向实际表面的指引线上,如图 3-7d 所示。当基准要素与被测要素相似而不易分辨时,应采用任意基准,任意基准的符号与标注法,如图 3-7e 所示。仅用要素的局部作基准要素时,可用粗点划线画出其范围,并标注出尺寸,标注方法见表 3-7f。

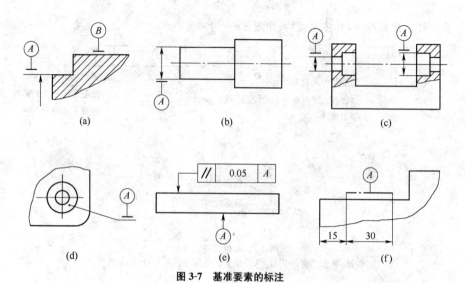

图 3-7 基准要素的标注
(a)、(d)轮廓要素　(b)、(c)中心要素　(e)基准要素与被测要素相似　(f)局部要素

(2)形位公差有关符号及有附加要求时的标注　见表3-7。

表 3-7　形位公差有关符号及有附加要求时的标注

符号	图示	说明	
(+)	〔— 0.01(+)〕	向外凸起	表示被测要素若有误差时,则只允许中间向材料外凸起
(−)	〔◻ 0.05(−)〕	向内凹下	表示被测要素若有误差时,则只允许中间向材料内凹下
(▷)	〔∥ 0.04(▷) A〕	从左至右逐渐减小	表示被测要素若有误差时,则只允许向右(即符号的小端方向)逐渐减小
(◁)	〔∥ 0.04(◁) A〕	从右至左逐渐减小	表示被测要素若有误差时,则只允许向左(即符号的小端方向)逐渐减小

1. 形位公差有关符号的标注

续表 3-7

2. 形位公差有附加要求时的标注	
图　示	说　明
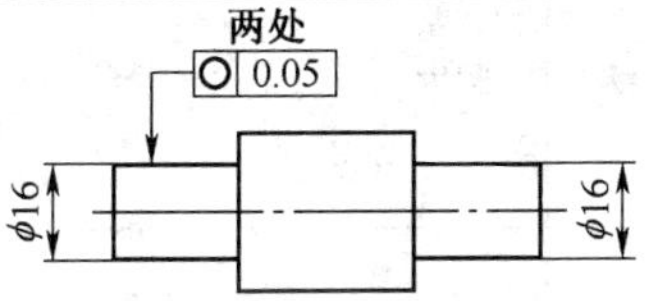 两端 φ16mm 圆柱面（两处，○ 0.05）	两端 φ16mm 圆柱面的圆度公差均为 0.05mm
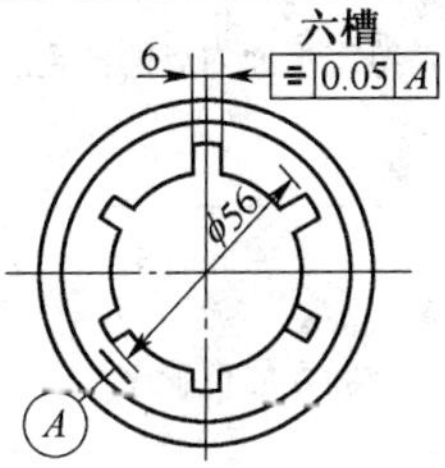 六槽（6，= 0.05 A），φ56，基准 A	六个槽分别对基准要素 A（外径轴线）的对称度公差均为 0.05mm
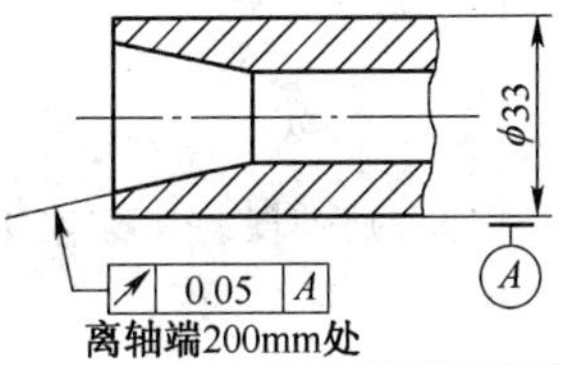 锥面，φ33，↗ 0.05 A，离轴端200mm处	锥面对外圆轴线在离轴端 200mm 处的圆跳动公差为 0.05mm；框格下方文字是对框格中的形位公差要求进行解释性说明
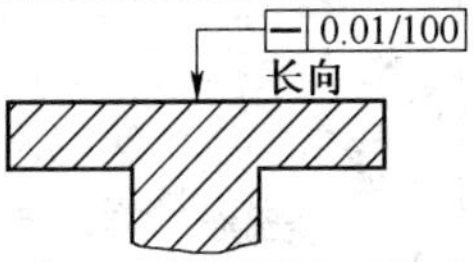 长向（— 0.01/100）	在未画出导轨长向视图时，可借用其横剖面标注长向直线度公差

3. 形位公差带

和尺寸公差带一样，形位公差带是限制被测要素的实际形状和实际位置变动的区域，也即限制形位误差变动的区域。构成零件实际形状和位置的点、线、面必须处于此区域内才算合格。所不同的是尺寸公差带是个平面区域，而形位公差带是个空间区域（有时也可能是个平面区域）。形位公差带通常由形状、大小、方向和位置 4 个要素组成。

（1）公差带的形状　由被测要素的特征和设计要求所决定。常用的公差带有 9 种形状，详见表 3-8。

表 3-8　形位公差带的 9 种形状

区域	公差带形状	图　示	应用场合
平面区域	两平行直线(t)	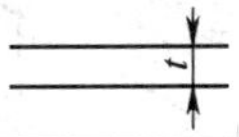	给定平面内线素线的直线度、线平行度、线垂直度等
平面区域	两等距曲线(t)	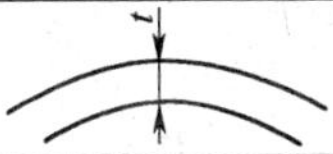	线轮廓度

续表 3-8

区域	公差带形状	图示	应用场合
平面区域	两同心圆(t)		圆度
	一个圆(ϕt)		给定平面内点的位置度
空间区域	一个球($S\phi t$)	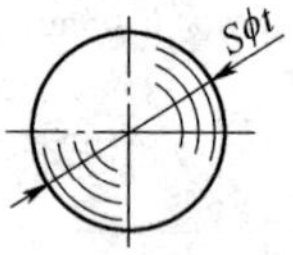	空间点的位置度
	两平行面(t)	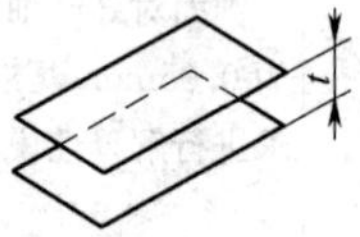	面的平行度、平面度、垂直度等
	两等距离曲面(t)	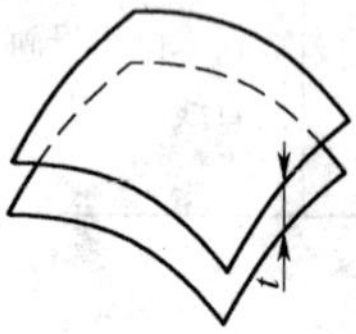	面的轮廓度
	一个圆柱(ϕt)	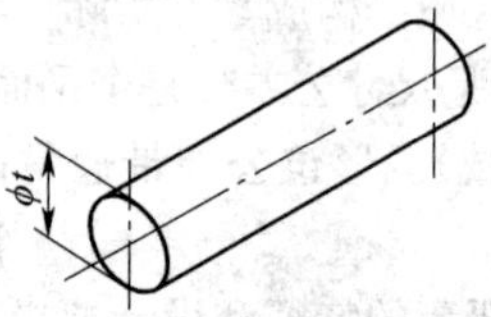	轴线的直线度、垂直度等
	两同轴圆柱(t)	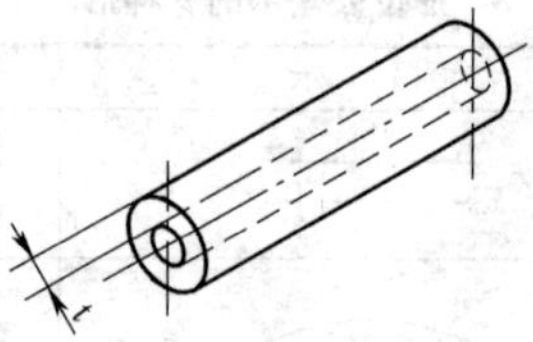	圆柱度

(2) 公差带的大小　一般指公差带的宽度(t)或直径(ϕt);若公差带为球形时,公差带值为球径($S\phi t$)。用数值表示,标注在图样上。

(3) 公差带的方向　指组成公差带的几何要素的延伸方向,它表示检测方向。

形位公差带的方向一般与标注代号中的框格指引箭头所指方向垂直。而有些形状公差带的方向却不一定,它的实际方向还需由"最小条件"(被测实际要素对其理想要素的最大变动量为最小的这一条件,称为最小条件)确定。位置公差带的方向是由图样上给定的方向和基准的理想要素方向、位置决定的。

(4) 公差带的位置　形位公差带的位置分为固定和浮动两种。在位置公差项目中,公差带与基准的位置由"正确理论尺寸"定位时,则公差带的位置固定,或说公差带的位置与被测要素的实际状况无关,称为位置固定的公差带。属于公差带位置固定的位置公差有同轴度、对称度、部分位置度和部分轮廓度。而若公差带与基准的位置用尺寸公差定位,则公差带的位置在尺寸公差带内浮动。亦即对有些形状公差、定向公差和少数跳动公差而言,项目本身并不规定公差带位置,其位置是随被测实际要素的形状及有关尺寸的大小而改变的,故称为位置浮动的公差带。

第四节　表面粗糙度

一、表面粗糙度及其对零件使用性能的影响

不论用何种方法加工出的零件表面,都不是绝对光滑的。表面粗糙度是评定零件表面质量的主要参数。

零件加工后主要由于刀痕或磨痕以及积屑瘤的碎片、表层金属塑性变形及工艺系统的高频振动等原因在表面上形成的微观几何形状误差称为表面粗糙度。表面上的微观几何形状误差使表面呈波纹状,其波距与波高之比一般小于 40。表面粗糙度对零件的使用性能会有以下影响:

(1) 影响零件的耐磨性　两零件表面接触时,仅是表面上的许多凸峰接触,两零件的实际接触面积比理论接触面积要小,使单位面积上承受的压力相应增大。因此,表面粗糙度数值越大,实际接触面就越小,当零件相对运动时,磨损越快,零件耐磨性越差。

(2) 影响零件的配合性质　表面粗糙的零件,在间隙配合中由于磨损而使间隙加快增大,会破坏应有的配合性质;对过盈配合,由于压入装配时,粗糙的波峰被挤平而减小了有效的过盈量,会降低配合的连接强度。

(3) 影响零件的耐蚀性　粗糙的表面,其波谷易积聚腐蚀性物质并可从谷底渗入金属内部,从而造成表面锈蚀。

(4) 影响零件的抗疲劳强度　表面越粗糙,其刀痕、微裂纹等越明显,当零件受到交变载荷作用时,会在刀痕、微裂纹等处产生应力集中,从而易导致零件疲劳破坏。

(5) 影响零件的接触刚度　接触刚度是指零件接合面在外载荷作用下抵抗接触变形的能力。表面越粗糙，则实际接触面积越小，在外载荷作用下表层越易出现塑性变形，从而使零件接合面表层接触刚度降低。

二、表面粗糙度的评定参数

(1) 轮廓算术平均偏差 Ra　是指在零件表面上的取样长度 l 内，轮廓偏距（即轮廓上的点到中线的距离）绝对值的算术平均值，如图 3-8a 所示。

$$Ra = \frac{1}{n}(|y_1|+|y_2|+|y_3|+\cdots+|y_{n-1}|+|y_n|) = \frac{1}{n}\sum_{i=1}^{n}|y_i|$$

式中，$|y_1|$、$|y_2|\cdots|y_n|$ 分别为轮廓线上 $1,2\cdots n$ 点的轮廓偏距的绝对值，亦即各点到轮廓中线的距离。轮廓中线 x 可根据中线两侧的被测表面轮廓分别与中线包围的面积相等来确定。

由于 Ra 既能反映表面的微观几何特征（波峰高度及轮廓形状），又便于用电动轮廓仪直接地自动测量，不受测量者的主观因素影响，测量结果稳定可靠，因此标准推荐优先选用 Ra 作为主要评定参数。Ra 值越小，表示表面越光洁。

(2) 微观不平度十点高度 Rz　是指在取样长度 l 内 5 个最大的轮廓波峰高度的平均值与 5 个最大的轮廓谷深的平均值之和，如图 3-8b 所示。

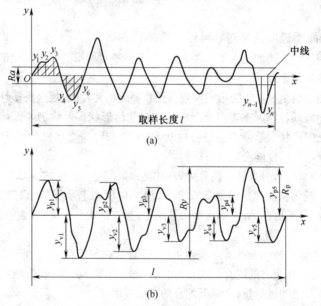

图 3-8　表面粗糙度评定参数示意
(a) 轮廓算术平均偏差 Ra　(b) 微观不平度十点高度 Rz 及轮廓最大高度 Ry

$$Rz = \frac{1}{5}(\sum_{i=1}^{5}y_{pi} + \sum_{j=1}^{5}y_{vj})$$

式中，y_{pi} 为第 i 个最大波峰高度；y_{vj} 为第 j 个最大谷深。

参数 Rz 由于测点数较少,故反映微观几何特征不如 Ra 全面,它只能反映波峰高度,不能反映波峰顶的锐或钝等,测量结果易受测量者的主观因素影响。但因 y_p、y_v 值易于用光学仪器直接测量,因而 Rz 应用也比较多。Rz 值越小,表面越光洁。

(3)轮廓最大高度 Ry 是指在取样长度 l 内,轮廓峰顶线到中线的距离(即最大峰高 R_p)和轮廓谷底线到中线的距离(即最大谷深 R_m)之和。

$$Ry = R_p + R_m = y_{pmax} + y_{vmax}$$

Ry 不如 Rz 更不如 Ra 反映微观几何特征全面。一般 Ry 与 Ra 或 Rz 值联用,控制谷深,以控制表面微观裂纹深度,故常用于受交变应力作用的零件表面及被测面积很小的表面。Ry 值越大,表面越粗糙。

国标规定有 Ra、Rz 和 Ry 三个评定数值系列,见表 3-9。

表 3-9 Ra、Rz 和 Ry 数值系列(GB/T 1031—1995)　(μm)

	1. 轮廓算术平均偏差 Ra 的数值				
Ra	0.012	0.1	0.8	6.3	50
	0.025	0.2	1.6	12.5	100
	0.05	0.4	3.2	25	
	2. 微观不平度十点高度 Rz 和轮廓最大高度 Ry 的数值				
Rz、Ry	0.025	0.4	6.3	100	1600
	0.05	0.8	12.5	200	—
	0.1	1.6	25	400	
	0.2	3.2	50	800	

三、表面粗糙度的符号、代号及标注方法

1. 表面粗糙度的符号(表 3-10)

表 3-10 表面粗糙度的符号

符号	意　义
∨	基本符号,表示表面可用任何方法获得。当不加注表面粗糙度参数或有关说明时,仅用于简化代号标注
∇	表示表面用去除材料的方法获得。如车、铣、刨、钻、磨、剪切、抛光、腐蚀、气割、电火花加工等
∇	表示表面用不去除材料的方法获得。如铸、锻、冲压、热轧、冷轧、粉末冶金等,或者表示表面保持上道工序情况或原料供应状况

基本符号的画法如图 3-9 所示。

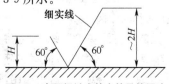

图 3-9　表面粗糙度基本符号的画法

2. 表面粗糙度代号

图 3-10 表面粗糙度代号

表面粗糙度代号由粗糙度符号、表面粗糙度高度参数及其数值、取样长度、加工要求、加工纹理方向符号和余量等组成,其标注的具体位置如图 3-10 所示,字母含意如下:

a_1、a_2——表面粗糙度高度参数代号及其数值(μm)。当评定参数用 Ra 时,只需标出数值,Ra 的符号省略;当评定参数用 Rz 和 Ry 时,则要在数值前加注符号 Rz 或 Ry。

b——加工要求、镀覆、涂覆、表面处理或其他说明。

c——取样长度(mm)或波纹度(μm)(波距与波高之比在 40~100 时,属于波纹度)。当为规定取样长度时,可省略不注出,否则 c 处要注出取样长度。

f——表面粗糙度波距参数值(mm)或轮廓支撑长度率。

d——加工纹理方向符号。加工形成的表面纹理(如刀痕)的方向和形状,仅在需要控制时才用规定符号标出。

e——加工余量(mm)。

表面粗糙度评定参数标注示例见表 3-11。

表 3-11 表面粗糙度评定参数标注示例

代 号	意 义
3.2/	表示用任何方法获得的表面粗糙度,Ra 的上限值为 3.2μm
Ry3.2/	表示用任何方法获得的表面粗糙度,Ry 的上限值为 3.2μm
3.2/	表示用去除材料的方法获得的表面粗糙度,Ra 的上限值为 3.2μm
3.2/1.6	表示用去除材料的方法获得的表面粗糙度,Ra 的上限值为 3.2μm,下限值为 1.6μm
3.2 Ry12.5	表示用去除材料的方法获得的表面粗糙度,Ra 的上限值为 3.2μm,Ry 的上限值为 12.5μm
Rz200max/	表示用不去除材料的方法获得的表面粗糙度,Rz 的最大值为 200μm
铣削 6.3/	表示用铣削加工获得的表面粗糙度,Ra 的上限值为 6.3μm
3.2/4	表示用去除材料的方法获得的表面粗糙度,Ra 的上限值为 3.2μm,取样长度为 4mm

3. 表面粗糙度在图样上的标注方法

(1)基本标注法 表面粗糙度应注在轮廓线、尺寸界线或其延长线、引出线上。符号的尖端必须从材料外指向表面,代号中的数值写在符号尖端对面,数值的方向要与尺寸数字的方向一致。符号的长边与另一条短边相比,长边总处于顺时针方向,如图 3-11 所示。

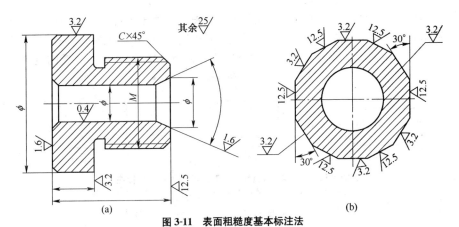

图 3-11 表面粗糙度基本标注法
(a)基本标注法 (b)表面粗糙度的标注方向

(2)简化标注法 当零件大部分表面的粗糙度相同时,可对其中使用最多的一种符号、代号统一标注在图样的右上角,并加注"其余"两字,如图 3-11a 所示。

当零件所有表面具有相同的表面粗糙度时,可在图样右上角统一标注符号、代号(有时在前面加注"全部"二字),如图 3-12a 所示。而当同一表面上表面粗糙度要求不一致时,可用细实线画出分界,再分别标注相应的表面粗糙度,如图 3-12b 所示。

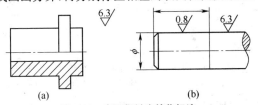

图 3-12 表面粗糙度简化标注
(a)全部表面的粗糙度相同时的统一注法 (b)同一表面不同表面粗糙度要求时的注法

对于齿轮、花键等有重复要素的表面及连续表面的表面粗糙度符号、代号只标注一次,标注如图 3-13 所示。

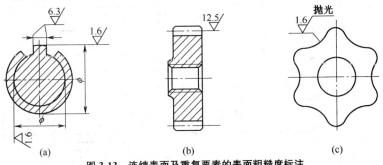

图 3-13 连续表面及重复要素的表面粗糙度标注
(a)、(b)重复要素标注 (c)连续表面标注

零件整个表面镀(涂)覆或热处理后表面的表面粗糙度标注法,如图 3-14 所示。而局部表面镀(涂)或热处理表面的表面粗糙度标注法,如图 3-15 所示,局部范围注出相应尺寸,然后画出粗点划线标出镀(涂)覆或热处理范围或不镀(涂)覆的范围。

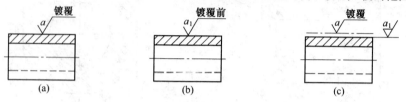

图 3-14　整个表面镀(涂)覆前、后的表面粗糙度标注
(a)镀(涂)覆或其他表面处理的标注
(b)镀(涂)覆前的标注　(c)镀(涂)覆前、后的标注

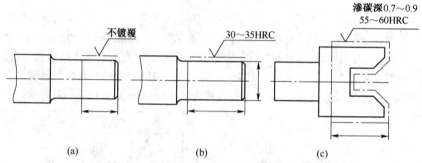

图 3-15　局部表面镀(涂)覆或进行热处理标注
(a)不镀(涂)覆表面标注　(b)局部镀(涂)覆或热处理标注　(c)局部热处理标注

四、各种加工方法所能达到的表面粗糙度 Ra 值范围(表 3-12)

表 3-12　各种加工方法能达到的表面粗糙度 Ra 值范围

加工方法		表面粗糙度 $Ra/\mu m$												
		0.012	0.025	0.05	0.1	0.2	0.4	0.8	1.6	3.2	6.3	12.5	25	50	100
锉							■	■	■	■	■	■			
铲刮							■	■	■	■					
刨削	粗									■	■	■	■		
	半精							■	■	■	■				
	精						■	■	■	■					
插削									■	■	■	■			
钻孔									■	■	■	■	■		
扩孔	粗									■	■	■	■		
	精							■	■	■	■				
铰孔	粗								■	■	■	■			
	半精						■	■	■	■					
	精					■	■	■	■						

续表 3-12

加工方法		表面粗糙度 $Ra/\mu m$												
		0.012	0.025	0.05	0.1	0.2	0.4	0.8	1.6	3.2	6.3	12.5	25	50	100
镗孔	粗										——	——			
	半精							——	——	——					
	精						——	——	——						
金刚镗孔				——	——	——									
端面铣	粗									——	——	——			
	半精							——	——	——					
	精						——	——							
车外圆	粗									——	——	——			
	半精							——	——	——					
	精						——	——							
车端面	粗									——	——	——			
	半精							——	——	——					
	精						——	——							
金刚车				——	——	——	——								

加工方法		表面粗糙度 $Ra/\mu m$												
		0.012	0.025	0.05	0.1	0.2	0.4	0.8	1.6	3.2	6.3	12.5	25	50	100
磨外圆	粗							——	——	——					
	半精					——	——	——							
	精			——	——	——									
磨平面	粗							——	——	——					
	半精					——	——	——							
	精			——	——	——									
珩磨	平面			——	——	——	——								
	圆柱		——	——	——	——									
研磨	粗				——	——	——								
	半精		——	——	——										
	精	——	——	——											
抛光	一般			——	——	——	——								
	精	——	——	——											
滚压抛光					——	——	——	——							
超精加工		——	——	——	——										
化学蚀割								——	——	——	——				
电火花加工							——	——	——	——					

五、表面粗糙度的常见检测方法

(1) 目测或比较法 是车间常用的简便方法。该法是将被测表面与表面粗糙度样块进行比较,用肉眼(有时借助放大镜)判断表面粗糙度。一般用于评定表面粗糙度要求不高的表面,$Ra<0.1\mu m$ 的表面粗糙度难以目测判断。

(2) **不接触测量法** 是借助光学仪器或光电式仪器、气动量仪检测表面粗糙度的方法。常用仪器有双管显微镜,可检测的 Ra 值为 $0.05\sim60\mu m$,但通常只用于检测 Ra 值为 $16\sim0.2\mu m$ 范围内的表面粗糙度。还可用干涉显微镜,其测量范围为 $Ra0.2\sim0.08\mu m$。

(3) **接触测量法** 是用接触被测表面的仪器检测表面粗糙度的方法,也称为轮廓法或针描法。最常用的仪器是电动轮廓仪,图 3-22 为其结构示意图。触针 9 以一定速度沿被测工件表面 10 移动,因表面凸凹不平迫使触针上下移动,该移动通过传感器 6 与 4 的端面之间的间隙变化,使线圈 5 中产生电动势。再经放大器 3 放大和运算处理,在指示表或显示屏上显示表面粗糙度读数,即可直接读出 Ra 值。仪器测量范围为 $Ra0.01\sim10\mu m$。该法使用简便、迅速,能直接读出 Ra 值,可在车间使用,生产中应用广泛。

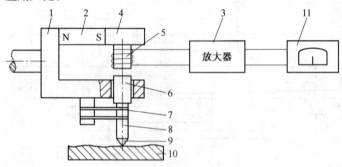

图 3-22 电动轮廓仪结构示意图
1. 支架 2. 磁铁 3. 放大器 4. 尾部 5. 线圈 6. 衔铁 7. 两弹簧片
8. 测杆 9. 金刚石触针 10. 被测工件 11. 指示表

复习思考题

1. 何谓互换性?何谓误差?何谓公差?
2. 何谓基本尺寸、实际尺寸、极限尺寸?
3. 何谓尺寸的偏差、实际偏差、极限偏差、上偏差与下偏差?公差与极限尺寸、上下偏差之间的计算关系(公式)如何?
4. 何为标准公差、公差等级?国标规定有多少个公差等级?
5. 何谓基本偏差?为何要规定基本偏差?国标对孔和轴各设定多少个基本偏差代号?基本偏差系列图有何特点?
6. 何谓一般公差?国标对线性尺寸的一般公差有哪些规定?
7. 偏差和公差的数值都可为正、为负和为零,对吗?正确答案是什么?
8. 何谓配合?何谓间隙配合、过渡配合、过盈配合?

9. 何谓配合公差？配合公差与相互配合的孔和轴的公差有何关系？配合公差如何计算(公式)？

10. 何谓基孔制和基轴制？各有何特点？

11. 何谓形状公差和位置公差？国标对它们各规定有多少项？各项的符号是什么？

12. 何谓形位公差带？它由哪些要素组成？形位公差带的大小和方向在标注代号中是如何表达的？

13. 形位公差带位置分为_____和_____两种，同轴度、对称度、部分位置度和部分轮廓度等属于_____公差带，其余各项形位公差均属于_____位置公差带。

14. 形状公差代号由_____框组成。位置公差代号由_____框组成，从左至右依次为_____、_____、_____。

15. 已知孔 $\phi 50H8(^{+0.039}_{0})$ 与轴 $\phi 50f7(^{-0.025}_{-0.050})$ 相配合、孔 $\phi 40H7(^{+0.025}_{0})$ 与轴 $\phi 40r6(^{+0.050}_{+0.034})$ 相配合。试填表回答表中各问。

序号	配合件	基本尺寸	极限尺寸		极限偏差		基本偏差值	基准制	配合代号	公差 T_h (T_s)	间隙或过盈		配合公差 T_f
			max	min	ES (es)	EI (ei)					x_{max} (y_{min})	y_{max} (x_{min})	
1	孔	50											
	轴												
2	孔	40											
	轴												

16.(1)查标准公差数值表和基本偏差数值表，填表回答所问。

基准制、孔或轴	基本尺寸	基本偏差代号	公差等级	公差	基本偏差	基本偏差值	另一偏差值
$\phi 110D8$							
$\phi 100f7$							
$\phi 90H6$							
$\phi 80js7$							
$\phi 65T8$							

(2)查极限偏差表，验证表中所填上、下偏差值是否正确。

17. 图样技术要求中标注有 GB/T 1804—m，而未注公差尺寸为 $\phi 120mm$，试查表定出该尺寸的上、下偏差值。

18. 说明题图 3-1 所示圆锥滚柱轴承内圈零件上所标注的各项形位公差的含义。

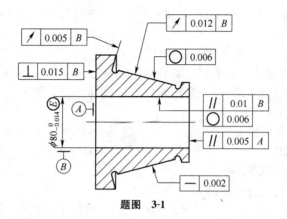

题图 3-1

19. 将下列要求标注在零件的题图 3-2 上。

(1) $\phi 48_{-0.025}^{0}$ 轴心线对 $\phi 25_{-0.021}^{0}$ 轴心线的同轴度公差为 0.02mm;

(2) 左端面 A 对 $\phi 25_{-0.021}^{0}$ 轴心线的端面圆跳动公差为 0.03mm;

(3) $\phi 25_{-0.021}^{0}$ 外圆柱面的圆柱度公差为 0.01mm。

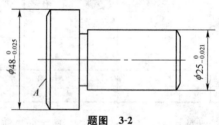

题图 3-2

20. 解释下表中表面粗糙度代号的含义:

代号	含 义
6.3/	
3.2/	
$R_y 6.3$ / $R_y 3.2$	
3.2 / 1.6	
$R_y 50$ /	
3.2 / $R_z 12.5_{max}$	

第四章 常用量具、量仪及其使用、维护保养

培训学习目的 熟悉国际单位制和我国法定计量单位;熟练掌握常用量具、量仪的使用和维护保养方法。

第一节 钢直尺和卡钳

一、长度计量单位

我国采用的法定长度计量单位是国际单位制,见表 4-1。

表 4-1 我国法定长度计量单位

单位名称	符 号	对主单位的比	单位名称	符 号	对主单位的比
千米(公里)	km	10^3m(1000m)	厘米	cm	0.01m
米	m	主单位	毫米	mm	0.001m
分米	dm	0.1m	微米	μm	0.000001m

常用的是毫米(mm)。例如 1.2m 写成 1200mm;1.1dm 写成 110mm;3.2cm 写成 32mm;而 8μm 写成 0.008mm。

管螺纹和有些西方国家的机械设备也用非法定长度计量单位的英寸制。常用单位为英寸(in)。1 英尺(ft)=12 英寸(in)。例如 2.5 英尺写成 30in;5 英分写成 5/8in;50 英丝写成 0.05in。

mm 与 in 的换算:1in=25.4mm 及 1mm=0.03937in。例如 $\frac{5}{16}$in=25.4mm×$\frac{5}{16}$=7.938mm;$\frac{7}{8}$in=25.4mm×$\frac{7}{8}$=22.225mm;15mm=0.03937in×15=0.591in≈$\frac{19}{32}$in。

二、钢直尺

钢直尺是简单尺寸量具,长度规格有 150mm、300mm、500mm 和 1000mm。尺面上刻有 0.5mm 和 1mm 的间格线条,满 10mm 刻 1(即 1cm),满 20mm 刻 2…尺的背面刻有英寸与毫米换算关系。尺的正面还刻有英寸刻线,如图 4-1a 所示,它以 1in 为一大格,有的 1in 内刻有 16 小格,每小格为 1/16in;有的 1in 内刻有 32 小格,每小格为 1/32in;也有 1in 内刻有 64 格,每小格为 1/64in。

钢直尺主要用于测量精度要求不高的零件和毛坯尺寸,因为其刻线宽度就有

0.1～0.2mm，所以测量误差较大。其使用方法见图 4-1b、c。

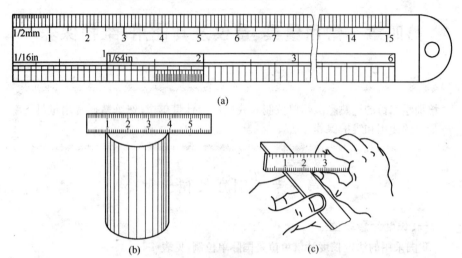

图 4-1 钢直尺及使用方法
(a)钢直尺 (b)测量直径 (c)测量宽度

三、卡钳

卡钳是间接量具，使用时必须与钢直尺或其他刻线量具配合才能得出测量读数。它有内卡钳和外卡钳之分，如图 4-2 所示。外卡钳用来测量零件圆柱直径、宽度与厚度等；内卡钳用来测量孔径、槽宽等。

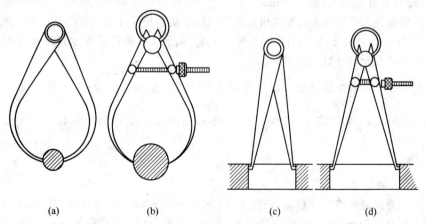

图 4-2 外卡钳与内卡钳
(a)普通外卡钳 (b)弹簧外卡钳 (c)普通内卡钳 (d)弹簧内卡钳

卡钳常用于测量精度要求不高的工件，但有经验的工人，仍可获得 0.02～0.04mm 的尺寸精度。

内、外卡钳的使用方法,如图 4-3 所示。应注意调整卡钳时,可敲击内外侧面,不要敲击钳口;测量孔、轴直径时,应与其轴线垂直,松紧程度以刚好与被测工件表面接触即可;测量尺寸时不能用力压卡钳,只凭卡钳本身质量通过即可;不要用卡钳测量正在转动的工件,以免钳口磨损或使卡钳扭曲;不能把卡钳当做螺钉旋具使用;取好尺寸的卡钳要放在一定的地方,不要乱放。

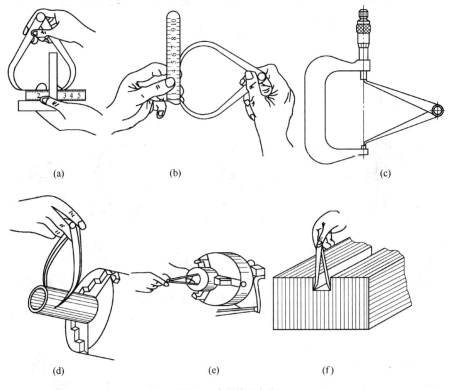

图 4-3 卡钳使用方法
(a)、(b)、(c)卡钳取尺寸方法 (d)、(e)、(f)测量工件方法

第二节 游标卡尺

一、常见游标卡尺的种类、结构及规格

(1)常见游标卡尺的种类和结构 游标卡尺用来测量工件的内外直径、长度、宽度、厚度、高度、深度等尺寸。常见的几种游标卡尺如图 4-4 所示。

图 4-4a、b 所示是两种常用的两用及三用游标卡尺的结构,它们都由主尺、游标和辅助游标等组成。其上量爪和下量爪的外测量面用来测外径、外长度尺寸;上量爪、下量爪的内测量面用来测内径或沟槽宽。如图 4-4b 所示,三用游标卡尺的上量

爪、下量爪分别用于测量内、外尺寸,且可用测深杆测深度尺寸。

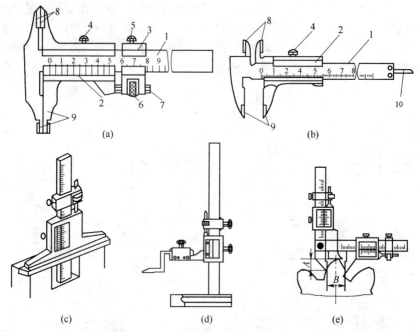

图 4-4 游标卡尺的结构
(a)两用游标卡尺 (b)三用游标卡尺 (c)深度游标卡尺 (d)高度游标卡尺 (e)齿轮游标卡尺
1. 尺身 2. 游标 3. 辅助游标 4. 游标紧固螺钉 5. 辅助游标紧固螺钉 6. 微动螺母
7. 螺杆 8. 上测量爪 9. 下测量爪 10. 测深杆

(2)常见游标卡尺的规格

①两用及三用游标卡尺的测量范围有 0～150mm、0～200mm、0～300mm、0～500mm 及 0～1000mm；大量程游标卡尺的测量范围有 0～1500mm 及 0～2000mm。

②深度游标卡尺的测量范围有 0～200mm、0～300mm 及 0～500mm。

③高度游标卡尺的测量范围有 0～200mm、0～300mm、0～500mm、0～1000mm。

④齿厚游标卡尺的测量范围有 1～16mm、1～25mm、5～32mm、10～50mm。

常见游标卡尺的测量精度有 0.1mm、0.05mm、0.02mm 三种。

二、游标卡尺的刻线原理及读数方法

1. 刻线原理

(1)精度为 0.1mm 的游标卡尺 如图 4-5a 所示,主尺每小格是 1mm,按主尺上 9 格(即 9mm)长度在游标上等分刻线为 10 格,则游标上每小格为 0.9mm(即 9mm÷10),故主尺与游标每格相差为 1mm－0.9mm＝0.1mm,此差值即为游标卡尺的读数精度。

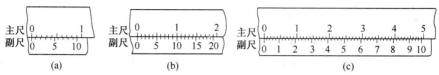

图 4-5 游标卡尺的刻线原理
(a)读数精度 0.1mm (b)读数精度 0.05mm (c)读数精度 0.02mm

(2)精度为 0.05mm 的游标卡尺 如图 4-5b 所示,主尺每格 1mm,按主尺的 19 格长度在游标上等分刻线为 20 格,则游标每格值为 19mm÷20=0.95mm,主尺与游标每格差值为 1-0.95=0.05(mm),此差值即为读数精度。

(3)精度为 0.02mm 的游标卡尺 如图 4-5c 所示,主尺每格 1mm,按主尺的 49 格长度在游标上等分刻线 50 格,则游标每格值为 49mm÷50=0.98mm,主尺与游标每格差值为 1-0.98=0.02(mm),此差值即为读数精度。

2. 读数方法

用游标卡尺测量工件时,先要将图 4-4 中辅助游标螺钉 5 紧固,游标紧固螺钉 4 松开;再转动微动螺母 6,通过螺杆 7 使游标微动调节;测量完成后,将螺钉 4 拧紧使游标固紧。读数方法可按三步进行:

①读出游标上 0 线左边主尺上的整毫米数,即读整数。
②读小数,找出游标上与主尺刻线相重合的刻线,将该刻线和 0 刻线之间的格数乘以游标的读数精度值所得的乘积,即为被测工件尺寸的小数部分。
③求和,将上两项读数相加,即得被测工件尺寸的整个读数。

例 1 读出图 4-6 所示的读数精度为 0.02mm 的游标卡尺的测量尺寸数值。

解 由图中可见,主尺上读出整数是 90mm,游标上与主尺重合的刻线为第 21 格的刻线,则尺寸的小数部分为 21×0.02=0.42(mm),故测量尺寸数值为 90+0.42=90.42(mm)。

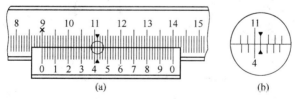

图 4-6 游标卡尺的读数方法

三、游标卡尺的使用和维护保养

1. 游标卡尺的正确使用

①要按照零件尺寸的精度选用精度适宜的游标卡尺。游标卡尺适用于中等尺寸精度零件的测量,一般生产条件下,可按量具的示值误差不超过被测尺寸公差的 1/10~1/5 来选用量具的精度,否则就要修正加工尺寸。一般情况下,精度为 0.02mm、示值误差为±0.02mm 的游标卡尺可用于测量公差等级为 IT12~IT16 的

零件;精度为0.05mm、示值误差为±0.05mm的游标卡尺可用于测量公差等级为IT13～IT16的零件;精度为0.1mm、示值误差为±0.1mm的游标卡尺可用于测量公差等级IT14～IT16的零件。

②测量前,先揩净卡尺,检验测量面是否平直无损,使主尺和游标的零位对齐,观察两量爪的测量面贴紧后有无明显间隙。一般情况下,精度为0.02mm的卡尺的量爪间隙应≤0.006mm;精度为0.05mm和0.1mm的卡尺的量爪间隙应≤0.01mm,否则不能使用,应送检。

③测量工件的外径和宽度时,要使量爪两测量面与被测表面接触,并使量爪的两测量面和被测直径垂直或与被测平面平行,如图4-7a、b所示。测量孔距时,两量爪测量面的测量线要过孔心并垂直被测平面,而量爪测量面要平行被测表面,如图4-7c所示。

④测量内孔直径时,应使两量爪测量面的测量线垂直被测表面并通过孔心,轻轻摆动找出最大值,如图4-7d所示。注意测量孔距时,必须加上两量爪的宽度(一般10mm)。

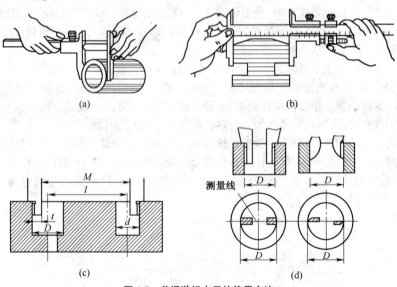

图4-7 普通游标卡尺的使用方法
(a)测量外圆直径 (b)测量宽度 (c)测量孔距 (d)测量内孔直径

⑤用带深度尺的游标卡尺测量孔深(或高度)时,应使测深杆的测量面紧贴孔(槽)底,而游标卡尺的端面与被测工件的表面接触,测深杆要垂直,不能前后左右倾斜,如图4-8所示。

2. 游标卡尺的维护与保养

①不准将游标卡尺的两量爪当划线工具或旋具、扳手使用;不准代替卡钳等在被测工件上推拉,以免损坏卡尺,影响测量精度。

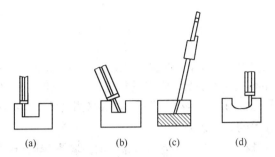

图 4-8 普通游标卡尺测量深度的方法
(a)正确 (b)、(c)、(d)错误

②不准用游标卡尺测量铸、锻件等毛坯的尺寸,以免很快磨损,丧失测量精度。

③不能用游标卡尺测量精度要求过高的工件,如因条件所限只能用游标卡尺时,则必须用量块校准游标卡尺后,做比较测量。

④带深度尺的游标卡尺,用完后应将量爪合拢,以免测深杆变形或折断。

⑤测量结束后,要将游标卡尺平放,尤其是大尺寸的游标卡尺。否则会造成尺身弯曲变形。

⑥游标卡尺用完后,要揩净上油,正确摆放在卡尺盒内,以免生锈或弄脏。

四、其他游标卡尺

(1)齿轮游标卡尺 如图 4-4e 所示,用于测量齿轮和螺纹的齿厚,也称齿厚游标卡尺,相当于由互相垂直的两把游标卡尺组成。尺寸 A 由垂直尺调整,尺寸 B 由水平尺调整,其读数方法与普通游标卡尺相同。一般读数精度为 0.02mm,测量模数的范围有 1～16mm、1～25mm、5～32mm、10～50mm。

还有电子数显齿厚游标卡尺,精度 0.01mm,可直接在显示屏上读数,如图 4-9a 所示。

(2)带表游标卡尺与数显游标卡尺 如图 4-9b、c,带表游标卡尺精度可达 0.01mm,并可从表盘上清晰地读数。数显游标卡尺精度为 0.01mm,直接由显示屏准确读数。

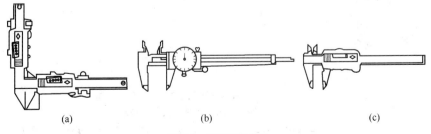

图 4-9 其他游标卡尺
(a)数显齿厚游标卡尺 (b)带表游标卡尺 (c)数显游标卡尺

第三节 千 分 尺

千分尺是广泛应用的一种精密的测微螺旋量具,测量精度比游标卡尺高。因其测量精度为 0.01mm,又称百分尺。尽管其结构形式和规格多种多样,但都是运用螺旋副传动原理把螺杆的旋转运动变成直线位移来测量尺寸。

一、外径千分尺的结构及规格

外径千分尺的结构如图 4-10 所示。尺架 1 的左端是固定的砧座 3,右端是带刻度的固定套管 2,在固定套管的外面有刻度线,内孔中装有衬套 4,衬套中有螺距为 0.5mm 的内螺纹,测微螺杆 6 上的外螺纹旋入其中做旋转和移动。在 2 的外面有带刻线的活动套管 9。其内孔中有锥度的部分与 6 的锥体部分配合,再用罩壳 10 将它固定在一起。罩壳 10 的端面上有一偏置小孔,小孔中装有弹簧 11 及与棘轮 13 相啮合的棘爪 12,再用螺钉 8 联接起来。当测微螺杆左端面接触工件时,棘轮在棘爪上滑过发出"咔、咔"声;而当棘轮反转时,测微杆和活动套管随之转动,测微杆向右移动;当想将测微螺杆固定不动时,可用锁紧装置的手柄 5 将其锁住。

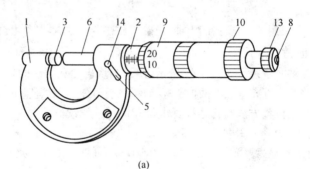

(a)

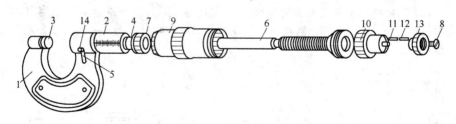

(b)

图 4-10 外径千分尺的结构
(a)外径千分尺外形 (b)外径千分尺结构分解
1. 尺架 2. 固定套管 3. 砧座 4. 衬套 5. 手柄 6. 测微螺杆 7. 调节螺母 8. 螺钉
9. 活动套管 10. 罩壳 11. 弹簧 12. 棘爪 13. 棘轮 14. 锁紧装置

千分尺的测量范围在 300mm 以内时,每隔 25mm 为一挡,如 0～25mm、25～50mm…275～300mm;测量范围在 300～1000mm 以内时,每隔 100mm 为一挡,如 300～400mm…900～1000mm;当测量范围在 1000～3000mm 以内时,每隔 500mm 为一挡,如 1000～1500mm…2500～3000mm。按制造精度千分尺分为 0 级(最高)和 1 级。

二、千分尺的刻线原理及读数方法

1. 刻线原理

活动套管的圆锥面上刻有 50 条等分刻线,当其旋转 1 周时,由于测微螺杆的螺距为 0.5mm,因此它就轴向移动了 0.5mm;而当活动套管旋转 1 格时,测微螺杆轴向移动距离为 0.5mm÷50＝0.01mm,因此千分尺的测量精度为 0.01mm。

2. 读数方法

(1)读整数 在固定套管上读出其与活动套管相邻近的刻线数值(每格 0.5mm),此即被测尺寸的整数值。如图 4-11a、b 中的 6mm 和 35.5mm。

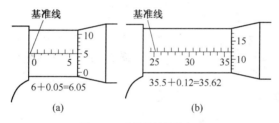

图 4-11 千分尺的读数方法

(2)读小数 在活动套管上读出与固定套管的基准线对齐的刻线数值,即为被测尺寸的小数值。如图 4-11a、b 中的 0.05mm 和 0.12mm。

(3)求和 将以上两次的读数值相加,就是被测尺寸的完整数值。如图 4-11a 读数为 6.05mm,图 4-11b 读数为 35.62mm。

三、千分尺的使用和维护保养

1. 千分尺的使用方法

①应根据工件的尺寸及其精度等级,正确选用测量范围和不同级别的千分尺。一般 0 级千分尺适用于测量 IT8 以下公差等级的工件,1 级千分尺适用于测量 IT9 以下公差等级的工件。

②使用前,先用清洁纱布擦干净,然后检查各活动部分是否灵活可靠。在全行程内,活动套管转动要灵活,测微螺杆移动要平稳,锁紧装置要可靠。同时应当校准零位,测量范围 25mm 以外的千分尺用校准样棒校准。测量前,工件的被测量面也要擦净。

③测量时,要使测微螺杆的轴线与工件的被测尺寸方向一致,不要倾斜,然后先转动活动套管,当测量面接近工件时改用棘轮(也称为测力装置),直到发出"咔、咔"

声为止。另外,测量中要注意温度影响,如防止手温或其他热源的影响。

④读数时最好在被测工件上直接读数。当必须取下千分尺读数时,应该用锁紧装置将测微螺杆锁住后再轻轻地滑出千分尺。

⑤不能用千分尺测量运动着的工件,也不能用千分尺测量有研磨剂的表面和粗糙表面。

2. 千分尺的维护与保养

①不要拧松千分尺的后罩盖,以免造成零位改变。而测量时,不准使劲拧千分尺的测微套管。

②使用千分尺时,任何时候都要避免发生摔碰,否则要及时进行检查和校正。

③不允许在千分尺的固定套管和活动套管之间加入酒精、煤油、柴油、普通机油和油脂;不准把千分尺浸入上述油类和切削液中。

④要保持千分尺的清洁,用完后擦干净,同时在两测量面上涂一层防锈油,让两测量面相互离开一些,然后放在专用盒内,保存在干燥处。

四、其他千分尺简介

①图 4-12a、c 分别为内径千分尺和三爪内径千分尺,用于测量孔径、沟槽宽等尺寸,一般用来测量较小的尺寸。后者测量精度有 0.01mm 和 0.05mm 两种。图 4-12b 所示千分尺,一般用于测大尺寸。

②图 4-12d 所示为杠杆式千分尺,用途与外径千分尺相同。测量时,工件放在砧座与测微螺杆之间,然后慢慢转动活动套管,直至指针在圆形刻度上出现,再使活动套管上的刻线与基准线重合后停止转动。此时,先读出固定套管上的大尺寸,再读出活动套管上的尺寸(百分之几毫米),再读出指针指出的尺寸(每格 0.002mm 或 0.001mm),三个读数相加即得测量尺寸。

③图 4-12e 所示为壁厚千分尺,主要用于测管形零件的壁厚。

④图 4-12f 所示为深度千分尺,用于测量盲孔及沟槽深度、台阶高度等。据工件尺寸不同,可调换接长杆。

⑤图 4-12g 所示为尖头千分尺,主要用于测量普通千分尺不能测量的环槽尺寸等。

⑥图 4-12h 所示为螺纹千分尺,用以测量螺纹的中径。测量范围不同,其测量头(副)的数目也不同。测量头形状有锥形、V 形、平面形与球形。

⑦图 4-12i 所示为公法线千分尺,用于测量齿轮的公法线长度或螺纹的三针测量等。

⑧图 4-12j、k 所示分别为带计数器千分尺与数显千分尺。前者计数器测量精度为 0.01mm;测微头的测量精度为 0.002mm。后者直接读数,在 0~25mm…50~75mm 测量范围内,测量精度为 0.001mm;在 75~99.999mm 测量范围内测量精度为 0.0001mm。

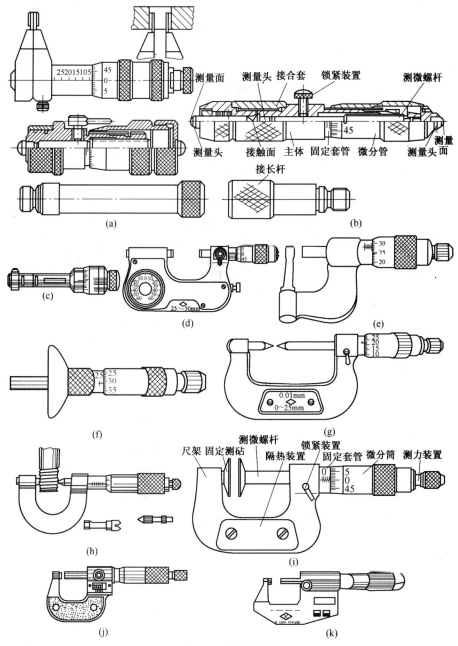

图 4-12 其他千分尺

(a)、(b)普通内径千分尺 (c)三爪内径千分尺 (d)杠杆千分尺 (e)壁厚千分尺 (f)深度千分尺 (g)尖头千分尺 (h)螺纹千分尺 (i)公法线千分尺 (j)带计数器千分尺 (k)数显千分尺

第四节 百分表与千分表

一、百分表与千分表的结构形式

常用的百分表是一种齿轮传动式带指示表的精密量具。主要用于长度尺寸的相对测量和形位偏差的相对测量(指示值仅仅是被测量相对于标准量的偏差值,这种测量方法称为相对测量),也可在一些机床或测量装置中作定位和指示用。

按结构及用途不同,常见的百分表有百分表与千分表、杠杆式百分表与千分表、内径百分表与千分表,如图4-13所示。

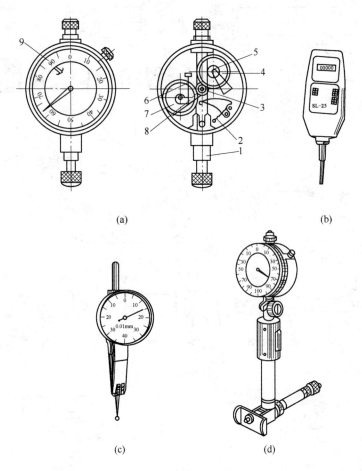

图 4-13 百分表类型
(a)百分表 (b)数显百分表 (c)杠杆百分表 (d)内径百分表
1. 量杆 2. 弹簧 3、5. 小齿轮 4、7. 大齿轮 6. 游丝 8. 指针 9. 表盘

①如图 4-13a、b 所示,百分表的测量范围有 0~3mm、0~5mm、0~10mm 及大量程的 0~30mm、0~50mm、0~100mm,其测量精度为 0.01mm。千分表的测量范围有 0~1mm、0~3mm 及 0~5mm 三种,测量精度为 0.001mm。数显百分表的测量范围有 0~3mm、0~5mm、0~10mm、0~25mm 及 0~30mm,测量精度为 0.01mm;数显千分表测量范围有 0~5mm、0~9mm 及 0~10mm,测量精度为 0.001mm。

②如图 4-13c 所示,杠杆百分表的测量范围为 0~0.8mm,测量精度为 0.01mm;杠杆千分表测量范围为 0~0.2mm,测量精度为 0.002mm。

③如图 4-13d 所示为内径百分表及内径千分表,其测量范围分挡较宽,在 6~10mm、250~450mm 有 10 挡。测量精度为 0.01mm 及 0.001mm。

百分表有 0 级和 1 级两种,0 级制造精度最高,1 级次之。百分表的结构与传动原理见图 4-13a。当带有齿条的量杆 1 上下移动时,带动小齿轮 5 和固定于同一轴上的大齿轮 4 转动,大齿轮 4 即带动小齿轮 3 及固定于同一轴上的指针 8,从而将量杆的微小移动扩大为指针的偏转。游丝 6 产生的扭转力矩作用在与小齿轮 3 啮合的大齿轮 7 上,这就保证了齿轮 3 正反转时都在同一齿侧面啮合,从而消除了齿轮传动中齿侧间隙引起的测量误差。弹簧 2 用以控制百分表的测量力。当齿条量杆移动 1mm 时,小齿轮和同轴的长指针转一圈。表面上刻有 100 格,故长指针每转一格,量杆移动 0.01mm。若指针转动一格,量杆移动 0.001mm,即为千分表。

当长指针与表面刻线 0 位不对准时,可转动带滚花的表框调整。

二、百分表的使用和维护保养

1. 百分表的使用方法

①按照被测工件的尺寸和精度要求选用测量范围和精度适合的百分表;而根据工件的形状、表面粗糙度及材质,选用合适的测量头。

②使用前要检查齿条量杆移动是否灵活。测量时应把百分表夹持在表架上。表架有万能表架与磁性表架两种。万能表架能使百分表、千分表处于任意方位,以适应不同场合的测量。磁性表架可以吸附在工作位置上。百分表在磁性表架上的安装方法见图 4-14。测量头与被测表面接触时,须根据被测工件尺寸误差变动量进行压表,一般压表量为 1~2mm,使量杆有一定的预压力,并保持示值的稳定性,然后转动表框调零位。

③用百分表测量平面时,量杆要与被测平面垂直;测量圆柱形工件时,量杆中心线要垂直通过被测工件中心线,以免读数不正确。

2. 百分表的维护与保养

①使用过程中要严防水、油、灰尘等污物渗入表内,量杆上也不要涂油。

②不要使表受剧烈振动,不要让测量头突然落到被测工件上。按压量杆的次数不要过多;测量时量杆行程不能超出其测量范围。

③表用完后要将其擦净放回盒内,并要让量杆处于自由状态,以免弹簧失效。

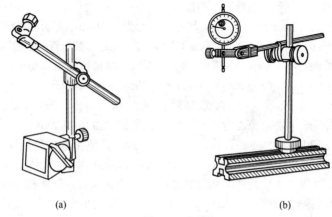

图 4-14 表架

(a)磁性表架　(b)万能表架

第五节　角　度　尺

常用的角度尺有 90°角尺和万能角度尺。90°角尺主要用来测量工件被测平面相对其垂直基准面的垂直度误差。万能角度尺用来直接测量工件的内、外角度值。

一、90°角尺

如图 4-15a、b 所示,由两个互成 90°的尺边构成,有整体式与组合式两种。检验工件时将其一个尺边与工件的基准面贴紧,另一尺边与工件的被测表面接触,然后用光隙(也称为对光)法判断工件的两面是否垂直。可用内尺边检验工件外角,也可用外尺边检验工件的内角,如图 4-15c、d 所示。

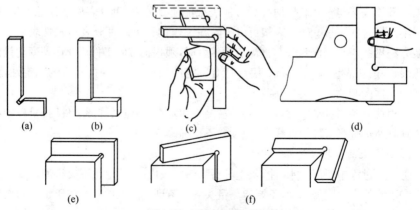

图 4-15　90°角尺及使用方法

(a)整体式　(b)组合式　(c)用内测边检验外角　(d)用外测边检验内角　(e)正确　(f)不正确

测量时,尺身要垂直被测表面,如图 4-15e、f 所示。使用前,要清洁工件表面,**擦净角尺**;使用后尺身擦机油,以防生锈。

二、万能角度尺

有Ⅰ型和Ⅱ型两种形式。Ⅰ型的测量范围为 0°～320°,游标分度值(即测量精度)有 2′ 及 5′ 两种;Ⅱ型的测量范围为 0°～360°,游标分度值为 5′。

1. 万能角度尺的结构及读数方法

(1) 结构 如图 4-16 所示,在刻度盘(或主尺)1 上装有扇形板 2 和游标 3。2 和 3 连成一体,可沿 1 做圆弧形移动。直角尺 5 用支架 4 固定在 2 上,并可上下移动。直尺 6 用另一支架 4 固定在 5 的下端,并可左右移动,尺边(或基尺)7 固定在 1 上,它与 6 形成角度。

(2) 读数方法 测量精度值为 5′ 的万能角度尺的刻线原理是刻度盘上每格角度值为 1°,游标上刻有 12 格,与刻度盘上的 23 格相等,故游标每格角度值为 $1° \times \frac{23}{12} = 60′ \times \frac{23}{12} = 115′$,刻度盘两格与游标 1 格的差值为 $2° - 115′ = 120′ - 115′ = 5′$。

测量精度为 2′ 的万能角度尺的刻线原理是刻度盘上每小格 1°,游标上每 1 小格 58′,二者每格相差 $1° - 58′ = 60′ - 58′ = 2′$。

读数时,先看游标零线左边刻度盘(主尺)上所显示的角度值作为整数部分,即"度"的数值;再看游标上哪条刻线与刻度盘上的刻线对齐,读出"分"的数值,将度数与分数相加即为测得的角度值。

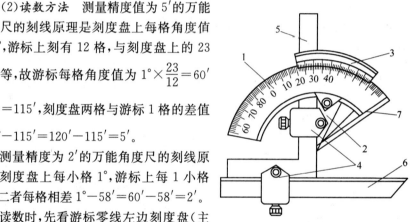

图 4-16 万能角度尺
1. 刻度盘 2. 扇形板 3. 游标 4. 支架
5. 直角尺 6. 直尺 7. 尺边

2. 万能角度尺的使用方法

① 使用前,要擦净万能角度尺和被测工件;检查各部件的移动是否平稳、灵活;然后校对零位,即装上直角尺和直尺,使直角尺底边及基尺均与直尺无间隙;检查刻度盘与游标的零线是否对齐。

② 如图 4-17 所示,使用时,必须注意直角尺 5 与直尺 6 的安装方法。

用万能角度尺检验工件角度的方法见图 4-18。直角尺与直尺全部装上,可测 0°～50° 内角度,如图 4-18a 所示;仅装上直尺,可测量 50°～140° 内角度,如图 4-18b 所示;仅装上直角尺,可测量 140°～230° 内角度,如图 4-18c 所示;直角尺与直尺全部拆下,可测量 230°～320° 内角度,如图 4-18d 所示。

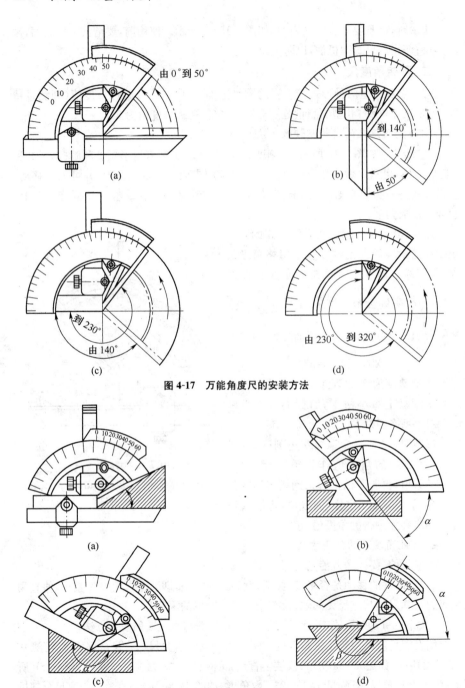

图 4-17　万能角度尺的安装方法

图 4-18　万能角尺测量工件角度的方法
(a)测量 0°～50°角度　(b)测量 50°～140°角度　(c)测量 140°～230°　(d)测量 230°～320°

具体操作步骤如图 4-19 所示。

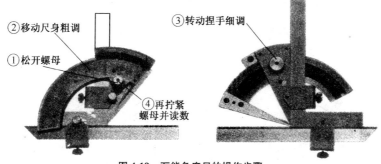

图 4-19 万能角度尺的操作步骤

①松开制动装置的螺母；
②移动尺身(主尺)进行粗调；
③转动游标背面的捏手进行细调，直至万能角度尺的两测量面与被测工件的表面紧密接触为止；
④拧紧制动装置的螺母后即可读数。

万能角度尺用完后，松开其各固定件，取下直尺等元件，然后擦净、上防锈油，装入盒内。

第六节 水 平 仪

水平仪是测量角度变化的一种常用工具，一般用来测量直线度和垂直度、机床导轨的扭曲度及安装机器时校正平直度等。

常用的水平仪有普通水平仪和光学合象水平仪。

一、普通水平仪

1. 普通水平仪的结构及精度

普通水平仪有条式水平仪和框式水平仪两种，如图 4-20 所示。常用的框式水平仪由框架和弧形玻璃管组成。框架的垂直测量面上都制作有 V 形槽，以便放置在圆柱形工件表面上。玻璃管的弧形表面上有刻线，内装乙醚或酒精，但不装满，留有一个气泡，该气泡永远停留在玻璃管内的最高点。如果被测工件表面处于水平或垂直位置，气泡就处于玻璃管的中央位置。若被测表面倾斜某个角度，气泡就处于向左或向右的位置。

2. 普通水平仪的刻度原理

水平仪的精度是以气泡移动 1 格，底面在 1m 内倾斜的高度差 ΔH 表示，如图 4-21a 所示。

若将精度为 0.02mm/m、规格为 200mm×200mm 的框式水平仪放置在长

1000mm 平板左端表面上,平板的右端垫高 0.02mm(即 ΔH=0.02mm),此时平板倾斜一角度 θ,玻璃管中的气泡刚好向右移动 1 格,如图 4-21b 所示。则倾角 θ 可如下计算

$$\sin\theta=\frac{\Delta H}{L}=\frac{0.02}{1000}=0.00002=2\times10^{-5}$$

所以,$\theta=1.1459156°\times10^{-3}=4''(s)$。

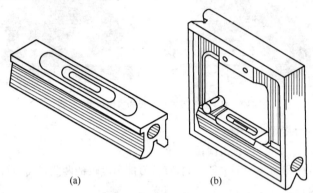

图 4-20 水平仪
(a)条式水平仪 (b)框式水平仪

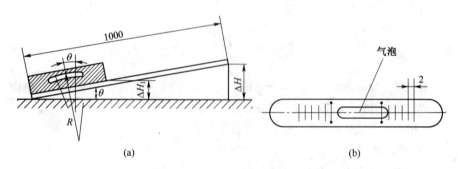

图 4-21 水平仪的刻度原理
(a)刻度原理 (b)弧形玻璃管及气泡

如果水平仪的测量长度为 L_1=200mm(框架长),此时高度变为 ΔH_1,则 ΔH_1 值为

$$\sin4''=\frac{\Delta H_1}{L_1}=\frac{\Delta H_1}{200}=0.00002$$

所以,ΔH_1=200mm×0.00002=0.004mm(或 200mm×$\frac{0.02}{1000}$=0.004mm)。

普通水平仪的精度有 0.02mm、0.05mm 和 0.10mm;其工作面长度有 100mm、150mm、200mm、250mm、300mm;其工作面宽度有≥30mm、≥35mm 和≥40mm;其 V 形槽面夹角有 120°和 140°两种。

为了能看清气泡移动的格数,弧形玻璃管上的每格间距不能太小,一般为 2mm 左右,因此玻璃管的弯曲半径 R、倾角 θ 和每格间距 b 之间有以下关系

$$R=\frac{b}{\theta}$$

以 0.02mm/m(4″)精度水平仪为例,当每格间距为 2mm 时,玻璃管弯曲半径 R 为

$$R=\frac{b}{\theta}=\frac{2}{4''}=\frac{360\times60\times60''\times2}{2\times\pi\times4''}=103132\text{mm}\approx103\text{m}$$

3. 读数方法

水平仪读数方法有直接读数法及平均值读数法两种。

(1)直接读数法 如图 4-22a 中,气泡两端正好在两带黑点的长刻线上,此即零位。直接读数法是按气泡一端某一格线做 0 线,按相对于 0 线气泡实际移动的格数进行读数,如图 4-22b 中气泡向右移动两格,可读作正 2 格,因为按习惯规定,气泡向右移为正、向左移为负。

图 4-22 水平仪的读数方法
(a)零位置 (b)实际测量位置

(2)平均值读数法 分别从两长刻线(即 0 线)起向同一方向读至气泡停止的格数上,然后将两端的读数相加除以 2,即得平均值读数。如图 4-22b 气泡从左 0 线起向右移动 2 格,同时从右 0 线起也右移 2 格,则读数为 (2+2)÷2=2(格)。这种读数法不受温度的影响,因为连呼吸气温都会使气泡的长度变化,所以比直接读数法的精度高。

4. 使用方法及维护保养

(1)水平仪测直线度 以测机床导轨为例,现以精度为 0.02mm/m、200mm×200mm 的框式水平仪测量长 1600mm 导轨的直线度误差。

①初步校平 即将水平仪置于导轨的两端(或中间),通过调整支承垫铁等,调水平仪至零位。

②分段测量 即将导轨分成若干段,如 8 段;用水平仪依次由第 1 段、第 2 段……逐段进行测量,并将各段的读数记录下来。如+1,+1,+2,0,-1,-1,0,-0.5 等 8 组。

③绘直线度误差坐标图 以纵坐标轴为水平仪读数(格数)轴,横坐标轴为导轨长度轴,根据读数记录绘出图形如图 4-23 所示。由图 4-23 知,该导轨最大直线度误差为 3.5 格(O、P 两点距离),且导轨呈中间凸,上凸部位在导轨 600~800mm 这一段。最大直线度误差值为 0.004mm×3.5=0.014mm。

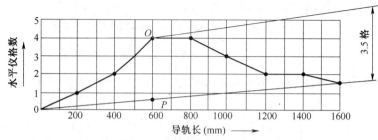

图 4-23 导轨直线度测量坐标图

(2) 水平仪测垂直度　如图 4-24 所示,水平仪可以测量立柱与平面的垂直度误差或两立柱的平行度误差。测量垂直度误差时,先将框式水平仪放置在基面上,并尽可能调至水平位置,读取气泡一端的读数值,然后将框式水平仪 K 的垂直测量面紧贴在被测立柱面上,注意不允许水平仪调转方向。读同一端气泡偏离第一次读数的值,该值即为被测立柱面与基面的垂直度误差。用类似操作方法还可测两立柱的平行度误差。

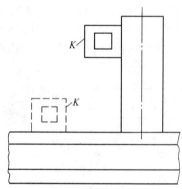

图 4-24　水平仪测量垂直度

(3) 水平仪的维护与保养

① 使用前,应检查水平仪有无损坏,气泡移动是否灵敏。测量面要认真擦洗干净,不得粘有尘粒。

② 使用时应避免温度的影响,温度变化 2℃~3℃时,气泡长度将变化 1 格。因此测量时最好用平均值读数法。

③ 读数时,应在垂直玻璃管的位置上进行观察,尽量减小视差。

④ 使用中不要磕碰水平仪的测量面。使用完毕,应擦净和涂防锈油,放回盒内。

二、光学合象水平仪

光学合象水平仪和框式水平仪都可用比较测量法和绝对测量法来测量被测工件表面的平面度、直线度、平行度和设备安装位置的准确度,但光学合象水平仪精度更高,检测倾斜度的范围更大。

1. 光学合象水平仪的结构

光学合象水平仪因采用了光学系统,而提高了读数精度;又因增加了测微螺旋副,故可测量的倾斜角度范围比普通水平仪大得多。它的精度(或刻度值)一般为 0.01mm/m(或 2″)。图 4-25a 为其结构图,图 4-25b、c 为其工作原理示意图。它主要由三部分组成,即由目镜 1、棱镜 2 和水准管 3 组成的光学合象装置;由测微螺杆 5、杠杆 7、刻度盘 4 组成的精密测微机构;有工作台面及 V 形测量面的基座 8。

第四章 常用量具、量仪及其使用、维护保养

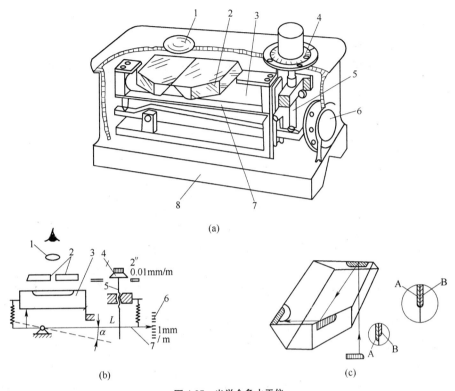

图 4-25 光学合象水平仪
(a)结构 (b)、(c)工作原理
1. 目镜 2. 棱镜 3. 水准管 4. 刻度盘 5. 测微螺杆 6. 刻度窗 7. 杠杆
8. 基座 A、B. 气泡影像

2. 光学合象水平仪的读数方法

光学合象水平仪不是从水准管 3 上直接读数,而是气泡的两端由两块棱镜 2 各折射 90°后会聚,并由目镜 1 放大。通过测微螺杆 5 和杠杆 7 可调节水准管 3,使气泡两端的影像 A、B 在目镜的视场中合象(图 4-25c)后,从刻度窗 6 读出大数值(刻度值 1mm/m)和从刻度盘 4 读出小数值(刻度值 0.01mm/m),二者之和就是整个读数值。

3. 光学合象水平仪的使用方法

将光学合象水平仪放在被测工件上,眼睛看窗口,用手转动旋钮,直到两半气泡 A、B 重合为止。这时从窗口中看出尺寸(大多是零),然后看刻度盘上的格数。例如窗口中所指刻度线是 1mm,刻度盘上格数是 16 格(每格代表 1m 长度内高度差 0.01mm),所以它的读数即是 1.16mm(1m 长度内高度差为 1.16mm)。

与普通水平仪比较,水准管只起定位作用,故而可用较小的曲率半径 R,一般 $R=20m$,相当于精度为 $20''(0.1mm/m)$ 的水准管,故气泡容易停稳;又由于棱镜能

把气泡的偏移量放大 2 倍,合聚区的影像又被目镜放大 5 倍,所以观测清楚,读数准确;光学合象水平仪受温度变化的影响也较小。但不如普通水平仪方便、直观;不能像框式水平仪那样测量垂直度。

光学合象水平仪的量程有 0～10mm/m(33′20″)和 0～20mm/m(1°6′40″)两种。

第七节 极限量规和块规

一、极限量规

极限量规包括塞尺、光滑极限量规和螺纹量规等。

1. 塞尺(也称厚薄规)

塞尺是用来检验两个贴合面之间间隙大小的片状定值量规。

塞尺有 A 型和 B 型两种。A 型的尺片端头为半圆形;B 型的尺片前端为梯形,端头为弧形。塞尺片长度有 25mm、100mm、150mm、200mm 和 300mm。其塞尺片系列及组装片数分为厚度 0.02～0.1mm 组的共 13 片,每片间隔 0.01mm;厚度 0.05～1.00mm 组的有 14 片和 20 片两种;厚度 0.02～0.05mm 组的有 17 片和 21 片两种。

使用塞尺时,根据间隙大小,可用 1 片或用数片叠在一起后插入贴合面之间。例如用 0.2mm 的塞尺片可以插入工件的间隙,而 0.25mm 的塞尺插不进去,则表明工件的间隙在 0.2～0.25mm 之间。

有的塞尺片很薄,易弯曲折断,所以使用时不可用力太大。也不能用于测量温度较高的工件。用完后要擦净,及时合进护夹板中去。

2. 光滑极限量规

光滑极限量规是没有刻度的专用量具,用它检验工件时,只能确定工件是否合格(在允许的极限尺寸范围内),不能测量出工件的实际尺寸。

(1)塞规与卡规　如图 4-26a 所示,检验孔的光滑极限量规称塞规。一个或塞规的一端按检验孔的最大极限尺寸制作,称为止规或止端;另一个或塞规的另一端按检验孔的最小极限尺寸制作,称为通规或通端。如果检验孔时,通规能通过而止规不能通过,表示被检验孔是合格的。

检验轴类工件外径或其他外表面尺寸的光滑量规,称为卡规或环规。它的一个或一端按检验轴的最大极限尺寸制作,称为卡规的通规,另一个或一端称为止规,如图 4-26b 所示。如果检验轴时,通规能通过而止规不能通过,表示该轴合格。图 4-26c、d、e、f 所示分别为长度量规、槽宽量规、深度量规和高度量规。注意塞规、卡规的最大、最小极限尺寸与工件的最大、最小极限尺寸数值上是有一些差别的。因为检验过程中,由于量规磨损、温度、测量力等众多因素的影响,即使按工件的极限尺寸制作的量规,仍然不能避免误判合格或误判废品的现象出现。因此,所有量规均按规定的制造公差制造。量规公差带的大小及位置,取决于工件公差带的大小与位置、量规用途等。

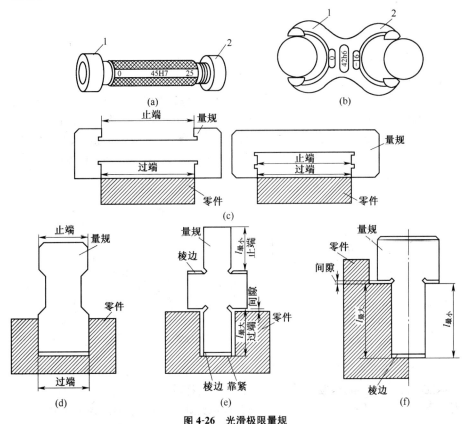

图 4-26 光滑极限量规
(a)塞规 (b)卡规 (c)长度量规 (d)宽度量规 (e)深度量规 (f)高度量规
1. 通端 2. 止端

按照用途不同,量规可分为工作量规、验收量规和校对量规 3 种。工作量规是生产中操作者用来直接检验加工件的量规。验收量规是检验部门或用户用以验收成品的量规。校对量规仅用于检验轴用的卡规,因为塞规可方便准确地用通用量具检验。量规国标中,没有规定验收量规公差带,但规定有:检验部门应使用已磨损较大的工作量规的通规作为验收量规;用户使用接近工件最大极限尺寸的通规和接近工件最小极限尺寸的止规作为验收量规。

光滑极限量规适用于大批、大量生产。中小批生产中多只使用工作量规,其他量规用通用量具代替。

(2)圆锥量规 用以检验工件的内、外锥体的锥度和基面距偏差。检验外锥体的量规称套规;检验圆锥孔的量规称塞规。

锥度是指圆锥大、小端直径(D、d)之差与圆锥长度 L(大、小端之间的轴向距离)之比。

$$锥度\ K=\frac{D-d}{L}=2\times\tan\alpha$$

$$斜度\ M=\frac{D-d}{2L}=\tan\alpha$$

式中,α 为圆锥角。

圆锥接合的基面距(E)是指内锥基面与外锥基面之间的距离,它用来对内锥、外锥进行综合测量。若以 d_e 为基本直径,则基面距 E 的位置在接合圆锥小端,如图 4-27a 所示;若以 D_i 为基本直径,则基面距 E 在接合圆锥的大端,如图 4-27b 所示。影响基面距的主要因素是内、外锥的直径误差和锥角误差,为了保证圆锥接合的使用性能,基面距 E 的变化必须控制在允许范围内。

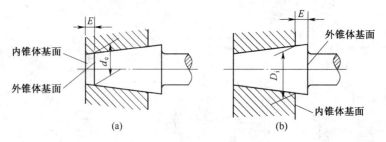

图 4-27 圆锥基面距的位置

检验时,先在外锥面上沿轴线方向涂 3~4 条极薄的红丹粉或蓝油,检验外圆锥时涂在被检零件上,检验锥孔时涂在塞规上,然后将量规与被检零件轻轻贴合,再相对转动 1/4~1/3 转后分开,检查它们是否接触良好,一般接触面达到 70% 以上,则认为锥度符合要求。接着检验基面距,零件的基面在量规的两条刻线(或台阶)之间时为合格,如图 4-28 所示。

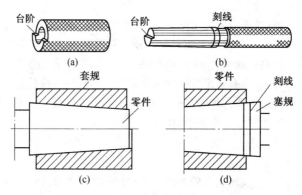

图 4-28 圆锥的锥度与基面距检验
(a)套规 (b)塞规 (c)有台阶的套规 (d)有刻线的塞规

(3)螺纹量规　螺纹量规检验螺纹属于综合测量,在普通螺纹的成批生产中被广泛应用。

如图4-29a所示,外螺纹的大径的极限尺寸用光滑极限螺纹卡规检验,有通端与止端,用法与检验轴直径一样;内螺纹的小径的极限尺寸用光滑极限螺纹塞规来检验。它有通端与止端,用法与检验孔直径一样。

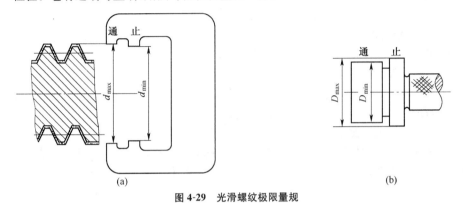

图 4-29　光滑螺纹极限量规
(a)卡规　(b)塞规

螺纹环规如图4-30a所示,外螺纹的作用中径(它包括自身偏差、螺距误差及牙型半角误差中径补偿值)及小径最小尺寸,用螺纹环规的通规来检验;外螺纹的实际中径用螺纹环规的止规来检验。所谓作用中径是当外(内)螺纹有螺距误差和牙型半角误差时,只能与中径较大的内(外)螺纹旋合,这就相当于外(内)螺纹的中径增大(减小)了,这个增大(减小)了的假想中径称为作用中径。

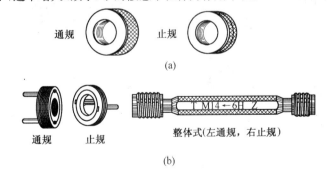

图 4-30　螺纹量规
(a)螺纹环规　(b)螺纹塞规

螺纹塞规如图4-30b所示,内螺纹的作用中径及大径的最小尺寸,用螺纹塞规的通端来检验,内螺纹的实际中径用螺纹塞规的止端来检验。

螺纹量规的通端主要是用来检控作用中径的,故有完整的牙型,且其螺纹长度至少要等于工件螺纹旋合长度(螺母的螺纹长度)的80%。

螺纹量规的止端只用来检控实际中径,故止端牙型做成截短牙型,并将其螺纹长度缩短(2~3.5牙),以减少螺距误差及牙型半角误差对检验结果的影响。

检验普通螺纹的螺纹塞规和螺纹环规是标准量具。其品种、规格可查阅国家标准。

二、块规

亦称量块。它是机械制造中的长度基准,广泛用来校准量具和量仪。在比较测量中用来调整量仪的零位;在机械加工中用来精密划线和调整精密机床;还可直接用来测量高公差等级的零件尺寸等。

块规用耐磨和不易变形的材料(如铬锰钢等)制成长方体,其相互平行的两个极光滑的测量面之间的尺寸极为准确。两测量面中心之间的距离称为块规的中心长度,也即是块规的工作尺寸。每块块规上都标有工作尺寸,当工作尺寸≥6mm 时,尺寸标在块规的非测量面上;<6mm 时,尺寸标在测量面上。

由于块规两测量面表面粗糙度非常小,因而具有可研合性。只要将两块量块轻轻推合,它们就可牢牢研合成一体。因此,我们可把不同尺寸的量块按工件的尺寸组合起来,从而扩大了块规的应用范围。为了减少累积的误差,组合时块规不宜超过 4~5 块。

根据块规中心长度的极限偏差、测量面的平行度及研合性质量,将块规按制造精度分为 0、1、2、3 四个级别,其中 0 级精度最高。块规成套做成,放置于特制木盒内,如图 4-31 所示。各套块规的级别、块数和尺寸等参数见表 4-2。为减少常用块规的磨损,各套中都有若干块保护量块,当使用块规附件时,保护量块可放在块规组的两端。块规附件如图 4-32 所示。量块装在夹持器中可测量工件、内、外尺寸,或作高精度划线工具用。

图 4-31 块规(量块)

表 4-2 成套块规规格

套 别	总块数	精度级别	尺寸系列/mm	间隔/mm	块数
1	91	00,0,1	0.5,1	—	2
			1.001,1.002…1.009	0.001	9
			1.01,1.02…1.49	0.01	49
			1.5,1.6…1.9	0.1	5
			2.0,2.5…9.5	0.5	16
			10,20…100	10	10
2	83	00,0,1,2,(3)	0.5,1,1.005	—	3
			1.01,1.02…1.49	0.01	49
			1.5,1.6…1.9	0.1	5
			2.0,2.5…9.5	0.5	16
			10,20…100	10	10

续表 4-2

套别	总块数	精度级别	尺寸系列/mm	间隔/mm	块数
3	46	0,1,2	1	—	1
			1.001,1.002…1.009	0.001	9
			1.01,1.02…1.09	0.01	9
			1.1,1.2…1.9	0.1	9
			2,3…9	1	8
			10,20…100	10	10
4	38	0,1,2,(3)	1,1.005	—	2
			1.01,1.02…1.09	0.01	9
			1.1,1.2…1.9	0.1	9
			2,3…9	1	8
			10,20…100	10	10
5	10$^-$	00,0,1	0.991,0.992…1	0.001	10
6	10$^+$		1,1.001…1.009	0.001	10
7	10$^-$		1.991,1.992…2	0.001	10
8	10$^+$		2,2.001…2.009	0.001	10
9	8	00,0,1,2,(3)	125,150,175,200,250,300,400,500	—	8
10	5		600,700,800,900,1000	—	5
11	10	0.1	2.5,5.1,7.7,10.3,12.9,15,17.6,20.2,22.8,25	—	10
12	10		27.5,30.1,32.7,35.3,37.9,40,42.6,45.2,47.8,75	—	10
13	10		52.5,55.1,57.7,60.3,62.9,65,67.6,70.2,72.8,75	—	10
14	10		77.5,80.1,82.7,85.3,87.9,90,92.6,95.2,97.8,100	—	10
15	12	3	41.2,81.5,121.8,51.2,121.5,191.8,101.2,201.5,291.8,10,20,20	—	12
16	6		101.2,200,291.5,375,451.8,490	—	6
17	6		201.2,400,581.5,750,901.8,990	—	6

注：第 11～14 号为千分尺专用量块，并允许制成圆形；第 15～17 号为卡尺专用量块。

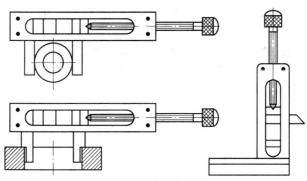

图 4-32 量块附件及使用方法

根据检测尺寸选择组合量块时,第一块块规按尺寸的最后一位或最后两位数字选取,第二块及顺序的后几块,按尺寸数字依次向左选取。

例2 用83块一套的块规,选组尺寸59.475mm。

解

$$\begin{array}{rl} & 59.475 \\ - & 1.005 \quad \text{第一块} \\ \hline & 58.47 \\ - & 1.47 \quad \text{第二块} \\ \hline & 57 \\ - & 7 \quad \text{第三块} \\ \hline & 50 \quad \text{第四块} \end{array}$$

即可选用 1.005mm、1.47mm、7mm 和 50mm 共四块。

复习思考题

1. 简要说明游标卡尺的读数方法。
2. 简要说明千分尺的读数方法。
3. 千分尺的固定套管中线与微分筒(活动套筒)刻度的零件没有对齐,但轴向位置准确时,千分尺如何校零?
4. 百分表主要适用于什么场合?
5. 简要说明万能角度尺校对零位的方法。
6. 万能角度尺不用直尺、90°角尺和夹块,仅用基尺和扇形板(游标),能测量多大的工件角度?
7. 何谓卡规和塞规的通规和止规?
8. 当用框式水平仪检验某导轨的直线度时。若测量环境温度有变化,应该选用直接读数法和平均值读数法中的哪一种?为什么?
9. 今测量某导轨的直线性误差,使用 200mm×200mm、精度 0.02mm/m 的框式水平仪进行分8段测量。测得8组的读数记录如下:+1,+2,+1,0,−0.5,−0.5,0,−1。试画出直线性误差坐标图,并说明该导轨的形状精度情况。
10. 试在83块一套的块规中选取尺寸28.785mm的块规组。

第五章 常用的联接件及支承件

> **培训学习目的** 熟练掌握常见联接类型、特点及应用场合;熟练掌握常用联接件及支承件结构、特点及应用场合。

第一节 常见联接及联接件

在机械设备中,为了满足结构、制造、安装及检修等方面的要求,广泛使用各种联接。所谓联接是指被联接件与联接件的有机组合。被联接件如箱体与箱盖、轮圈与轮心、轴与轴上零件、焊接件中的型钢与钢板等。联接件如螺栓、螺母、键、销、铆钉(又称为用于静联接的紧固件)及联轴器、离合器(又称为动联接件)等。联接分两大类:一类是机器工作时被联接件之间可以相对运动的动联接;另一类是机器工作时被联接件之间不允许产生相对运动的静联接。静联接又分为可拆与不可拆两种。允许多次装拆而不失正常工作效能的静联接称为可拆联接,如键联接、销联接、螺纹联接等;不毁坏联接中的某一零件就不能拆开的静联接称为不可拆联接,如焊接、铆接及粘接等,过盈配合联接可做成不可拆,也可做成可拆联接。

本节介绍常用的一些联接件的类型、结构特点及应用等。

一、键联接

键用来联接轴及轴上零件(旋转件或摆动件),实现圆周向固定或轴向固定或轴向移动,并传递转矩。键是标准联接件,常用类型有平键、半月键、楔键、切向键与花键等。

1. 平键

平键的两侧面在宽度尺寸上与孔和轴上键槽的侧面有配合要求,并相互接触,工作时靠键与键槽相互挤压和键的剪切力传递转矩,所以平键的工作面是两侧面。平键常用于要求定心性能较高、拆装方便、能承受冲击载荷或变载荷的联接中。按其用途分为普通平键、导向平键和滑键三种,如图5-1a、b、c。

(1)普通平键 如图5-1a所示,有圆头(A型)、方头(B型)和单圆头(C型)三种。

如图5-2a所示,圆头平键是放在轴上用键槽铣刀铣出的键槽中,键在槽中轴向固定良好,但因圆头的侧面不与孔的键槽侧面接触,故平键的圆头部分不能充分利用。如图5-2b所示,方头平键是放在轴上用盘铣刀铣出的键槽中,避免了上述缺点,但不利于键的固定。单圆头平键常用于轴端与轮毂的联接。

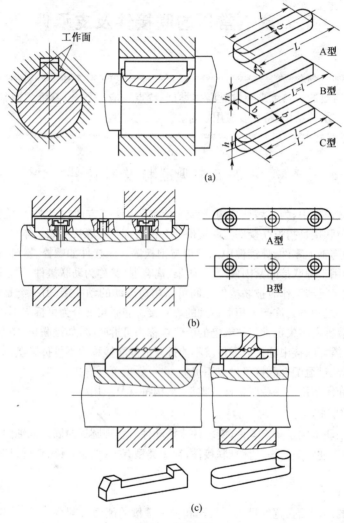

图 5-1 平键联接
(a)普通平键联接 (b)导向平键联接 (c)滑键联接

平键常用 45 钢制作。GB/T 1096—2003 规定了普通平键的尺寸、键宽 b 的极限偏差,也规定了普通平键的标记,如 GB/T 1096 键 18×11×100 为普通 A 型平键;GB/T 1096 键 B18×11×100 为普通 B 型平键;GB/T 1096 键 C18×11×100 为普通 C 型平键。A 型不标出 A,三个连乘的数字依次为键宽 $b=18$mm、键高 $h=11$mm、键长 $L=100$mm,键长 L 必须符合标准中的长度系列值。键宽 b、键高 h、键长 L 的极限偏差分别为 h9、h11 和 h14。

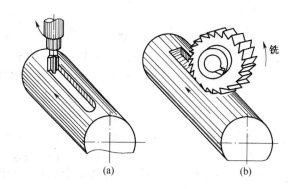

图 5-2 键槽加工
(a)键槽铣刀加工　(b)盘铣刀加工

(2)**导向平键**　如图 5-1b 所示,是加长了的普通平键,它也靠两工作侧面传递转矩,但与毂孔的键槽两侧面是较松的动配合,便于轴上零件(如变速箱中的滑移齿轮)轴向移动。根据其端部形状有 A 型和 B 型两种。导向平键用螺钉固定于轴上的键槽内,为了拆卸方便,在键的中部设有起键用的螺钉孔。导向平键适用于轴上零件轴向移动量不大的场合。国标规定标记,如 GB/T 1097 键 16×10×100;即圆头 A 型,宽 16mm、高 10mm、长 100mm;GB/T 1097 键 B16×10×100,即方头 B 型,宽、高、长的数值同上。

(3)**滑键**　如图 5-1c 所示,当零件在轴上轴向移动量大时,如车床中光杠与溜板箱中零件的联接,若还用导向平键,其长度会过大而难于制造,这种场合可用滑键。滑键短,固定在轴上零件的毂孔键槽内,轴上键槽很长,键的两工作侧面与轴上键槽侧面做成较松的动配合,工作时零件带着滑键在轴上键槽中做轴向移动。

2. 半月键

如图 5-3 所示。工作时靠两个相互平行的半圆形侧面传递转矩。其特点是键在轴上的键槽中能绕槽底圆弧的几何中心摆动,自动适应毂孔上键槽的斜度,因此装拆方便。但轴上的键槽较深,对轴的强度削弱较大,故一般用于轻载荷联接,尤其适用于锥形轴端与轮毂的联接。国标规定的标记如 GB/T 1099 半月键 6×25,即键宽 $b=6$mm、圆弧所在直径 $d=25$mm,另外键高 $h=10$mm、键弦长 $L=24.5$mm。

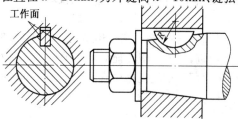

图 5-3 半月键联接

3. 楔键与切向键

楔键联接因楔键的结构不同，分为普通楔键联接和钩头楔键联接两种。普通楔键又有圆头、平头和单圆头之分。如图 5-4 所示。楔键的上下两面是工作面，键的上表面和与它相配合的轮毂键槽底面均有 1∶100 的斜度。装配时，圆头楔键先放入轴上的键槽，然后打紧轮毂；平头和钩头楔键则在轮毂先装到适当位置后才将键打紧，使它楔紧在轴和轮毂的键槽里。工作时，靠上下接触面间的摩擦力来传递转矩，同时还可承受单向的轴向载荷，对轮毂起到单向的轴向定位作用。由于楔键装配时被打入键槽，所以破坏了轴与轮毂的对中性，当受到冲击、变载荷作用时，容易造成联接松动，故楔键联接不宜用于对中要求高或高速、精密传动的场合，可用于农机和建筑机械等速度不高、对中要求不高的场合。

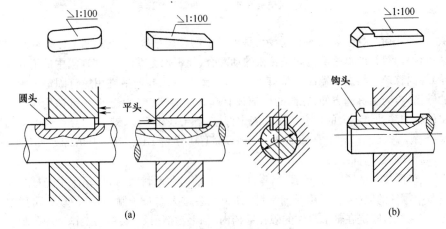

图 5-4 楔键联接
(a)普通楔键联接 (b)钩头楔键联接

国标规定标记如 GB/T 1564 键 16×100(圆头 A 型)、GB/T 1564 键 B16×100(平头 B 型)、GB/T 1564 键 C16×100(单圆头 C 型)、GB/T 1565 键 16×100(钩头)，其中数值为键宽(b)×键长(L)。

切向键联接如图 5-5 所示。它由一对斜度为 1∶100 的楔键组成。切向键的工作面是两键沿斜面拼合后相互平行的两个窄面。装配时，将一对键分别从轮毂两端打入键槽，拼合成的切向键沿轴断面的切线方向楔紧在轴与轮毂之间。工作时靠工作面上的挤压力和轴与轮毂间的摩擦力来传递转矩。单向转动时用一个切向键；双向转动时必须用两个切向键，两个键槽位置错开 120°~130°。由于切向键的键槽对轴的削弱很大，故切向键常用于重型机械中直径大于 100mm 的轴上，如大型飞轮、大型卷扬机的齿轮、卷筒与轴的联接等。

4. 花键

花键联接由轴和轮毂孔上的多个纵向键齿与键槽组成，如图 5-6 所示。工作时

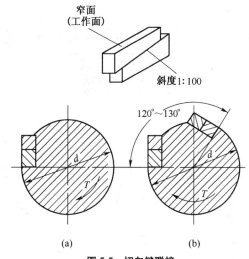

图 5-5 切向键联接
(a) 单键联接(单向转动) (b) 双键联接(双向转动)

靠轴和轮毂齿侧面的互相挤压传递转矩,所以齿侧面是工作面。由于是多齿传递载荷,所以它与平键联接相比,具有承载能力高、定心好和导向性好等优点。它适用于定心精度要求高、载荷大的静联接或经常滑移的动联接,在飞机、汽车、机床、拖拉机等机械中得到广泛应用。

花键按其齿形不同,分为矩形花键、渐开线花键和三角形花键三种,它们都已标准化。

(1) **矩形花键** 应用最广的一种。按齿数和齿形尺寸的不同,有轻、中、重三个系列,分别适用于轻载荷、中载荷、重载荷的联接。根据定心方式的不同,又分为外径(D)定心、内径(d)定心和齿侧(b)定心三种。三种定心方式的矩形花键联接的特点及用途见表5-1。

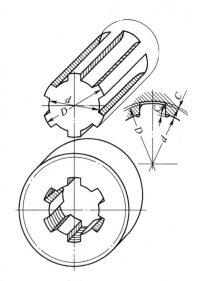

图 5-6 外花键(花键轴)与内花键(花键孔)

(2) **渐开线花键** 花键的齿部是渐开线,可用制造齿轮的方法来加工,故制造精度高;齿的高度低($\alpha=30°$)、齿根厚,故联接强度高;定心好。当传递转矩较大且轴径大时,宜用渐开线花键联接。它的定心方式有齿形(齿侧面)定心与外径定心两种,如图5-7。侧面定心具有自动定心作用,各齿能均匀承受载荷,应用较广。外径定心,因需要用特制的滚刀或插齿刀,加工复杂,只适用于有特殊需要的场合,如用于径向载荷较大,齿形又需选用动配合的传动机构等。

表 5-1 三种定心方式的矩形花键联接的特点及用途

类 型	特 点	用 途
外径定心	定心精度高。加工方便,花键轴的外径尺寸可在普通磨床上加工至所需的精度,花键孔外径尺寸(表面硬度＜40HRC)可由拉刀保证其精度	用于定心精度要求高的传动零件与轴的联接,应用最广
内径定心	定心精度高。加工不如外径定心方便,轴和孔的花键齿在热处理后都要磨削。花键毂孔表面硬度在 40HRC 以上	用于定心精度要求高,并符合下列条件时: 1. 花键孔内表面硬度较高,热处理后不宜校正外径; 2. 单件生产或直径较大,采用外径定心在工艺上不经济; 3. 花键孔定心面表面粗糙度、精度要求高,采用外径定心在工艺上不易达到要求
齿侧定心	定心精度不高,但有利于各齿均匀承载	主要用于载荷较大而定心要求不高的重系列联接,且多用于静联接

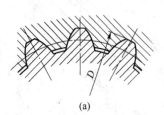

图 5-7 渐开线花键联接
(a)外径定心 (b)侧面定心

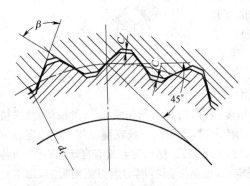

图 5-8 三角花键联接

(3)三角形花键 如图 5-8 所示,花键孔齿形为三角形,花键轴用的是分度圆压力角 $\alpha=45°$ 的渐开线齿形。三角形花键只用侧面定心。因其齿形细小,齿数较多,故对轴的削弱较大。常用于轻载荷和直径小的静联接,特别适用于轴与薄壁零件的联接。

二、销联接

常用的销类型有圆柱销、圆锥

销、开口销等,如图 5-9 所示。它们都是标准件。

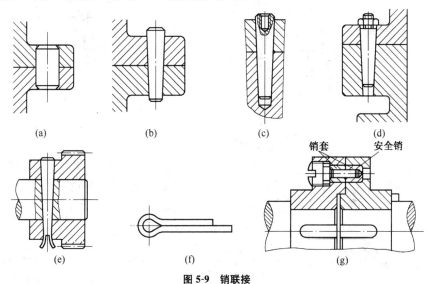

图 5-9　销联接
(a)圆柱销　(b)圆锥销　(c)内螺纹圆锥销　(d)外螺纹圆锥销
(e)开尾圆锥销　(f)开口销　(g)安全销

销联接主要用来固定零件之间的相对位置,也用于轴和轮毂或其他零件的联接。作定位销时不承受载荷;而作安全销用时通过承受剪切和挤压力限制零件的过载,起保护作用。

(1)圆柱销　如图 5-9a 所示,用很小的过盈固定在铰过的销孔中。其直径偏差有 m6、h8、u8 及 h11,以满足不同的使用要求。这种销经多次装拆会松动,失掉定位的精确性和联接的可靠性。

2. 圆锥销　如图 5-9b 所示,有 1∶50 的锥度,有较好的自锁性,装配于铰过的销孔中,可多次装拆而不失定位的精确性。内螺纹圆柱销、内螺纹圆锥销(图 5-9c)及螺尾圆锥销(图 5-9d)等,主要用于不通孔或拆卸困难的场合。开尾圆锥销(图 5-9e)主要用于受冲击载荷或振动载荷的场合,可防止松脱。图 5-9f 所示开口销也是一种防松零件,常用低碳钢制造。图 5-9g 所示安全销也是圆柱形,是一种过载保护件,当机器的传动装置过载时,它首先被切断。

三、螺纹联接

1. 螺纹的种类、特点及应用

在圆柱或圆锥外(内)表面上,一个与其轴线共面的平面图形(三角形、梯形、矩形及锯齿形等)沿着螺旋线形成的连续凸起,称为外(内)螺纹,如图 5-10 所示。

(1)按螺纹的旋向不同分类　分为右旋螺纹(即顺时针转时旋入的螺纹)和左旋螺纹(即逆时针转时旋入的螺纹)。也可用图 5-11 所示的方法判定旋向:右手握住螺

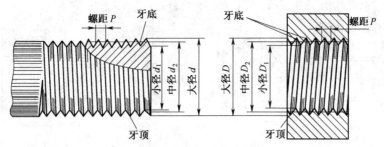

图 5-10 内外螺纹的各部分名称

图 5-11 螺纹旋向的判定
(a) 左旋螺纹 (b) 右旋螺纹

纹,让4个手指顺着螺纹的旋转方向,若螺纹的进升方向与大拇指方向一致时,该螺纹为右旋;反之为左旋。

(2) 按螺旋线数不同分类 分为单线(指沿一条螺旋线所形成的螺纹)和多线(指沿两条或两条以上的螺旋线所形成的螺纹)。

(3) 按齿型不同分类 齿型是通过螺纹轴线的截面上螺纹的轮廓形状,可分为三角形螺纹、矩形螺纹、梯形螺纹和锯齿形螺纹。它们的特点及用途见表 5-2。

表 5-2 常用螺纹的类型、特点和用途

螺纹类型		牙 型 图	特点和用途
联接螺纹	普通螺纹 粗牙		牙型为等边三角形,牙型角 $\alpha=60°$,内外螺纹旋合后留有径向间隙。外螺纹牙根允许有较大的圆角,以减小应力集中。同一公称直径按螺距大小,分为粗牙和细牙。细牙螺纹的螺距小,升角小,自锁性较好,强度高。但不耐磨,容易滑扣。
一般联接多用粗牙螺纹,细牙螺纹常用于细小零件,薄壁管件或受冲击、振动和变载荷的联接中。也可作为微调机构的调整螺纹用
	普通螺纹 细牙		

续表 5-2

螺纹类型		牙 型 图	特点和用途
联接螺纹	圆柱管螺纹		牙型为等腰三角形，牙型角 $\alpha=55°$，牙顶有较大的圆角，内外螺纹旋合后无径向间隙，以保证配合的紧密性。管螺纹为英制细牙螺纹，公称直径为管子的内径。 适用于压力为 1.6MPa 以下的水、煤气管路、润滑和电缆管路系统
	圆锥管螺纹		牙型为等腰三角形，牙型角 $\alpha=55°$，螺纹分布在锥度为 $1:16(\varphi=1°47'24'')$ 的圆锥管壁上。螺纹旋合后，利用本身的变形就可以保证联接的紧密性，不需要任何填料，密封简单。 适用于高温、高压或密封性要求高的管路系统
	圆锥螺纹		牙型与 55°圆锥管螺纹相似，但牙型角 $\alpha=60°$，螺纹牙顶为平顶。 多用于汽车、拖拉机、航空机械、机床的燃料、油、水、气输送管路系统
传动螺纹	矩形螺纹		牙型为正方形、牙型角 $\alpha=0°$。其传动效率较其他螺纹高。但牙根强度弱，螺旋副磨损后，间隙难以修复和补偿，传动精度降低。为了便于铣、磨削加工，可制成 10°的牙型角。主要用于传力机构中。 矩形螺纹尚未标准化，推荐尺寸：$d=\frac{5}{4}d_1$；$P=\frac{1}{4}d_1$。 目前已逐渐被梯形螺纹所代替
	梯形螺纹		牙型为等腰梯形，牙型角 $\alpha=30°$。内、外螺纹以锥面贴紧不易松动。与矩形螺纹相比，传动效率略低，但工艺性好，牙根强度高，对中性好。如用剖分螺母，还可以调整间隙。梯形螺纹是最常用的传动螺纹
	锯齿形螺纹		牙型为不等腰梯形，工作面的牙型斜角为 3°，非工作面的牙型斜角为 30°。外螺纹牙根有较大的圆角，以减小应力集中。内、外螺纹旋合后，外径处无间隙，便于对中。这种螺纹兼有矩形螺纹传动效率高、梯形螺纹牙根强度高的特点。但只能用于单向受力的传力螺旋中，如起重和压力机械中的螺旋副

2. 紧固联接用螺纹

常用的紧固联接用螺纹有普通螺纹和管螺纹等,其中普通螺纹应用最为广泛。

(1) 普通螺纹　普通螺纹的基本牙型及参数如图 5-12 所示。

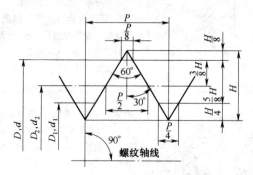

图 5-12　普通螺纹的基本牙型及参数

① 公称直径　代表螺纹尺寸的直径。管螺纹用尺寸代号表示。

② 大径(d,D)　即与外螺纹牙顶或内螺纹牙底相切的假想圆柱或圆锥的直径。外螺纹大径用 d 表示,内螺纹大径用 D 表示。

③ 小径(d_1,D_1)　即与外螺纹牙底或内螺纹牙顶相切的假想圆柱或圆锥的直径。外螺纹小径用 d_1 表示,内螺纹小径用 D_1 表示。

④ 中径(d_2,D_2)　即一个假想圆柱或圆锥的直径。该假想圆柱或圆锥的素线,通过牙型上沟槽和凸起宽度相等的地方。外螺纹中径用 d_2 表示,内螺纹中径用 D_2 表示。

⑤ 螺距(P)　指相邻两牙在中径线上对应两点间的轴向距离,用 P 表示。

⑥ 导程(P_h)及螺旋线数(n)　指同一条螺旋线上相邻两牙在中径线上对应两点间的轴向距离,用 P_h 表示。显然,单线螺纹的导程就等于螺距,多线螺纹的导程等于螺纹线数(n)与螺距的乘积,即 $P_h=nP$,为了制造方便,一般 $n\leqslant 4$,如图 5-13 所示。

⑦ 牙型角(α)及牙侧角(α_1,α_2)　牙型角是指在螺纹牙型上,两相邻牙侧间的夹角,用 α 表示,如图 5-14 所示。而牙型半角是指在螺纹牙型上,牙侧与螺纹轴线的垂线间的夹角,用 $\alpha/2$ 表示,普通螺纹的牙型半角 $\alpha/2=30°$。牙侧角是指在螺纹牙型上,两螺纹牙侧与螺纹轴线的垂线间的夹角,分别用 α_1、α_2 表示,如图 5-15 所示。

⑧ 螺纹升角(ψ)　指在中径圆柱或中径圆锥上,螺旋线的切线与垂直于螺纹轴线的平面之间的夹角,用 ψ 表示,如图 5-16 所示。普通螺纹的基本参数计算,见表 5-3。

只有表 5-3 中各参数完全相同的内、外螺纹才能旋合在一起。其中牙型、大径和螺距是决定螺纹结构的最基本要素,知道了它们,其他参数便可算出,故称为螺纹三要素。凡三要素符合国家标准的才称为标准螺纹;只有牙型符合标准而大径和螺距不符合标准的,称为特殊螺纹;若三要素皆不符合标准的,称为非标准螺纹。

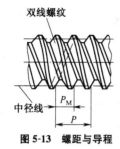

图 5-13 螺距与导程

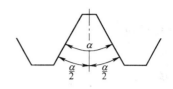

图 5-14 普通螺纹的牙型角

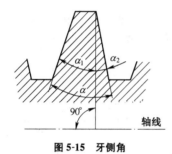

图 5-15 牙侧角

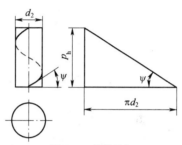

图 5-16 螺纹升角

表 5-3 普通螺纹的基本参数计算

名 称	代号	计 算 公 式
螺纹大径	d, D	$d=D$,也是普通螺纹的公称直径,由标准中选定
螺纹中径	d_2	$d_2=D_2=d-2\times\dfrac{3}{8}H$ (H 为原始三角形高度)
	D_2	或 $d_2=D_2=d-0.6495P$
螺纹小径	d_1	$d_1=D_1=d-2\times\dfrac{5}{8}H$
	D_1	或 $d_1=D_2=d-1.0825P$
螺距	P	查标准确定
导程	P_h	$P_h=n\cdot P$
牙型角	α	$\alpha=60°$
牙型高度	h_1	$h_1=\dfrac{5}{8}H$ 或 $h_1=0.5413P$

  同一直径的螺纹按螺距大小分为细牙螺纹和粗牙螺纹两类。公称直径相同而其螺距不同时,其中螺距值最大者称为粗牙,其他螺距值的称为细牙。如公称直径为 10mm,可制成螺距为 1.25mm、1.0mm、0.75mm、0.5mm 的螺纹,则螺距 1.25mm 的螺纹是粗牙螺纹,其余三种螺距的螺纹均为细牙螺纹。

  按 GB/T 197—2003 之规定,普通螺纹的内螺纹有 G、H 两种公差带及 4、5、6、

7、8 五个公差等级；而普通螺纹的外螺纹有 e、f、g 和 h 四种公差带及 4、6、8 三个大径的公差等级与 3、4、5、6、7、8、9 七个中径的公差等级。最常用的是中等公差精度的螺纹（即 d 和 D≤1.4mm 的 5H 和 6h 及 d 和 D≥1.6mm 的 6H 和 6g）。普通螺纹的完整标记示例如下：

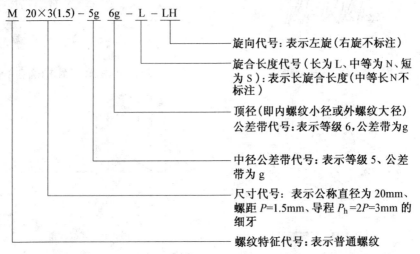

在下列情况下，标记可以简化：

单线螺纹为粗牙时，尺寸代号只注"公称直径"，细牙时尺寸代号为"公称直径×螺距"。

中径与顶径公差带代号相同时，只注一个公差代号，而当为中等公差精度时不标注公差代号。例如，公称直径为 16mm，细牙，螺距为 1mm，中径和顶径公差带均为 6H 的单线普通螺纹，其标记为 M16×1；若该螺纹为粗牙（P=2mm）时，其标记为 M16。

螺纹副（即内、外螺纹装配在一起）的公差带代号用斜线分开，左边表示内螺纹公差带代号，右边表示外螺纹公差带代号。如：

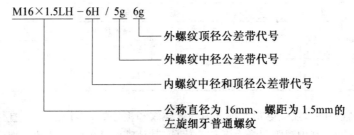

普通螺纹的简化标记规定也适用于螺纹副标记。例如，公称直径为 16mm 的粗牙普通螺纹，内螺纹公差带代号为 6H，外螺纹公差带代号为 6g，其螺纹副标记为 M16。

(2) 管螺纹　用于管路联接的螺纹,称为管螺纹。有55°非密封管螺纹、55°密封管螺纹、60°密封管螺纹和米制锥管螺纹四种。最常用的是牙型角为55°的圆柱与圆锥管螺纹,详见表5-2。

非螺纹密封的螺纹副,其内、外螺纹都是牙型角55°的圆柱管螺纹(见表5-2中的圆柱管螺纹栏),螺纹联接本身不具备密封性,联接后要求密封性时,需在密封面间添加密封物或压紧被联接件螺纹副外的密封面。按GB/T 7307—2003规定55°非密封管螺纹的标记为

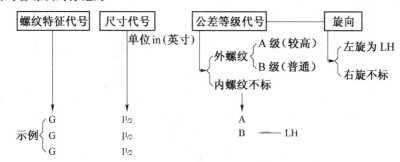

表示非密封螺纹的管螺纹副时,只标注外螺纹标记。

螺纹密封的螺纹副,有两种联接方式:一种为圆锥内螺纹与圆锥外螺纹联接;另一种为圆柱内螺纹与圆锥外螺纹联接(见表5-2中圆锥管螺纹栏)。其联接的密封性来源于联接后本身的变形,一般不用添加密封物。按GB/T 7306—2003规定标记为

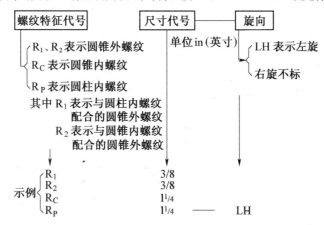

螺纹副标注时,尺寸代号只注一次。如:

R_C/R_2 3/8 表示尺寸代号为3/8英寸的圆锥内螺纹与圆锥外螺纹组成的管螺纹副。

R_P/R_1 1¼ 表示尺寸代号为1¼英寸的圆柱内螺纹与圆锥外螺纹组成的管螺纹副。

3. 传动用螺纹

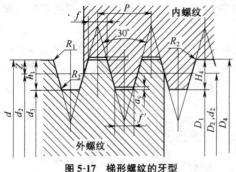

图 5-17 梯形螺纹的牙型

用于螺旋传动的螺纹有梯形、矩形和锯齿形螺纹。由它们组成的螺旋副可用来传递运动和动力,详见表 5-2。

(1)梯形螺纹 其特点与用途见表 5-2 梯形螺纹栏。它的效率虽然比矩形螺纹的效率略低,但比三角形螺纹的效率高得多,所以广泛用于传递运动和动力的螺旋传动中。

梯形螺纹的牙型见图 5-17。其各种参数的计算公式见表 5-4。

表 5-4 梯形螺纹参数计算公式

名 称	代 号		计 算 公 式		
牙型角	α		$\alpha = 30°$		
螺距	P		设计者查螺纹标准手册确定		
外螺纹	大径	d	公称直径		
	中径	d_2	$d_2 = d - 0.5P$		
	小径	d_3	$d_3 = d - 2h_3$		
	牙高	h_3	$h_3 = 0.5P + a_c$		
内螺纹	大径	D_4	$D_4 = d + 2a_c$		
	中径	D_2	$D_2 = d_2$		
	小径	D_1	$D_1 = d - P$		
	牙高	H_4	$H_4 = h_3$		
牙顶宽	f, f'		$f = f' = 0.366P$		
牙槽底宽	W, W'		$W = W' = 0.366P - 0.536a_c$		
牙顶间隙	a_c		P	1.5~5	6~12	14~44
			a_c	0.25	0.5	1

GB/T 5796—2003 规定的梯形螺纹的标记示例:

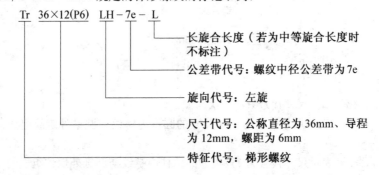

梯形螺纹的标记特点是公差带代号只标注中径公差带(由公差精度等级数及公

差带位置字母组成)。旋合长度只有中等(N)及长旋合长度(L)两种,中等旋合长度时不标记代号 N。也可不注代号,直接标注旋合长度数值。梯形螺旋副的标记,是在尺寸代号后面分别注出内、外螺纹的公差带代号,前面是内螺纹公差带代号,后面是外螺纹公差带代号,中间用斜线分开,如 Tr 36×12(P6)－7H/7e,即梯形螺纹副公称直径 36mm,导程 12mm,螺距 6mm,内螺纹公差带代号为 7H,外螺纹公差带代号为 7e。右旋、中等旋合长度。

(2)矩形螺纹 矩形螺纹的牙型为正方形,牙型角 $\alpha = 0°$,如图 5-18。其特点、用途见表 5-2。矩形螺纹是非标准螺纹。标记示例:

矩形 30×6,即表示公称直径为 30mm、螺距为 6mm 的矩形螺纹。

(3)锯齿形螺纹 其牙型见图 5-19。其特点与用途见表 5-2。标准规定的锯形螺纹标记形式与梯形螺纹的标记相似,不同的是它的特征代号用"B"表示。如 B32×12(P6)LH－8C－L。其螺纹副的标记中也是用斜线将内、外螺纹的公差带代号分开,例如 B32×6－7A/7c。

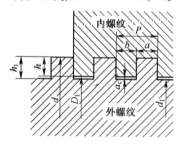
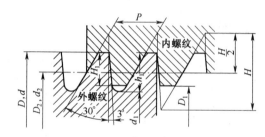

图 5-18 矩形螺纹的牙型

图 5-19 锯齿形螺纹

D —内螺纹大径(公称直径) d —外螺纹大径(公称直径)
D_2 —内螺纹中径 d_2 —外螺纹中径 D_1 —内螺纹小径
d_1 —外螺纹小径 P —螺距 H —原始三角形高度
H_1 —内螺纹牙高 h_1 —外螺纹牙高

四、联轴器和离合器

1. 联轴器

联轴器是用来实现同一轴线上两根轴的联接,并传递回转运动和转矩的机械部件。而被联接的两根轴,只有机器停车并将联轴器拆卸后才能分离。联轴器联接的两轴,不仅传递的转矩和转速不同,工作环境条件不同,而且由于制造、安装或工作时变形等原因,会出现图 5-20 所示的两轴线间的相对偏移。如果不补偿这些相对偏移,就会在轴、轴承和联轴器中产生附加载荷和振动。所以,国家标准中有许多适应不同偏移情况的不同类型的联轴器供选用。

联轴器按有无弹性元件分为无弹性元件的刚性联轴器和有弹性元件的弹性联轴器两大类。刚性联轴器按能否补偿轴线偏移,又分为固定式和可移式两类。

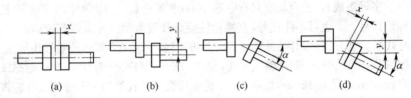

图 5-20 两轴线的相对偏移

(a)轴向偏移 x (b)径向偏移 y (c)角度偏移 α (d)综合偏移 x、y、α

(1)固定式刚性联轴器

①套筒联轴器 如图 5-21 所示,其特点是结构最简单,径向尺寸小,但装配时轴要做轴向移动,两轴需严格同轴。因其用套筒和键或销刚性联接,故没有吸振能力。机床中应用较多。

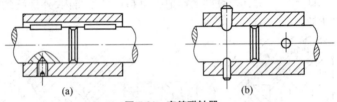

图 5-21 套筒联轴器

(a)键联接 (b)锥销联接

②凸缘联轴器 如图 5-22 所示,是应用最多的一种,两半联轴器用凸肩和凹槽(俗称止口,见图 5-22a),或用铰制孔用螺栓实现(图 5-22b)对中,保证两轴线同轴,再通过键与轴联接和用螺栓将两半联轴器联成一体。如图 5-22c 所示,为了运行安全,凸缘可制成轮缘式螺栓联接。凸缘联轴器的特点是结构简单,使用方便,可传递较大的转矩,但不能缓冲减振,且安装必须严格对中,必须保持半联轴器的凸缘端面与孔轴线垂直,以免产生附加载荷。常用于载荷较平稳的两轴联接。

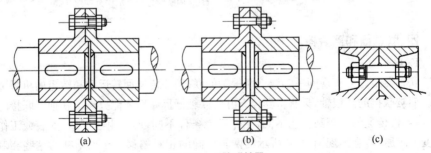

图 5-22 凸缘联轴器

(a)普通螺栓联接 (b)铰制孔螺栓联接 (c)轮缘型螺栓联接

(2)刚性可移式联轴器

①滑块联轴器 如图 5-23 所示,由两个开有凹槽的半联轴器 1、2 和一个两端

有互相垂直凸块的中间滑块3构成。如果两轴不同轴或有角偏移,则中间滑块上两端的凸块就在半联轴器的凹槽内滑动和做偏心转动,因此较高转速时会产生很大的离心力和磨损,并使轴和轴承承受附加动载荷。该种联轴器允许的径向偏移应≤0.04d(d为轴直径),轴的最大转速一般不要超过300r/min。为了减少磨损,凹槽和凸块的工作面间必须注入润滑剂。

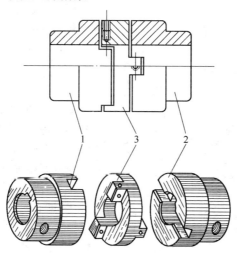

图 5-23 滑块联轴器
1、2. 联轴器 3. 滑块

②齿式联轴器 如图5-24所示,齿式联轴器由两个带有外齿的半联轴器1、2和两个带内齿的外壳3、4组成。带外齿的两个半联轴器通过键分别与两根轴相联接,两外壳用螺栓5联成一体,靠内、外齿轮啮合来传递转矩。因为外齿轮的齿顶制成球面,齿间间隙又较大,所以工作时若有轴向、径向和角偏移等综合偏移时,可以得到补偿,如图5-25所示。

齿式联轴器能传递很大的转矩,能补偿较大的综合偏移,因此常用于重型机械中。但是其结构笨重,造价较高。

③万向联轴器 如图5-26所示为万向联轴器的示意图,它主要由两个叉形接头1、3和一个十字销2组成。当一根轴的位置固定后,另一根轴可在任意方向偏斜α角,角偏移α可达35°~45°。因此,万向联轴器主要用于两轴有较大偏斜的场合,如常用于机床、运输机械中。但要注

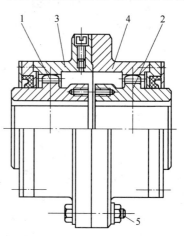

图 5-24 齿式联轴器
1、2. 半联轴器 3、4. 外壳 5. 螺栓

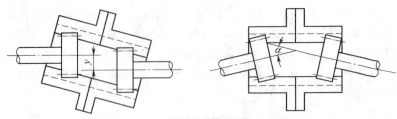

图 5-25　齿式联轴器补偿相对偏移的情况

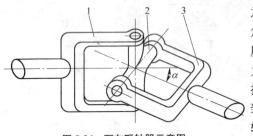

图 5-26　万向联轴器示意图
1、3. 叉形接头　2. 十字销

意的是,单个万向联轴器两轴的瞬时角速度并不相同,即当轴 1 以等角速度回转时,另一轴 2 做变角速转动。为避免此弊,可将两个万向联轴器串接后使用,如图 5-27 所示。而在安装这两个联轴器时,为达到主、从动轴角速度相等,必须满足两个条件:一是主、从动轴与中间件的夹角必须相等,即 $\alpha_1=\alpha_2$;二是中间件两端的叉面必须位于同一平面内。

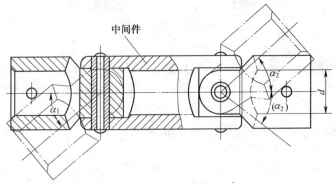

图 5-27　万向联轴器的结构

(3) 弹性联轴器

①弹性套柱销联轴器　如图 5-28 所示,结构上和凸缘联轴器近似,但是两个半联轴器的联接不是用螺栓,而是用套有橡胶圈或皮革套的柱销联接。利用圈或套的弹性,既能补偿两轴间的偏移,又能吸收冲击和振动。该种联轴器在设计和安装时应留出距离 A(以补偿轴向位移)并留出间隙 c。这种联轴器广泛应用于转速较高、转矩不是很大、起动频繁的场合。

②弹性柱销联轴器　如图 5-29 所示,它的结构与弹性套柱销联轴器很相似,主要不同是用尼龙(或木)柱销置于两半联轴器凸缘的孔中,实现两轴的弹性联接(尼龙有一定的弹性)。为防止柱销滑出,在两半联轴器凸缘的外端配置有挡圈。装配

第五章 常用的联接件及支承件 141

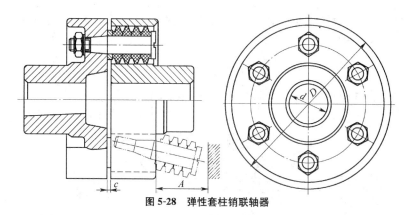

图 5-28 弹性套柱销联轴器

时要留出间隙 c。这种联轴器结构简单,有一定的缓冲吸振能力,更换柱销方便,补偿轴向偏移较大,但补偿的径向偏移和角偏移量较小,若径向和角偏移量大会使柱销很快磨损。它适用于轻载荷、起动频繁、经常双向回转和转速较高(最大转速可达 8000r/min)、使用温度为 $-20℃\sim 60℃$ 的场合。

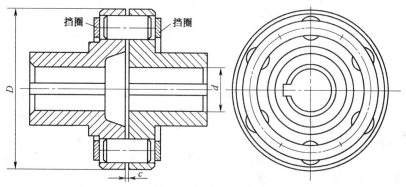

图 5-29 弹性柱销联轴器

联轴器的选用步骤如下:
① 按工作条件选择类型。
② 按轴颈、转速,计算考虑了过载、起动惯性力等各种工作情况后的转矩大小,从标准中选择具体型号和尺寸。
③ 必要时对其中的薄弱零件的强度进行校验。

2. 离合器

它也是用来实现同一轴线上两根轴的联接,并传递回转运动和转矩的机械部件。与联轴器不同的是,它在工作过程中可随时分离或接合。按工作原理不同,离合器主要有啮合式和摩擦式两大类。

(1) 牙嵌离合器 如图 5-30a 所示,是啮合式离合器的一种,由两个端面带牙的套筒组成,其中套筒 1 用平键固定在主动轴上,另一套筒 2 用导键与从动轴联接,并可用操纵机构移动滑环4,使两套筒端面上的牙接合或分离。为了两轴对中,在套筒1中装有对中环5,从动轴可在对中环中自由转动。

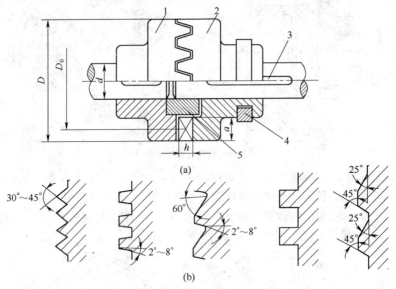

图 5-30　牙嵌离合器及牙型
(a)牙嵌离合器　(b)牙型

如图 5-30b,离合器的牙型有三角形、梯形、锯齿形和矩形。梯形牙可补偿磨损后的牙侧间隙,应用最广;锯齿形牙只能单向工作,因它反转时有较大的轴向分力,会使离合器自行分离;梯形和锯齿形牙可传递较大转矩,牙数一般为 3～16 个,牙槽很浅的锯齿牙形,主要用于安全离合器,即过载时,自行分离;三角形牙因牙强度较弱,只能用来传递中、小转矩,牙数一般为 15～60 个。矩形牙因齿侧面摩擦力大,难离合,所以已被梯形牙代替。应注意的是,要求离合器传递转矩愈大时,牙数应愈少,可使牙根强度增大。各牙应精确等分,以免各牙分担的载荷不均匀。

牙嵌离合器结构简单,外廓尺寸小,只宜用在两轴转速差很小或两轴停转时进行接合的场合,否则会因撞击而断牙。牙嵌离合器也可以借助电磁线圈的吸力来操纵,这就是电磁牙嵌离合器,它通常采用三角形细牙,因易接合。牙嵌离合器一般用于转矩不大,低速接合场合。

(2)摩擦离合器　是靠主动轴上转动的主动摩擦盘与从动轴上的从动摩擦盘接触面间产生的摩擦力矩来传递转矩。有单盘式和多片式两种。

①单盘摩擦离合器　如图 5-31 所示为单盘摩擦离合器的简图。主动盘 1 用平键与主动轴联接,从动盘 2 与从动轴通过导向平键联接。移动滑环 3 可使两盘接合或分离。工作时向滑环施加轴向压力 Q,从动盘左移与主动盘压紧,接触面上产生摩擦力。设摩擦力的合力作用在摩擦半径 R_f 的圆周上,则能传递的最大转矩 T_{max}

$= Q \cdot f \cdot R_f$,其中 f 为滑动摩擦系数。这种摩擦离合器多用于传递转矩较小($\leqslant 2000\text{N}\cdot\text{m}$)的轻型机械,如纺织机械、包装机械等。

②多片摩擦离合器 如图 5-32a 所示为多片摩擦离合器的结构。图中主动轴 1 与外壳 2 用平键联接,从动轴 3 与内套筒 4 用平键相联接。一组外摩擦片 5(图 5-32b)与外壳 2 用花键相联,另一组内摩擦片 6(图 5-32c)和内套筒 4 也用花键相联。当滑环 7 左移时,压下曲臂压杆 8 使内、外摩擦片相互压紧,使离合器接合;当滑环右移时,曲臂压杆被板弹簧抬起压板 9,内、外摩擦片松开,离合器分离。若将摩擦片改为图 5-32d 所示的碟形,则分离时摩擦片能自行弹开。摩擦片之间的压力,可用调节螺母 10 来调节。

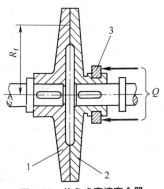

图 5-31 单盘式摩擦离合器
1. 主动盘 2. 从动盘 3. 滑环

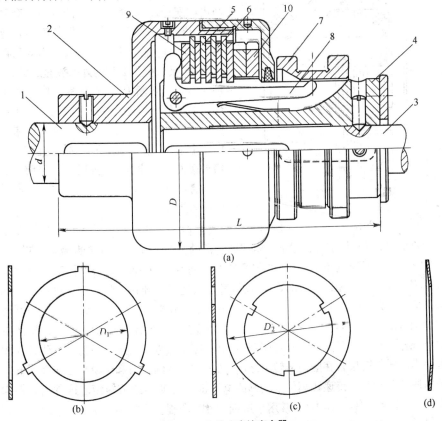

图 5-32 多片式摩擦离合器
(a)结构 (b)外摩擦片 (c)内摩擦片 (d)碟形摩擦片

摩擦离合器在接合与分离的短过程中,从动轴转速总是小于主动轴的转速,因而内、外摩擦片间必有相对滑动,使摩擦片磨损、发热乃至产生胶合。为了散热和减轻磨损,可将离合器浸入油中工作。根据工作时是否浸入润滑油,摩擦离合器分为湿式和干式两种。干式反应敏捷,但摩擦片磨损快;湿式磨损轻微,寿命长。

摩擦离合器的摩擦接合面数(Z)并非越多越好,接合面数过多,并不能正比增加传递的转矩。因此,一般湿式的取 $Z=5\sim15$;干式的取 $Z=1\sim6$,内外摩擦片总数不宜超过 $25\sim30$。对钢制摩擦片,应限制其表面最高温度一般不超过 $300℃\sim400℃$,整个离合器的平均温度不超过 $100℃\sim120℃$。

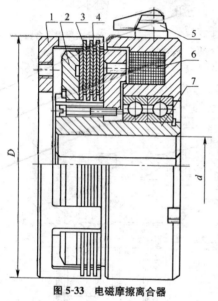

图 5-33　电磁摩擦离合器

摩擦离合器的操纵方法有机械式、电磁式、气动和液压式等多种。图 5-32 即为机械式。下面介绍数控机床等机械中常用的电磁摩擦离合器,其结构如图 5-33 所示。外摩擦片 3 外缘上的槽与外套筒 1 的凸齿相配合,内摩擦片 4 上的内齿与套筒 7 上的槽相配合,不工作时内外摩擦片分离,工作时电流由接头 5 流入线圈 6 后产生磁通,吸引衔铁 2 将内外摩擦盘压紧,便传递转矩。切断电流时,依靠外摩擦片上翘起的爪的弹性,使内外摩擦片分离,也可使用弹簧推开衔铁使离合器分离。如果在电路上增加快速励磁,可实现快速接合;若增加缓冲励磁电路,可实现缓慢起动。电磁离合器动作迅速,可实现远程操纵,所以应用最为广泛。

(3) 磁粉离合器　图 5-34 所示为磁粉离合器。安装有励磁线圈 1 的磁轭 2 是固定部分,圆筒 3 与左右轮毂 7、8 组成离合器的主动部分,转子 6 与从动轴,在圆筒 3 的中间嵌装着隔磁环 4。转子 6 与圆筒 3 之间有 $0.5\sim2mm$ 的间隙,其中充满磁粉 5,磁粉常用铁钴镍、铁钴钒等合金粉,并加入适量二硫化钼粉。形状以球形或椭圆形为好,颗粒大小宜为 $20\sim70\mu m$。图 5-34a 表示断电时磁粉被离心力甩在圆筒内壁上,此时离合器处于分离状态。图 5-34b 是通电(常用直流电)后励磁线圈产生磁场,磁力线穿过缝隙、圆筒和转子形成回路(图中点划线表示),磁粉被磁化并互相吸引串成磁粉链聚合在圆筒与转子之间,依靠磁粉的结合力和磁与工作面间的摩擦力使离合器接合传递转矩。改变励磁电流即可方便地调节转矩。这种离合器操纵方便,离合平稳,工作可靠,常用于造纸、纺织、印刷和绕线等机械。这种离合器在过载时还能自动起安全保护作用,因为过载时由于滑动产生高温,当温度超过磁粉的居里点(使铁磁质中的剩磁化强度消失的温度)时,磁性消失,离合器即自行分离。

这种离合器的缺点是质量较大。

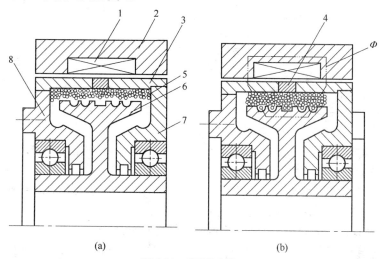

图 5-34 磁粉离合器
(a)离合器分离状态 (b)通电后结合状态
1. 励磁线圈 2. 磁轭 3. 圆筒 4. 隔磁环 5. 磁粉 6. 转子 7、8. 轮毂

(4)超越离合器 如图 5-35 所示,是定向离合器中常用的一种,星轮 1 和套筒 2 分别装在主动件和从动件上,星轮和套筒的楔形空腔内装有滚柱 3 (一般 3~8 个),每个滚柱都被弹簧顶杆 4 以不大的推力向前推至处于半楔紧状态。星轮和套筒均可作主动件。当以套筒作主动件且逆时针回转时,滚柱被摩擦力转动而滚进楔形空腔,楔紧在星轮和套筒之间,使星轮随套筒一起旋转,离合器处于接合状态。反之,套筒顺时针回转时,则带动滚柱滚到空腔的宽敞部分,离合器处于分离状态。此种离合状态时,称定向离合器,只能单向传递转矩。如果星轮 1 随套筒 2 逆时针旋转的同时,星轮又从另一运动系统获得转向相同,但角速度

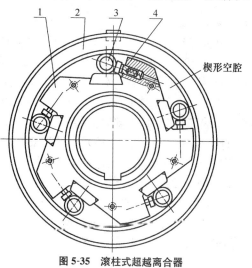

图 5-35 滚柱式超越离合器
1. 星轮 2. 套筒 3. 滚柱 4. 弹簧顶杆

大于套筒角速度时,离合器也处于分离状态。反之,当星轮获得转向相同但角速小于套筒角速度时,离合器处于接合状态。显然,从动件的角速度超越主动件时,不能

带动主动件回转，因具有这种超越特性，故又称为超越离合器。这种离合器常用于机床、汽车等的传动装置中。

第二节　常用的支承件

在支承件中，轴及轴承是最常用的支承件。本节只介绍轴承。

轴承的功用有两方面：一是支承轴及轴上的零、部件，并保持轴的旋转精度；二是承受负荷，并减少相对回转零件之间的摩擦与磨损。

按摩擦类型的不同，轴承分为滑动摩擦轴承（简称滑动轴承）和滚动摩擦轴承（简称滚动轴承）两大类。

滚动轴承是标准组件。它摩擦损失小，适应转速范围宽，对起动没特殊要求，工作时的维护要求不高，故在一般机械中广为应用。

对于滚动轴承不能完全满足使用要求的某些场合，如高速、重载荷、高回转精度、低速且有较大冲击，特别是结构上需要剖分等场合，就要采用滑动轴承，如汽轮机、内燃机、破碎机及水泥搅拌机等机械中多有应用。

一、滑动轴承

1. 常见滑动轴承的类型

按其承受载荷方向不同分为向心滑动轴承（又称为径向滑动轴承）和推力滑动轴承两大类。前者主要承受径向载荷，后得主要承受轴向载荷。

按其工作时的润滑状态不同又可分为液体摩擦轴承，即轴承的摩擦表面处于液体润滑摩擦状态，两摩擦表面完全被润滑油膜隔开，只有液体之间摩擦的轴承，主要用于高速、重载荷、有冲击载荷和要求回转精度高的场合；非液体摩擦轴承，即其摩擦表面处于边界摩擦或混合摩擦状态的轴承。所谓边界摩擦即两摩擦表面不能完全被油膜隔开，表面的峰顶仍有直接接触的摩擦。混合摩擦即两摩擦表面处于干摩擦（即摩擦面直接接触的摩擦）、边界摩擦和液体摩擦混合状态的摩擦。液体摩擦是最理想的，但一般机器中的滑动轴承多处于非液体摩擦状态。

2. 向心滑动轴承的结构与用途

(1) 整体式向心滑动轴承　如图 5-36a 所示为具有独立轴承座的整体式滑动轴承。而图 5-36b 所示为利用机器箱壁的凸缘或某一部分作轴承座的整体滑动轴承。它们的轴瓦是一个整体轴套，装于轴承座孔中，轴承座顶部有安装油杯的螺纹孔。

为使整体向心滑动轴承的轴套和轴颈间的间隙可调，可采用图 5-37 所示的可调间隙的锥形套轴承。它有内锥面轴套（图 5-37a）及外锥面轴套（图 5-37b）两种结构形式。锥面的锥度通常为 1：30～1：10。可用转动轴套两端的螺母使轴套轴向移动(图 a)或利用开有纵向通槽的轴套的弹性变形来调整轴承间隙大小(图 b)。

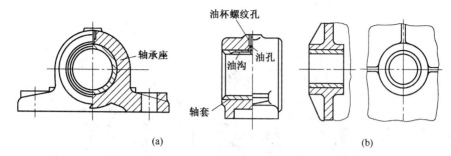

图 5-36 整体式与凸缘式向心滑动轴承
(a)整体式 (b)凸缘式

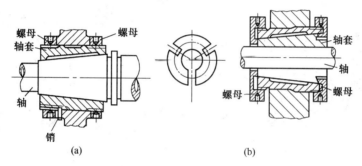

图 5-37 可调间隙的锥形套轴承
(a)内锥式 (b)外锥式

整体式向心滑动轴承结构简单,常用于载荷不大、低速的机器上。其缺点是轴套磨损后,无法调整间隙;轴颈只能从端部轴向装入,粗重的轴及中间轴颈的轴,不便于或不能安装。

(2)**剖分式向心滑动轴承** 如图 5-38 所示为常见普通剖分式向心滑动轴承。轴承座和轴瓦为剖分式,轴承座与轴承盖用螺栓联接在一起。为了使座与盖定位方便和防止工作时相互错动,故将盖和座的接合面做成阶梯形。剖分面要与载荷方向近于垂直,多数剖分面是水平的,如图 5-38a 所示;但若载荷方向偏斜较大时,剖分面也可倾斜布置,通常倾斜 45°,如图 5-38b 所示。

对于轴承宽度(B)与轴颈直径(d)之比 $B/d>1.5$ 的轴承,为避免轴有弯曲变形或两端轴承的轴线不同轴时引起轴承剧烈磨损乃至烧毁轴瓦,可采用图 5-38c 所示的自动调心轴承。它的轴套外表面做成球形,与轴承座的球形表面相配合,当轴弯曲或两端轴承的轴线不同轴时,轴套能自动调心。

剖分式向心滑动轴承克服了整体式轴承装入轴不便的缺点,并且轴承间隙可在一定范围内调整,因而使用较多。

(3)**摆动瓦多油楔向心滑动轴承** 俗称短三瓦式向心滑动轴承。如图 5-39 所

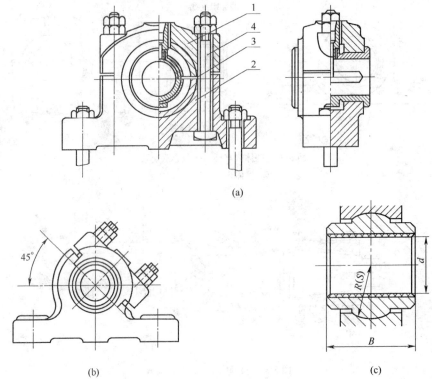

图 5-38 剖分式向心滑动轴承
(a)水平剖分 (b)倾斜剖分 (c)自动调心轴承

示为短三瓦式向心滑动轴承。外圆磨床砂轮架的砂轮主轴的前后支承即为这种轴承。它由三块扇形轴瓦组成,每块轴瓦都支承在球面支承螺钉的球面上,调节球面支承螺钉的位置,即可调整主轴和轴瓦之间的间隙(一般间隙为 0.01～0.02mm)。调整妥当后,拧紧锁紧螺钉,可使球面支承螺钉锁紧在调定位置上。

这种轴承属于液体动压滑动轴承。当主轴旋转后,三块轴瓦各自在球面螺钉的球头上摆动到平衡位置,在轴瓦内表面与轴颈表面间形成 3 个楔形缝隙,从而形成 3 个压力油楔,主轴的转速越高,油楔压力也越大,故主轴在 3 个油楔压力作用下,轴和轴瓦两摩擦面完全脱离直接接触,浮在 3 块轴瓦中间旋转,因此回转精度很高。当主轴受不同外载荷等产生径向偏移时,在偏移方向上楔形缝隙变小,油楔压力升高,而在相反方向上楔形缝隙变大,油楔压力减小,于是又使主轴回到原中心位置。

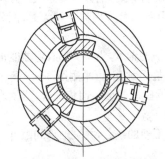

图 5-39 短三瓦式向心滑动轴承

向心滑动轴承形成动压润滑的过程是在轴自重和外载荷的合力 F 作用下,轴颈以转速 n 逆时针旋转时,轴颈不断把润滑油带入(或泵入)楔形间隙,形成渐大的压力将轴颈顶起,两摩擦面脱离接触,实现液体动压润滑。沿轴瓦圆周方向上的油膜压力分布如图 5-40 所示。图中 h_{min} 是最小油膜厚度,要大于两表面的不平度峰高; h_o 是最大压强 p_{max} 作用处的油膜厚度。建立动压润滑的条件是:

①两工作表面之间必须有楔形间隙;

②两工作表面之间必须连续充满润滑油;

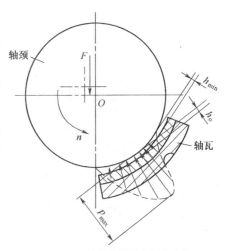

图 5-40 油楔处轴颈上压力分布

③两工作表面间必须有相对滑动速度,其运动方向必须保证润滑油从楔形间隙的宽截面处流进,从窄截面处流出。当然,对于一定的载荷,还必须使速度、油的黏度和间隙大小等有恰当的匹配。

(4)轴瓦(套)的结构及轴承材料 轴瓦的结构如图 5-41 所示。轴瓦(套)上供应润滑油的油孔、油沟和油室的位置与分布如图 5-42 所示。

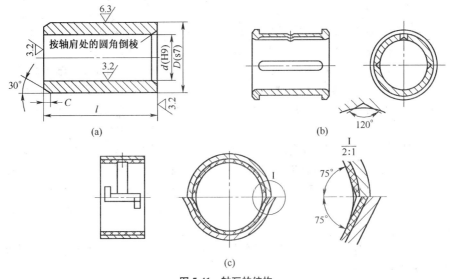

图 5-41 轴瓦的结构
(a)轴套 (b)同一材料的轴瓦 (c)双金属轴瓦

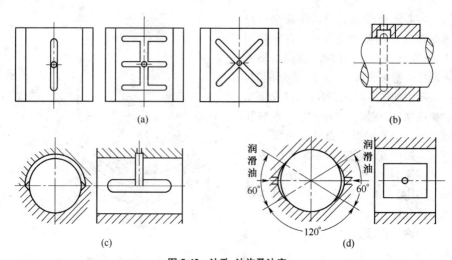

图 5-42 油孔、油沟及油室
(a)油沟分布 (b)环形油沟 (c)剖分面上的纵向油沟 (d)普通油室

轴瓦(套)上的油孔、油沟应开在非承载区,以免降低油膜的承载能力。环形油沟尽可能开在非承载区成半环状,如图 5-42b 所示。纵向油沟的长度应小于轴瓦(套)的宽度,以免润滑油从油沟端部流失。油沟在轴瓦(套)内表面上的分布形式如图 5-42a 所示。纵向油沟也可开在轴瓦的剖分面上,如图 5-42c 所示。若为液体动压润滑轴承,则要在轴套内表面上开设油室,如图 5-42d 所示,以起到储油和使润滑油沿轴向均匀分布的作用。

轴承材料是指轴瓦(套)和轴承衬的材料。轴瓦(套)可由一种材料或两层、三层金属用浇铸或压合方法制成。而粘附在最表面的薄层材料叫轴承衬。轴承失效的主要原因是磨损、材料疲劳损坏及工艺原因造成轴承衬脱落。因此要求轴承材料应具备摩擦系数小,导热性好,热胀系数小,耐磨、耐蚀、抗胶合能力强,有足够的强度和工艺性好。常见轴承材料有金属材料、粉末冶金材料(即含油轴承)及非金属材料三大类。

①巴氏合金 又称白合金。它又分锡基轴承合金和铅基轴承合金两类。通常用浇铸或轧制方法将其黏附在钢、铸铁或铜合金的轴瓦(套)基体上,作轴承衬。

锡基轴承合金的深度和抗蚀性比铅基轴承合金好,适用于高速、重载荷轴承,常用于高速机床、汽轮机及内燃机等设备中。铅基轴承合金减摩性、磨合性能好,但强度及抗蚀性较差,适用于有较小冲击载荷的中、小型设备中的轴承。

②铜基轴承合金 是应用最广泛的轴承材料。品种很多,但常用的主要有锡青铜、铅青铜和铝青铜。

锡青铜减摩、耐磨性好,强度高,价高,适用于做中速、重载荷轴承。铅青铜高温强度高、疲劳强度高,抗冲击和导热性能好,适用于高速、重载荷和有冲击载荷的轴承。铝青铜强度高、价低,但抗胶合和铸造性能都较差,一般适于受重载荷、低速的轴承。

③铝合金 在很多场合可代替巴氏合金,价廉。适应的速度和载荷范围都较宽,常用作拖拉机、汽车等的曲轴、连杆轴承。

④黄铜 是铜锌合金,铸造和加工性较好,而减磨性差,常用作低速、中载荷且载荷平稳场合下的轴承。

⑤铸铁 指耐磨灰铸铁或球墨铸铁。其中的石墨在摩擦表面起润滑作用。可用于低速、轻载荷和不重要场合下的轴承。

⑥粉末冶金材料 又称为含油轴承。它是用不同的金属粉末加石墨经压制、烧结而成的轴承材料。因其具有多孔结构,使用前先将轴瓦(套)浸入热油中数小时,使孔隙中充满润滑油,工作时,润滑油自动渗出起润滑作用,可在长期不供油条件下工作,故称含油轴承。它的韧性和强度较低,适用于中、低速度平稳无冲击、载荷不大的场合。

⑦非金属轴承材料 主要有尼龙、塑料、橡胶等。其特点是摩擦系数小,有足够的抗压与疲劳强度,有较好的塑性、嵌藏性与耐磨性、耐蚀性。其导热性差,工作温度不超过95°。因而不宜油润滑而采用水润滑。适用于低速、轻载和不宜使用润滑油的场合,如食品、医药、造纸机械中的轴承。

3. 推力滑动轴承

承受轴向载荷的轴承。与向心轴承合用时,可承受复合载荷(由轴向和径向两种载荷组成),轴承的承载面和轴上的止推面均为平面,结构如图 5-43 所示。由于止推面上不同半径处线速度不同,离中心越远相对滑动速度越大,磨损越快,压力分布不匀,越近中心压强越大。故一般机器不采用实心式(图 a),而多采用单环式(图 b)或空心式(图 c)。如果轴向载荷较大或双向受轴向载荷时,可采用多环式。环式、空心式的有关尺寸可据经验选取为轴环外径 $d_2 \approx (1.2 \sim 1.6)d$;轴环宽度 $b \approx (0.1 \sim 0.15)d$;轴环距离 $K \approx (2 \sim 3)b$;轴环数由计算及结构决定;空心轴颈内径 $d_1 \approx (0.4 \sim 0.6)d_0$。其中 d 为轴径,d_0 为轴颈直径。

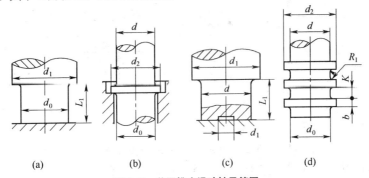

图 5-43 普通推力滑动轴承简图

(a)实心式 (b)单环式 (c)空心式 (d)多环式

二、滚动轴承

1. 滚动轴承的结构

滚动轴承是用来支承轴件的标准组件。其结构如图 5-44 所示,它由外圈 1、内圈 2、滚动体 3 和保持架 4 组成,有些轴承还有其他附件。内圈装配在轴颈上,外圈装配在机座或零件的轴承孔内。内、外圈上均有滚道,当内、外圈相对转动时,滚动体沿滚道滚动形成滚动摩擦。保持架使滚动体均匀地隔离开。

滚动体与内、外圈一般用轴承钢(如 GCr9、GCr15、GCr15SiMn 等)制造,经热处理后的硬度一般为 60~65HRC。轴承工作温度不高于 120℃。保持架一般用低碳钢冲压成形后铆接或焊接而成,高速轴承的保持架多采用有色金属或塑料制成。

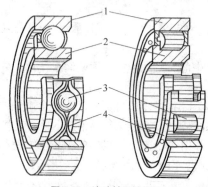

图 5-44 滚动轴承的构造
1. 外圈 2. 内圈 3. 滚动体 4. 保持架

滚动轴承与滑动轴承性能对比见表 5-5。

表 5-5 滚动轴承与滑动轴承的性能对比

性能		滚动轴承	滑动轴承	
			非液体摩擦轴承	液体摩擦轴承
起动阻力		小	大	大
功率损失		不大(效率高)	较大	较低
旋转精度		较高	较低	一般到高
高速性能		一般。受限于滚动体离心惯性力及温升	不高。受限于轴承发热和磨损	高。受限于油膜的刚性及油的温升
更换		很方便,一般不需修理轴颈	轴瓦需经常更换,有时需修复轴颈	同左
轴承尺寸	径向	大	小	小
	轴向	小(0.2~0.5)d	大(0.5~4)d	大(0.5~4)d
轴承刚性		高(预紧时更高)	一般	一般
噪声		较大	不大	工作稳定时无噪声
抗冲击能力		不高	不高	较高
寿命		较短	有限	长

注:表中的 d 为轴颈直径。

2. 滚动轴承的类型、特点及应用

滚动轴承按其承受载荷的方向或公称接触角(α)的不同,可分为向心轴承和推力轴承。所谓公称接触角(α)是指滚动体与轴承套圈接触处的法线(或经滚动体传给套圈的合力作用线)与垂直轴心线的径向平面之间的夹角。

(1)向心轴承 又分为径向接触轴承($\alpha=0°$)和向心角接触轴承($0°<\alpha<45°$)。前者只能承受径向载荷;后者可同时承受径向载荷和轴向载荷,α 越大,承受轴向载

荷的能力越大。

(2) 推力轴承　又分为轴向接触轴承($\alpha=90°$)和推力角接触轴承($45°<\alpha<90°$),前者只能承受单向或双向轴向载荷;后者可同时承受大轴向载荷和不大的径向载荷。

按滚动体形状不同,滚动轴承可分为球轴承和滚子轴承。各种滚动体形状如图5-45所示。一般在直径相同时,滚子轴承比球轴承的承载能力大。常用滚动轴承的类型、特点及用途见表5-6。

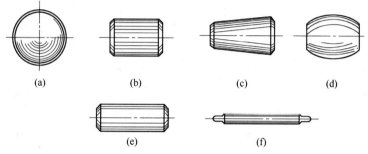

图 5-45　滚动体的形状
(a)滚珠　(b)圆柱滚子　(c)圆锥滚子　(d)鼓形滚子　(e)长圆柱滚子　(f)滚针

表 5-6　常用滚动轴承的类型、性能、特点及用途

类型、名称及代号	结构简图	基本额定①动负荷比	极限转速②	内、外圈轴线间允许的角偏斜	价格比③	结构性能特点
双列角接触球轴承 00000		1.6～2.1	中	0°	1	可同时承受径向负载及轴向负荷
调心球轴承 10000		0.6～0.9	中	2°～3°	1.3	主要承受径向负荷,也能承受较小的双向轴向负荷。内外圈之间在2°～3°范围内可自动调心正常工作
调心滚子轴承 20000		1.8～4	低	0.5°～2°	高	与调心球轴承类似,比调心球轴承能承受较大的径向负荷,推力调心滚子轴承能承受较大的轴向负荷,价格高
推力调心滚子轴承 29000		1.7～2.2	中		高	

续表 5-6

类型、名称及代号	结构简图	基本额定①动负荷比	极限转速②	内、外圈轴线间允许的角偏斜	价格比③	结构性能特点
圆锥滚子轴承 30000		1.5~2.5	中	2′	1.5	可同时承受径向和轴向负荷,接触角 $\alpha=11°$~$16°$,外圈可分离,安装时便于调整轴承间隙。一般成对使用
双列深沟球轴承 40000		1	中	8′~16′	1	与深沟球轴承类似
推力球轴承单列 51000 双列 52000		1	低	~0°	单列:0.9 双列:1.8	单列可承受单向轴向负荷,双列可承受双向轴向负荷。套圈可分离,极限转速低,不宜用于高速
深沟球轴承 60000		1	高	8′~16′ (30′)	1	主要承受径向负荷,也能承受一定的双向轴向负荷。高速装置中可代替推力轴承,价格低廉,应用最广
角接触球轴承 70000C ($\alpha=15°$) 70000AC ($\alpha=25°$) 70000B ($\alpha=40°$)		1.0~1.4 1.0~1.3 1.0~1.2	高	2′~10′	1.7	可同时承受径向负荷及单向轴向负荷。接触角 α 越大,则轴向承载能力越大。一般成对使用
推力圆柱滚子轴承 80000		1.7~1.9	低	~0°	较低	能承受较大的单向轴向负荷,不宜用于高速
圆柱滚子轴承 单列 N0000 双列 NN0000		1.5~3	高	2′~4′	2	能承受较大的径向负荷,由于内、外圈允许有一定的相对轴向移动,不能承受轴向负荷。可分别安装内、外圈,刚性好

续表 5-6

类型、名称及代号	结构简图	基本额定①动负荷比	极限转速②	内、外圈轴线间允许的角偏斜	价格比③	结构性能特点
滚针轴承 NA0000		—	低	~0°	较低	能承受较大的径向负荷,不能限制内、外圈轴向位移,内、外圈可分离,径向尺寸紧凑

注：①基本额定动负荷比是指同一尺寸系列各种类型轴承的基本额定动负荷与深沟球轴承的基本额定动负荷之比。对于推力轴承,则与单向推力球轴承相比较。
②极限转速的高低是指同一系列各种类型轴承的极限转速与深沟球轴承的极限转速相比。
高——相当于 100%～90%；中——相当于 90%～60%；低——相当于 60% 以下。
③价格比是指同一尺寸系列的各类轴承价格与深沟球轴承价格之比。

3. 滚动轴承的代号

国标规定了滚动轴承的代号。轴承制造厂将其标印在轴承套圈的端面上。轴承代号由前置代号、基本代号和后置代号三部分组成,其排列方式和代号意义,见表 5-7。

表 5-7 滚动轴承代号

前置代号	基本代号			后置代号
	类型代号	尺寸系列代号	内径代号	
字母	数字或字母	数字	数字	字母或字母和数字
表示成套轴承分部件	×或(××)	× × ↓ ↓ 宽度或 外直径 高度系 系列代 列代号 号	××或(/×)	表示轴承在结构形状、尺寸、公差、技术要求等方面有所改变

轴承类型代号见表 5-6。轴承类型代号新旧标准对照见表 5-8。

表 5-8 轴承类型代号新旧对照

类 型 代 号		轴 承 类 型	类 型 代 号		轴 承 类 型
新(GB/T 272—1993)	旧(GB 272—88)		新(GB/T 272—1993)	旧(GB 272—88)	
0	6	双列角接触球轴承	7	6	角接触球轴承
1	1	调心球轴承	8	9	推力圆柱滚子轴承
2	3	调心滚子轴承	N	2	圆柱滚子轴承
2	9	推力调心滚子轴承	NN	2	双列或多列圆柱滚子轴承
3	7	圆锥滚子轴承			
4	0	双列深沟球轴承	U	0	外球面轴承
5	8	推力球轴承	NA	544	滚针轴承
6	0	深沟球轴承	QJ	6	四点接触球轴承

基本代号中的内径代号是表示轴承内径尺寸的。其中代号00、01、02、03分别表示轴承内径10、12、15、17mm;代号04~99中的数字乘5即得内径20~495mm,但其中的内径22、28、32mm除外;内径为22、28、32mm及≥500mm时,内径代号直接用公称内径的毫米数表示,只是尺寸系列代号与内径代号之间须用"/"分开,如深沟球轴承62/22。

基本代号中的尺寸系列代号是用来区别具有相同内径但外径和宽度不同的轴承的。

后置代号中常见的有表示"内部结构"组代号(如A、B、C、D、E等)或公差等级代号等。轴承代号示例如下:

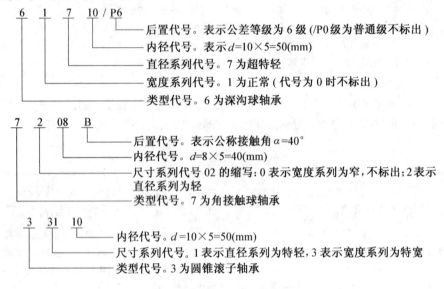

复习思考题

1. 常用的键联接有几种?
2. 普通平键有哪3种?适用场合?平键的尺寸(b、h、L)主要依据什么选定?
3. 导键与滑键有何区别?各适用何种场合?
4. 销联接的主要用途是什么?
5. 说明以下螺纹标记中字母符号及数字的含义:M10×1LH−4h5h−L、Tr40×14(P7)LH−7e、Rc1$\frac{1}{2}$、Rp3/4−LH。说明下列螺纹副标记中公差部分的含义:M20×2LH−6H/5g6g、Tr32×6−7H18e、Rc1$\frac{1}{2}$/R$_1$$\frac{1}{2}$。
6. 同一公称直径的普通粗牙螺纹与细牙螺纹,哪种自锁性好?为何地脚螺栓不用细牙而用粗牙螺纹?
7. 联轴器与离合器在使用上有何异同?如何选用?

第六章 常用机构及机械传动

> **培训学习目的**　了解机器、机构、机械和机械传动的概念；掌握常用的平面机构、凸轮机构和间歇运动机构的结构特点，分类和用途；熟练掌握常用的齿轮机构、轮系、带传动、链传动和螺旋传动的分类、结构特点和用途。

第一节 基本概念

一、机器、机构、机械

图 6-1a 所示为牛头刨床的结构简图，图 6-1b 为牛头刨床的传动简图。当电动机 1 经 V 带传动和齿轮传动，并通过小齿轮 2、装有滑块 4 构成曲柄的导杆大齿轮 3 回转时，导杆 5 带动冲头(滑枕)7 做往复直线运动，进行刨削加工。同时，曲柄大齿轮的转动通过一对齿轮和曲柄摇杆机构、棘轮机构带动横进丝杆做间歇回转，使工作台做横向进给运动。冲头(刀架)的位置调整和工作台上下位置的调整，各通过锥齿轮传动和螺旋传动来实现。电动机是牛头刨床的动力部分，为使牛头刨床的执行部分刀架和工作台配合动作完成切削工作，即完成有效的机械功，在执行部分和动力部分之间需要有传动部分，它们由各种机构和各种方式的传动组成，功能为转换机床执行部分的运动方式，改变运动和动力参数。

(1)机器　是人造的实物(构件、零件)组合体。由上例可看出，机器有三个特征：

①由多个构件组成；

②各构件间有确定的相对运动；

③能代替人类的劳动去完成有效机械功，如机床切削加工、起重机吊起重物等，或进行能量转换，如内燃机将热能转换为机械能等。

(2)机构　只具有机器的前两个特征，是由多个构件组成，各构件间有确定相对运动的人造的实物组合体。如图 6-2 所示为牛头刨床中的工作台横向进给应用的曲柄摇杆机构；如图 6-3 所示为海港起重机中的双摇杆机构；如图 6-4 所示为惯性筛中的双曲柄机构等，都是常见的机构。多种多样的机构组成了多种机器。一台机器中可含有一个或多个机构。而机构是由两个以上有确定相对运动的构件组成的。构件可以是一个零件，也可以由几个零件刚性连接而成，如图 6-5c 所示内燃机的连杆是由 6 个(种)零件组成的构件。构件是构成机器和机构的最小运动单元，而零件是制造单元。

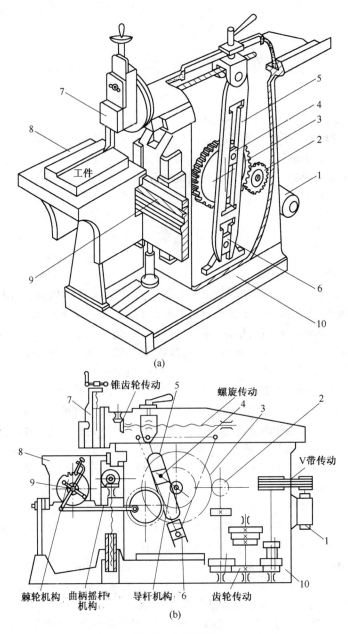

图 6-1 牛头刨床

(a)结构简图　(b)传动简图

1. 电动机　2. 小齿轮　3. 曲柄(导杆大齿轮与曲块构成)　4、6. 滑块　5. 导杆
7. 冲头(带刀架的滑枕)　8. 工作台　9. 横进丝杆　10. 床身

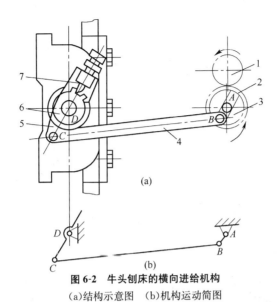

图 6-2 牛头刨床的横向进给机构
(a)结构示意图 (b)机构运动简图
1、2. 齿轮 3. 销盘(曲柄) 4. 连杆 5. 摇杆 6. 棘轮 7. 棘爪

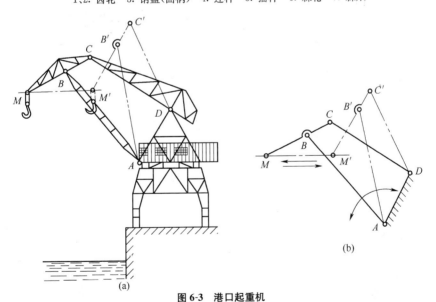

图 6-3 港口起重机
(a)结构示意 (b)机构运动简图

机构按其运动范围分为平面机构和空间机构两大类。机器中最常用的机构是平面机构,平面机构即指所有构件都在同一平面或平行平面中运动的机构。图 6-1~图 6-10 中所示的机构均为平面机构。

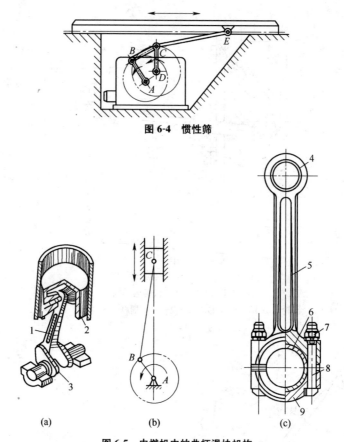

图6-4 惯性筛

图6-5 内燃机中的曲柄滑块机构
(a)结构示意图 (b)机构运动简图 (c)连杆结构图
1.连杆 2.活塞(滑块) 3.曲轴(曲柄) 4.轴套 5.连杆体
6.轴瓦 7.螺母 8.螺栓 9.连杆头

(3)机械 是机器和机构的总称。

二、机械传动

像前述的牛头刨床一样,任何一台完整的机器一般都由动力部分(即提供机械能的原动机)、执行部分(即完成有效功的工作机)和传动部分这三部分组成。传动部分是前两部分之间加入的用以传递动力或改变运动状态的传动装置,简称传动。按传动方式不同,常用的传动有机械传动、气力传动、液力传动和电力传动等。其中应用最广的是机械传动。

广义地讲,机械能不改变为另一种形式的能的传动,称为机械传动。最常用的机械传动有带传动、链传动、齿轮传动等。本章重点介绍常用平面机构及常用机械传动的类型、构成、特性及应用方面的一般知识。

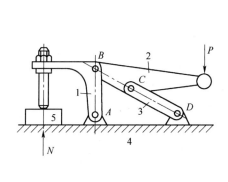

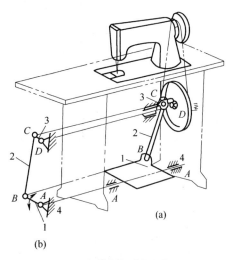

图 6-6 快速夹具
1. 压杆 2. 连杆(手柄) 3. 摇杆
4. 机架 5. 工件

图 6-7 缝纫机踏板机构
(a)结构示意图 (b)机构运动简图
1. 踏板 2. 连杆 3. 曲柄 4. 机架

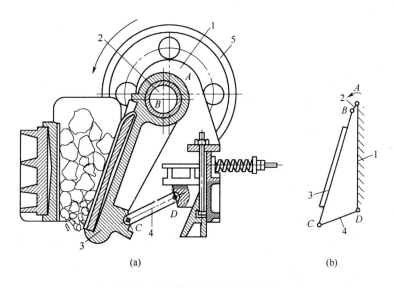

图 6-8 颚式破碎机及其机构运动简图
(a)结构图 (b)机构运动简图
1. 机架 2. 偏心轴(曲柄) 3. 颚板(连杆) 4. 肘板(摇杆) 5. 带轮

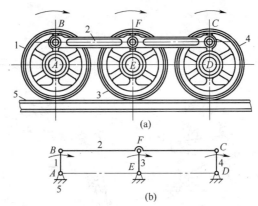

图6-9 机车联动机构
(a)结构示意图 (b)机构运动简图
1、3、4. 车轮 2. 连杆 5. 钢轨

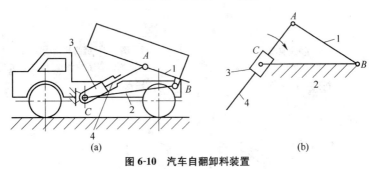

图6-10 汽车自翻卸料装置
(a)结构示意图 (b)机构运动简图
1. 曲柄 2. 车架 3. 液压缸 4. 活塞杆

第二节 常用的平面机构

一、机构运动简图

为了便于研究机构各构件之间的相对运动关系,要能看懂或画出机构运动简图。撇开与运动无关的因素,如构件的外形和断面尺寸、组成构件的零件数目、运动副的具体结构等,仅用简单线条和国标规定的符号表示构件和运动副,并按比例定出各运动副的位置,这样绘出的表达机构各构件间相对运动关系的简单图形,称为机构运动简图。

两个构件直接接触形成的可动连接称为运动副。只允许被连接的两构件在同一平面或相互平行的平面内相对运动的运动副称为平面运动副。按两构件接触特性,平面运动副又可分为低副和高副。两构件面接触组成的运动副称为低副,低副按其相对运动形式又分为转动副和移动副。如图6-11所示,两构件间只能相对转动的运动副称为转动副或称为铰链。图 6-11a 中因轴承座 2 为固定件称为固定铰链;图 6-11b 中因两构件均为活动件称为活动铰链;图 6-11c 是这两种铰链的表示符号。其中带斜线的直线为机架,小圆圈表示转动副。如图 6-12 所示,两构件间只能相对移动的运动副称为移动副,如图 6-12a 所示为滑块与滑道构成的移动副,图 6-12b 为移动副的几种符号表示方法,其中带斜线的直线表示固定滑道。如图 6-13 所示,两个构件通过点或线接触组成的运动副称为高副。图 6-13a 所示为尖顶推杆与凸轮间点接触高副,图 6-13b 为两齿轮轮齿啮合的线接触高副,图 6-13c 为其两个高副的表示法。齿轮副可用两个节圆代替接触的两齿轮,接触处的轮齿曲线轮廓要画出。图 6-14 为机构运动简图中构件的符号表示方法。图 6-14a 表示有两个转动副的构件。图 6-14b 表示有一个转动副和一个移动副的构件。图 6-14c 表示有 3 个转动副的构件,既可用内角涂焊缝符号的三角形表示,也可用整个三角形内画上斜线表示。图 6-14d 表示 3 个转动副共线的构件,在中间铰链处画出半圆的跨越符号,表示两直线段同属一个构件。

机构中的构件可分为三类,以图 6-8 颚式破碎机的机构运动简图为例。

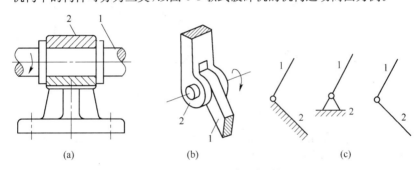

图 6-11 转动副及其符号表示法
(a)固定铰链 (b)活动铰链 (c)两种铰链的符号表示法
1、2. 构件

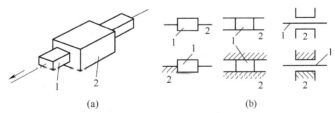

图 6-12 移动副及其符号表示法
(a)移动副 (b)符号表示法
1、2. 构件

(1)固定件 即机构中用来支承活动构件的构件,如图 6-8 中的机架。
(2)原动件 即按给定的运动规律运动的构件,它的运动由外界输入。在机构

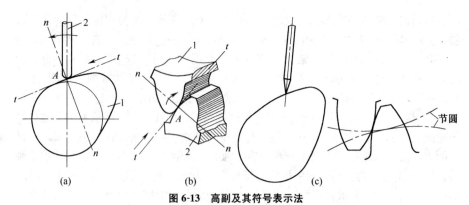

图 6-13 高副及其符号表示法
(a)凸轮副 (b)齿轮副 (c) 凸轮副、齿轮副符号表示

1、2. 构件

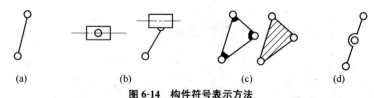

图 6-14 构件符号表示方法
(a)有两个转动副的构件 (b)有一个转动副和一个移动副的构件
(c)有3个转动副的构件 (d)3个转动副共线的构件

运动简图中,标有回转箭头或直线箭头的构件即是原动件。

(3)从动件 即随着原动件的运动而运动的其余活动件。如图 6-2 及图 6-8 中的连杆、摇杆均为从动件。

任何一个平面机构中,必有一个构件被相对地看做固定件。例如图 6-5 中的气缸体虽随汽车运动,但研究机构运动时,仍将气缸体当做固定件。在机构的活动构件中必定有一个或几个原动件,其余均为从动件。

二、铰链四杆机构的基本类型及其工作特性

由许多构件用转动副和移动副连接组成的平面机构称为平面连杆机构。最简单的平面连杆机构由四个构件组成,简称平面四杆机构。

全部用转动副组成的平面四杆机构称为铰链四杆机构。既用转动副也用移动副组成的平面四杆机构有多种形式,如图 6-5b 所示的曲柄滑块机构、图 6-1 中使滑枕往复运动的摆动导杆机构、图 6-10b 中所示摇块机构,以及定块机构、双滑块机构等。其中铰链四杆机构应用最广泛。

1. 铰链四杆机构的基本形式

铰链四杆机构是平面四杆机构的基本形式。如图 6-15 中 $ABCD$ 所示,其中与固定件4用转动副连接的杆1、杆3称为连架杆,不与固定件直接连接的杆2称为连杆。若连架杆1或连架杆3能绕机架上的回转中心 A 或 D 转动 360°(整周),则称为曲柄;若其仅能在小于360°的某角度范围内摆动,则称为摇杆。按连架杆是曲柄还是摇杆而言,可将铰链四杆机构分为曲柄摇杆机构、双曲柄机构和双摇杆机构三种基本形式。

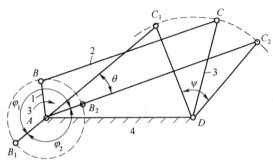

图 6-15　铰链四杆机构(曲柄摇杆机构)

(1) **曲柄摇杆机构**　若两连架杆之一为曲柄,另一个为摇杆的铰链四杆机构称为曲柄摇杆机构。如图 6-2b、图 6-7b、图 6-8b 等所示的机构,均为曲柄摇杆机构。

(2) **双曲柄机构**　铰链四杆机构的两个连架杆都是曲柄时,称为双曲柄机构。如图 6-4 所示的惯性筛是两个曲柄不等长的双曲柄机构。图 6-9b 所示的机车车轮联动机构中,两个曲柄等长且平行,也称为平行四边形机构,因为当这种机构的四个铰链中心处在同一直线上时,会出现运动不确定状态,即两曲柄的转动方向会有时相同,有时相反,增加第三个平行曲柄的目的,就是为了消除这种运动不确定状态。

(3) **双摇杆机构**　两个连架杆均为摇杆的铰链四杆机构称为双摇杆机构。如图 6-3b、图 6-6 所示均为双摇杆机构。另外图 6-16 所示的飞机起落架也用了双摇杆机构。图 6-17 所示的汽车前轮转向机构中,因两个摇杆等长,又称为等腰梯形机构。

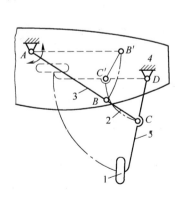

图 6-16　飞机起落架的双摇杆机构
1. 机轮　2. 连杆　3、5. 摇杆
4. 机翼(机架)

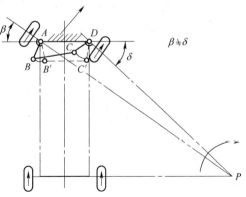

图 6-17　汽车前轮转向的等腰梯形机构

2. 判定铰链四杆机构有无曲柄的条件

在铰链四杆机构中,只有一个曲柄的条件为:
①最短杆与最长杆的长度之和小于或等于其他两杆长度之和;
②最短杆即为曲柄。

铰链四杆机构中,能使被连接的两构件相对回转 360°的转动副称为整转副。而曲柄是相对机架可整周转动的连架杆,因此整转副存在与否就决定了曲柄存在与否。所以判断曲柄存在的前述两个条件,也是判定整转副存在与否的条件。

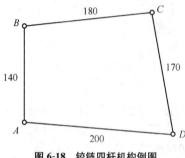

图 6-18 铰链四杆机构例图

例 1 根据图 6-18 中注明的尺寸,判断该铰链四杆机构有无曲柄存在?哪几个铰链是整转副?

解 应用判断曲柄存在条件有:
$$l_{AD}+l_{AB}=200+140=340$$
$$l_{BC}+l_{CD}=180+170=350$$
$\because l_{AD}+l_{AB} < l_{BC}+l_{CD}$,∴有曲柄。

因为构件 AB 为最短杆,故铰链 A 和 B 均为整转副。

平面四杆机构的基本形式通过选择不同的构件作机架,或改变某些构件的形状、相对长度以及改变运动副的尺寸等,可以演变出多种多样的四杆机构。铰链四杆机构的三种基本形式之间通过选择不同构件为机架,可以互相转化。若取与最短杆相连的任一构件为机架(或取最短杆为连架杆)时,得到曲柄摇杆机构;若取最短杆为机架,得到双曲柄机构;若取最短杆(曲柄)对面的杆为机架时,得到双摇杆机构。当机构无曲柄存在时,则无论选取哪个构件为机架,只能得到双摇杆机构。

例 2 图 6-18 已知为有曲柄存在的铰链四杆机构。问当取不同构件为机架时,各得到何种四杆机构,并绘出其运动简图。

解 以构件 AD 或以构件 BC 取为机架时,均得到曲柄摇杆机构,如图 6-19a 所示。

当取 AB 构件为机架时,因为最短杆的两个铰链 A 和 B 均为整转副,故构件 BC 相对构件 AB、构件 AD 相对构件 AB 均可整周转动,所以,构件 BC 和 AD 均为曲柄,得到双曲柄机构,如图 6-19b 所示。

当取构件 CD 作机架时,因为铰链 C、D 都不是整转副,故构件 BC 和 AD 相对于构件 CD 均不能做整周转动。所以构件 BC 和 AD 均为摇杆,得到双摇杆机构,如图 6-19c 所示。

3. 铰链四杆机构的工作特性

以图 6-15 所示的曲柄摇杆机构为例,说明两个工作特性。

(1)急回特性 设曲柄 AB 以匀角速度 ω 顺时针回转。AB 转一周中,机构有两

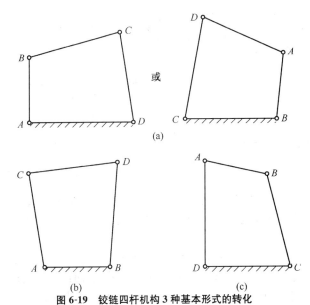

图 6-19 铰链四杆机构 3 种基本形式的转化
(a)曲柄摇杆机构 (b)双曲柄机构 (c)双摇杆机构

个极限位置,即曲柄 AB 与连杆 BC 有两次在一条直线(共线)上。当 AB 由极位 AB_1 顺时针转过 φ_1 角至极位 AB_2 时,用时设为 t_1,摇杆 CD 由左极位 C_1D 转到右极位 C_2D,转过极位角 Ψ;当 AB 由 AB_2 转过 φ_2 回到极位 AB_1 时,用时设为 t_2,摇杆又由右极位 C_2D 转过 Ψ 角回到左极位 C_1D。因为 $\varphi_1 > \varphi_2$、$t_1 > t_2$,即 CD 由左极位 C_1D 转到右极位时,转过 Ψ 角用的时间长;而 CD 由右极位 C_2D 转回到左极位时,转过同一角 Ψ 用的时间短。所以摇杆由左极位摆动到右极位的速度较慢;摇杆由右极位摆回到左极位的速度较快。若令摇杆由 C_1D 摆至 C_2D 为工作行程,则其摆动速度慢;摇杆由 C_2D 摆回 C_1D 为空回行程,则其摆动速度较快。这种工作行程速度慢,空回行程快的特性,称为急回特性。牛头刨床及其他往复式运动机械就利用机构的急回特性来缩短空回行程时间,以提高生产率。

图 6-15 中曲柄与连杆处于两个共线位置时,曲柄夹的锐角 θ,称为极位角。机构的急回程度大小用急回特性系数 K 表示

$$K = \frac{180° + \theta}{180° - \theta}, \text{或} \theta = 180° \times \frac{K-1}{K+1}$$

显然,若 $\theta = 0°$,则 $K = 1$,表明机构无急回特性;若 $\theta > 0°$,则 $K > 0$,表明机构有急回特性;θ 越大,K 值越大,急回特性越显著。

(2)死点位置 当机构的从动件与连杆处于同一直线(共线)上时的位置,称为机构的死点位置,亦即机构卡死不能运动的位置。

在曲柄摇杆机构中,只有当摇杆作原动件时,机构才存在死点位置(两个),因为连杆和成为从动件的曲柄有两个共线位置。

(3)曲柄摇杆机构的工作特性(表 6-1)

表 6-1　曲柄摇杆机构的工作特性

曲柄 AB 为原动件	摇杆 CD 为原动件
机构有急回特性,急回程度大小表示为 $$K=\frac{180°+\theta}{180°-\theta}$$ 式中,K 为急回转性系数,θ 为极位角。 $\theta=0,K=1$ 时,机构无急回特性。 $\theta>0,K>0$。θ 越大,K 越大,急回特性越显著	从动件 AB 转一周中,机构存在两个死点位置。利用死点位置可实现特殊工作要求,但工作过程中会出现卡死或运动不确定现象,使机构工作不正常

图 6-2 牛头刨床横向进给机构就是应用了曲柄摇杆机构及其急回特性,工作行程时棘爪推动棘轮、横进丝杠,使工作台较慢速进给,空回行程时棘爪从棘轮上较快速滑回。

图 6-7 所示缝纫机踏板机构中,踏板 1 为原动件做往复摆动,通过连杆 2 使从动件 3(曲柄)做整周转动,经带传动使主轴转动。但有时缝纫机会出现踏不动或倒车现象,此即是由于机构处于死点位置引起的。克服办法是借助大带轮的惯性作用,使曲柄(从动件)冲过死点位置。

(4)双曲柄机构的工作特性(表 6-2)

表 6-2　双曲柄机构的工作特性

两曲柄长度		两曲柄的运动状态	工　作　特　性
不相等		原动曲柄做匀角速度转动时,从动曲柄做变角速度转动	有急回特性,无死点位置
相等	平行双曲柄	两曲柄的运动完全相同	无急回特性,从动曲柄有运动不确定性
	反向双曲柄	两曲柄转动速度大小不等,且转向相反	有急回特性,有死点位置

①两曲柄长度不相等的双曲柄机构　如图 6-4 惯性筛,曲柄 AB 和 CD 不等长。又如图 6-20 插床的插头机构,主动曲柄 AB 匀速转动,使连杆 BC 带动从动曲柄 CD 使滑块 F 往复运动,实现慢工作行程和快退刀行程。

②两曲柄长度相等的平行双曲柄机构　如图 6-9 机车驱动车轮联动机构,增加第 3 个曲柄可消除运动不确定性。

③两曲柄长度相等的反向双曲柄机构　如图 6-21 汽车车门启闭机构,当主动曲柄 AB 转动时,通过连杆 BC 使从动曲柄 CD 反向转动。

(5)双摇杆机构的工作特性(表 6-3)

图 6-16 飞机起落架收放机构采用了双摇杆机构。飞机着陆前,机轮 1 必须从机架(机翼)中放下至图中实线位置,该位置主动摇杆 AB 与连杆 BC 共线,处于死点位置。起飞后,为减小飞行阻力,又由主动摇杆 AB 通过连杆 BC 驱动从动摇杆 CD,将机轮回收至机翼内(图中双点划线位置)。

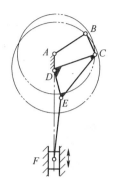

图 6-20 插床的插头机构运动简图

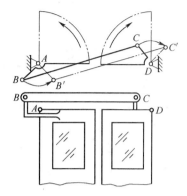

图 6-21 汽车车门启闭机构

表 6-3 双摇杆机构的工作特性

两摇杆长度	两摇杆摆角	工作特性	实 例
不相等（或相等）	一般两摇杆摆角不相等	有两个死点位置	图 6-3 海港起重机。主动摇杆 AB 摆动时，从动摇杆 CD 也摆动，带动连杆 BC 上吊挂货物的吊钩 M 在近似水平线上移动 图 6-6 快速夹具。压手柄（连杆 2）工件被夹紧时，连杆 BC 与摇杆 CD 共线，处于死点位，松手后工件仍可靠地夹紧

4. 曲柄滑块机构的类型及工作特点

如图 6-5b 所示的四杆机构运动简图中，除了有曲柄 AB、连杆 BC 和机架（缸体）之外，尚有滑块，因此称为曲柄滑块机构。它是由曲柄摇杆机构演变而来的，原来摆动的摇杆演变为直线运动的滑块；原来的转动副 D 演变为了移动副。

如图 6-22 所示，曲柄滑块机构按其滑块 c 的运动轨迹直线（$C'C''$）与曲柄回转中心 A 之间垂直距离不同可分两类。若轨迹直线（$C'C''$）与回转中心 A 之间距离 e 为零，即 $e=0$，则为图 6-22a 所示的对心曲柄滑块机构；若 $e>0$，如图 6-22b 所示，称为偏置曲柄滑块机构。

曲柄滑块机构中曲柄存在的条件：

① 对心曲柄滑块机构（$e=0$）有曲柄的条件是连杆长 b 大于杆 AB 的长 r，即 $b>r$；偏置曲柄滑块机构（$e>0$）有曲柄的条件是 $b>r+e$。

② 对心曲柄滑块机构有两个死点位置（即 $AB'C'$ 极位与 $AB''C''$ 极位）；无急回特性（$\because \theta=0$）。偏置曲柄滑块机构有两个死点位置（即 $AB'C'$ 及 $AB''C''$ 线所示的两极位），有急回特性（$\because \theta>0$）。

曲柄滑块机构广泛用于活塞式发动机、冲床和空气压缩机等机械中。

5. 导杆机构的类型及工作特性

导杆机构是通过改变曲柄滑块机构中的固定件，即以不同构件作机架演变而来

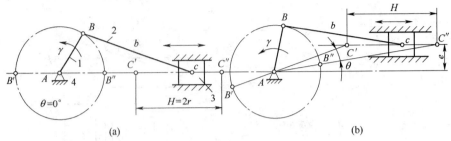

图 6-22 曲柄滑块机构
(a)对心曲柄滑块机构　(b)偏置曲柄滑块机构
1. 曲柄　2. 连杆　3. 滑块　4. 机架

的。导杆机构有以下几种类型：

(1)转动导杆　图 6-23a 为六缸回转泵结构示意图，图 6-23b 为其 6 个相同转动导杆之一的运动简图。是将图 6-22a 曲柄滑块机构中的曲柄 1 作机架演变而成。滑块即活塞 3，沿转动圆盘 4 的缸体滑动，故称转动圆盘 4 为导杆。当圆盘(导杆)4 绕固定轴 A 转动时，构件 2(曲柄)绕另一固定轴 B 回转，活塞 3(滑块)便沿缸体轴线做相对移动，完成工作循环。如图 6-23b 所示，当将转动导杆机构的构件 1 加长，构件 2 缩短，即 $l_1 > l_2$ 时，构件 4 只能往复摆动，故称为摆动导杆机构。因其具有急回特性，传力性又好，所以常用于牛头刨床、插床等机械中。

转动导杆机构无死点位置，有急回特性。

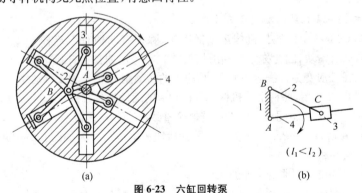

图 6-23 六缸回转泵
(a)结构示意图　(b)转动导杆运动简图
1. 机架　2. 曲柄　3. 滑块　4. 导杆

(2)摆动导杆　图 6-24 为牛头刨床滑枕应用的摆动导杆机构的运动简图。

(3)摇块机构和定块机构　若取曲柄滑块机构中的连杆 2 为机架，就得到摆动滑块机构、简称摇块机构。如图 6-10b 为卡车自翻卸料所用的摇块机构运动简图。当油缸 3(即摇动的滑块)中的油压推动活塞杆 4 运动时，活塞杆 4 通过铰链 A 推动车厢绕固定铰链 B 倾转(AB 相当曲柄)，当倾斜到一定角度时，物料便自动卸下。

常见于液压驱动装置和摆缸式内燃机中。

若取曲柄滑块机构的滑块为机架,就得到固定滑块机构,简称定块机构。图6-25a所示抽水机应用的机构即是定块机构,图6-25b为其运动简图。

(4)偏心轮机构 在曲柄摇杆、曲柄滑块机构中,当曲柄很短,且曲柄两端架于轴承中时,则加工和装配都较困难,在此种情况下,常常采用偏心轮机构,即把曲柄做成偏心轮的四杆机构,如图6-26a、b所示。图6-26a是曲柄摇杆机构演变的偏心轮机构,图6-26b是曲柄滑块机构演变的偏心轮机构。偏心圆盘1的回转中心A与其几何中心B有一偏心距r,$AB=r$即曲柄长度。显然,偏心轮机构是转动副B的半径扩大到超过曲柄长即$R>r$演变而成的。偏心轮机构的工作特性与原来的曲柄摇杆机构或曲柄滑块机构相同。该机构广泛用于颚式破碎机(图6-8)、剪床、冲床、内燃机等机械中。

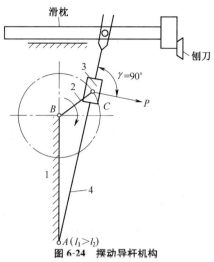

图6-24 摆动导杆机构

1. 机架 2. 曲柄 3. 滑块 4. 导杆

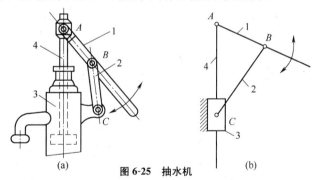

图6-25 抽水机

(a)结构示意图 (b)定块机构运动简图

1. 手柄 2. 杆 3. 唧筒 4. 活塞杆

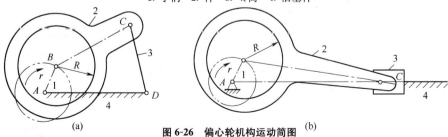

图6-26 偏心轮机构运动简图

1. 偏心圆盘 2. 连杆 3. 摇杆或滑块 4. 机架

第三节 凸轮机构

一、凸轮机构的特点、类型与应用

1. 凸轮机构的特点

凸轮机构在自动化、半自动化机械中应用广泛。如图 6-27 所示为自动车床的横刀架进给机构。当凸轮 1 转动时,其轮廓迫使固定有齿扇 3 的从动杆 2 摆动,齿扇带动齿条,使横刀架 4 完成进刀或退刀运动。又如图 6-28 所示为造型机的凸轮机构,当凸轮 1 按图示方向匀速转动时,在一段时间内,凸轮轮廓推动滚子 2,使工作台 3 升起;在另一段时间内凸轮让滚子落下,工作台便自由落下,凸轮连续转动时,工作台便上下往复运动,因碰撞产生振动,从而将工作台上砂箱中的型砂振实。图 6-29 所示为绕线机中用于排线的凸轮机构,当绕线轴 3 快速转动时,经齿轮带动凸轮 1 缓慢转动,通过凸轮轮廓与尖顶 A 的相互作用,使从动件 2 往复摆动,从而使线均匀地绕在线轴上。图 6-30 所示为自动送料机构,当带凹槽的圆柱凸轮 1 转动时,通过槽中的滚子,推动从动杆 2 做往复移动,凸轮每转一周,顶出一个毛坯送到加工位置。

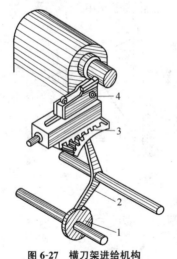

图 6-27 横刀架进给机构　　　　　图 6-28 造型机凸轮机构
1. 凸轮　2. 从动杆　3. 扇形齿轮　4. 横刀架　　1. 凸轮　2. 滚子　3. 工作台

从以上例子中可看出,凸轮机构仅由凸轮、从动件和机架 3 个基本构件组成。其运动特点是:凸轮机构能使从动件获得较复杂的运动,而从动件的运动规律取决于凸轮的轮廓曲线。

很多机械常要求其某些从动件的位移、速度按预定的规律变化。虽然这种要求可用只有 4 个基本构件的连杆机构来实现,但精确度难以满足,而且机构比较复

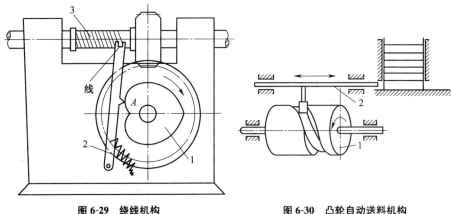

图 6-29 绕线机构　　　　　图 6-30 凸轮自动送料机构
1. 凸轮　2. 从动件　3. 绕线轴　　　1. 凸轮　2. 从动杆

杂。在此情况下,特别是要求从动件按复杂运动规律精确运动时,可以采用凸轮机构。因为凸轮机构只要适当地设计出凸轮的轮廓曲线,就可以使从动件得到各种预期的运动规律,而且只用3个基本构件,结构简单、紧凑,运动可靠。然而由于凸轮轮廓与从动件之间为点接触或线接触,故压强较大,容易磨损。

2. 凸轮机构的类型

(1) 按凸轮形状分

①盘形凸轮　它是一个绕固定轴线旋转,并且轮廓径向尺寸变化的盘形零件。如前面的图 6-27、图 6-28、图 6-29 中都是盘形凸轮。这是凸轮的最基本形式。

②移动凸轮　如图 6-31 所示,当盘形凸轮的回转中心趋于无穷远处时,就成为移动凸轮,它不再转动而是相对机架做往复直线运动。

③圆柱凸轮　如图 6-32 所示,它是轮廓曲线位于圆柱面上或圆柱端面上,并绕其轴线旋转的凸轮。它可以看成将移动凸轮卷在圆柱体上得到的凸轮。图 6-32a 所示的圆柱凸轮称为端面凸轮。图 6-32b 所示为圆柱凸轮。

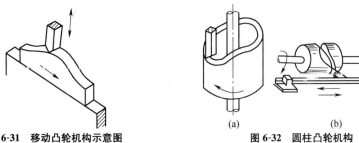

图 6-31 移动凸轮机构示意图　　　图 6-32 圆柱凸轮机构
　　　　　　　　　　　　　　　　　(a) 端面凸轮　(b) 圆柱凸轮

(2) 按从动件的结构形式分　凸轮机构可分为具有尖顶从动件、滚子从动件、平底从动件和曲面从动件等 4 种类型。每种类型从动件的运动形式又有移动和摆动两种。详见表 6-4。

表 6-4 凸轮机构从动件的基本形式及特点

从动件端部结构形式	运动形式 移动	运动形式 摆动	特 点
尖顶			结构简单、紧凑,可准确地实现各种运动规律;易磨损,承载能力小,多用于轻载、低速、传动灵敏的场合
滚子			阻力小,不易磨损,承载能力大;运动规律有局限性,不适用于高速运动场合
平底			结构紧凑,润滑性能好,阻力小;但凸轮轮廓不允许呈凹形,运动规律受限制
曲面(含球面)			介于滚子形式与平底形式之间

二、凸轮机构的工作过程

如图 6-33a 所示,以应用最广的尖顶对心盘形凸轮机构为例,说明其工作过程及有关参数。

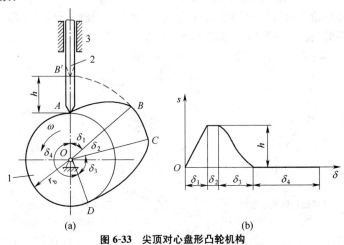

图 6-33 尖顶对心盘形凸轮机构
(a)尖顶对心盘形凸轮机构 (b)位移曲线图

(1) **基圆** 图示起始位置时,从动件尖顶与凸轮轮廓上最小半径处的点 A 接触。以凸轮轮廓上最小半径 r_b 所画的圆称为基圆,r_b 称为基圆半径。

(2) **推程和推程角** 当凸轮以等角速 ω 逆时针由 A 点旋转到 B 点时,从动件尖顶由点 A 上升到最高位置 B'。从动件由最低位升到最高位置的过程称为推程(或升程),推程对应的凸轮转角 δ_1 称为推程角。

(3) **远停程角(或远停程)** 凸轮继续转过 δ_2 角度时,从动件尖顶与凸轮最大半径的圆弧 $\overset{\frown}{BC}$ 接触,从动件将在最高位置停止不动,从动件的这一段运动过程称为远停程,与远停程对应的凸轮转角 δ_2 称为远停程角。

(4) **回程和回程角** 当凸轮继续转过 δ_3 角度时,凸轮半径逐渐减小的一段轮廓 CD 上的各点与从动件尖顶依次相接触,从动件由最高位降到最低位置的这一过程称为回程。与回程相对应的凸轮转角 δ_3 称为回程角。

(5) **近停程和近停程角** 当凸轮继续转过 δ_4 角度时,从动件尖顶与基圆圆弧 $\overset{\frown}{DA}$ 上各点依次相接触,从动件在最低位置停止不动。该从动件运动过程称为近停程,与之对应的凸轮转角 δ_4 称为近停程角。

(6) **从动件行程** 凸轮不停地回转时,从动件将重复前述升-停-降-停的运动过程。从动件在推程或回程运动中移动的距离 s 称为位移。从动件的最大位移称为行程,以 h 表示。以凸轮转角 δ (或其对应的时间 t) 为横坐标,以相应的从动件的位移 s 为纵坐标,画出的在一个运动循环中从动件位移 s 与凸轮转角 δ (或相应的时间 t) 之间关系的曲线图,称为从动件位移曲线图,如图 6-33b 所示。该曲线即为从动件在一个运动循环中的运动变化规律。

三、从动件等速运动规律

不同的从动件运动规律,要求凸轮有不同的轮廓曲线,而且对凸轮机构的工作性能也有很大的影响。因此在选择、确定从动件的运动规律时,应根据凸轮机构的工作要求、工作条件和制作工艺性等综合考虑做出决定。从动件的运动规律有很多种,常用的有等速运动规律、等加速等减速运动规律、简谐运动规律(又称余弦加速度运动规律)和摆线运动规律等。

当凸轮等速回转时,从动件上升或下降的速度为常数,这种运动规律称为从动件等速运动规律。如图 6-34 所示为对心(即从动件中心线通过凸轮的转动中心)尖顶从动件盘形凸轮机构。当凸轮顺时针方向以等角速度 ω 回转,转角从 A 点开始均匀增大到 $\delta_1(=90°)$ 时,从动件以等速度 v 从起点(A)上升到最高点(B'),其推程为 h;当凸轮继续转过转角 $\delta_2(=90°)$ 时,从动件又以等减速度($-v$)从最高位置降到最低位置,其回程也为 h。在等速推程和回程过程中,从动件位移 s 与转角 δ (或时间 t) 的关系如下:

若设任一瞬时 t 的凸轮转角为 δ,整个推程的运动时间为 T_1,则从动件的速度 $v = \dfrac{h}{T_1}$,位移 $s = vt = \dfrac{h}{T_1}t$,又因为推程过程中凸轮的转角 $\delta_1 = \omega T_1$,而任一瞬时凸轮

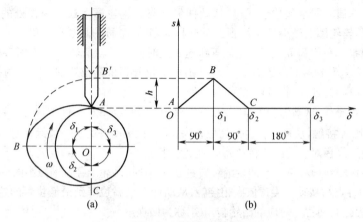

图 6-34 对心尖顶从动件盘形凸轮机构
(a)机构示意图　(b)等速运动规律的从动件位移曲线图

的转角为 $\delta=\omega t$，所以 $t=\dfrac{\delta}{\omega}$ 及 $T_1=\dfrac{\delta_1}{\omega}$，代入位移 s 的方程及从动件位移速度 v 的方程最后得

$$s=\frac{h}{\delta_1}\delta, \qquad v=\frac{h}{\delta_1}\omega$$

因为 h、δ_1（$=90°$）、ω 均为已知常数，所以从动件的位移 s 与凸轮的转角 δ 成正比，故在图 6-34b 中为上升的斜直线，相应地在凸轮上得到阿基米德螺线轮廓（图 6-34a 中的 AB 曲线段）。同理回程中从动件的位移 s 与凸轮转角 δ 也是正比变化，在图 6-34b 中为下降的斜直线，凸轮轮廓是反向的阿基米德螺线（图 6-34a 中的 BC 曲线段）。

不同的从动件运动规律不仅使凸轮机构的工作性能不同，而且适用场合也有不同。如等速运动规律的从动件，工作中因惯性力很大，使凸轮机构产生强烈冲击（称为刚性冲击）和噪声，故仅用于低速、轻载凸轮机构中。从动件等加速等减速运动规律（即抛物线运动规律），工作中惯性力有所减小，冲击稍轻（称为柔性冲击），适用于中、低速轻载凸轮机构。从动件简谐运动规律，工作中产生柔性冲击，因此，只适用于中、低速重载凸轮机构。而从动件摆线运动规律，工作中不会产生惯性冲击力，适用于高速、轻载凸轮机构。

第四节　间歇运动机构

在很多自动和半自动机械的机械传动中，常需要主动件连续运动，而从动件做周期性间歇运动，这种机构称为间歇运动机构。如前面图 6-2 中的牛头刨床横向进给机构，就是应用了棘轮机构，将摇杆的往复摆动变成工作台的"送进-停止"周期间歇运动。常用的间歇运动机构类型很多，本节仅介绍常用的棘轮机构、槽轮机构和不完全齿轮机构。

一、棘轮机构

棘轮机构有齿式和摩擦式两种类型。常用的齿式棘轮机构如图 6-35a 所示,它主要由棘爪 1、棘轮 2 和机架等组成。当摇杆 O_2B 左摆时,其上的棘爪 1 插入棘轮的齿间,推动棘轮逆时针方向转动。摇杆向右摆动时,棘爪在棘齿背上滑过,棘轮静止不动。从而把摇杆的往复摆动转换为棘轮的单向间歇转动。为防止棘轮自动反向转动,采用了止退棘爪 1′。棘轮转角的调整方法常见的有两种,一种是调节曲柄的长度,当转动螺杆 D 改变曲柄 O_1A 的长度,使摇杆摆动角度 φ 变化,则棘轮转过的角度(或转过的棘齿数)也随之改变了。另一种调整方法是不改变摇杆摆动角度 φ,而是增加一个罩盖,使棘轮仅露出一部分棘齿,转动罩盖改变其位置,就改变了棘轮的转角。如图 6-35b 所示为调整前棘轮转角为 α_1。当罩盖向逆时针方向转动一定角度后,棘轮转角减小为 α_2,如图 6-35c 所示。

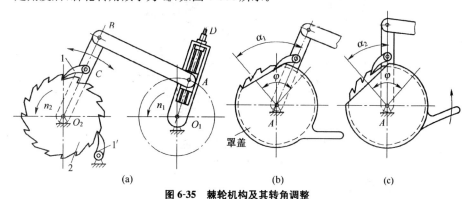

图 6-35 棘轮机构及其转角调整

(a)棘轮机构 (b)棘轮转角调整前 (c)棘轮转角调整后

1. 棘爪　1′. 止退棘爪　2. 棘轮

除上述单动式棘轮机构外,还有双动式和可变向棘轮机构。图 6-36 所示为双动式棘轮机构,当摇杆 1 往复摆动时,两个棘爪 3 替使棘轮沿同一方向转动。图 6-37 所示为两种可变向棘轮机构。图 6-37a 中棘轮齿制成了方形,当棘爪 1 分别处于实线或双点划线位置时,棘轮将沿逆时针或顺时针方向做间歇运动。图 6-37b 中棘爪 1 改为可升、降和绕自身轴线转动,当棘爪降下插入棘齿槽中,摇杆向左摆动时,推动棘轮逆时针转过一定的转角,摇杆向右摆动时,棘爪由棘齿上滑过,棘轮静止不动。当提起棘爪并绕自身轴线转过 180°后再降下插入齿槽中时,棘轮顺时针转过一定的转角,实现了变向。当提起棘爪并绕自身轴线转过 90°后放下,棘爪就被架在壳体顶部的平台上,使棘爪与棘轮脱开,摇杆往复摆动时,棘轮均静止不动。

棘轮机构有结构简单、容易制造、运动可靠及调节方便等特点,故而应用广泛。譬如牛头刨床横向进给机构、自行车后轴的"飞轮"机构、起重用的棘轮齿条千斤顶、起重设备中的防逆转机构等,都是应用棘轮机构的实例。

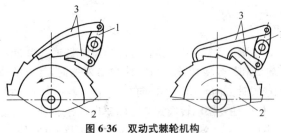

图 6-36 双动式棘轮机构
1. 摇杆 2. 棘轮 3. 棘爪 4. 锁住弧

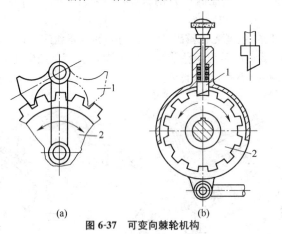

图 6-37 可变向棘轮机构
1. 棘爪 2. 棘轮

二、槽轮机构

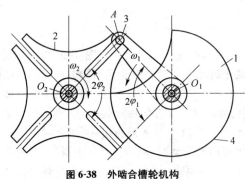

图 6-38 外啮合槽轮机构
1. 销轮 2. 槽轮 3. 圆销 4. 锁住弧

槽轮机构也是一种常用的间歇运动机构。图 6-38 所示为一外啮合槽轮机构的结构原理图。它由销轮 1、槽轮 2 和机架组成,具有圆销 3 的销轮是主动件,具有径向槽的槽轮是从动件,当销轮连续匀速转动时,圆销进入槽轮的径向槽,拨动槽轮反向转动(若为内啮合槽轮机构,两轮转向相同);当圆销脱开径向槽时,槽轮停止运动。当圆销脱离径向槽时,销轮上的锁住弧恰好卡在槽轮的凹圆弧上,迫使槽轮停止转动,直到圆销再次进入下一个径向槽时,锁住弧脱开,槽轮才能继续回转。这样就保证了槽轮间歇运动的精确性。

槽轮机构有槽轮上的径向槽数 Z 及销轮上的圆销数 K 两个重要参数。

设销轮转动一周(即一个运动循环)的时间为 T,而槽轮运动的时间设为 t,两者之比称为运动系数 τ,表示销轮转一周内,槽轮运动时间占的百分比。由图 6-38 所示的单圆销(即 $K=1$)槽轮机构原理图可得出

$$\tau = \frac{t}{T} = \frac{Z-2}{2Z}$$

由上式知,τ 既不能等于 0,也不能等于 1。因为 $\tau=0$ 时,意味着槽轮始终静止不动,所以必须 $\tau>0$,由此则槽轮的槽数 Z 必须等于或大于 3,即 $Z \geqslant 3$。而若 $\tau=1$ 时,意味着槽轮无间歇地做连续运动,所以必须 $\tau<1$。

当 $Z \geqslant 3$ 时,由 $\tau = \frac{Z-2}{2Z}$ 可知 $\tau<0.5$。表明槽轮的运动时间(t)总小于静止时间($T-t$),且 Z 少时 τ 也较小。从减少槽轮运动时间看,Z 越少越好。但 Z 越少,槽轮转动时的振动和冲击越大,从槽轮机构运动平稳性和寿命考虑,又希望 Z 越多越好,然而当 $Z>9$ 时不仅槽轮尺寸将变大,而且 τ 的变化很小,对工作无明显作用。所以,通常取 $Z=4 \sim 8$。

如欲得到 $0.5 \leqslant \tau<1$ 的外啮合槽轮机构,可增加销轮上的圆销数。设销轮上均布的圆销数为 K 个,则槽轮在销轮转一周中的运动时间应为单圆销时的 K 倍。即

$$\tau = \frac{K(Z-2)}{2Z} < 1$$

由此可得 $\quad K < \frac{2Z}{Z-2}$

由此式可得出槽轮上的径向槽数 Z 与圆销数 K 的具体关系,如表 6-5 所示。

表 6-5 槽数 Z 与圆销数 K 的关系

槽轮槽数 Z	3	4	5	$\geqslant 6 \sim 8$	>8
圆销数 K	1~5	1~3	1~3	1~2	少用

槽轮机构有结构简单、工作可靠、效率较高等特点。广泛应用于不需要经常调整转角的分度装置中,如自动和半自动机械中的转位机构等。图 6-39 所示为六角车床的刀架转位槽轮机构。刀架上可装 6 种刀具与槽轮固联,销轮每转过一周,槽轮便转过 60°,将下一个工序所需的刀具转换到工作位置上来。又如图 6-40 所示为电影放映机卷片机构,为了适应人

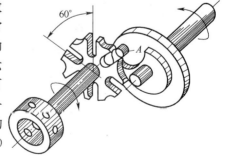

图 6-39 刀架转位机构

眼的视觉暂留现象,要求胶片以每秒 24 张的速度通过镜头,且每张画面在镜头前要有一个短暂停留。为此采用了单圆销、四槽的槽轮机构,销轮每转一周,槽轮转过 90°,卷过一张胶片,并使画面停留一段时间。

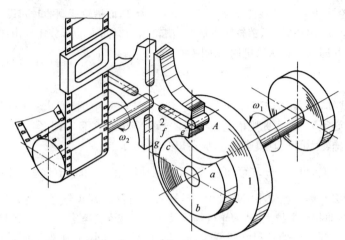

图 6-40　电影放映机中的卷片机构
1. 拨盘　2. 槽轮

三、不完全齿轮机构

图 6-41 所示为不完全齿轮机构,它是由圆柱齿轮机构演变而来的。图 6-41a 中主动轮 1 只有一个齿和外凸锁止弧,从动轮 2 上有 8 个齿间和 8 个内凹锁止弧。当主动轮转一周时,从动轮只转过 1/8 周,其余 7/8 周静止停歇。图 6-41b 中,当主动轮转一周时,从动轮只转过 1/4 周,其余 3/4 周静止停歇。

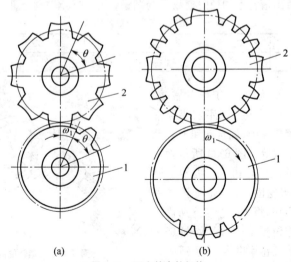

(a)　　　　　　　(b)

图 6-41　不完整齿轮机构
(a)主动轮转一周,从动轮转 1/8 周　(b)主动轮转一周,从动轮转 1/4 周

不完全齿轮机构具有在啮合期间,主动轮匀速转动时,从动轮能保持匀速转动

的特点。与棘轮机构和槽轮机构相比,其从动轮的运动比较平稳,且承载能力较大。其不足是在啮合开始和结束的瞬间,也会产生像凸轮机构那样的刚性冲击。

不完全齿轮机构常用于计数器、工位转换和某些往复运动的间歇机构中。图6-42所示为蜂窝煤压制机工作台的不完全齿轮间歇机构传动图。主动轮4每转一

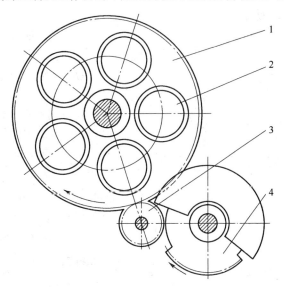

图 6-42　蜂窝煤压制机工作台间歇传动图
1. 工作台　2. 工位　3. 中间齿轮　4. 主动轮

周,使从动轮工作台1转过1/5周,在相应的5个工位上可以完成煤粉装填、压制、退坯等预定的间歇动作。图6-43为齿条式往复移动间歇机构。图6-43a为单齿条式,主动的不完全齿轮1顺时针转动时,与不完全齿轮3啮合,带动齿条2向左移动。当齿轮1 A 处的齿与齿轮3脱开时,B 处齿又与齿条进入啮合,带动齿条又向右移动。若改变齿轮1的齿数,就可调节齿条在两端的停歇时间。图6-43b为双齿条式,不完全齿轮1转动时,可交替地与上、下齿条2啮合,使齿条2往复移动,并在两

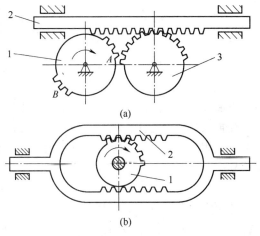

图 6-43　间歇齿轮传动的往复移动机构
(a)单齿条式　(b)双齿条式
1、3. 齿轮　2. 齿条

端有一定的停歇时间。

第五节 齿轮传动

一、齿轮传动概述

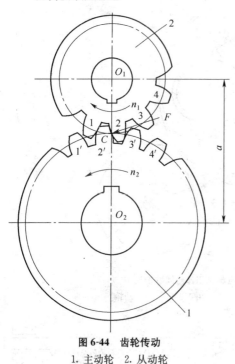

图 6-44 齿轮传动
1. 主动轮 2. 从动轮

由齿轮副即由两个相互啮合的齿轮组成的、用于传递动力和运动的传动,称为齿轮传动,如图 6-44 所示。

1. 一对啮合齿轮的传动比

在图 6-44 中,设主动轮 1 的转速为 n_1,齿数为 Z_1,从动轮 2 的转速为 n_2,齿数为 Z_2。则每分钟主动轮转过的齿数 $n_1 Z_1$ 与从动轮转过的齿数 $n_2 Z_2$ 必相等

$$n_1 Z_1 = n_2 Z_2$$

由此得到 $i_{12} = \dfrac{n_1}{n_2} = \dfrac{Z_2}{Z_1}$

i_{12} 称为主动轮 1 与从动轮 2 的传动比。上式表明两齿轮的转速与它们的齿数成反比。显然,理论上两轮齿数差越大,传动比越大,但从加工和结构角度看,一对齿轮的传动比不宜过大,以免因 Z_2 过大使大齿轮尺寸过大,传动装置的结构不紧凑,也避免 Z_1 过小而不利于加工制造。

2. 齿轮传动的优缺点与应用

与其他传动形式相比,齿轮传动有以下优缺点:

①能保证传动比恒定,传动平稳;

②适用的速度和传递的功率范围大,传递的圆周速度可达 300m/s,功率可达 10^5 kW;

③寿命长,效率高,一般传动效率 $\eta = 0.94 \sim 0.99$,寿命可达数年、数十年;

④可实现平行轴、任意角度相交轴和任意角度的交错轴之间的传动;

⑤缺点是齿轮制造、安装要求较高,且不适用于中心距过大场合。

齿轮的类型很多,按两轴的相对位置和齿轮的齿向,齿轮传动分类见表 6-6。

表 6-6 齿轮传动的常用类型

类型		图　例	简　图	运动方向
平行轴齿轮传动	外啮合	(a)直齿轮副　(b)平行轴斜齿轮副　(c)人字齿轮副		主、从动齿轮的转向相反
	内啮合	内啮合直齿轮副		主、从动齿轮的转向相同
	齿轮齿条	齿轮齿条副		将齿轮的转动转变为齿条的移动或将齿条的移动转变为齿轮的转动
相交轴齿轮传动		(a)直齿锥齿轮副　(b)斜齿锥齿轮副　(c)曲线齿锥齿轮副		主、从动齿轮转向同时指向啮合面或同时背离啮合面
交错轴齿轮传动		蜗杆传动（蜗杆1、蜗轮2）		用左、右手判定法则,具体判定方法见"蜗杆传动"

续表 6-6

类型	图 例	简 图	运动方向
交错轴齿轮传动	 交错斜齿轮副	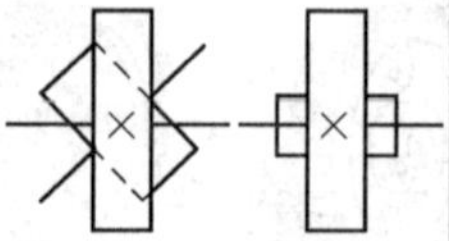	主、从动齿轮的转向相反

按防护方式不同,齿轮传动又可分为闭式传动和开式传动。齿轮安装在润滑条件好的密封箱体内,称闭式传动,多用于重要且精度要求高的场合。齿轮外露的称开式传动,因粉尘易进入啮合区,润滑不良,齿轮易磨损,多用于低速和不重要的场合。

3. 对齿轮传动的基本要求及渐开线齿轮

生产实际对齿轮传动的要求是多方面的,但最基本的要求有传动准确平稳,即在传动过程中,保证瞬时传动比恒为常数,以免产生冲击、振动和噪声;承载能力要大,即要求齿轮尺寸、体积小,质量轻,能传递大的动力,工作寿命长。

能满足以上要求的齿廓曲线很多,如渐开线、摆线和圆弧线等,但渐开线齿廓易于加工制造,因此应用最广泛。

如图 6-45a 所示,当一刚性直杆(直线Ⅰ—Ⅰ)沿一个已知半径的圆周做纯滚动(即二者之间没有滑动,只有滚动)时,直线上任一点 K 走过的轨迹 AK,称为该圆的渐开线。直线称为渐开线的发生线。圆称为渐开线的基圆,其半径、直径以 r_b、d_b 表示。由图中可知渐开线有几个特性:

①发生线沿基圆滚过的长度 NK 等于基圆上滚过的弧长 $\widehat{NA}$,即 $NK=\widehat{NA}$。

②发生线 NK 是渐开线上任一点 K 的法线(即与渐开线在 K 点的切线 $t-t$ 垂直的线),而发生线又与基圆相切,故渐开线上任意点的法线一定是基圆的切线。

③假若两轮齿廓在 K 点接触,则在 K 点所受压力 F_n 是沿法线 NK 方向,因此,渐开线上任意点 K 的法线与该点圆上速度 V_K 的方向(V_K 的方向垂直于 K 点的半径 r_K)所夹的锐角 α_K 称为该点的压力角。由图 6-45a 可知:

$$\cos\alpha_K = \frac{ON}{OK} = \frac{r_b}{r_K}$$

该式表明,半径一定(即 r_b 大小已定)的基圆,其渐开线上各点的压力角不等,离轮心 O 越远(即 r_K 越大)的点,压力角越大(α_K 越大),反之越小,而基圆上点的压力

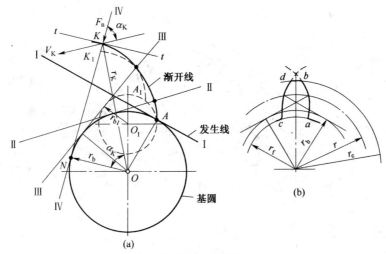

图 6-45 渐开线的形成

角等于 0(因为 $\cos\alpha_b = \dfrac{r_b}{r_b} = 1$,所以 $\alpha_b = 0$)。

④渐开线的形状取决于基圆的大小,如图 6-45a 所示基圆越小(图中虚线圆,其 $r_{b1} < r_b$),渐开线越弯曲(图中虚线 A_1K_1),反之,渐开线越平直,当基圆半径无穷大(即 $r_b = \infty$)时,其渐开线变为直线,它即是渐开线齿条的齿廓。

⑤基圆内无渐开线。

渐开线齿轮的轮齿齿廓就是由同一基圆的两条展开方向相反的渐开线构成,而且两侧齿廓完全对称,如图 6-45b 所示。

二、直齿圆柱齿轮传动

1. 直齿圆柱齿轮各部分名称及几何尺寸

图 6-46 所示为直齿圆柱齿轮的一部分。图 6-47 所示为一对啮合的直齿圆柱齿轮。齿轮各部分的名称及符号如图 6-46 所示。

(1)**齿顶圆** 齿顶圆柱面与端平面的交线称为齿顶圆,其直径用 d_a 表示,半径用 r_a 表示,单位为 mm。

(2)**齿根圆** 齿根圆柱面与端平面的交线称为齿根圆,直径、半径分别用 d_f、r_f 表示。

(3)**分度圆** 在任意半径为 r_K(直径为 d_K)的假想圆柱面与端面相交所得的圆周上,相邻两齿同侧齿廓之间的弧线长度 p_K 称为该任意圆的齿距。设该齿轮的齿数为 Z,则直径 d_K 圆的圆周长为

$$\pi d_K = p_K Z$$

所以,

$$d_K = \dfrac{p_K}{\pi} Z$$

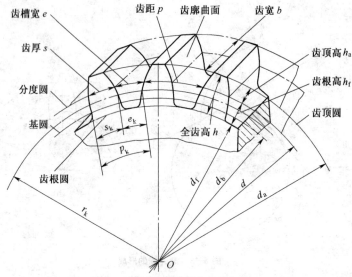

图 6-46 直齿圆柱齿轮各部分名称

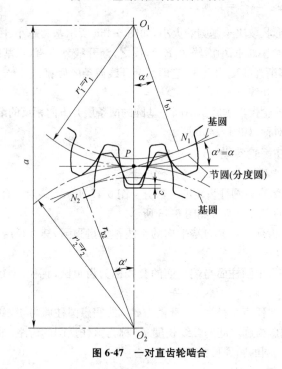

图 6-47 一对直齿轮啮合

上式表明,在不同直径的圆周上 $\dfrac{p_K}{\pi}$ 既不相同,且为无理数。为了设计、制造、测量方便,取定齿轮的一个假想圆周上的 $\frac{p_K}{\pi}$ 为标准值(整数或较完整的有理数),这个圆称为分度圆,其直径以 d 表示,单位为 mm。它是计算齿轮各部分尺寸的基准。

(4)齿厚　在圆柱齿轮的端平面上,任意圆上轮齿两侧齿廓之间的圆弧长度,称为该任意圆上的齿厚,以 s_K 表示。而一个轮齿的两侧齿廓之间的分度圆弧长称为分圆齿厚,以 s 表示,单位为 mm。

(5)齿槽宽　在齿轮端平面上,在任意圆周上齿槽的两侧齿廓之间的弧长称为任意圆周上的槽宽,以 e_K 表示。而一个齿槽的两侧齿廓之间的分度圆弧长称为分度圆齿槽宽,以 e 表示,单位为 mm。

(6)齿距　任意圆周上的齿距 p_K 的定义如前述。而两个相邻齿同名侧面之间的分度圆弧长称为分圆齿距,以 p 表示,单位为 mm,$p=s+e$。

(7)齿顶高　齿顶圆与分度圆之间的径向距离,以 h_a 表示,单位为 mm。

(8)齿根高　齿根圆与分度圆之间的径向距离,以 h_f 表示,单位为 mm。

(9)齿全高　齿顶高和齿根高之和称齿全高,以 h 表示,单位为 mm。

(10)齿宽　轮齿沿分度圆柱面的母线方向的宽度,以 b 表示。

(11)中心距　如图 6-47 所示,一对啮合齿轮的两轴线间的最短距离称为中心距,以 a 表示,单位为 mm。

(12)顶隙　一对齿轮啮合时,一个齿轮的齿顶圆和另一齿轮的齿根圆之间的径向距离,以 c 表示,单位为 mm,如图 6-47 所示。顶隙是为了存储润滑油以利齿轮传动。

2. 直齿圆柱齿轮的基本参数

基本参数是计算齿轮各部分尺寸的依据。共有 5 个:齿数 Z、模数 m、压力角 α、齿顶高系数 h_a^* 和顶隙系数 c^*。其中最主要的是 Z、m、α。

(1)齿数 Z　一个齿轮上的轮齿总数称齿数。

(2)模数 m　由前述知分度圆的直径 $d=\frac{p}{\pi}Z$,令 $m=\frac{p}{\pi}$ 并规定有标准值,该值称为模数,m 的单位为 mm。GB/T 1357—1987 规定的标准模数系列见表 6-7。

表 6-7　标准模数系列(GB/T 1357—1987)　　(mm)

第一系列	0.1	0.12	0.15	0.2	0.25	0.3	0.4	0.5	0.6	0.8	1
	1.25	1.5	2	2.5	3	4	5	6	8	10	12
	16	20	25	32	40	50					
第二系列	0.35	0.7	0.9	1.75	2.25	2.75	(3.25)	3.5	(3.75)	4.5	5.5
	(6.5)	7	9	(11)	(14)	18	22	28	(30)	36	45

注:①本表适用于渐开线圆柱齿轮,对斜齿轮是指其法向模数(m_n)。
②选用模数时,应优先采用第一系列,其次是第二系列,括号内的模数为尽可能不用值。

显见　$d=mZ$,　$p=\pi m$

m 是齿轮尺寸计算中最重要的基本参数,其大小,既影响齿轮尺寸大小,也影响齿轮的承载能力,m 越大,齿轮尺寸越大,承载能力也越大。

有些西方国家不用模数而用径节 P 作基本参数,单位为英寸(in)。径节与模数互为倒数。即

$$径节 \quad P=\frac{25.4}{m}, \quad m=\frac{25.4}{P}$$

常用径节系列见表 6-8。

表 6-8 齿轮常用径节系列 (in)

1	2¼	4	9	18
1¼	2½	5	10	20
1½	2¾	6	12	
1¾	3	7	14	
2	3½	8	16	

(3)压力角 前面已述及渐开线齿廓上各点的压力角(α_K)是不同的。通常所说的压力角是指分度圆上的压力角,以 α 表示,并规定分度圆上的压力角为标准值,我国取 $\alpha=20°$。由前式 $\cos\alpha_K=\frac{r_b}{r_K}$ 知,当 $r_K=r$ 时,有

$$\cos\alpha=\frac{r_b}{r}$$

由此,分度圆还可定义为齿轮上有标准模数和标准压力角的圆。α 的大小会影响轮齿的形状。如图 6-48 所示,当分度圆半径 r 不变时,若 α 增大($>20°$),则齿顶变尖,齿根变厚,轮齿强度增大,但传动较费力;若 α 减小($\alpha<20°$),则齿顶变宽,齿根变窄,轮齿强度减小,承载能力降低。

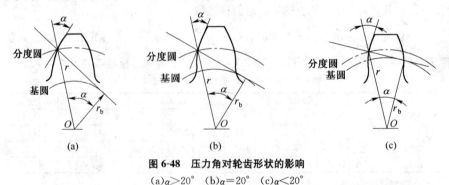

图 6-48 压力角对轮齿形状的影响
(a)$\alpha>20°$ (b)$\alpha=20°$ (c)$\alpha<20°$

3. 外啮合和内啮合标准直齿圆柱齿轮的几何尺寸计算

标准直齿圆柱齿轮是指模数 m、压力角 α、齿顶高系数 h_a^*、顶隙系数 c^* 均为标准值,且齿厚 s=齿槽宽 e 的直齿圆柱齿轮。外啮合标准直齿圆柱齿轮的几何尺寸

计算公式见表 6-9,标准规定的顶隙系数 C^* 值见表 6-10。

表 6-9 外啮合标准直齿圆柱齿轮几何尺寸计算公式

名 称	代号	计 算 公 式
模数	m	据承载、结构条件等计算出,再选定标准值
压力角	α	$\alpha = 20°$
齿数	Z	由所需传动比算定
分度圆直径	d	$d = mZ$
齿顶圆直径	d_a	$d_a = d + 2h_a = (Z + 2h_a^*)m = (Z+2)m$
齿根圆直径	d_f	$d_f = d - 2h_f = (Z - 2h_a^* - 2c^*) = (Z-2.5)m$
齿顶高	h_a	$h_a = h_a^* m = m$ 标准规定的齿顶系数 h_a^* 值见表 6-11
齿根高	h_f	$h_f = (h_a^* + c^*)m = 1.25m$
齿全高	h	$h = h_a + h_f = 2.25m$
齿距(周节)	p	$p = \pi m$
齿厚	s	$s = \dfrac{\pi m}{2} = 1.5708m$
齿槽宽	e	$e = s = \dfrac{\pi m}{2} = 1.5708m$
中心距	a	$a = \dfrac{d_1}{2} + \dfrac{d_2}{2} = \dfrac{m}{2}(Z_1 + Z_2)$ $d_1、d_2$—相啮合的齿轮1、齿轮2的分度圆直径; $Z_1、Z_2$—分别为两齿轮的齿数
顶隙	c	$c = c^* m$ 标准规定的顶隙系数 c^* 值见表 6-11。

表 6-10 圆柱齿轮标准齿顶高系数及顶隙系数

代 号	正常齿	短 齿
h_a^*	1	0.8
c^*	0.25	0.3

例 3 一对外啮合渐开线标准直齿圆柱齿轮传动,已知 $m = 5\text{mm}, d = 20°, Z_1 = 20, Z_2 = 60$,正常齿制。求两轮的分度圆直径、齿顶圆直径、齿根圆直径、基圆直径及标准中心距。

解 查表 6-10

① 两轮分度圆直径　　$d_1 = mZ_1 = 5 \times 20 = 100 (\text{mm})$

$d_2 = mZ_2 = 5 \times 60 = 300 (\text{mm})$

② 两轮顶圆直径　　$d_{a1} = (Z_1 + 2h_a^*)m = (20 + 2 \times 1.0) \times 5 = 110 (\text{mm})$

$d_{a2} = (Z_2 + 2h_a^*)m = (60 + 2 \times 1.0) \times 5 = 310 (\text{mm})$

③ 两轮齿根圆直径

$d_{f1} = (Z_1 - 2h_a^* - 2c^*)m = (20 - 2 \times 1.0 - 2 \times 0.25) \times 5 = 87.5 (\text{mm})$

$$d_{f2}=(Z_2-2h_a^*-2c^*)m=(60-2\times1.0-2\times0.25)\times5=287.5(\text{mm})$$

④两轮基圆直径

$$d_{b1}=d_1\cos\alpha=100\times\cos20°\approx97.97(\text{mm})$$
$$d_{b2}=d_2\cos\alpha=300\times\cos20°\approx281.91(\text{mm})$$

⑤标准中心距

$$a=\frac{m}{2}(Z_1+Z_2)=\frac{5}{2}\times(20+60)=200(\text{mm})$$

如图 6-49 所示,内啮合直齿圆柱齿轮传动时,内齿轮的顶圆直径 d_a、齿根圆直径 d_f 和中心距 a 的计算见表 6-11,其余尺寸及计算与外啮合直齿圆柱齿轮相同,见表 6-9、表 6-10。

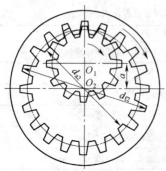

图 6-49 内啮合直齿圆柱齿轮

表 6-11 内齿轮主要几何尺寸计算公式　　　　　　　　(mm)

名称	代号	计算公式
齿顶圆直径	d_a	$d_a=d-2h_a=(Z-2)m$
齿根圆直径	d_f	$d_f=d+2h_f=(Z+2.5)m$
中心距	a	$a=\frac{d_2}{2}-\frac{d_1}{2}=\frac{m}{2}(Z_2-Z_1)$

注:d、Z 分别为内齿轮的分度圆直径及齿数。

4. 标准直齿圆柱齿轮的正确啮合条件和连续传动条件

(1)正确啮合条件　一对标准直齿圆柱齿轮能够正确啮合的条件是两齿轮的模数和压力角分别相等,即必须

$$\begin{cases}m_1=m_2=m\\\alpha_1=\alpha_2=20°\end{cases}$$

式中,脚标 1、2 分别表示主动齿轮 1 和从动齿轮 2。

另外,为考虑啮合过程中不会因轮齿的热变形而卡死和利于润滑、便于装配等,在两轮齿啮合的齿廓间留有一定间隙,称为齿侧间隙。

一对标准齿轮安装成侧隙为零时的中心距称为标准中心距(a),此时两轮的分度圆相切,切点 P 称为节点,过节点的两滚动圆称为节圆。其半径分别用 r_1'、r_2' 表示。当具有标准中心距时,两分度圆与两节圆重合,如图 6-47 所示。

(2)连续传动条件　一对轮齿即将脱离啮合时,后一对轮齿必须进入啮合,不然传动就会中断,产生冲击,使传动不能保持连续平稳。因此为了保证传动连续平稳进行,要求一对齿轮在任何瞬间必须有一对或一对以上的轮齿处于啮合状态。相啮合的齿数越多,传动越连续平稳。标准齿轮传动,一般都满足上述连续传动条件。

(3)避免根切和干涉　用齿轮滚刀或插齿刀加工齿数 $Z<17$ 的直齿圆柱齿轮时,轮齿的齿根部会被刀具切去一部分,如图 6-50 所示的阴影部分,这种现象称为根切。根切的齿轮不仅轮齿强度降低,而且破坏了连续平稳传动。另外,有的加工方法,如用成形铣刀仿形法铣齿,虽能避免根切,但啮合时,有时会出现轮齿根部与

相啮合齿轮的齿顶部相互卡住的现象,称为干涉。对标准直齿圆柱齿轮而言,不产生根切和干涉的条件是齿数必须大于或等于17,即 $Z \geqslant 17$。

当齿轮的齿数必须小于17时,避免根切和干涉的方法是采用变位齿轮,此不赘述。

三、斜齿圆柱齿轮传动

1. 斜齿圆柱齿轮的齿面形成

图 6-51a 所示为渐开线直齿齿面和图 6-51b 所示为斜齿齿面形成的立体图。对直齿而言,当发生面沿

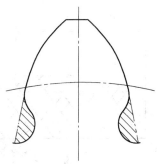

图 6-50 齿廓的根切

基圆柱做纯滚动时,其上与轴线平行的直线 KK 在空间运动的轨迹就是一个渐开面,即直齿轮的齿面。因直线 KK 始终与齿轮轴线平行,所以渐开面与基圆柱的交线仍为一条与齿轮轴线平行的直线。对斜齿轮而言,形成渐开面的直线 KK 不再与轴线平行,而是与轴线偏斜了一个角度 β_b,当发生面绕基圆柱做纯滚动时,KK 斜线在空间形成了斜齿的齿面,又因斜线 KK 在基圆柱面上的齿线为螺旋线 AA,其螺旋角 β_b 称为基圆螺旋角。所以斜齿的齿面是一个渐开螺旋面,它与齿轮端面的交线仍是渐开线,如图 6-51b 中的 AK。基圆螺旋角 β_b 愈大,轮齿愈偏斜,$\beta_b=0$ 时就成直齿轮了。所以,常说的斜齿轮就是齿线为螺旋线的圆柱齿轮。

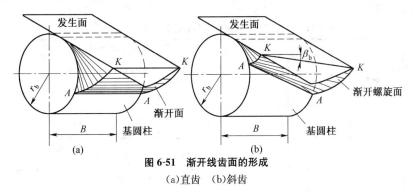

图 6-51 渐开线齿面的形成
(a)直齿 (b)斜齿

2. 斜齿轮的几何参数规定和几何尺寸计算

(1) 斜齿轮的几何参数规定 图 6-52 所示为斜齿轮分度圆柱面的展开图。标准规定分度圆螺旋线的切线与切点所在圆柱面的母线间所夹之锐角,称为斜齿轮的螺旋角,以 β 表示。在图 6-52 中,分度圆柱面上的螺旋线展成为斜线,它与轴线之间的夹角即为螺旋角 β。β 角方向(即齿的旋向)的判断方法与判断螺纹旋向方法相同。如图 6-52 所示为右旋。

斜齿轮的几何参数有端面(即垂直轴线的平面)参数,下角标以 t 表示;法面(图 6-52 中的 n—n 面)参数,下角标以 n 表示。因为斜齿轮加工时,刀具是沿螺旋线方向进行的,所以标准规定斜齿轮的法向几何参数 m_n、α_n、h_{an}^* 及 c_n^* 均为标准值。以它

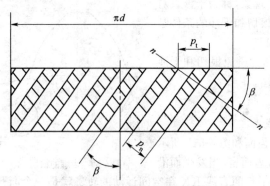

图 6-52 斜齿轮分度圆柱面展开图

们为依据可选择刀具和进行齿轮强度计算。而端面几何参数不是标准值,需根据法面参数和 β 进行换算。因斜齿轮在端面上的齿廓为渐开线(法面上的齿廓不是渐开线),故斜齿轮的几何尺寸计算与画图应以端面几何参数为依据。

(2)斜齿轮的正确啮合条件 一对外啮合斜齿轮的正确啮合条件是两齿轮的法向模数相等,法向压力角相等,两齿轮的螺旋角大小相等,而旋向相反。即:

$$\begin{cases} m_{n1}=m_{n2}=m \\ \alpha_{n1}=\alpha_{n2}=\alpha \\ \beta_1=\beta_2=\mp\beta(即旋向一左、一右) \end{cases}$$

式中,下角标 1、2 分别表示主、从动齿轮。

(3)斜齿轮几何尺寸计算 渐开线正常齿标准斜齿圆柱齿轮的几何尺寸计算公式见表 6-12。

表 6-12 渐开线正常齿标准斜齿圆柱齿轮的几何尺寸计算

名 称	代 号	计算公式及参数选取
端面模数	m_t	$m_t=\dfrac{m_n}{\cos\beta}$,$m_n$ 为标准值(见表 6-8)
螺旋角	β	一般取 $\beta=8°\sim25°$
端面压力角	α_t	$\alpha_t=\arctan\dfrac{\tan\alpha_n}{\cos\beta}$,$\alpha_n$ 为标准值 $20°$
分度圆直径	d_1、d_2	$d_1=m_tZ_1=\dfrac{m_nZ_1}{\cos\beta}$,$d_2=m_tZ_2=\dfrac{m_nZ_2}{\cos\beta}$
齿顶高	h_a	$h_a=m_n$
齿根高	h_f	$h_f=1.25m_n$
齿全高	h	$h=h_a+h_f=2.25m_n$
顶隙	c	$c=h_f-h_a=0.25m_n$
齿顶圆直径	d_{a1}、d_{a2}	$d_{a1}=d_1+2m_n$,$d_{a2}=d_2+2m_n$
齿根圆直径	d_{f1}、d_{f2}	$d_{f1}=d_1-2.5m_n$,$d_{f2}=d_2-2.5m_n$
中心距	a	$a=\dfrac{d_1+d_2}{2}=\dfrac{m_t}{2}(Z_1+Z_2)=\dfrac{m_n(Z_1+Z_2)}{2\cos\beta}$
导程	p_z	$p_z=\pi d\cot\beta=\dfrac{\pi m_n Z}{\sin\beta}$

续表 6-12

名 称	代 号	计算公式及参数选取
法面齿距	p_n	$p_n = \pi m_n$
端面齿距	p_t	$p_t = \pi m_t = \dfrac{\pi m_n}{\cos\beta}$
法面齿厚	s_n	$s_n = \dfrac{p_n}{2} = 1.5708 m_n$
端面齿厚	s_t	$s_t = \dfrac{p_t}{2} = \dfrac{\pi m_n}{2\cos\beta}$

例 4 一对外啮合渐开线标准斜齿圆柱齿轮传动。已知 $m_n = 4\text{mm}, \alpha_n = 20°$，$Z_1 = 18, i = 3, a = 150\text{mm}$，正常齿制。求两轮的分度圆螺旋角 β、端面模数 m_t、端面压力角 α_t、分度圆直径、齿顶圆直径和齿根圆直径。

解 用表 6-12。

①两轮的螺旋角 $\because i = \dfrac{Z_2}{Z_1}$

$\therefore Z_2 = Z_1 i = 18 \times 3 = 54$

由 $\cos\beta = \dfrac{m_n(Z_1 + Z_2)}{2a} = \dfrac{4 \times (18 + 54)}{2 \times 150} = 0.96$

$\therefore \beta = \arccos 0.96 = 16.26° = 16°15'36''$

两轮的 β 旋向相反。

②两轮的端面模数和端面压力角

$$m_t = \dfrac{m_n}{\cos\beta} = \dfrac{4}{0.96} = 4.17\text{mm}$$

$$\alpha_t = \arctan\dfrac{\tan\alpha_n}{\cos\beta} = \arctan\dfrac{\tan 20°}{0.96} = 20.76°$$

③两轮分度圆直径

$$d_1 = \dfrac{m_n Z_1}{\cos\beta} = \dfrac{4 \times 18}{0.96} = 75(\text{mm}), d_2 = \dfrac{m_n Z_2}{\cos\beta} = \dfrac{4 \times 54}{0.96} = 225(\text{mm})$$

④两轮顶圆直径

$d_{a1} = d_1 + 2m_n = 75 + 2 \times 4 = 83(\text{mm}), d_{a2} = d_2 + 2m_n = 225 + 2 \times 4 = 233(\text{mm})$

⑤两轮的根圆直径

$$d_{f1} = d_1 - 2.5m_n = 75 - 2.5 \times 4 = 65(\text{mm})$$

$$d_{f2} = d_2 - 2.5m_n = 225 - 2.5 \times 4 = 215(\text{mm})$$

3. 斜齿轮传动的优缺点

①传动平稳，噪声小。如图 6-53a 所示，直齿轮啮合时齿面的接触线是直线，且全进全出；而斜齿轮轮齿是逐渐进入和逐渐退出啮合，其两齿面接触线是由零到短到长，再由长到短到零，如图 6-53b 所示，不致产生冲击、振动。因此，斜齿轮传动比直齿轮传动平稳、噪声小乃至无噪声。

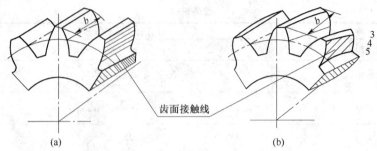

图 6-53 直齿、斜齿圆柱齿轮啮合时的齿面接触线
(a)直齿 (b)斜齿

②适用于高速重载场合。齿宽 b 及螺旋角 β 增加,同时啮合的齿数也增加,故其承载力大,运转平稳。

③斜齿轮传动结构更紧凑。因为斜齿轮不发生根切、干涉现象的最少齿数小于直齿轮的最少齿数,如 $\alpha=20°$、$h_a^*=1$ 的标准直齿轮不发生根切的最少齿数为 17。改为 $\beta=20°$ 的标准斜齿轮时,不发生根切的最少齿数为 14;$\beta=45°$ 时,最少齿数仅为 6。所以齿轮尺寸相对较小,传动的结构更紧凑。

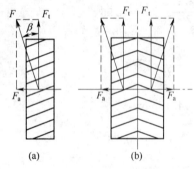

图 6-54 斜齿和人字齿轮上的轴向作用力
(a)斜齿轮 (b)人字齿轮

④缺点是斜齿轮啮合传动中会产生轴向分力(F_a),如图 6-54a 所示。因而需要安装推力轴承,使结构较为复杂和影响传动效率。轴向力大小与 β 大小有关,β 愈大,F_a 也越大。为了不使轴向分力过大,一般取 $\beta=8°\sim20°$。为克服此缺点,可采用人字齿轮,因轮齿左右两侧完全对称,故两侧产生的轴向分力互相抵消,如图 6-54b 所示,人字齿轮常用于重型机械中。斜齿轮不能用作变速滑移齿轮。

四、直齿圆锥齿轮传动

1. 直齿圆锥齿轮的正确啮合条件

锥齿轮是轮齿分布在截圆锥面上的齿轮,圆柱齿轮中的各有关圆柱,在锥齿轮上都变成了圆锥,如分度圆锥、齿顶圆锥、齿根圆锥、基圆锥等。按分度圆锥上齿的方向,锥齿轮有直齿、曲齿等多种形式。下面仅介绍直齿圆锥齿轮。

图 6-55a 所示为一对啮合直齿圆锥齿轮的立体图。图 6-55b 所示为标准直齿圆锥齿轮的结构、几何尺寸图。直齿圆锥齿轮用于空间两相交轴之间的传动,多用于两轴线夹角 $\Sigma=90°$ 的场合。齿数为 Z_1、转速为 n_1 的主动齿轮1,带动齿数为 Z_2、转速为 n_2 的从动齿轮,进行运动和动力的传递。其传动比为

$$i_{12}=\frac{n_1}{n_2}=\frac{Z_2}{Z_1}$$

第六章 常用机构及机械传动 195

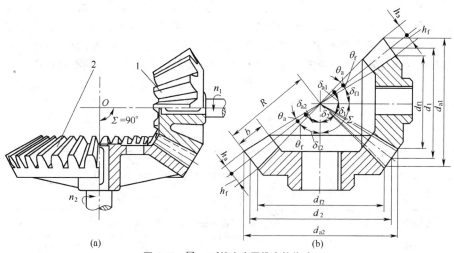

图 6-55 ∑＝90°的直齿圆锥齿轮传动
(a)立体图　(b)结构、几何尺寸图

为了便于计算、测量和确定齿轮传动的外廓尺寸，标准规定取锥齿轮大端的参数为标准值，以大端尺寸作为计算尺寸。由于大端参数为标准值，所以直齿圆锥齿轮的正确啮合条件是两齿轮大端的模数和压力角分别相等。即

$$\begin{cases} m_1 = m_2 = m \\ \alpha_1 = \alpha_2 = \alpha = 20° \end{cases}$$

2. 直齿圆锥齿轮的几何尺寸计算

见表 6-13 和图 6-55b、图 6-56。直齿圆锥齿轮传动常见的有两种，图 6-55 所示的是收缩顶隙圆锥齿轮传动，两轮的齿顶圆锥、分度圆锥和齿根圆锥的锥顶都相交

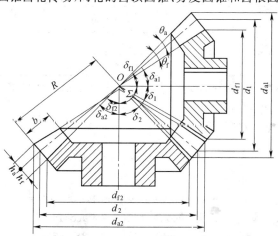

图 6-56 径向间隙沿齿宽方向相等

于一点,顶隙由大端向小端逐渐减小,因而使齿顶厚度和齿根过渡圆角半径都减小,影响齿轮的强度。第二种见图 6-56 所示,称为等顶隙圆锥齿轮传动,两轮的顶隙由轮齿大端到小端都相等,其分度圆锥和齿根圆锥的锥顶重合于一点,但因一轮的齿顶圆锥母线与另一轮的齿根圆锥母线平行,故两轮的齿顶圆锥的锥顶不再重合于一点。这种锥齿轮因轮齿小端齿高稍短而齿根过渡圆角半径可加大一点,从而提高了其承载能力并有利存储润滑油,故应用较广。

直齿杆准圆锥齿轮的几何计算见表 6-13。

表 6-13 $\Sigma=90°$标准直齿圆锥齿轮的几何尺寸计算

名称	代号	计算公式及参数选择
模数	m	以大端模数为标准,取标准系列值
传动比	i	$i=\dfrac{n_1}{n_2}=\dfrac{Z_2}{Z_1}=\tan\delta_2=\cot\delta_1$,单级 $i<6\sim7$
分度圆锥角	$\delta_1、\delta_2$	$\delta_2=\arctan\dfrac{Z_2}{Z_1},\delta_1=90°-\delta_2$
分度圆直径	$d_1、d_2$	$d_1=mZ_1,d_2=mZ_2$
齿顶高	h_a	$h_a=m$
齿根高	h_f	$h_f=1.2m$
全齿高	h	$h=h_a+h_f=2.2m$
顶隙	c	$c=0.2m$
齿顶圆直径	d_{a1},d_{a2}	$d_{a1}=d_1+2m\cos\delta_1,d_{a2}=d_2+2m\cos\delta_2$
齿根圆直径	d_{f1},d_{f2}	$d_{f1}=d_1-2.4m\cos\delta_1,d_{f2}=d_2-2.4m\cos\delta_2$
锥距	R	$R=\sqrt{r_1^2+r_2^2}=\dfrac{m}{2}\sqrt{Z_1^2+Z_2^2}=\dfrac{d_1}{2\sin\delta_1}=\dfrac{d_2}{2\sin\delta_2}=0.5d_1\sqrt{i^2+1}$
齿宽	b	$b\leqslant\dfrac{R}{3}$ 或 $b\leqslant10m$
齿顶角	θ_a	$\theta_a=\arctan\dfrac{h_a}{R}$,等顶隙时 $\theta_a=\arctan\dfrac{h_f}{R}$
齿根角	θ_f	$\theta_f=\arctan\dfrac{h_f}{R}$
顶锥角	$\delta_{a1}、\delta_{a2}$	$\delta_{a1}=\delta_1+\theta_a,\delta_{a2}=\delta_2+\theta_a$
根锥角	$\delta_{f1}、\delta_{f2}$	$\delta_{f1}=\delta_1-\theta_f,\delta_{f2}=\delta_2-\theta_f$

例 5 一对标准直齿圆锥齿轮传动。已知 $m=3mm,\alpha=20°,Z_1=40,Z_2=42,\Sigma=90°$。试确定锥齿轮的尺寸。

解 根据表 6-13 所列公式:

①分度圆锥角 $\delta_1=\arctan i=\arctan\dfrac{Z_2}{Z_1}=\arctan 1.05=43°36'$

$\delta_2=\Sigma-\delta_1=90°-43°36'=46°24'$

②分度圆直径 $d_1=mZ_1=3\times40=120(mm),d_2=mZ_2=3\times42=126(mm)$

③齿顶圆直径 $d_{a1}=d_1+2m\cos\delta_1=120+2\times3\cos43°36'=124.35(mm)$

$d_{a2}=d_2+2m\cos\delta_2=126+2\times3\cos46°24'=130.14(mm)$

④齿根圆直径

$$d_{f1}=d_1-2.4m\cos\delta_1=120-2.4\times3\times\cos43°36'=114.786(\text{mm})$$
$$d_{f2}=d_2-2.4m\cos\delta_2=126-2.4\times3\times\cos46°24'=121.045(\text{mm})$$

⑤齿顶高、齿根高、齿全高及顶隙
$$h_{a1}=h_{a2}=m=3(\text{mm}),h_{f1}=h_{f2}=1.2m=3.6(\text{mm})$$
$$h_1=h_2=h_a+h_f=2.2m=2.2\times3=6.6(\text{mm})$$
$$c=0.2m=0.6(\text{m})$$

⑥锥距 $R=0.5d_1\sqrt{i^2+1}=0.5\times120\times\sqrt{1.05^2+1}=87(\text{mm})$

⑦等顶隙时齿顶角、齿根角 $\theta_a=\arctan\dfrac{h_f}{R}=\arctan\dfrac{3.6}{87}=2°22'$

$$\theta_f=\arctan\dfrac{h_f}{R}=\arctan\dfrac{3.6}{87}=2°22'$$

⑧顶锥角与根锥角
$$\delta_{a1}=\delta_1+\theta_a=43°36'+2°22'=45°58'\pm10'$$
$$\delta_{a2}=\delta_2+\theta_a=46°24'+2°22'=48°46'\pm10'$$
$$\delta_{f1}=\delta_1-\theta_f=43°36'-2°22'=41°14'$$
$$\delta_{f2}=\delta_2-\theta_f=46°24'-2°22'=44°02'$$

五、齿轮齿条传动

由表6-6中所列,在一个板条或一根直杆上,铣削或插齿加工出一系列齿距相等的齿时,就称为齿条。齿条(直齿或斜齿)与圆柱齿轮(直齿或斜齿)组成齿条副。齿轮齿条传动可将齿轮的回转运动变换为齿条的往复运动,或将齿条的往复运动变换成齿轮的回转运动。

若已知齿轮的齿数 Z_1、模数 m 及转速 n_1,则齿条移动速度 v 可按下式计算,单位 mm/min。

$$v=\pi d_1n_1=\pi mZ_1n_1$$

六、普通圆柱蜗杆传动

1. 普通圆柱蜗杆(即阿基米德蜗杆)传动概述

由一个或几个螺旋齿构成的杆状齿轮称为蜗杆。它与类似斜齿轮的蜗轮啮合组成的交错轴传动,称为蜗杆传动,见表6-6和图6-57。传动中蜗杆是主动件,蜗轮是从动件,可用来在空间交错成90°的两轴之间传递运动和动力,广泛应用于机床、汽车、仪器、冶金、矿山及起重机械的传动系统中。

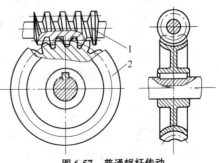

图6-57 普通蜗杆传动
1. 蜗杆 2. 蜗轮

常见的蜗杆类型有普通圆柱蜗杆、渐开线蜗杆、法向直齿廓蜗杆及球面蜗杆等。因普通圆柱蜗杆工艺性能较好,易加工制造,故应用最广。

普通圆柱蜗杆的端面齿廓是阿基米德螺线,而轴向齿廓为直线,如图6-58所示。

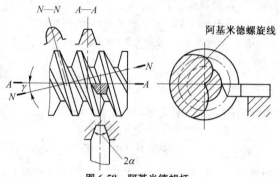

图6-58 阿基米德蜗杆

按螺旋线数(即齿数或头数)分,有单头蜗杆($Z_1=1$)和两条以上螺旋线的多头蜗杆($Z_1>1$)。一般蜗杆的头数$Z_1=1\sim4$,单头蜗杆可获得大传动比,但传动效率低;4头蜗杆加工困难,因此常用蜗杆的头数$Z_1=1\sim3$。

蜗杆和蜗轮轮齿也有左旋和右旋之分,其旋向判定方法和斜齿轮、螺纹旋向的判定方法相同,如图6-57、图6-58所示的蜗杆均为右旋。

蜗杆传动的传动比按下式计算

$$i_{12}=\frac{n_1}{n_2}=\frac{Z_2}{Z_1}(\neq\frac{d_2}{d_1})$$

式中,n_1、Z_1为蜗杆的转速和头数;n_2、Z_2为蜗轮的转速和齿数。

2. 普通圆柱蜗杆传动的主要参数

①模数m、压力角α、蜗杆轴向齿距p_x及蜗轮分度圆齿距p_t 如图6-59所示,通过蜗杆轴线并垂直蜗轮轴线的平面称为中间平面(平行于蜗轮端面)。普通圆柱蜗杆传动在中间平面内相当于齿轮齿条传动。因此标准规定蜗杆、蜗轮的模数和压力角在中间平面内为标准值,而且只有在中间平面内,蜗轮的齿廓为准确渐开线。标准压力角$\alpha=20°$,模数在其标准系列中选用。蜗杆的轴向压力角α_x与蜗轮的端面压力角α_t应相等,即$\alpha_x=\alpha_t=\alpha=20°$;蜗杆的轴向模数$m_x$和蜗轮的端面模数$m_t$应相等,即$m_x=m_t=m$;蜗杆的轴向齿距$p_x$和蜗轮的端面齿距$p_t$应相等,即$p_x=p_t=\pi m$。

②蜗杆分度圆柱上的导程角γ、蜗杆分度圆直径d_1、蜗杆直径系数q和蜗轮螺旋角β 将蜗杆分度圆柱面展平,如图6-60所示。分度圆柱上螺旋线与底圆周展开线之间的夹角γ称分度圆柱面导程角。当蜗杆头数为Z_1,模数为m时,其导程为$p_z=Z_1p_x=\pi mZ_1$。当蜗杆分度圆直径为d_1时,则有:

$$\tan\gamma=\frac{Z_1 p_x}{\pi d_1}=\frac{Z_1\pi m}{\pi d_1}=\frac{Z_1 m}{d_1}=\frac{Z_1}{q}$$

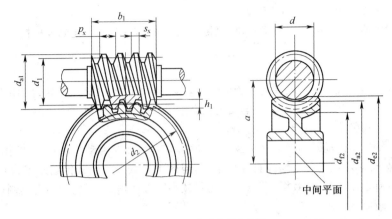

图 6-59 蜗杆传动的基本参数

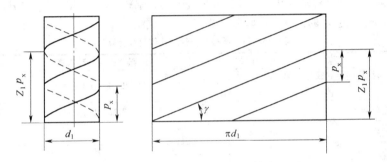

图 6-60 二头右旋蜗杆分度圆柱展开

切制蜗轮的滚刀的分度圆直径、模数、压力角、导程角等参数,必须与相啮合的蜗杆相同,为了限制滚刀的型号、数量和为了便于滚刀的标准化,标准对每个模数规定了一定数量的蜗杆分度圆直径 d_1,并将比值 $\dfrac{d_1}{m}=q$ 称为蜗杆直径系数。如用非标准滚刀或飞刀加工蜗轮,d_1 值不受标准限制。

蜗轮的分度圆螺旋角 β(定义与斜齿轮相同),在两轴交错 90°的传动中,β 应等于蜗杆导程角 γ,且两角的方向(即蜗杆与蜗轮齿的旋向)应相同。

3. 普通圆柱蜗杆传动的正确啮合条件

普通圆柱蜗杆传动的正确啮合条件是蜗杆的轴向模数 m_{x1} 和蜗轮的端面模数 m_{t2} 相等;蜗杆的轴向压力角 α_{x1} 和蜗轮的端面压力角 α_{t2} 相等;蜗杆的分度圆导程角 γ_1 和蜗轮的分度圆螺旋角 β_2 相等,且旋向相同。即:

$$\begin{cases} m_{x1}=m_{t2}=m \\ \alpha_{x1}=\alpha_{t2}=\alpha=20° \\ \gamma_1=\beta_2 \end{cases}$$

4. 普通圆柱蜗杆传动的优缺点

①传动比大。在动力传动中,单级传动比一般 $i_{12}=7\sim80$;在分度机构中,i_{12} 可达 1000。

②传动平稳,无噪声。

③容易实现自锁。表现为只能蜗杆带动蜗轮,而不能蜗轮带动蜗杆。用在起重等设备中,能起到随时自动锁住的安全保险作用。

④结构紧凑,承载能力较大。

⑤缺点是传动效率低。这是因为传动中,啮合区相对滑动速度很大,摩擦损失大,易发热和磨损。单头蜗杆自锁性最好,但效率最低。一般其传动效率为 $0.7\sim0.8$;具有自锁性时,其效率小于 0.5。为了减小摩擦和耐磨,蜗轮常用青铜制造,因而成本较高。

5. 普通圆柱蜗杆传动的几何尺寸计算

普通圆柱蜗杆传动的几何尺寸计算见表 6-14。蜗轮宽度 b、蜗轮外直径 d_{e2} 及蜗杆螺纹部分长度 b_1 的计算及选取见表 6-15。

表 6-14 普通圆柱蜗杆传动几何尺寸计算

名称	代号	计算公式及参数选择
模数(蜗杆轴向模数或蜗轮端面模数)	m	设计时取定,应为标准值
蜗杆头数	Z_1	设计时取定
蜗轮齿数	Z_2	$Z_2 = iZ_1$(i 为传动比)
蜗杆直径系数	q	$q = \dfrac{d_1}{m}$
蜗杆轴向齿距	p_x	$p_x = \pi m$
蜗杆螺旋线导程	p_z	$p_z = Z_1 p_x$
压力角(蜗杆轴向压力角或蜗轮端面压力角)	α	$\alpha = 20°$
蜗杆分度圆柱面上的导程角	γ	$\tan\gamma = \dfrac{Z_1}{q}$
齿顶高	h_a	$h_a = h_a^* m = m$
齿根高	h_f	$h_f = h_a^* + c = (1.2\sim1.3)m$
齿全高	h	$h_1 = h_{a1} + h_{f1} = \dfrac{(d_{a1}-d_{f1})}{2}$, $h_2 = h_{a2} + h_{f2} = \dfrac{(d_{a2}-d_{f2})}{2}$
顶隙	c	$c = (0.2\sim0.3)m$
蜗杆分度圆直径	d_1	$d_1 = qm$
蜗杆顶圆直径	d_{a1}	$d_{a1} = d_1 + 2h_a^* m = (q+2)m$
蜗杆根圆直径	d_{f1}	$d_{f1} = d_1 - 2h_a^* m - 2c = (q-2)m - 2(0.2\sim0.3)m$
蜗轮分度圆直径	d_2	$d_2 = Z_2 m$
蜗轮中间平面顶圆直径	d_{a2}	$d_{a2} = (Z_2 + 2h_a^*)m = (Z_2 + 2)m$

续表 6-14

名称	代号	计算公式及参数选择
蜗轮中间平面根圆直径	d_{f2}	$d_{f2}=d_2-2h_a^*m-2c=(q-2)m-2(0.2\sim0.3)$
中心距	a	$a=0.5m(q+Z_2)$
蜗杆螺纹部分长度	b_1	根据表 6-16 中公式计算
蜗轮轮缘宽度	b	根据表 6-16 选择
蜗轮外直径	d_{e2}	根据表 6-16 选择
蜗轮齿宽	b_2	建议取 $b_2=2m(0.5+\sqrt{q+1})$
蜗轮齿宽角	θ	$\dfrac{\theta}{2}=\arcsin(\dfrac{b_2}{d_1})$

表 6-15 蜗轮宽度 b、蜗轮外直径 d_{e2} 及蜗杆螺纹部分长度 b_1 的计算及选取

z_1	b	d_{e2}		b_1
1	$\leqslant 0.75d_{a1}$	$\leqslant d_{a2}+2m$	$\geqslant (11+0.06Z_2)m$	磨制的蜗杆须加长 $m<10$ 时,加长 25mm
2		$\leqslant d_{a2}+1.5m$		$10\leqslant m\leqslant 16$ 时,加长 35mm
4	$\leqslant 0.67d_{a1}$	$\leqslant d_{a2}+m$	$\geqslant (12.5+0.09Z_2)m$	$m>16$ 时,加长 50mm

例 6 一标准普通蜗杆传动。已知 $i=18$,蜗杆头数 $Z_1=2$,$m=10\text{mm}$,$q=8$。试确定传动的主要尺寸。

解 根据表 6-14 所列公式:

① 蜗轮齿数 $Z_2=iZ_1=18\times2=36$

② 蜗杆的导程角 $\gamma=\arctan\dfrac{Z_1}{q}=\arctan\dfrac{2}{8}=14°02'10''$

③ 分度圆直径 $d_1=mq=10\times8=80(\text{mm})$,$d_2=mZ_2=10\times36=360(\text{mm})$

④ 顶圆直径 $d_{a1}=d_1+2m=80+2\times10=100(\text{mm})$
$d_{a2}=d_2+2m=360+2\times10=380(\text{mm})$

⑤ 根圆直径 $d_{f1}=d_1-2.4m=80-2.4\times10=56(\text{mm})$
$d_{f2}=d_2-2.4m=360-2.4\times10=336(\text{mm})$

⑥ 中心距 $a=\dfrac{1}{2}(q+Z_2)m=\dfrac{1}{2}\times(8+36)\times10=220(\text{mm})$

6. 蜗杆传动中蜗轮的转向判定

蜗杆、蜗轮转向之间的关系取决于两者的相对位置、蜗杆齿的旋向及蜗杆的转向。蜗轮的转向可应用"左、右手定则"判定,如图 6-61 所示。若蜗杆为右旋、顺时针方向旋转(沿轴线向左看)时,用右手,4 个手指顺蜗杆转向"握住"其轴线,则大拇指的反方向即为蜗轮的转向,如图 6-61a 所示;若蜗杆上置,且为左旋、顺时针方向旋转时,用左手,四指顺蜗杆转向"握住"其轴线,则大拇指的反方向即为蜗轮旋转方向,如图 6-61b 所示。同理,若已知蜗轮的转向和轮齿的旋向,可推断出蜗杆的旋向和转向。

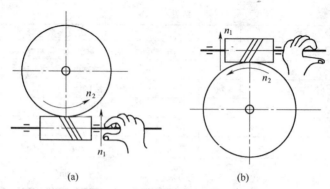

图 6-61 蜗轮转向的判定
(a)右旋蜗杆 (b)左旋蜗杆

七、常用齿轮传动精度等级及其加工方法和应用

国家标准(GB/T 10095—1988)对圆柱齿轮传动、圆锥齿轮传动及蜗杆传动规定了12个精度等级,其中第1级精度最高,第12级精度最低。最常用的是6～9级精度,等级高低是根据传动的用途、使用条件、传递功率及圆周速度大小等确定的。常用齿轮传动中,不同精度等级齿轮的加工方法、选择及应用见表6-16和表6-17。

表6-16 不同机器中所用齿轮的精度等级

机 器 类 别 名 称	精度等级	机 器 类 别 名 称	精度等级
测量齿轮	3～5	航空发动机	4～7
涡轮减速器	3～6	一般减速器	6～8
金属切削机床	3～8	内燃机车、电气机车	5～8
轻型汽车	5～8	起重机械	7～10
重型汽车	6～9	矿用卷扬机、绞车	8～10
拖拉机、轧机小齿轮	6～10	农用机械	8～11

注:本表仅供参考,不属于 GB/T 10095—1988。

表6-17 常用齿轮传动精度等级选择及加工方法

精度等级	齿轮的圆周速度/(m/s)			应 用 实 例
	直齿圆柱齿轮	斜齿圆柱齿轮	直齿锥齿轮	
6	≤15	≤30	≤9	适用于高速重载荷。如机床、汽车、飞机中的重要齿轮;分度齿轮等
7	≤10	≤20	≤6	适用于高速中载荷或中速重载荷。如标准系列减速器、机床及汽车变速箱齿轮
8	≤5	≤9	≤3	适用一般机械,如机床、汽车、拖拉机中一般齿轮;起重机械及农机中的重要齿轮
9	≤3	≤6	≤2.5	适用于低速重载荷。如粗糙工作中的齿轮、农机、手动机械齿轮

续表 6-17

齿轮类型	精度等级			
	6	7	8	9
	加工方法及所能达到的表面粗糙度数值			
直齿与斜齿圆柱齿轮	在精密滚、插齿机上加工，齿面精磨或剃齿 $Ra0.4\mu m,0.8\mu m$	在精密滚、插齿机上加工，淬火齿面需磨、研磨或珩齿，非淬火齿面用精切齿 $Ra0.8\mu m,1.6\mu m$	滚、插齿或成形法铣齿，必要时齿面剃或研 $Ra1.6\mu m$	任意方法切齿 $Ra3.2\mu m$
直齿锥齿轮	在精密刨齿机上加工 $Ra0.4\mu m,0.8\mu m$	在精密刨齿机上加工 $Ra0.8\mu m$	在刨齿机上加工或铣齿 $Ra1.6\mu m$	仿形铣齿 $Ra3.2\mu m$

蜗杆、蜗轮精度等级		3～6	7	8	9
应用范围	使用条件	分度机构	高速动力传动	一般动力传动	低速传动或平动机构
	蜗轮圆周速度/(m/s)	>5	≤7.5	≤3	≤1.5
切齿方法	蜗杆	齿面需磨加工		车削加工	
	蜗轮	滚齿并用蜗杆形剃齿刀精切		滚齿或飞刀工并加载跑合	滚齿或飞刀加工
表面粗糙度 Ra /μm	蜗杆	0.4	1.6	3.2	6.3
	蜗轮	0.8	1.6	3.2	6.3

注：本表仅供参考，不属于 GB/T 10095—1988。

八、齿轮工作图上精度等级及公差标注方法

齿轮传动的使用要求主要有 4 个：

(1)传递运动的准确性　即运动精度，指在齿轮一转中，限制实际传动比的最大变动量在一定范围内。

(2)传动平稳性　即工作平稳性，指要求传动瞬时传动比的变动不能大，以免引起冲击、振动和产生噪声。

(3)载荷分布的均匀性　即接触精度，指啮合齿面沿齿宽和齿高的实际接触面积对理论接触面积的百分比。百分比越大，局部磨损越小，齿轮使用寿命越长。

(4)侧隙　指齿轮啮合时，轮齿的非工作齿面沿其法线方向的间隙。侧隙的大小影响储存润滑油、补偿轮齿受力后的弹性变形、热胀及装配误差等。

国家标准对圆柱齿轮(GB/T 10095—1988)、圆锥齿轮(GB/T 11365—1989)及圆柱蜗杆蜗轮(GB/T 10089—1988)都规定有 12 个精度等级，其中 1、2 级是为发展远景规定的，目前加工工艺尚难以达到。根据齿轮加工和啮合传动中的误差，标准规定了相应很多项公差。按各项误差对传动的主要影响，即对前述的四项使用要求中的前 3 项的影响，将每个精度等级的各项公差分成相应的 3 个公差组，即主要影响运动精度的第 I 公差组；主要影响工作平稳性的第 II 公差组；主要影响接触精度

的第Ⅲ公差组。

根据齿轮的工作情况不同,大致可将齿轮分为三类。第1类为低速动力齿轮,其模数与齿宽均较大,如矿山机械、轧钢机及起重机械中的齿轮。第2类为高速动力齿轮,如汽轮机等机械中的齿轮。第3类为读数齿轮,传递运动要求精确,但转速低,动力小,如测量仪器、分度机构中的齿轮。各类齿轮对前面4项使用要求各不相同。第1类齿轮主要要求齿面接触精度好,因此主要用第Ⅲ公差组控制其多项影响误差;第2类齿轮主要要求工作平稳,效率高,因此主要用第Ⅱ公差组控制其各项影响误差;第3类齿轮主要要求运动精度高,因此主要用第Ⅰ公差组控制其各项影响误差。每个公差组中一般都包含齿轮制造时的多少项公差,可查阅有关手册。上面规定的都是控制单个齿轮加工误差的公差。齿轮副的安装误差也影响传动性能,因此这类误差,可用齿轮副法向侧隙、中心距偏差、轴心线平行度公差等加以控制。

国家标准规定了在齿轮工作图样上应标注的内容、代号和方法。

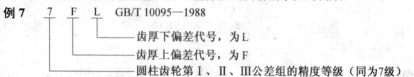

例7   7 F L GB/T 10095—1988

圆柱齿轮的齿厚极限偏差共有14种,即C、D、E、F、G、H、J、K、L、M、N、P、R和S。C为正偏差,D偏差为零,E～S皆为负偏差,其绝对值逐次增大。

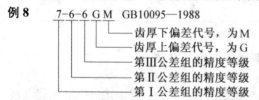

例8   7-6-6 G M GB10095—1988

当3个公差组的精度等级中有一个公差组的精度等级与其余两个公差组的不同,或3个公差组的精度等级互不相同时,都要按例8方法标注。

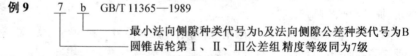

例9   7 b GB/T 11365—1989

标准规定锥齿轮副的最小法向侧隙有6种,即a、b、c、d、e和h。a的最小法向侧隙值最大,h为零。锥齿轮副的法向侧隙公差有5种,即A、B、C、D和H,其值A最大,其余逐次减小。

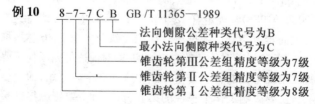

例10   8-7-7 C B GB/T 11365—1989

例 11 蜗杆传动标准

蜗杆传动按最小法向侧隙大小,将侧隙分为 8 个种类,即 a、b、c、d、e、f、g 和 h。最小法向侧隙值以 a 为最大,h 为零,其余依次减小。

九、齿轮失效的形式及其防护

所谓失效即齿轮在工作过程中失去了正常工作能力。齿轮失效的主要形式有 5 种。

(1) 齿面点蚀　齿轮工作过程中,齿面反复承受挤压接触应力作用,当压力过大或作用时间过长时,表层会产生细微的疲劳裂纹,润滑油挤入裂纹后加速了裂纹扩大,使轮齿上靠近节线的齿根表面上小块金属微粒剥落,形成麻点斑痕。因此而发生的失效形式称为齿面点蚀,如图 6-62 所示。点蚀会造成传动不平稳和噪声增大。点蚀一般发生在闭式传动中,提高齿面硬度、减小齿面的表面粗糙度及增加润滑油的黏度可以避免或减缓点蚀的产生。

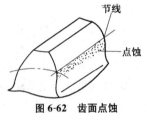

图 6-62　齿面点蚀

(2) 轮齿折断　指轮齿整体或局部的断裂,一般发生在齿根部。轮齿受力后,齿根受交替变化的弯矩最大,在齿根过渡圆角处又产生较大的应力集中,因此在齿轮工作过程中,齿根部最易产生疲劳裂纹,裂纹扩展导致轮齿折断。这种失效形式称为轮齿折断,如图 6-63 所示。

轮齿受到短时过载、过大的冲击载荷或因严重磨损减薄后,会发生过载折断。

轮齿折断的失效形式多发生在开式传动和硬齿面闭式传动中。采用合适的材料和对齿根进行强化处理;增大齿根过渡圆角半径及减小其表面粗糙度,以减小应力集中;适当增大模数和齿宽等,都可提高轮齿的抗折断能力。

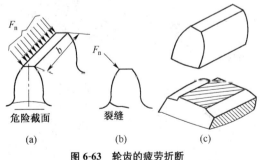

图 6-63　轮齿的疲劳折断
(a) 受力情况　(b) 疲劳裂纹　(c) 疲劳折断

(3) 齿面磨损　齿轮在啮合过程中,啮合齿面在受压力情况下存在相对滑动,使齿面磨损。如果齿面表面粗糙度过大或有灰尘、污物进入齿轮间,齿面磨损会加剧,使齿面失去正确的齿廓形状,造成传动不平稳;还会使轮齿变薄,造成侧隙增大,轮齿强度降低乃至折断,如图 6-64 所示。

齿面磨损是开式齿轮传动和开式蜗杆传动的主要失效形式。采用闭式传动、加强润滑、提高齿面硬度和减小齿面的表面粗糙度等,都可有效地减少磨损。

(4) 齿面胶合　高速重载传动中,常因啮合区局部温度升高使润滑油膜破坏,导致两直接接触齿面黏着,称为热胶合。而低速重载时常因啮合处局部压力很大且速度很低,使两接触齿面间油膜破坏而黏着,称为冷胶合。黏着后,当齿轮继续转动时,会在较软一方的齿面上撕下部分金属材料而出现沟痕,这种失效称齿面胶合。闭式蜗杆传动最易发生这种失效,如图 6-65 所示。

对低速传动,采用黏度大的润滑油,对高速传动,则采用含抗胶合添加剂的润滑油,如硫化油;提高齿面硬度和减小齿面的表面粗糙度;两齿轮选用不同的材料等措施,都可减轻或防止胶合。

(5) 齿面塑性变形　在低速重载荷或过载传动时,由于齿面间承受很大的压力和摩擦力,使较硬齿面的材料沿摩擦力方向产生塑性流动,主动齿轮齿面摩擦力方向背离节线,使齿面节线附近磨出凹槽;而从动轮齿面摩擦力方向由齿顶、齿根指向节线,故节线附近挤出凸棱,从而破坏了轮齿的正确廓形,使齿轮失掉工作能力,这种失效形式称为齿面塑性变形,如图 6-66 所示。

提高齿面硬度、采用黏度较高的润滑油等都可减轻或防止齿面塑性变形。

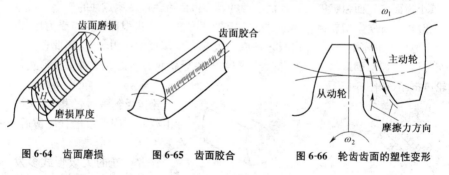

图 6-64　齿面磨损　　　图 6-65　齿面胶合　　　图 6-66　轮齿齿面的塑性变形

第六节　轮　　系

一、轮系及分类

由一系列相互啮合的齿轮组成的传动系统称为轮系。

根据轮系运动时各齿轮的几何轴线的位置是否固定,轮系可分为定轴轮系和周转轮系,如图 6-67、图 6-68 所示。

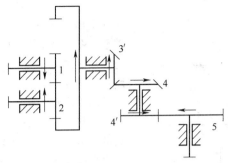

图 6-67 定轴轮系简图

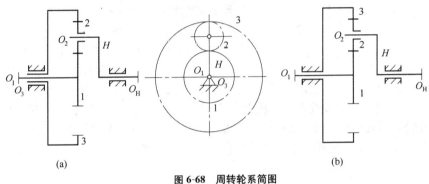

图 6-68 周转轮系简图
(a)差动轮系　(b)行星轮系

传动时若轮系中各个齿轮几何轴线的位置均固定,该轮系称为定轴轮系或普通轮系。

传动时若轮系中至少有一个齿轮几何轴线的位置不固定,该轮系称为周转轮系。在图 6-68b 中,齿轮1(太阳轮)和构件 H(转臂)各绕位置固定的几何轴线 O_1 和 O_H 回转,而齿轮2(行星轮)一方面绕自己的几何轴线 O_2 回转(自转),另一方面轴线 O_2 又绕固定轴线 O_1 回转(公转),因此该轮系是周转轮系。该轮系中只有1个原动件就能确定各个运动件的运动,如齿轮1或转臂 H 是原动件,内齿轮3不是运动件,是固定件,也是太阳轮,所以,又称为行星轮系。而在图 6-68a 中,两个太阳轮1、3及行星轮2、转臂 H 均为运动件,要想使各运动件都有确定运动,则必须有两个构件作原动件,这种周转轮系称为差动轮系。周转轮系用途较为广泛,但定轴轮系应用更为广泛。本节仅介绍定轴轮系的应用和传动比计算等内容。

二、定轴轮系的应用

(1)可用于获得大传动比　如常见的齿轮减速器、机床主轴齿轮箱等,主、从动轴间要求传动比较大,如用一对齿轮传动,则其尺寸将很大,使设备外廓尺寸也增大,而且两轮的齿数和工作寿命也相差很大。因此,采用轮系就可避免上述缺点。

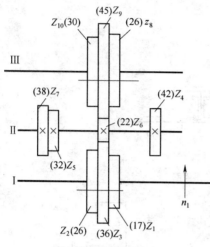

(2) 可用于有变速要求的场合 如机床的主轴箱、进给箱等都广泛应用了定轴轮系。图 6-69 所示为 CM6132 车床主轴箱与电动机之间的变速机构，该轮系的传动路线如图 6-70。

图中齿轮 1、2、3 是可在轴 I 上移动的三联齿轮；齿轮 8、9、10 也是可在轴 III 上移动的三联齿轮。由于轴 I 到轴 II、轴 II 到轴 III 各能变换 3 种不同的传动比，所以在轴 I 转速 n_1 一定的条件下，轴 III 可获得 9 种不同的转速。

图 6-69 定轴轮系变速

(3) 可用于有变换运动方向要求的场合 一对齿轮传动中，主动轮的转动方向一定时，从动轮的转动方向也一定。改变输出轴转向的常用办法是在轮系中增加或减少惰轮的个数。轮系中只改变从动轴的回转方向，而不会改变轮系传动比大小的齿轮称为惰轮。图 6-71 所示为车床上常用的三星齿轮换向机构。图 6-71a 位置时，惰轮 3 参与啮合，从动轮 4 与主动轮 1 同向转动。图 6-71b 位置时，惰轮 2、3 均参与啮合，从动轮 4 与主动轮 1 反向转动。

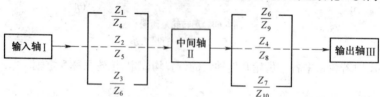

图 6-70　CM6132 车床传动路线图

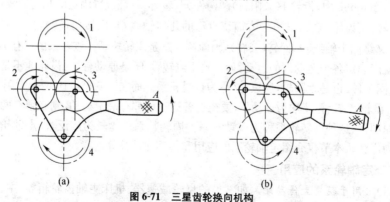

图 6-71　三星齿轮换向机构
(a) 主、从动齿轮同向转动　(b) 主、从动齿轮反向转动

(4) 可用于传动距离较远的场合　当主、从动轴相距较远但传动比又不大时,若用一对齿轮传动,则两轮的尺寸会很大,如图 6-72 中的齿轮 A、B。如果改用 1、2、3、4 四个齿轮组成的轮系代替,则保证传动比和转向不变的同时,又减小了其所占空间,并节省了零件的材料,还便于齿轮装拆。

(5) 可用于分路传动　即利用定轴轮系可使一个主动轴带动几个从动轴转动。图 6-73 所示为一钟表传动系统。主动齿轮 1 由发条 N 驱动,分别由齿轮 1、2、3、4、5、6,齿轮 1、2 和齿轮 1、2、9、10、11、12 组成 3 个定轴轮系,它们分别带动秒针 S、分针 M 和时针 H 转动。图中齿轮 7、8 和游丝 P 称为擒纵机构。

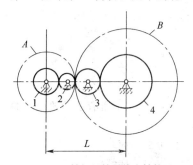

图 6-72　两轴相距较远的定轴轮系

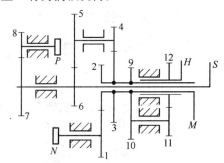

图 6-73　钟表传动定轴轮系

三、定轴轮系的传动比计算

定轴轮系的传动比是指轮系中首(第 1 个)、末(最后 1 个)两个齿轮的转速之比或角速度之比。即:

$$i_{1K} = \frac{n_1}{n_K} = \frac{\omega_1}{\omega_K}$$

式中,n_1、ω_1 为轮系中首个齿轮 1 的转速、角速度;n_K、ω_K 为轮系中最末一个齿轮 K 的转速、角速度。

1. 平行轴圆柱齿轮传动的定轴轮系传动比计算

前面的图 6-69、图 6-72、图 6-73 所示轮系均为轴线相互平行的平行轴定轴轮系。图 6-74 是由内、外啮合的圆柱齿轮副组成的平行轴定轴轮系。它共由 7 个齿轮 1,2,3…7 组成,它们的转速分别用 $n_1, n_2, n_3 \cdots n_7$ 表示;齿数分别用 $Z_1, Z_2, Z_3 \cdots Z_7$ 表示。轮系中共有 4 对相互啮合的齿轮副,即 4 级传动。它们的传动比见表 6-18。

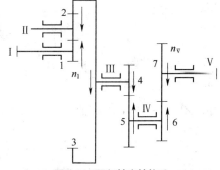

图 6-74　平行轴定轴轮系

表 6-18 平行轴圆柱齿轮定轴轮系齿轮副的传动比

主动轮	从动轮	啮合方式	传动比
Z_1	Z_2	外啮合	$i_{12}=\dfrac{n_1}{n_2}=-\dfrac{Z_2}{Z_1}$（"−"表示两轮转向相反）
Z_2	Z_3	内啮合	$i_{23}=\dfrac{n_2}{n_3}=+\dfrac{Z_3}{Z_2}$（"+"表示两轮转向相同）
Z_4	Z_5	外啮合	$i_{45}=\dfrac{n_4}{n_5}=-\dfrac{Z_5}{Z_4}$
Z_6	Z_7	外啮合	$i_{67}=\dfrac{n_6}{n_7}=-\dfrac{Z_7}{Z_6}$

图 6-74 所示平行轴定轴轮系的传动比 i_{17} 等于各级齿轮副传动比的连乘积，即

$$i_{17}=i_{12}i_{23}i_{45}i_{67}=\frac{n_1}{n_2}\times\frac{n_2}{n_3}\times\frac{n_4}{n_5}\times\frac{n_6}{n_7}$$

$$=(-\frac{Z_2}{Z_1})\times(\frac{Z_3}{Z_2})\times(-\frac{Z_5}{Z_4})\times(-\frac{Z_7}{Z_6})=(-1)^3\frac{Z_3Z_5Z_7}{Z_1Z_4Z_6}$$

由上式可知，平行轴圆柱齿轮定轴轮系的传动比等于轮系中所有从动轮齿数的连乘积与所有主动轮齿数的连乘积之比。即

$$i_{1K}=\frac{n_1}{n_K}=(-1)^m\frac{\text{各级齿轮副中从动轮齿数的连乘积}}{\text{各级齿轮副中主动轮齿数的连乘积}}$$

式中，m 为轮系中外啮合齿轮副的数目。

计算结果为正时，表示首末两齿轮（即主、从动轴）的回转方向相同；计算结果为负时，表示首末两齿轮回转方向相反。除用这种方法确定从动轴的转向外，还可用画箭头的方法判断从动轴转向。

2. 非平行轴传动的定轴轮系传动比计算

轮系中各轮的轴线不完全相互平行，称为非平行轴传动的定轴轮系，如图6-75所示即为一例。这种轮系中一般含有锥齿轮副、蜗杆蜗轮副。

非平行轴传动定轴轮系的传动比仍可用平行轴传动定轴轮系的传动比计算公式计算，但最末齿轮的回转方向只能用画箭头的方法判定，不能再用 $(-1)^m$ 计算确定。即

$$i_{1K}=\frac{n_1}{n_K}=\frac{\text{各级齿轮副中从动轮齿数的连乘积}}{\text{各级齿轮副中主动轮齿数的连乘积}}$$

可用画箭头法判定输出轴的转向。

3. 输出轴的转速计算

由公式 $i_{1K}=\dfrac{n_1}{n_K}$ 可知，定轴轮系输出轴的转速可按下式计算，即

$$n_K=\frac{n_1}{i_{1K}}$$

例 12 前面图 6-69 所示平行轴圆柱齿轮定轴轮系中，各齿轮的齿数已标出（括号内数字），若轴Ⅰ的转速 $n_1=860\text{r/min}$，试计算输出轴Ⅲ的 9 级转速。

解 $n_{\text{III}1}=n_1\times\dfrac{Z_1\times Z_6}{Z_4\times Z_9}=860\times\dfrac{17\times 22}{42\times 45}=170(\text{r/min})$

$n_{\text{III}2}=n_1\times\dfrac{Z_2\times Z_6}{Z_5\times Z_9}=860\times\dfrac{26\times 22}{32\times 45}=342(\text{r/min})$

$n_{\text{III}3}=n_1\times\dfrac{Z_1\times Z_7}{Z_4\times Z_{10}}=860\times\dfrac{17\times 38}{42\times 30}=441(\text{r/min})$

$n_{\text{III}4}=n_1\times\dfrac{Z_1\times Z_4}{Z_4\times Z_8}=860\times\dfrac{17}{26}=562(\text{r/min})$

$n_{\text{III}5}=n_1\times\dfrac{Z_3\times Z_6}{Z_6\times Z_9}=860\times\dfrac{36}{45}=688(\text{r/min})$

$n_{\text{III}6}=n_1\times\dfrac{Z_2\times Z_7}{Z_5\times Z_{10}}=860\times\dfrac{26\times 38}{32\times 30}=885(\text{r/min})$

$n_{\text{III}7}=n_1\times\dfrac{Z_2\times Z_4}{Z_5\times Z_8}=860\times\dfrac{26\times 42}{32\times 26}=1129(\text{r/min})$

$n_{\text{III}8}=n_1\times\dfrac{Z_3\times Z_7}{Z_6\times Z_{10}}=860\times\dfrac{36\times 38}{22\times 30}=1783(\text{r/min})$

$n_{\text{III}9}=n_1\times\dfrac{Z_3\times Z_4}{Z_6\times Z_8}=860\times\dfrac{36\times 42}{22\times 26}=2273(\text{r/min})$

因每级传动中均为两个外啮合齿轮副,即 $m=2$,所以各级转速的转向均与 n_1 的转向相同。

例 13 前面图 6-74 所示平行轴定轴轮系中,若输入轴 I 的转速 $n_1=1000$ r/min,各齿轮齿数为 $Z_1=20,Z_2=22,Z_3=84,Z_4=25,Z_5=30,Z_6=26,Z_7=32$。试求输出轴 V 的转速并说明其转向。

解 $i_{17}=\dfrac{n_1}{n_V}=(-1)^m\dfrac{Z_3\times Z_5\times Z_7}{Z_1\times Z_4\times Z_6}=(-1)^3\times\dfrac{84\times 30\times 32}{20\times 25\times 26}=-6.2$

所以,$n_V=\dfrac{n_1}{i_{17}}=\dfrac{1000}{6.2}=161(\text{r/min})$,与 n_1 的转向相反。

例 14 在图 6-75 所示轮系中,已知 $Z_1=15,Z_2=25,Z_{2'}=15,Z_3=30,Z_{3'}=15$,$Z_4=30,Z_{4'}=2$(右旋),$Z_5=60,Z_{5'}=20$(模数 $m=4\text{mm}$)。若 $n_1=500\text{r/min}$,求齿条 6 的移动速度 v 的大小和方向。

解 ①求齿轮 $5'$ 的转速 $n_{5'}$

$n_5=n_1\times\dfrac{Z_1\times Z_{2'}\times Z_{3'}\times Z_{4'}}{Z_2\times Z_3\times Z_4\times Z_5}=500\times\dfrac{15\times 15\times 15\times 2}{25\times 30\times 30\times 60}=2.5(\text{r/min})$

所以,$n_{5'}=n_5=2.5\text{r/min}$,因为齿轮 $5'$ 与蜗轮固定于同一轴。

②求齿条的移动速度 v 的大小与方向

$v=n_{5'}\times\pi m\times Z_{5'}=2.5\times 3.14\times 4\times 20=628(\text{mm/min})=0.628(\text{m/min})$

v 的移动方向:用画箭头法判定出齿轮 4 的转向,此即蜗杆的转向(见图中箭头)。再用"左、右手定则"确定蜗轮的转向为顺时针方向,因此齿条应向右移动。

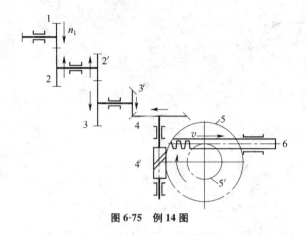

图 6-75 例 14 图

第七节 带 传 动

一、带传动的主要类型、特点及应用

1. 带传动的主要类型

带传动是摩擦传动中最主要最常见的一种,如图 6-76 所示。它由主动轮 1、从动轮 2 和张紧在两轮上的封闭环形带 3 组成。由于带有预加的张紧力,使带与带轮之间的接触面上产生正压力。则主动小带轮借摩擦力拉动带,带又借摩擦力使从动带轮回转,从而把主动轴的运动和动力传递给从动轴。按照带的横截面形状不同,带传动有以下几种类型:

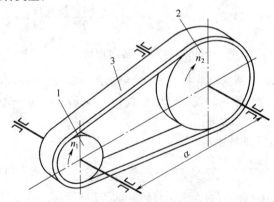

图 6-76 带传动简图
1. 主动轮　2. 从动轮　3. 封闭环形带

(1) 平带传动　如图 6-77a 所示。一般平带由多层胶帆布构成,分为有接头(有端平带)和无接头(无端平带)两种。有接头的平带须用机用皮带扣或皮带螺栓将两

端连接,因此运转不平稳,不适用于高速传动,常用于农业机械、输送机械等。无接头平带则运转平稳,可用于高速机械。磨床等高速机械中使用的丝织带、锦纶编织带等,都是无接头平带。

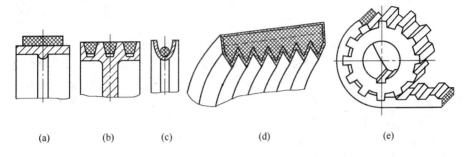

图 6-77 带传动的类型
(a)平带 (b)V带 (c)圆形带 (d)多楔带 (e)同步齿形带

按主动轴与从动轴的相对位置不同又有3种传动形式,见表6-19。用于两平行轴传动的开口式传动,其两轴转向相同;用于两平行轴但转向相反的交叉式传动;用于两轴交错成90°的半交叉式传动。为防止带从带轮上滑脱下来,进入带轮的带边中线必须与带轮宽度的中线重合,离开带轮的带边中线与轮宽的中线之间的夹角 θ 不得大于 25°,而且不能逆向转动。

表 6-19 常用平带的传动形式、包角及带长计算

	开口式	交叉式	半交叉式
传动简图			
小带轮包角	$\alpha \approx 180° - \dfrac{d_2 - d_1}{a} \times 60°$	$\alpha \approx 180° + \dfrac{d_2 + d_1}{a} \times 60°$	$\alpha \approx 180° + \dfrac{d_1}{a} \times 60°$
胶带几何长度	$L = 2a + \dfrac{\pi}{2}(d_2 + d_1) + \dfrac{(d_2 - d_1)^2}{4a}$	$L = 2a + \dfrac{\pi}{2}(d_1 + d_2) + \dfrac{(d_1 + d_2)^2}{4a}$	$L = 2a + \dfrac{\pi}{2}(d_1 + d_2) + \dfrac{d_1^2 + d_2^2}{2a}$

一般平带传动常用于中心距较远、传动比 $i \leqslant 5$、带速较低的传动。

(2)V带传动 如图 6-77b 所示,V带的横截面是等腰梯形,工作时其两侧面与

轮槽两侧面接触,相当于楔面摩擦。当预加的张紧力相同时,它的摩擦力比平带传动的摩擦力约大3倍。因此,在同样情况下,V带传动比平带传动传递的功率大得多,结构也更紧凑。所以,在一般机械传动中,V带传动应用最广。

(3)圆形带传动 如图6-77c所示,它传递功率很小,常用于缝纫机、磁带盘、真空吸尘器和一些仪器中的机械传动。

(4)多楔带传动 如图6-77d所示,相当于几根V带的组合。在其平胶带基体下有很多纵向楔形凸起,与带轮上相应的轮槽相接触,成楔形表面摩擦,传递功率较大,柔韧性好,预加的张紧力小,沿带宽载荷均匀,兼有平带和V带之优点。适用于传递功率较大、速度较高、结构要求紧凑的场合,尤其适用于要求V带根数多或轮轴垂直地面的场合。

(5)同步齿形带传动 简称同步带,如图6-77e所示,它不是靠摩擦力传动,而是靠带齿与轮齿啮合传动来传递运动和动力,因此它具有啮合传动的特点,既能吸振、缓冲,又能保证准确可靠的传动比。又因为这种带的钢丝、玻璃纤维绳作强力层,外层包覆聚氨酯或橡胶制成,带薄而轻且变形极小,所以,同步带可用于高速(线速度可达80m/s)、大传动比(可达20)、传递功率可达200kW的机械传动中。虽然它有带及带轮造价较高、制造与安装要求高的缺点,但因其优点显著,应用日益广泛,在计算机、录音机、数控机床、镗床、磨床等机械中多有应用。

2. 带传动的特点及应用

综上所述,摩擦带传动主要有以下特点:

①带传动因带有良好弹性,故可缓冲与吸振,无接头的带传动平稳,噪声小或无噪声。

②当机器过载时,带会在带轮上打滑,可防止其他零件损坏,起过载保护作用。

③可用于两轴中心距较大的场合,中心距最大可达10m。

④结构简单、制造和维护方便、成本低。

⑤其主要缺点是由于工作过程中带与带轮之间不可避免地有弹性滑动,故不能保证传动比准确恒定;传动效率较低;带的寿命较短(一般只有2000～3000h);不宜用在油污、高温、易燃和易爆场合下工作;当传递功率较大时,外廓尺寸也较大;常需要张紧装置,因工作中带会产生塑性变形和磨损导致带松弛,使张紧力逐渐减小,传动能力因而下降,为此,需设置张紧装置,目的是用以调整和保持张紧力。

带传动因其效率较低(普通V带传动效率为0.87～0.96),较少用于大功率传递。通常用于传动比不要求准确、功率不超过50kW、带的工作速度为5～25m/s,普通V带传动比$i \leqslant 7$、平带传动$i \leqslant 5$的传动中。

二、影响摩擦带传动正常工作能力的主要因素

带传动的失效形式主要是打滑和带的疲劳断裂。影响带传动正常工作能力的主要因素如下。

(1)张紧力F_0 也称为带传动的初拉力,如图6-78a所示,工作前,带以一定的

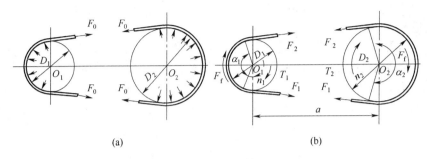

图 6-78 带传动中有关的力
(a)不工作时 (b)工作时

张紧力(初拉力)F_0 紧套在两带轮上,使带与轮面间产生正压力。当工作时,电动机传给主动带轮(小轮1)一个驱动力矩 T_1,工作机给从动带轮(大轮2)一个阻力矩 T_2。因带与带轮间产生摩擦力 F_f,使绕在主动轮上带的一边进一步拉紧,紧边拉力由 F_0 增大为 F_1,带的另一边即松边拉力由 F_0 减小为 F_2。紧边与松边拉力之差 F 才是带传递的有效拉力,即圆周力。而 F 实际上就是带与带轮接触面上各点摩擦力的总和 F_f。这些力之间关系为

$$F=F_1-F_2=F_f$$

又紧边拉力增加量=松边拉力减少量　　$F_1-F_0=F_0-F_2$

得　　$F_1+F_2=2F_0$

紧边拉力　　$F_1=F_0+\dfrac{F}{2}$

松边拉力　　$F_2=F_0-\dfrac{F}{2}$

带传动能传递的功率(kW)为

$$P=\frac{Fv}{1000}$$

式中,v 为带速(m/s);F 为有效拉力(N)。

在带与带轮的材料一定时,其间的滑动摩擦系数大小也一定,因此带与带轮之间产生的摩擦力 F_f 有极限值 F_{fmax},也即所传递的圆周力 F 也有一个最大值 F_{max}。当 $F_{max}=F_{fmax}$ 时,带传动能力达最大,而当需要的圆周力超过了 F_{fmax} 时,就出现过载而打滑,使传动失效。另外,从功率公式知,当功率 P 一定时,带速越大,则有效拉力 F 越小,这就是常将带传动安排在机械的高速级传动(靠近原动机)上的原因。

显然,最大圆周力 F_{max} 与张紧力 F_0 成正比,因为 F_0 越大,带与带轮间正压力越大,传动时摩擦力就越大,传递载荷的能力越高,且不易打滑,所以,增大张紧力 F_0,可提高带传动工作能力。但 F_0 不能过大,因为会使带的疲劳寿命降低;还使轴和轴承受的力增大,从而增大轴及轴承上的花费。F_0 也不能过小,因为不能充分发挥带

传动的能力,造成浪费;再者运转时易发生带的跳动、脱带和打滑。所以,F_0 的大小要适当。

如图 6-79 所示,可用实测法控制 F_0。带工作前,在两带轮外公切线中点 K 处放一个适当质量的砝 G,使带每 100mm 跨距产生 1.6mm 的垂直位移量 y 或使加质量 G 前后两带间夹角 θ 为 1.8°,此时带的 F_0 大小视为合适。G 值由下式算出,单位为 N。

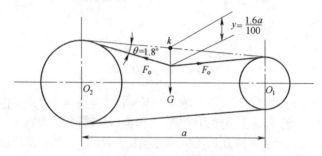

图 6-79 带张紧力(F_0)的控制方法

新装 V 带　　　$G = \dfrac{1.5F_0 + \Delta F_0}{16}$

已使用的 V 带　　$G = \dfrac{1.3F_0 + \Delta F_0}{16}$

式中,ΔF_0 为张紧力增量(N),不同带型对应的 ΔF_0 值见表 6-20。

表 6-20 不同带型对应的 ΔF_0 值

带型	Y	Z	A	B	C	D	E
ΔF_0/N	6	10	15	20	29.4	58.8	108

(2)小带轮包角 α_1　　如图 6-78b 所示,带与带轮接触弧所对的圆心角 α_1、α_2 称为主、从动轮的包角。α_1 越大,带与带轮接触弧越长,接触面间的总摩擦力(F_f)就越大,因而传动能力也越大。为了保证带传动能力和防止打滑,小带轮包角 α_1 不能太小,V 带传动一般要求 $\alpha_1 \geqslant 120°$(至少 $\alpha_1 > 90°$);平带传动要求 $\alpha_1 \geqslant 150°$。为了增大 α_1,水平传动时通常将松边置于上方。

(3)带轮直径 D　　如图 6-78 所示,小、大带轮的基准直径,即带轮上,对应带的基准长度所在的直径分别为 D_1 与 D_2。带轮直径越小,虽然使传动的结构越紧凑,但带绕过带轮时弯曲越厉害,越易产生弯曲疲劳,引起疲劳断裂,从而缩短带的使用寿命。带轮直径增大时,虽然传递的圆周力(F)随之减小,从而可减小 V 带根数,但传动机构的外廓尺寸及质量会因之增大。所以,带轮直径不宜过大。国家标准规定了 V 带带轮的最小基准直径系列,如表 6-21 所示。根据实际情况确定 D_1 后,再圆整为系列中的标准值。

表 6-21 普通 V 带轮基准直径系列

D/mm	Y	Z	A	B	D/mm	Z	A	B	C	D	E
20	△				200	△	△	△	△		
20.4	△				212			△	△		
25	△				224			△	△		
28	△				236			△	△		
31.5	△				250	△	△	△	△		
35.5	△				265				△		
40	△				280		△	△	△		
45	△				315		△	△	△		
50	△	△			355	△	△	△	△		
56	△	△			375					△	
63	△	△			400	△	△	△	△		
71	△	△			425					△	
75		△	△		450		△		△		
80	△	△	△		475					△	
85			△		500	△	△	△	△		△
90	△	△	△		530					△	
95			△		560				△		△
100	△	△	△		630	△	△	△	△		△
106			△		710				△		△
112	△	△	△		800		△	△	△		△
118			△		900				△	△	△
125	△	△	△	△	1000			△	△	△	△
132			△	△	1120				△	△	
140		△	△	△	1250				△	△	△
150			△	△	1600				△	△	△
160	△	△	△	△	2000					△	△
170				△	2500						△
180		△	△	△							

注：△推荐使用。

普通 V 带轮的轮槽尺寸见表 6-22。普通 V 带轮的结构见图 6-80。带轮基准直径 $D\leqslant(2.5\sim3)d$（d 为轴直径）时可用实心式；$D\leqslant300$mm 时，可用腹板式；$D-d_1\geqslant100$mm（d_1 为轮毂直径）时，可用孔板式；$D>300$mm 时，可用轮辐式。带轮材料一般多为 HT150 或 HT200 铸铁（转速 $V\leqslant25$m/s 时）；转速高或直径人时可用铸钢或钢板焊接结构；小功率传动时可用铸铝或塑料。

(4) 带速 v 带速越大，会因带的离心力增大而减小带与带轮间的正压力，从而减小了摩擦力（F_f）而降低带的传动能力。另外，当传递的功率（P）一定时，若带速 v 过小，则由 $P=\dfrac{Fv}{60\times1000}$ 可知传递的圆周力 F 过大，会使所需带的根数过多，而使传动结构尺寸过大。所以，带速过大过小都不利。因此，一般限制普通 V 带的线速度 v 在 5～25m/s 范围之内。$v\approx10\sim15$m/s 时，V 带工作寿命最长。

表 6-22 普通 V 带轮的轮槽尺寸

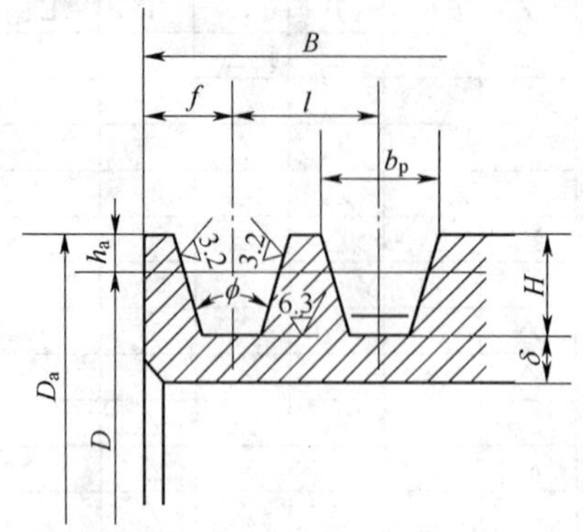

型号		Y	Z	A	B	C	D	E
b_p		5.3	8.5	11.0	14.0	19.0	27.0	32.0
h_a		1.6	2.0	2.75	3.5	4.8	8.1	9.6
H_{min}		6.3	9.5	12.0	15.0	20.0	28.0	33.0
l		8.0	12.0	15.0	19.0	25.5	37.0	44.5
f		7.0	8.0	10.0	12.5	17.0	23.0	29.0
δ_{min}		5.0	5.5	6.0	7.5	10.0	12.0	15.0
B		\multicolumn{7}{c}{$B=(Z-1)l+2f$ Z—带根数}
ϕ	32°	≤60	—	—	—	—	—	—
	34°	—	≤80	≤118	≤190	≤315	—	—
	36°	>60	—	—	—	—	≤475	≤600
	38°	—	>80	>118	>190	>315	>475	>600

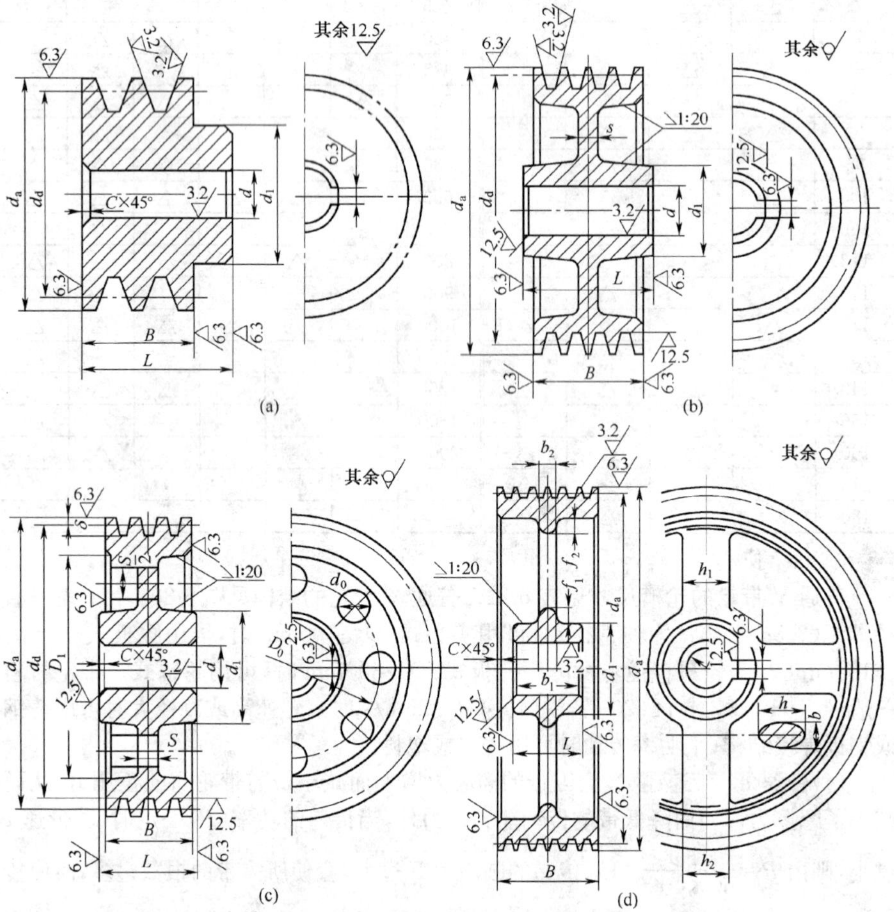

图 6-80 普通 V 带带轮的结构
(a)实心式 (b)腹板式 (c)孔板式 (d)椭圆剖面轮辐式

(5) 中心距 a 及带长 L_d　如图 6-78b 所示，中心距 a 即为两带轮轴线间的距离。a 越小，虽然传动越紧凑，带长 L_d 越短，但单位时间内带绕过带轮的次数越多，加速了带的疲劳损坏，缩短了带的使用寿命。另外，a 越小，使小轮包角 α_1 越小，从而减小了摩擦力和降低了传动能力。要增大 a，可增大 α_1，减少单位时间内带的绕轮次数，延长带的使用寿命，但 a 不能过大，a 过大会增加带长 L_d，不仅使结构变得庞大，且会使带产生剧烈抖动，影响传动平稳性。所以，应合理确定 a 的大小。

(6) 传动比 i

$$i_{12}=\frac{n_1}{n_2}=\frac{D_2}{D_1}$$

式中，n_1、n_2 为主、从动带轮的转速(r/min)；D_1、D_2 为主、从动带轮的直径(mm)。

显然，i_{12} 越大，两带轮直径相差也越大，使小带轮包角 α_1 就越小，从而使带传动能力下降。如普通 V 带传动要求传动比 $i \leqslant 7$。

三、V 带传动的正确使用

(1) V 带的结构和型号　V 带为无接头环形带，横截面为等腰梯形，梯形楔角为 40°。普通 V 带有帘布结构和线绳结构两种，如图 6-81 所示。V 带外层为橡胶帆布，起保护作用。中间的强力层由几层橡胶帘布，或若干粗棉线绳，或尼龙绳和钢丝绳组成，是承受拉力的主体，强力层的上、下填充物由橡胶制成，分别承受带弯曲时的拉伸和压缩。帘布结构的 V 带应用比较普遍。线绳结构的 V 带柔韧性和抗弯曲疲劳性较好，但抗拉强度低，适用于载荷较小、带轮直径较小和转速较高的场合。

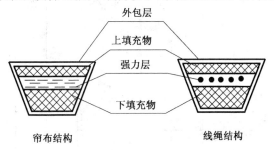

图 6-81　V 带的结构

V 带已标准化。国家标准(GB/T 1171—1996)规定 V 带的型号有 Y、Z、A、B、C、D、E 7 种，其横截面尺寸及传递的功率按型号排列顺序均为由小到大。

普通 V 带的型号可根据考虑了各种实际影响因素后的设计功率和主动带轮的转速 n_1，按普通 V 带选型图 6-82 选定。

(2) 普通 V 带的基准长度 L_d　L_d 是带的周长。标准规定沿 V 带弯曲时带中原长度不变(即既无伸长也无缩短)的一层(称为中性层)测得的周长为基准长度 L_d。标准已将 L_d 尺寸系列化。其基准长度系列见表 6-23。

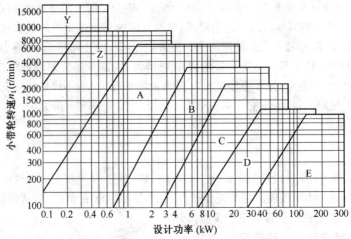

图 6-82 普通 V 带选型图

表 6-23 普通 V 带的基准长度系列 (mm)

基准长度	型号					基准长度	型号				
200	Y					2000					
224	Y					2240	A				
250	Y					2500	A				
280	Y					2800	A	B			
315	Y					3150	A	B			
355	Y					3550		B			
400	Y	Z				4000		B			
450		Z				4500		B	C		
500		Z				5000		B	C		
560		Z				5600		B	C		
630		Z	A			6300			C	D	
710		Z	A			7100			C	D	
800		Z	A			8000			C	D	E
900		Z	A			9000			C	D	E
1000		Z	A			10000			C	D	E
1120			A			11200				D	E
1250			A	B		12500				D	E
1400			A	B		14000				D	E
1600			A	B	C	16000					E
1800			A	B	C						

(3) 普通 V 带的标记 国家标准规定，在 V 带的外表面上要标明 V 带型号和 V 带的基准长度。其标记形式为 B4000—GB/T 1171—1996，即表示 B 型、基准长度为 4000mm 的普通 V 带。

(4) V 带的根数 Z 普通 V 带传动究竟该用几根 V 带，要根据传递的功率、单根 V 带的额定功率及其增量、包角、带长等因素决定。根数 Z 越多,传递的动力越大。但是,为了使各根带受力均匀,根数 Z 不能过多,通常取 Z<10,否则应采取改选 V 带型号或改用较大带轮等措施。

(5) V 带传动的张紧和维护 V 带工作一段时间后,会因长期受拉力产生塑性变形和磨损而松弛,使张紧力 F_0 减小,带的传动能力下降。因此必须设置使带再度张紧的张紧装置。常见的张紧装置的张紧形式有定期张紧及自动张紧两种。常见的张紧装置及用途见表 6-24。

表 6-24 常用的带传动张紧装置及用途

张紧方法		示 意 图	用 途
用调节轴的位置张紧	定期张紧	(a)　　(b)	机床上应用较多 (a) 多用于水平或接近水平的传动; (b) 多用于垂直或接近垂直的传动
	自动张紧	(c)　　(d)	(c) 多用于小功率传动; (d) 多用于带的试验装置
用张紧轮张紧	定期张紧		用于 V 带,同步齿形带的固定中心距传动,张紧轮安装在带的松边内侧,不能逆转 张紧轮直径 $d_z \geq (0.8 \sim 1) D_1$ D_1—主动轮直径

续表 6-24

张紧方法		示意图	用途
用张紧轮张紧	自动张紧		用于传动比大而中心距小的场合，但带的寿命降低 $d_z \geq (0.8\sim 1)D_1$ $\alpha_z \leq 120°$ $a_z \geq D_1 + D_2$ d_2—张紧轮直径； a_2—张紧轮带色角； a_2—张紧轮与主动轮中心距。
改变带长		对有接头的平带，常采用定期截短带长的方法，使带张紧，截去长度 $\Delta L = 0.01 L_d$	

表 6-24 中，调节轴的位置的定期张紧装置，图 a 是将装有小带轮的电动机装在滑动轨道上，拧动调节螺栓使电动机移动，使带得以张紧。而图 b 是将装有小带轮的电动机安装在一个摆架上，拧动调节螺杆上的螺母，可使摆架绕销轴向所需方向摆动，从而使带张紧。

表 6-24 中，调节轴的位置的自动张紧装置，图 c 是利用电动机重力，使装小带轮的电动机的托架自动绕销轴向下摆动，带被张紧。图 d 是利用重砣将右端带轮架向右拉动，使带自动张紧。

带传动的正确安装、合理使用和维护，要做到：

①安装时，两带轮的轴线必须平行，两轮的轮槽要对齐（见图 6-83a），以免造成传动时带受力和磨损不正常。安装 V 带时，要先调小中心距，套上 V 带后再回调，使带的张紧程度达到大拇指将带能按下 15mm 左右为合适。

②V 带必须正常安装在轮槽中，一般以带的外边缘面与轮缘平齐为正确，如图 6-84a 所示。所以应检查带的型号和带长选得对否，带轮的轮槽槽角是否标准，见表 6-22，槽角必须小于带的楔角，以保证带弯曲变形后，其两侧面仍能与轮槽完全贴合。

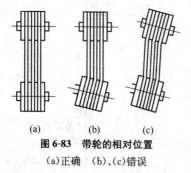

图 6-83 带轮的相对位置
(a)正确 (b)、(c)错误

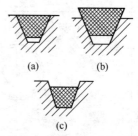

图 6-84 V 带在轮槽中的位置
(a)正确 (b)、(c)错误

③定期检查,发现其中一根带松弛或损坏时,应全部换新带,不能新旧带混用。换下的旧带中有的若尚可使用,可测量其长度,选带长相同的组合使用。

④严防带与油类、酸、碱等介质接触,以防带变质影响使用寿命。另外带不宜长时间在阳光下曝晒。

⑤为保证安全生产,带传动必须安装防护罩。

第八节 链 传 动

一、链传动的特点

如图 6-85 所示,链传动由两平行轴上的主动链轮 1、从动链轮 2 和绕在两轮上的封闭链条 3 组成。它是靠链条的链节与具有特殊齿型的链轮轮齿啮合来传递运动和动力的。

与带传动相比,链传动的优点是无滑动,平均传动比准确;链条在链轮上的张紧力很小,对轴的压力小;不仅两轴的中心距较大,而且能在较恶劣的环境条件下工作,如高温、油污、多尘、泥沙、易燃等环境条件。

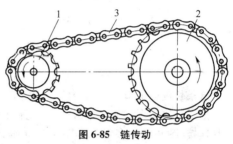

图 6-85 链传动
1. 主动链轮 2. 从动链轮 3. 链条

链传动的缺点是由于链节的多边形运动,其瞬时速度和瞬时传动比都是周期性变化的。所以传动中会产生动载荷和冲击,传动平稳性差,有噪声;链条与链轮磨损后,使链节距增大,链轮齿形变瘦,易造成跳齿和脱链;急速反向转动的性能差;安装时两轴线的平行度要求较高;无过载保护作用。

二、传动链的类型与结构

应用最广的类型是滚子链,其次是无声链。

(1)滚子链 图 6-86 所示为滚子链的结构。内链板 1 与套筒 4、外链板 2 与销轴 3 之间均为过盈配合连接,构成内、外链节。滚子 5 与套筒、套筒与销轴之间均为间隙配合连接,能使润滑油进入内部。当轮齿与链节啮合传动时,二者之间主要是滚动摩擦,从而可减小磨损。为了减轻链条质量及其运动时的惯性力,并使链板各横截面抗拉强度近于相等,链板大多制成"8"字形。

链条上相邻销轴的中心距称为节距,以 p 表示,它是链传动最主要的参数。p 越大,链传动的各零件尺寸也越大,传递的功率也越大,但传动平稳性变差,质量也随之增大。故当要求传动平稳时,应尽量采用小节距。如图 6-86b 所示,当要求传递大功率而又要求传动结构尺寸较小时,可采用小节距的双排链或多排链,其承载能力与排数正比增大。但排数越多越难于使各排受力均匀,故排数不宜过多,常用的有双排和三排链。

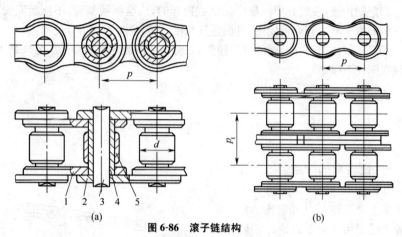

图 6-86 滚子链结构

(a)单排滚子链 (b)双排滚子链

1. 内链板 2. 外链板 3. 销轴 4. 套筒 5. 滚子

链条长度以链节数表示,且链节数最好为偶数。

滚子链接头形式如图 6-87 所示。开口销(图 6-87a)连接多用于大节距链;弹簧夹片连接(图 6-87b)多用于小节距链;当链条的链节数为奇数时,则必须采用过渡链节(图 6-87c),但因过渡链板是弯曲的,使强度降低约 20%,所以链条长度的链节数,尽可能不采用奇数。

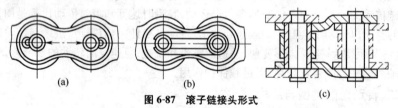

图 6-87 滚子链接头形式

(a)开口销连接链节 (b)弹簧夹连接链节 (c)过渡链节

滚子链已标准化,其规格尺寸见 GB/T 1234—1997。为与国际接轨,我国链条标准中,节距也采用英制折算成米制的单位,即节距 $p=$ 链号 $\times 1.5875$。链号中的后缀 A 或 B 为系列代号。我国标准以 A 系列为主体,供设计和出口用;B 系列主要供维修和出口用。滚子边的标记为链号—排数×整链的链节数标准号。例如节距为 31.75mm、A 系列、双排、70 节的滚子链,其标记应为

20A—2×70 GB/T 1234—1997

(2)齿形链 又称无声链,如图 6-88 所示,齿形链由齿形链板、导板、套筒及销轴等组成。齿形链板两侧的直工作面夹角为 60°。传动时,工作面与轮齿齿廓相啮合,传递运动和动力。据导板位置不同,有内导板式(图 6-88a)和外导板式(图 6-88b)齿形链。导板的作用是防止链条工作时发生侧向窜动。

与滚子链相比,齿形链传动平稳、噪声小,故又称无声链,耐冲击,工作可靠,允

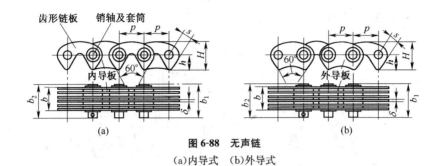

图 6-88 无声链
(a)内导式 (b)外导式

许链速高,但链结构复杂,质量较大,装拆较难且维护要求较高,成本较高。

三、链传动的用途

链传动主要用于两轴平行、中心距较远、传递功率较大、平均传动比要求准确、工作环境条件恶劣的场合。在冶金、矿山机械、农机、轻工与化工机械、人力骑行车辆及装配线传动等机械传动中有广泛应用。一般适用范围为传递功率不超过 100kW;滚子链传动比 $i \leqslant 6$、齿形链传动比 $i \leqslant 10$;两轴中心距不超过 6m,效率为 $0.94 \sim 0.98$。

第九节 螺旋传动

一、螺旋传动的特点

由螺杆(或外螺纹)、螺母(或内螺纹)组成的螺旋副(或螺纹副)和机架构成的、用来传递运动和动力的机械传动,称为螺旋传动。其特点是可很容易地把主动件的旋转运动变为直线运动,结构简单,工作连续平稳、无噪声,承载能力大,传动精度高,易自锁,故在各种机械和量仪中应用广泛。其缺点是对滑动螺旋传动而言,摩擦损失大,传动效率低。后来出现的滚动螺旋传动大大弥补了以上缺点。

二、螺旋传动的类型

1. 按螺旋副的摩擦性质分类

(1)滑动螺旋传动 传动中螺杆与螺母间的摩擦为滑动摩擦,如机床中的普通丝杠传动、台式虎钳中的螺旋传动等,皆为滑动螺旋传动。它具有结构简单、易制造、有自锁性能、成本低等优点,但摩擦损失大、传动效率低、易磨损。

(2)滚动螺旋传动 如图 6-89 所示为滚珠螺旋传动,按滚珠循环方式分内循环和外循环两类。内循环是滚珠在循环回路中始终和螺杆接触,滚珠流动性好,径向尺寸小,但结构及加工工艺性差。外循环是滚珠回程时,脱离螺杆的滚道,在螺旋滚道外进行循环,外循环又有螺旋式和插管式两种。其加工工艺性好,故应用较广泛。外循环插管式用导管 4 作滚珠返回滚道,导管插入螺母 1 的孔中,和螺杆(丝杠 2)上工作滚道的始末相通,当滚珠沿工作滚道运行到一定位置时,遇到挡珠器迫使滚珠进入返回滚道(导管)内,循环到工作滚道的另一端,形成封闭循环。

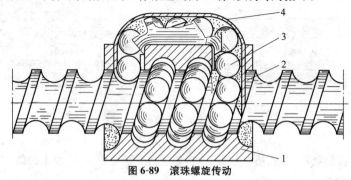

图 6-89 滚珠螺旋传动
1. 螺母 2. 丝杠 3. 滚珠 4. 滚珠循环装置

滚动螺旋传动的优点是摩擦阻力小,传动效率高,动作灵敏,传动稳定等。但结构复杂,制作成本高。在数控机床、精密量仪及航空等制造业中应用日益广泛。

2. 按用途分类

(1)传导螺旋 主要用来传递运动,要求有较高的传动精度,如车床中的纵进给丝杠和横进给丝杠等。

(2)传力螺旋 主要用来传递轴向力。当用较小的力矩转动螺杆(或螺母)时,可使螺母(或螺杆)产生轴向移动和大轴向力,如图 6-90 所示的螺旋千斤顶即属这种螺旋。

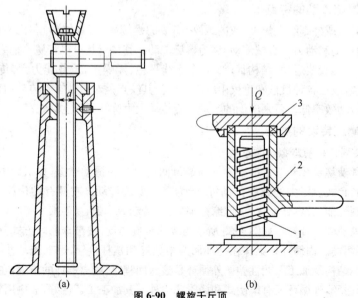

图 6-90 螺旋千斤顶
(a)螺母固定不动 (b)螺杆固定不动
1. 螺杆 2. 螺母 3. 托盘

(3)调整螺旋　主要用来调整和固定零件的相对位置。例如车床尾座、卡盘的螺旋,千分尺等量具的测量螺旋及图 6-91 所示的机床滑板的差动螺旋(图 6-91a)及微调镗刀的差动螺旋(图 6-91b)等。

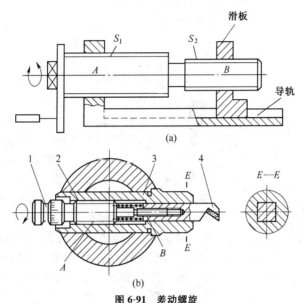

图 6-91　差动螺旋
(a)机床滑板的差动螺旋机构　(b)差动位移的微调镗刀
1. 螺杆　2. 刀套　3. 镗杆　4. 镗刀

3. 按螺杆和螺母运动方式分类

(1)螺杆原位回转,螺母直线移动　如图 6-92 所示,机床的大溜板和刀架的进给即属此运动方式。

①螺母的位移量 L(mm),由导程 S 决定。当螺杆转动 n 圈时有

$$L = n \cdot S \quad (\text{mm})$$

②当螺杆转过角 φ(弧度)时,螺母的位移量 L(mm)为

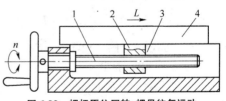

图 6-92　螺杆原位回转,螺母往复运动
1. 螺杆　2. 螺母　3. 机架
4. 溜板(工作台)

$$L = \frac{S \cdot \varphi}{2\pi} \quad (\text{mm})$$

式中,S 为导程(mm);n 为螺杆转速(r/min)或转多少圈。

(2)螺母原位回转,螺杆直线移动　如图 6-93 所示,为材料试验机上的观察镜螺旋调整装置。当左旋的螺母 2 按图示方向转动时,螺杆向上移动;螺母反转时,螺杆向下移动。其移动量 L 仍按(1)中公式计算。

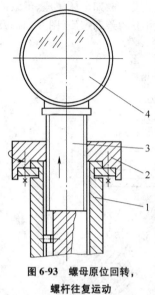

图 6-93 螺母原位回转，
螺杆往复运动
1. 机架 2. 螺母
3. 螺杆 4. 观察镜

(3) 螺母不动，螺杆回转并直线移动　如图 6-90a 所示的螺旋千斤顶及台式虎钳，都是此种运动方式。螺杆移动量按(1)中公式计算。

(4) 螺杆不动，螺母回转并直线移动　如图 6-90b 所示的螺旋千斤顶即属于此种运动方式。手柄按图示方向旋转时，重物 Q 被举起；反之重物被放下。L 仍按(1)中公式计算。

(5) 差动螺旋传动及其差动位移　差动螺旋传动是指活动螺母与活动螺杆产生不一致运动（即差动）的螺旋传动。其原理是在螺杆上制出两段导程不等、旋向相同或相反的螺纹，利用其两导程差别来产生微小的差动位移量。在图 6-91a 中，螺杆上导程为 S_1 的螺纹段与导轨固连的固定螺母构成螺旋副 A；导程为 S_2 的螺纹段与带动溜板移动的活动螺母（滑板螺母）构成螺旋副 B，活动螺母不能转动只能沿导轨移动。设 A、B 螺旋副螺纹旋向相同，则活动螺母带着溜板实际移动距离等于固定螺母与活动螺母导程之差，即 S_1-S_2；若 A、B 螺旋副的螺纹旋向相反，则溜板的实际移动距离等于固定螺母与活动螺母导程之和，即 S_1+S_2。当螺杆转速为 n 时，溜板相对于导轨的差动位移 L(mm) 为

$$L=n(S_1 \pm S_2)$$

当螺杆转过角 φ（弧度）时，得差动位移 L(mm) 为

$$L=(S_1 \pm S_2)\frac{\varphi}{2\pi}$$

式中，S_1 为固定螺母的导程(mm)；S_2 为活动螺母的导程(mm)；+、-号用法为两螺母之螺纹旋向相反时用"+"；旋向相同时用"-"。

计算结果得"+"值时，表明活动螺母的实际移动方向与螺杆移动方向相同；若得"-"值时，表示活动螺母的实际移动方向与螺杆移动方向相反。

例 15　图 6-91a 中固定螺母的导程 $S_1=1.6$mm，活动螺母的导程 $S_2=1.8$mm，二者螺纹旋向相同，均为左旋。试问螺杆转动 90° 时，活动螺母（即溜板）差动位移距离是多少？移动方向如何？

解　据(5)中公式，因 $n=\frac{1}{4}$ 转，

∴ $L=n(S_1-S_2)=\frac{1}{4}(1.6-1.8)=-0.05$(mm)

计算结果得"-"，表示活动螺母即溜板实际移动方向与螺杆移动方向相反。用左手定则判定螺杆右移，故溜板向左移动了 0.05mm。用差动螺旋传动可以容易地

实现微量调节。

复习思考题

1. 何谓平面四杆机构？何谓铰链四杆机构？铰链四杆机构有哪三种基本形式？
2. 平面四杆机构只有一个曲柄存在的条件是什么？平面四杆机构有急回特性的条件是什么？
3. 何谓平面四杆机构的死点位置？判断机构有无死点位置的条件是什么？
4. 对心曲柄滑块机构和偏置曲柄滑块机构曲柄存在的条件各是什么？它们有无急回特性、有无死点位置？
5. 凸轮机构是怎样使从动件实现预定的运动规律的？
6. 何谓凸轮机构的从动件等速运动规律？有何特点？
7. 棘轮机构有何特点？调整棘轮转角的方法常见有哪两种？棘轮机构适用于何种工作场合？
8. 何谓槽轮机构的运动系数(τ)？对单销槽轮机构而言,为何不能$\tau=0$,也不能$\tau=1$？
9. 齿轮轮齿两侧齿部的渐开线是怎样形成的？渐开线有何特性？
10. 何谓齿轮的模数m和压力角α？它们对齿轮有何影响？
11. 何谓标准直齿圆柱齿轮？一对标准直齿圆柱齿轮正确啮合的条件是什么？一对齿轮连续传动的条件是什么？
12. 斜齿圆柱齿轮的两种几何参数（法面的和端面的）中,哪种规定其基本参数为标准值？在法面齿廓和端面齿廓中何者是正确的渐开线、何者不是渐开线？选择滚刀应依据哪种参数？斜齿轮与直齿齿轮比较有何优缺点？
13. 直齿圆锥齿轮的标准参数规定在何处？一对标准直齿圆锥齿轮的传动比如何计算？它们正确啮合的条件是什么？
14. 普通圆柱蜗杆转动中,何谓中间平面？为何规定其中间平面的基本参数为标准值？普通圆柱蜗杆传动的正确啮合条件是什么？普通圆柱蜗杆传动有何优缺点？
15. 何谓软齿面？何谓硬齿面？
16. 齿轮的失效形式有哪几种？
17. 何谓定轴轮系？何谓惰轮？定轴轮系有哪些用途？
18. 定轴轮系中已知首轮的转动方向,如何确定末轮的转动方向？
19. 何谓周转轮系？何谓行星轮系和差动轮系？
20. 带传动有何特点？带传动的失效形式主要是什么？影响带传动工作能力的主要因素有哪些？
21. 带传动的传动比如何计算？带传动传动比不准确的原因是什么？

22. V带按其横截面尺寸及传递的功率由小到大的型号有几种？V带的型号根据什么选择？V带传动中V带的根数为何不能过多？

23. 为何带传动要设置张紧装置？带传动正确安装应达到哪几项要求？

24. 链传动与带传动相比有哪些主要优缺点？链传动的主要用途有哪些？

25. 螺旋传动的主要优缺点是什么？

26. 螺旋传动按螺杆和螺母的运动方式不同分哪几种？它们的螺杆或螺母的位移量如何计算？

27. 题图 6-1 所示，已知铰链四杆机构各构件长度为 $a=240mm, b=600mm, c=400mm, d=500mm$。试问 (1)该四杆机构是否有曲柄存在？(2)当选不同的构件作为机架时，各得到何类四杆机构？

28. 有一对外啮合标准直齿圆柱齿轮。已知其传动比 $i=\dfrac{n_1}{n_2}=\dfrac{Z_2}{Z_1}=\dfrac{8}{5}$，中心距 $a=78mm$，模数 $m=3mm$。

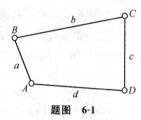

题图 6-1

试确定这对齿轮的齿数 Z_1、Z_2，并计算这对齿轮的各部尺寸 d、d_b、d_a、d_f、h_a、h_f、h、P、S、e。

29. 已知一对外啮合标准斜齿圆柱齿轮的 $Z_1=20, Z_2=40, m_n=5mm, \alpha_n=20°, \beta=30°$，齿宽 $b=30mm$。试求 $r_1, r_2, r_{a1}, r_{a2}, r_{f1}, r_{f2}$ 及 a。

30. 题图 6-2 中轮系的各齿轮齿数为 $Z_1=Z_2=20, Z_3=60, Z_3'=26, Z_4=30, Z_4'=22, Z_5=34$。试求：(1)传动比 i_{15}；(2)末齿轮 5 的转向；(3)当 $n_1=100r/min$ 时，$n_5=?$

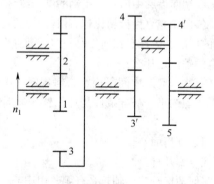

题图 6-2

第七章 金属切削及刀具基本知识

> **培训学习目的** 掌握切削运动、加工表面及切削用量的概念;熟练掌握刀具切削部分的构成及主要参数;了解刀具材料、金属切削过程中的基本规律及应用;掌握常用切削刀具的结构特点和使用方法。

第一节 切削运动、加工表面及切削用量

一、切削运动

切削过程中,刀具与工件之间的相对运动,称为切削运动。切削运动按所起作用分为主运动和进给运动。

(1) **主运动** 切削时最主要的、消耗动力最多、速度最高的运动,称为主运动。车削、镗削的主运动即机床主轴带动工件的旋转运动;刨削的主运动是滑枕带动刀具的往复直线运动(牛头刨床)或工作台带动工件的往复直线运动(龙门刨床),如图7-1所示。图中 v 为主运动速度,代表主运动。

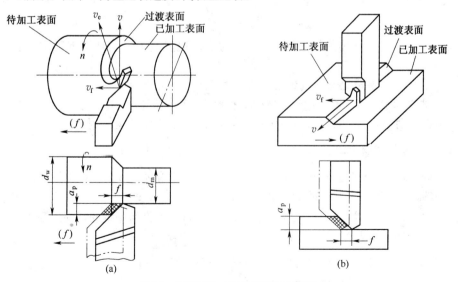

图 7-1 切削运动、加工表面及切削用量
(a) 车削 (b) 刨削

(2) 进给运动　为使切削连续进行,而由机床或人力提供的刀具与工件间附加的相对运动,称为进给运动。车削时,纵向进给运动是连续的,其进给速度用 v_f 表示;而横向(切入)进给运动可能间断(如车削工件外圆柱面)也可能连续(如车端面螺纹)。

任何切削加工方式都必须有一个主运动,而进给运动可有一个(如车外圆)或几个(如滚切齿轮)。主运动和进给运动可由工件或刀具分别完成,也可由刀具单独完成,如钻床上钻削等。

切削运动都是由直线运动和旋转运动这两种基本运动单元组合而成的。不同数目的运动单元,按不同的速度比值、不同的相对位置及运动方向进行组合,就构成了各种不同的切削加工方式。

二、加工表面

如图 7-1 所示,切削过程中,工件上存在三个变化着的表面。
(1) 已加工表面　刀具切除后在工件上形成的表面。
(2) 过渡表面　刀刃正在切削着的表面。
(3) 待加工表面　工件上即将被切除的表面。

三、切削用量

表示主运动和进给运动的数值称为切削用量。它包括切削速度、进给量和背吃刀量(切削深度)三个切削要素。它是用于调整机床的工艺参数。

(1) 切削速度　切削刃上选定点相对于工件主运动的瞬时速度,称为切削速度,以 v 表示,单位为 m/min 或 m/s。车削时 v(m/min)的计算式为

$$v = \frac{\pi d n}{1000} = \frac{dn}{318}$$

式中,n 为工件或刀具的转速(r/min);d 为工件或刀具刀刃上选定点处的直径(mm)。

图 7-1a 中的 v_e 是 v 与 v_f 的合成切削速度。

(2) 进给量　刀具在进给运动方向上相对于工件的位移量,用 f 表示。主运动为旋转运动时,f 的单位为 mm/r。当主运动为往复直线运动时,f 的单位为 mm/(d·str)(毫米/双行程)。而 $f = \frac{L}{n}$,L 为车刀走刀长度(mm)。

进给运动的大小也可用进给速度 v_f 表示。它是切削刃上选定点相对工件进给运动的瞬时速度。车削时的 $v_f = nf$,单位 mm/min。

(3) 背吃刀量(切削深度) a_p　垂直于进给速度 v_f 的方向测量的切削层最大尺寸,单位为 mm。车外圆时

$$a_p = \frac{d_w - d_m}{2}$$

式中,d_w 为工件待加工表面直径(mm);d_m 为工件的已加工表面直径(mm)。

(4)切削效率两指标

①切削时间(机动时间)t_m 切削时直接改变工件的尺寸、形状等工艺过程所需的时间即为 t_m,单位为 min。如图 7-2 所示,车外圆时 t_m(min)的计算式为

$$t_m = \frac{LA}{v_f a_p} = \frac{\pi d L A}{1000 a_p f v}$$

图 7-2 车外圆时机动时间计算图

式中,L 为刀具行程长度(mm);A 为工件上半径方向加工余量(mm)。

②材料切除率 Q 即单位时间内切除的材料体积,单位为 mm^3/min。车外圆时的 Q 计算式为

$$Q = 1000 a_p f v$$

由上两式可知,提高切削用量诸要素中的任一要素,均可提高切削加工生产率。

第二节 刀具切削部分的构成及主要参数

一、刀具切削部分(刀头)的构成

如图 7-3 所示,车刀由刀柄和切削部分组成。切削部分用于切削,刀柄用于装夹。

切削部分由刀面、刀刃和刀尖构成。不同的刀面用符号 A 表示;刀刃以符号 S 表示。凡副刀面或副刀刃等,均在符号右上角加一撇。

(1) **刀面**

①前刀面(前面)A_γ 即刀头上切屑流过的表面。离主切削刃最近的面称为第一前面($A_{\gamma1}$);从切削刃数起的第二个面称为第二前面($A_{\gamma2}$)等。

②后刀面(后面)A_α 即与工件的过渡表面相对着的表面。离主切削刃最近的面称为第一后面($A_{\alpha1}$),从切削刃数起的第二个面称为第二后面($A_{\alpha2}$)。

③副后刀面(副后面)A'_α 与工件的已加工表面相对着的表面。

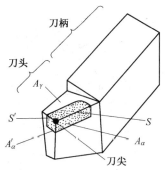

图 7-3 车刀切削部分构成

(2) **刀刃**

①主切削刃(主刀刃)S 前、后面相交而得到的边锋。它担负主要的切除金属工作。

②副切削刃(副刀刃)S' 前面与副后面相交而得到的边锋。它只参与完成少

量的金属切除工作。

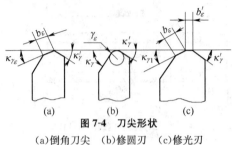

图7-4 刀尖形状
(a)倒角刀尖 (b)修圆刃 (c)修光刃

(3)**刀尖** 主刀刃与副刀刃的相交部位。刀尖是刀具最薄弱的部分,影响刀具的磨损和工件已加工表面质量。为提高刀尖强度,可采用倒角刀尖(或称过渡刃),如图7-4a所示,$K_{r\varepsilon}$为倒角偏角,b_ε为倒角长度;也可采用修圆刃如图7-4b所示,γ_ε为刀尖圆弧半径;为提高工件的已加工表面粗糙度精度,可用图7-4c所示修光刃,它与进给速度方向平行,图中b'_ε为修光刃长度。

不同类型的刀具,其刀面、切削刃的数量也不同。最简单的刀具由两个刀面和一个刀刃组成。

二、刀具角度的参考系

刀具角度是确定刀面、刀刃空间位置的方位角。刀具角度参考系就是定义和规定刀具角度的坐标系。参考系有刀具静止参考系和刀具工作参考系两类。前者是刀具设计、制造、刃磨和测量刀具几何参数时使用的坐标系;后者是用来确定刀具切削时的几何参数的坐标系。

ISO 3002/1—1997标准推荐有四种参考系。其中,正交平面参考系如图7-5所示,由三个坐标平面组成。

(1)**基面 p_r** 过切削刃上选定点(x)并垂直该点切削速度(v)方向的平面。车刀的基面是平行于刀具的安装底面。

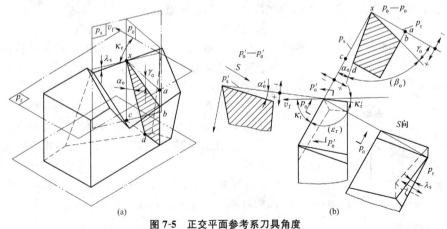

图7-5 正交平面参考系刀具角度

(2)**切削平面 p_s** 过切削刃上选定点(x)与切削刃相切并垂直基面的平面。

(3)**正交平面 p_o** 也称为主剖面,过切削刃上选定点(x)同时垂直于切削平面与基面的平面。

同理,过副切削刃上选定点(x')也可建立副切削刃的正交参考系,三坐标平面分别为 p'_r、p'_s、p'_o。一般主切削刃与副切削刃有同一个基面。正交平面参考系是最常用的参考系。

三、刀具角度

1. 在正交平面参考系中的刀具角度(标注角度)

如图 7-5 所示,刀具切削部分有 6 个独立的基本角度。

(1)前角 γ_o 在正交平面 p_o 中测量的前面与基面间的夹角。

(2)后角 α_o 在正交平面 p_o 中测量的后面与主切削平面之间的夹角。

(3)刃倾角 λ_s 在切削平面 p_s 中测量的主切削刃与基面间的夹角。

(4)主偏角 K_r 又称刃偏角,在基面 p_r 中测量的主切削平面与假定工作平面间的夹角。或在基面中测量的、主切削刃在基面上的投影与进给方向(v_f)之间的夹角。

(5)副偏角 K'_r 又称副刃偏角,在基面 p_r 中测量的副切削平面与假定工作平面间的夹角。或在基面中测量的、副切削刃在基面上的投影与进给(v_f)的反方向之间的夹角。

(6)副后角 α'_o 在副正交平面 p'_o 中测量的副后面与副切削平面间的夹角。

在正交平面参考系中还有刀具派生角度。当车刀的主切削刃与副刀刃共处于同一前面上时,知道了 γ_o、λ_s 两角,前面的方位就确定了,则称为派生角度的 γ'_o、λ'_s(不独立)角也就确定了,派生角度在车刀图样上不必标注。还有另两个派生角度,即:

楔角 β_o 在正交平面中测量的前面与后面间夹的锐角 $\beta_o = 90° - (\gamma_o + \alpha_o)$。

刀尖角 ε_γ 在基面中测量的主切削刃、副切削刃在基面上的投影间的夹角 $\varepsilon_\gamma = 180° - (K_r + K'_r)$。

2. 刀具角度正负规定

(1)γ_o 的正负规定 前面与基面平行时 $\gamma_o = 0°$;前面与切削平面间夹角 $<90°$ 时,γ_o 为正;$>90°$ 时,γ_o 为负。

(2)α_o 的正负规定 后面与基面间夹角 $<90°$ 时,α_o 为正;$>90°$ 时,α_o 为负。

(3)λ_s 的正负规定 主切削刃与基面平行时,$\lambda_s = 0°$;刀尖相对车刀的安装底平面处于最高点时,λ_s 为正;处于最低点时,λ_s 为负。

四、刀具的工作角度

切削过程中,由于受合成切削运动(v_e)和刀具安装位置的影响,真正起作用的刀具角度已经不是静止参考系的标注角度,而是由工作参考系确定的刀具工作角度。

工作参考系,即考虑合成切削运动和刀具安装位置影响的参考系。用工作参考系定义的刀具角度称为工作角度。国标推荐三种工作参考系。下面仅介绍工作正交参考系(p_{re}、p_{se}、p_{oe})。如图 7-6 所示,工作基面 p_{re} 是过切削刃选定点(x)垂直合成切削速度 v_e 方向的平面;工作切削平面 p_{se} 是过切削刃上选定点(x)与切削刃相切,并垂直 p_{re} 的平面,该平面包含 v_e 方向;工作正交平面 p_{oe} 是过切削刃选定点(x),同时垂直 p_{se} 与 p_{re} 的平面。在该参考系中的工作角符号分别为 γ_{oe}、α_{oe}、κ_{re}、λ_{se}、κ'_{re} 及 α'_{oe}。在假定工作参考系中,其工作角度有 γ_{fe}、α_{fe}、γ_{pe}、α_{pe} 等。

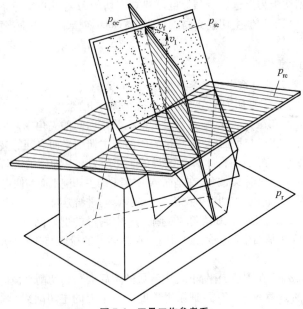

图 7-6　刀具工作参考系

1. 刀刃安装高低对工作前、后角的影响

图 7-7a 中刀刃选定点 x 高出工件中心 h，则因切削速度 v 的方向不在垂直刀柄安装底面，p_{re}、p_{se} 均转过了 μ 角。显然工作前角 γ_{oe} 增大了 μ，工作后角 α_{oe} 减小了 μ，角度变化值 μ 计算如下：

$$\sin\mu = \frac{2h}{d}$$

式中，d 为选定点 x 处的工件直径。

同理，若切削刃选定点 x 低于工件中心 h 时，h 与 μ 均为负值，将引起 γ_{oe} 减小，α_{oe} 增大。加工孔时，情况与加工外圆相反，即

加工外圆有 $\pm h$ 时，$\gamma_{oe}=\gamma_o\pm\mu$，$\alpha_{oe}=\alpha_o\mp\mu$。

加工孔有 $\pm h$ 时，$\gamma_{oe}=\gamma_o\mp\mu$，$\alpha_{oe}=\alpha_o\mp\mu$。

当刃倾角 $\lambda_s=0$ 时，切削刃上各点的 γ_{oe}、α_{oe} 相同；当 $\lambda_s\neq 0$ 时，即使 $h=0$，切削刃上各点的 γ_{oe}、α_{oe} 也不相同。

实际切削工作中，加工大直径工件时，μ 角对刀具角度影响可不计。但加工小直径工件时，即使 h 值控制得很小，由于 d 逐渐减小，则 μ 角变大，对刀具角度的影响不可忽视。这种情况有时也可利用，例如粗车时，可使刀尖稍高于工件中心，以增大 γ_{oe} 来减小切削力；又如切断小直径工件时，尽可能使刀尖与工件中心等高。

2. 刀柄歪斜对主、偏角的影响

如图 7-7b 所示，当车刀随刀架逆时针转过 G 角后，工作主偏角 κ_{re} 将增大，工作

副偏角 κ'_{re} 将减小。若取 $G=\kappa'_r$，则车刀的 $\kappa'_{re}=0$，副切削刃相当于修光刃。有时这种刀具安装特点可以利用，例如车细长轴时，可转动刀架来增大主偏角，以减少工件弯曲变形和振动等。

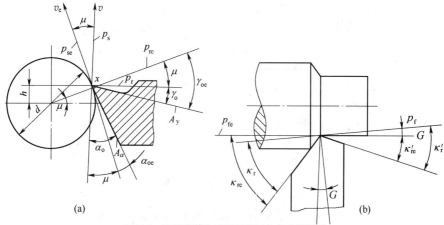

图 7-7　刀具安装位置对刀具工作角度的影响
(a)切断时刀刃高于工件中心的安装　(b)刀柄偏斜安装

3. 进给运动对工作角度的影响

(1) 横车　如图 7-8a 所示为切断刀工作角度示意。刀刃上选定点 x 相对转动工件的运动轨迹是一条阿基米德螺旋线。x 点的切削速度 v、横向进给速度 v_f 的合成速度 v_e 的方向为过该点的阿基米德螺旋线的切线方向。据定义，工作基面 $p_{re}\perp v_e$。于是，p_{re}、p_{se} 均相对于 p_r、p_s 相应转过一角度变化值 μ。由图 7-8a 知，μ 值计算如下

$$\tan\mu=\frac{v_f}{v}=\frac{nf}{\pi dn}=\frac{f}{\pi d}$$

故有　$\gamma_{oe}=\gamma_o+\mu$；　$\alpha_{oe}=\alpha_o-\mu$。

可知 μ 值随加工直径 d 的不断减小而不断增大。当 $d\leqslant 1\text{mm}$ 时，α_{oe} 减小为 $0°$ 乃至负值，结果工件被挤断，断面上有残留小棒，此现象生产中常见。另外 μ 值随进给量 f 的增大而增大。所以，一般切削中 f 都不大，可不考虑 μ 对 γ_{oe}、α_{oe} 的影响，但 f 大的切削如铲齿加工，必须考虑 μ 对刀具 γ_{oe}、α_{oe} 的影响。

(2) 纵车　如图 7-10b 为纵车梯形螺纹示意图。车刀有左(L)右(r)两刀刃，其 $\lambda_s=0$。在 p_f 剖切面中看到

左刃 X_L 点处 $\begin{cases}\gamma_{feL}=\gamma_{fL}+\mu=\mu\\\alpha_{feL}=\alpha_{fL}-\mu<0\end{cases}$　$(\gamma_{fL}=0)$

右刃 X_r 点处 $\begin{cases}\gamma_{fer}=0-\mu=-\mu\\\alpha_{fer}=\alpha_{fL}+\mu\end{cases}$

其中工作角度变化值 $\mu=\arctan\dfrac{f}{\pi d}$。

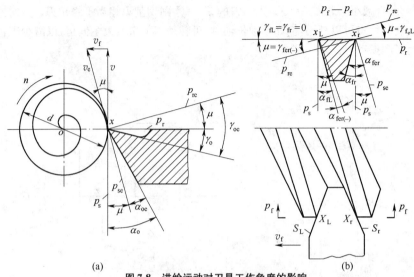

图 7-8　进给运动对刀具工作角度的影响
(a)横车　(b)纵车梯形螺纹

因为 f 越大，d 越小时，角度变化值 μ 越大，所以车螺纹、尤其车多头螺纹和车蜗杆时，μ 值很大，如车双头梯形螺纹 Tr32×12(P7)时，$\mu=6.6°$。故一般车削时，f 很小，μ 可忽略不计，但车多头螺纹和蜗杆时，必须考虑 μ 对刀具工作前、后角的影响，譬如将左刃后角磨大些，右刃后角磨小些；右刃的前面磨出前角；车蜗杆时将刀柄旋转一个角度(μ)，使刀具前面与工件螺旋面垂直，则左、右刀刃工作前角值相同(均为零)。

第三节　刀具材料

刀具切削性能的好坏，首先取决于刀具切削部分的材料，它对刀具的寿命、加工效率、加工精度、表面质量和加工成本影响极大。因此应该重视刀料材料的正确选择和合理使用。

一、刀具材料应具备的性能

①刀具材料必须具有高于工件材料的硬度，常温硬度必须在 60HRC 以上。

②刀具材料应具有足够的强度和韧性，以能够承受切削力、冲击和振动。

③刀具材料应有足够的抗磨损能力，即足够的耐磨性。它是刀具材料机械性能、组织结构和化学性能的综合反映，具体表现为抗黏结磨损、抗扩散磨损和抗氧化磨损等的能力。

④刀具材料应有足够的耐热性，也称为热硬性或红硬性等，即在高温下，保持切削性能的能力。它是衡量刀具材料性能的主要指标。在一定的刀具寿命下，刀具材料耐热性越高，允许的切削速度就越高。

⑤工艺性要好。包括刀具材料应有较好的可加工性，如锻、轧、焊、切削加工及

可磨削性等及热处理性能,如不易脱碳、热处理变形小等。

二、常用刀具材料分类、性能及应用

当前刀具材料有工具钢(包括碳素工具钢、合金工具钢和高速钢)、硬质合金、陶瓷和超硬材料四大类。下面重点介绍高速钢和硬质合金。

1. 高速钢

高速钢即高合金工具钢,是在钢中加入多种合金元素的高碳、高合金工具钢。按合金元素的质量分数计,w_W 及 w_{Mo} 为 10%~20%、w_{Cr} 4%、w_V 1%。因其允许的切削速度比合金工具钢高几倍,故名高速钢。又因切削时能长时间保持刀刃锋利,又称锋钢。它的综合性能好,是应用最广的一种刀具材料,约占使用刀具材料总量的 60%~70%。

为了保持化学平衡,它的碳质量分数高,以便与大量合金元素形成高硬碳化物。W 及其碳化物可提高耐磨性和高温硬度。Mo 可细化碳化物,提高钢的韧性和回火稳定性。Cr 可提高钢的淬透性,并可提高抗氧化、抗腐蚀能力,减少脱碳。碳化钒 VC 的硬度高达 83~85HRC,可提高钢的耐磨性,但钒(V)的质量分数不要超过 4%,以免可磨削性变坏。加入钴(Co),可提高钢的高温强度和抗氧化能力,因其导热系数高而摩擦系数低,也利于提高切削性能。加入少量的铝(Al),既可提高钢的耐热性,还可防止高碳引起的韧性下降。

按制作方法,高速钢有熔炼高速钢和粉末冶金高速钢两大类。两者成分完全相同,但其切削性能却有很大差别。

(1)熔炼高速钢 按其性能又可分为普通高速钢和高性能高速钢。

①普通高速钢 其耐热性较高(约 600℃),常温硬度达 63~66HRC,有很高的抗弯强度和韧性,焊接性与可磨性好,价格便宜。广泛用于低、中速(≤50m/min)的成形刀具和形状复杂刀具,如滚刀、插齿刀、拉刀等,也可用于冷挤压模具等。常用牌号、热处理及用途见表 7-1。

表 7-1 常用高速钢的牌号、热处理及用途

名称		牌号	热处理温度/℃			硬度		热硬性 (HRC)	用途
			退火	淬火	回火	退火后 (HBS)	回火后 (HRC)		
普通高速钢	钨高速钢	W18Cr4V (俗称1841)	860~880	1250~1300	550~570	207~255	63~66	49~56	高速切削用车刀、刨刀钻头、铣刀,不宜做大截面刀具,国内已少用,不能做热轧刀具
	钨钼高速钢	W6Mo5Cr4V2 (俗称6542)	840~860	1220~1240	550~570	≤241	63~66	48~56	热塑性及韧性、强度均比1841好,可制作热轧刀具如钻头、丝锥等,但淬火温度范围窄

续表 7-1

名称	牌号	热处理温度/℃			硬度		热硬性 (HRC)	用途
		退火	淬火	回火	退火后 (HBS)	回火后 (HRC)		
高性能高速钢	高钒高速钢	W12Cr4V4Mo (有关厂称 EV4)	840~860	1240~1270	550~570	≤262	>65	51.7	只宜制简单刀具及很少刃磨的刀具
	含钴高速钢	W6Mo5Cr4V2Co8 (有关厂称 M36)	870~900	1230~1260	540~560	≤269	66~68	54	制作直径>15mm的钻头、车刀,不宜做形状复杂的薄刃成形刀具和载荷较高的小型刀具。可切削高温合金、高强度钢、钛合金、不锈钢等难加工材料等
		W2Mo9Cr4VCo8 (美国代号为 M42)	870~900	1230~1260	540~560	≤269	67~70	55~60	
	含铝高速钢	W6Mo5Cr4V2Al (美国代号 M2Al,有关厂称 501)	850~870	1220~1260	550~570	255~267	67~69	55~60	性能已接近 M42,是我国首创钢种。价格低廉。但要严格遵守热处理工艺。可切削各种难加工材料
		W10Mo4Cr4V3Al (国内有关厂家称为 5F6)	845~855	1250~1260	540~560	≤200	67~69	54~60	

注:表中热硬性为切削温度 500℃~600℃时保持住的硬度。

② 高性能高速钢 在普通高速钢中再增加合金元素(即调整成分)的熔炼高速钢称为高性能高速钢。由于它的耐热性高(630℃~650℃)、常温硬度达 66~70HRC,用它制造的刀具的允许切削速度大大提高,可达 50~100m/min,填补了高速钢和硬质合金之间切削速度的空白。可用于制造常用简单刀具和复杂成形刀具,主要用来切削难加工材料,切削普通钢件效益不显著,价格较贵。常用的高性能高速钢的牌号、热处理及用途见表 7-1。

熔炼高速钢在制作刀具前,其坯料必须经过反复锻打,以消除内部组织(莱氏体)不均匀和脆性,即消除晶内碳化物树枝状偏析。存在这种偏析,会使钢的塑性、韧性下降而变脆。而在刀具淬火加热时,必须进行一次预热(800℃~850℃),大型及形状复杂刀具须进行两次预热(500℃~600℃及 800℃~850℃),以免直接加热至淬火温度时产生热变形与裂纹;然后在 1220℃~1280℃温度下淬火。淬火后必须在 550℃~570℃下多次回火,以便通过弥散硬化和二次硬化使高速钢具有高热硬性。图 7-9 是普通高速钢 W18Gr4V 盘形齿轮铣刀的热处理工艺实例,例中分级淬火是为了减小变形和裂纹,该铣刀采用了 580℃~620℃在中性盐中一次分级淬火。

(2)粉末冶金高速钢 这是针对熔炼高速钢有严重的碳化物偏析现象,而通过改变钢的制造方法研制的钢种。粉末冶金高速钢与熔炼高速钢比较有如下特点。

① 因可获得细小(碳化物晶粒 $2~5\mu m$)均匀的结晶组织,就完全消除了碳化物偏析,从而提高了钢的硬度(69.5~70HRC)和抗弯强度(2.73~3.43GPa)。

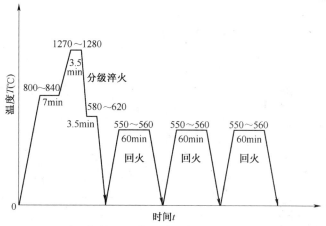

图 7-9　普通高速钢 W18Cr4V 盘形齿轮铣刀热处理工艺曲线

②由于力学性能各向同性好,从而减小了热处理变形和内应力,因此适用于制造精密刀具。

③因钢中碳化物细小均匀,使刀具可磨削性大为改善,如钒的质量分数 w_v 增到 5% 时,其可磨削性与 w_v 2% 的熔炼高速钢相当。从而减小了刀具的表面粗糙度,提高了刃磨质量。因此特别适于制作复杂刀具和要求刀刃锋利的刀具。由于有这些独特优点,就可在现有熔炼高速钢中大量增加 NiC、NbC 等碳化物,而创制出新的、超硬的高速钢种。

④刀坯热压成形的合格率高,报废刀具上的高速钢料仍可通过粉末冶金工艺得到利用。这就大大提高了高速钢的利用率。

由于目前粉末冶金高速钢的成本与硬质合金相当,所以应用尚少。我国研制的粉末冶金高速钢品种牌号已不少,如北京研制有 GF1(1841 粉末冶金)、GF2(6542 粉末冶金),GF3(铝高速钢粉末冶金)等。

2. 硬质合金

它是用高硬、难熔的金属碳化物和金属粘结剂,通过粉末冶金工艺制成的制品。常用的金属碳化物有 WC、TiC、TaC 或 TbC 等。常用的金属粘结剂有 Co 或 Mo、Ni 等。

硬质合金的力学性能及切削性能取决于其成分、粉末粗细及烧结工艺。成分中高硬、难熔碳化物越多,合金的硬度、耐热性及抗黏结、抗氧化、抗扩散能力越高。特别是加入碳化钽(TaC)、碳化铌(NbC),除能提高以上性能外,还有利于细化晶粒,提高合金的抗弯强度和韧性。含 WC、TiC 的合金常温硬度可达 89~94HRA,耐热性达 800℃~1000℃,允许切削速度达 220m/min 左右。增加 TaC、NbC 的合金,其耐热性高达 1000℃~1100℃,切削速度提高到 200~300m/min。合金中含金属粘结剂(Co)愈多,硬度愈低,而强度增高。与高速钢相比,硬质合金抗弯强度低,性脆。

普通硬质合金按化学成分分钨钴类(WC+Co)、钨钛钴类(WC+TiC+Co)、添加稀有金属碳化物类(即所谓万能合金)，WC+TiC+TaC(或 NbC)+Co 及碳化钛基类(TiC+WC+Ni+Mo)。常用硬质合金牌号与性能见表 7-3。

表 7-3 常用硬质合金牌号与性能

类型	牌号	成分×100					物理力学性能				使用性能				相当于 GB2075-87 牌号
		w_{WC}	w_{TiC}	w_{TaC} (w_{NbC})	w_{Co}	其他	相对密度	热导率 /(W·m⁻¹·K⁻¹)	硬度 HRA (HRC)	抗弯强度/GPa	加工材料类别	耐磨性能	切削速度	进给量	
钨钴类	YG3	97	—	—	3		14.9~15.3	87.	91(78)	1.08	短切屑的黑色金属；有色金属；非金属材料	↑↑↑	↑	↓	K 类	K01
	YG6X	93.5	—	0.5	6		14.6~15.0	75.55	91(78)	1.37					K05
	YG6	94	—	—	6		14.6~15.0	75.55	89.5(75)	1.42					K10
	YG8	92	—	—	8		14.5~14.9	75.36	89(74)	1.47					K20
	YG8C	92	—	—	8		14.5~14.9	75.36	88(72)	1.72					K30
钨钴钛类	YT30	66	30	—	4		9.3~9.7	20.93	92.5(80.5)	0.88	长切屑的黑色金属	↑↑↑	↑	↓	P 类	P01
	YT15	79	15	—	6		11~11.7	33.49	91(78)	1.13					P10
	YT14	78	14	—	8		11.2~11.7	33.49	90.5(77)	1.17					P20
	YT5	85	5	—	10		12.5~13.2	62.80	89(74)	1.37					P30
添加钽(铌)类	YG6A(YA6)	91	—	5	6		14.6~15.0	—	91.5(79)	1.37	长切屑或短切屑的黑色金属和有色金属	—			KM 类	K10
	YG8A	91	—	1	8		14.5~14.9	—	89.5(75)	1.47					K10
	YW1	84	6	4	6		12.8~13.3	—	91.5(79)	1.18					M10
	YW2	82	6	4	8		12.6~13.0	—	90.5(77)	1.32					M20
碳化钛基类	YN05	—	79	—	—	Ni7 Mo14	5.56	—	93.3(82)	0.78~0.93	长切屑的黑色金属	—			P 类	P01
	YN10	15	62	1	—	Ni12 Mo10	6.3	—	92(80)	1.08					P01

注：Y 为硬质合金，G 为钴，T 为钛，X 为细颗粒合金，C 为粗颗粒合金，A 为含 TaC(NbC)的 YG 类合金，W 为通用合金，N 为不含钴、用镍作粘结剂的合金。

① 钨钴类合金 相当 ISO 中的 K 类，牌号中的数字表示 Co 的质量分数(w_{Co})。含 Co 量愈多，则含 WC 就愈少、故硬度低、强度韧性愈高，相反时则硬度高、强度韧性愈低。

切削铸铁、有色金属或非金属时，宜选用 YG 类合金；粗加工铸铁时宜选 w_{Co} 高的合金(如 YG8)，精加工时宜选 w_{Co} 低的合金(如 YG3)。

② 钨钛钴类合金 相当 ISO 中 P 类，牌号中的数字表示 TiC 的质量分数 w_{TiC}。w_{TiC} 愈高，w_{Co} 就愈少，合金的硬度、耐磨性与耐热性就愈高，但导热性和抗弯强度、韧性都降低，焊接或刃磨时易产生裂纹。

YT 类合金主要用于切削碳素结构钢和合金结构等塑性材料。粗加工时宜选用 w_{TiC} 少的，如 YT5；精加工时宜选用 w_{TiC} 多的，如 YT30；半精加工时宜选用 w_{TiC} 较多的，如 YT14、YT15。而加工含 Ti 不锈钢等含 Ti 钢种时，不应选用 YT 类合金，因刀具材料和工件材料中的 Ti 亲和力强，易粘刀，加速刀具磨损，此时可用 YG 类，但切削速度要适当降低。

③添加钽(铌)类合金 相当 ISO 中的 K 类和 M 类,其中的 YGA6(YA6)与钨钴类的 YG6 相比,其硬度、耐磨性等均有提高、有一定通用性。主要用于半精加工冷硬铸铁、非铁金属及其合金,也可用于高锰钢、淬火钢的半精加工或精加工。

万能合金 YW 类可以用于加工铸铁、非铁金属,又可以加工钢及难加工材料。故它是一种通用型(万能)合金。在对难加工材料,进行粗加工和半精加工时,宜选用 YW2,因它比 YW1 强度高;而进行半精和精加工时,宜选用 YW1,因它比 YW2 硬度高。实际生产中,能用 YG 或 YT 类时,就不要用 YW 类,因 YW 类价高。

④TiC 基合金 相当 ISO 中的 P 类,该种合金的主要特点是硬度高达 90～95HRA,耐磨性好,抗黏结、抗氧化能力强,耐热性达 1000℃～1300℃,允许切削速度可达 300～400m/min;弱点是强度、韧性差。最适于高速精加工淬硬钢、合金钢,连续切削时,优于 YT30。

3. 涂层刀片

(1)高速钢刀具的表面涂层 即采用物理气相沉积法(PVD 法),在刀具切削部分的刀面上涂覆氮化钛(TiN)等硬膜,一般厚度 2μm,以提高刀具切削性能。因涂层厚度很薄,不会影响刀具的尺寸精度。因为 TiN 等涂层高硬、耐磨,热稳定性好,与钢摩擦系数小,且与普通高速钢基体结合牢固,表面呈金黄色。因此大大提高了刀具的切削性能,切削速度和进给量均可成倍提高,刀具寿命显著提高。即使刀具重磨后,其性能也优于普通高速钢。目前在丝锥、钻头、成形铣刀、切齿刀具等刀具上已广泛应用。

(2)涂层硬质合金 是上世纪 60 年代出现的新型刀具材料,国外广泛用于可转位刀具,我国应用也逐渐增多。它是采用化学气相沉积法(CVD),在硬质合金刀片上涂覆一层或多层(5～13μm 厚)难熔金属碳化物。涂覆层的材料主要有 TiC、TiN、Al_2O_3 等。

TiC 涂层的缺点是线膨胀系数与基体差别较大,与基体间易形成脱碳层,降低了刀片的抗弯强度,因此在重切削、切淬硬材料及有夹杂物的工件材料时,涂层易崩裂,但它与基体粘结牢固。

TiN 涂层的缺点是与基体结合强度不如 TiC 涂层,涂层厚时易剥落。但与铁基材料的摩擦系数小,抗前、后刀面磨损的能力比 TiC 涂层强。适于切削钢及易黏刀的材料。

另外还有 TiC-TiN 复合涂层,第一层涂 TiC,第二层涂 TiN。而 TiC-Al_2O_3 复合涂层的第一层涂 TiC,与基体牢固结合;第二层涂 Al_2O_3。这种复合涂层能像陶瓷刀具那样高速切削,刀具寿命比 TiC、TiN 涂层刀片高,还避免了陶瓷刀具的脆性、易崩刃的缺点。

目前大多采用 TiC-TiN 复合涂层或 TiC-Al_2O_3-TiN 三复合涂层硬质合金刀片。由于涂层刀片的刀刃锋利性与抗崩刃能力不及普通硬质合金,所以多用于普通钢材的精加工和半精加工。含 Ti 涂层硬质合金刀片不能加工高温合金、钛合金和奥氏体不锈钢,因它们之间亲和力很强。

4. 陶瓷

陶瓷刀具是以氧化铝(Al_2O_3)或氮化硅(Si_3N_4)为基体再添加某些金属和高硬难熔金属碳化物,经高温下烧结而成的非金属刀具材料。近年来常用的陶瓷主要有两类。

(1)氧化铝-碳化物系陶瓷 它是在 Al_2O_3 中添加百分之几到百分之几十的 TiC(或 WC、TaC、NbC 等)和添加 Ni、Co 等金属粘结剂,采用热压工艺制成的混合陶瓷,俗称黑陶瓷。其特点是有效提高了陶瓷的密度、强度和韧性,刀片不易产生热裂纹。适用于切削难加工材料,如冷硬铸铁、淬硬钢及非金属材料等。

(2)氧化硅基陶瓷 它是将硅粉经氧化、球磨后,添加助烧剂置于模腔内烧结而成。其特点是硬度更大(1800~1900HV)、耐磨;耐热性及抗氧化性更高(达1200℃~1300℃);氮化硅与碳和金属元素的化学反应小,摩擦系数低,切削钢、铜、铝均不黏刀,故可提高加工表面质量;最大特点是切削灰铸铁、球墨铸铁、可锻铸铁等材料时,切削速度可达 500~600m/min,只要机床条件允许,切削速度还可提高;切削和刃磨时不易发生崩刃现象。这种陶瓷适用于精车、半精车、精铣或半精铣。可以精车代替磨削铝合金,还可用于车削镍基合金、高锰钢等难加工材料。

(3)陶瓷刀具的主要特点

①有高硬、高耐磨性,常温硬度达 91~95HRA,超过了硬质合金,故可切削 60HRC 以上的硬材料。

②有高耐热性,可达 1200℃以上。

③高温下仍有高抗氧化、抗黏结性,故刀具热磨损少。

④摩擦系数低,不易粘刀,不易生积屑瘤。

⑤强度与韧性低,性脆。强度约只有硬质合金的 1/2,故切削要平稳,要避免受冲击。

⑥导热系数低,仅为硬质合金的 1/5~1/2,而热胀系数又比硬质合金高 10%~30%。故陶瓷刀具切削时不要有较大的温度波动,不要用切削液。因此,陶瓷刀具一般适用于高速精细加工硬材料。

5. 超硬刀具材料

(1)人造金刚石 人造金刚石是碳的同素异形体。它是由粉末石墨在高温和高压下,借助金属触媒作用聚合而成的多晶体,也称为聚晶金刚石。是人造材料中最硬的。

可将整体的颗粒人造金刚石直接镶焊在刀杆上使用。但因尺寸小,焊接、刃磨都较困难。近年来多使用复合金刚石刀片,即在硬质合金基体上压制一层约0.5mm厚的人造金刚石薄层。复合人造金刚石刀片比整体人造金刚石的强度高,可多次重磨。人造金刚石的主要特点是:

①有极高的硬度,显微硬度达10000HV,比硬质合金高五倍多;有极高的耐磨性,可切断加工65～70HRC的硬材料。

②导热性好,热胀系数较低,因此加工中不会产生很大的热变形,有利于精密加工。

③刃口锋利,刀面表面粗糙度值很小($Ra0.01～0.006\mu m$),摩擦系数小,故而能进行超精密加工,加工精度达IT5以上,加工表面粗糙度达$Ra0.04～0.012\mu m$。

人造金刚石主要用于刃磨硬质合金及非铁金属的精加工、超精加工以及陶瓷、刚玉、宝石、光学玻璃等的精加工和切割大理石等石材。但使用中要注意切削温度不要超过700℃～800℃,否则会碳化而失效。另外,不能用人造金刚石切削钢铁等含碳的黑色金属,因为它的碳原子与铁有很强的亲和力,会严重粘刀而损坏。人造金刚石的牌号有 MDB、RVD 等。

(2) 立方氮化硼(CBN) 是由六方氮化硼(白石墨)加入催化剂在高温高压下转变而成的六方氮化硼的同素异形体。是硬度仅次于人造金刚石的人造材料。它弥补了人造金刚石不能加工钢铁材料的弱点。它的主要特点是:

①有很高的硬度,达 3500～4500HV。

②有很高的热稳定性,1300℃时不发生氧化,1500℃时不发生金相组织变化;尤其不会与铁系材料发生亲和作用,抗粘结、抗扩散能力强,因此可高速切削高硬钢材和耐热合金等。

③有良好的导热性,与钢铁的摩擦系数小;抗弯强度与韧性介于陶瓷与硬质合金之间。

CBN 刀具或 CBN 与硬质合金热压成的复合刀片,主要用于淬硬钢和冷硬铸铁的精加工和半精加工,还用于高速切削高温合金、热喷涂材料等难加工材料,加工精度可达 IT5～IT6,加工表面粗糙度可达 $Ra1.6～0.2\mu m$,可代替磨削加工。

由于超硬刀具材料的价格很高,故只有对高淬硬材料等难加工材料或进行超精加工时才有好的经济效益,一般情况下尽可能少用。

第四节　金属切削过程中的基本规律及重要物理现象简介

金属切削过程就是在机床上用刀具从工件表面上切除多余金属,形成切屑和已加工表面的过程。在此过程中存在有切屑形成的切削变形变化规律、切削力变化规律、切削热及切削温度变化规律及刀具磨损变化规律等四大基本规律和随之伴生的积屑瘤、加工硬化及鳞刺等重要物理现象。技术工人应该了解乃至掌握有关这些规律和现象的基本知识,进而能够运用这些基本知识,科学合理地选择刀具和正确使用刀具,科学合理地选择切削用量,从而保证加工质量,降低加工成本,提高生产率。

一、切屑形成及切削变形规律

1. 切屑的形成

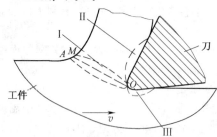

图 7-10 金属切削过程中的滑移线及变形区示意图
Ⅰ.剪切区(主要变形区)　Ⅱ.刀-屑接触区
Ⅲ.刀-工接触区(虚线为滑移线)

如图 7-10 所示,根据对切削区的受力和变形研究分析,得出的结论是工件上切削层金属在刀刃和前面作用下,经受挤压产生剪切滑移而形成切屑。

所谓剪切滑移,实际是切削层的塑性变形。受压力物体,当内部与压力方向成 45°的各个层面上产生的剪应力(即平行层面的应力)达到或超过材料的剪切屈服极限(τ_s)时,就使层面之间产生相对错(移)动,即产生塑形变形,称为剪切滑移。图 7-10 中的切削区内的第Ⅰ变形区 OAM 区是主要变形区,实际宽度仅为 0.02～0.2mm,消耗功率最多;第Ⅱ变形区(刀-屑接触区)是前面与切屑摩擦区,也称二次变形区,消耗功率较多;第Ⅲ变形区(刀-工接触区)是后面和磨钝的刀刃与已加工表面,强烈挤摩擦的区,直接影响表面质量。

在切削层金属变成切屑的过程中,由于工件材料、刀具材料和其他切削条件往往各异,所以得到的切屑形态也不同,归纳起来有 4 种切屑形态,详见表 7-3。表中还列举了影响切屑形态及其相互转化的主要因素及其对切削加工的影响。

表 7-3　切削形态、影响因素及其对切削加工的影响

1.切削塑性金属材料			
切屑形态类别	单元(粒状)切屑	挤裂(节状)切屑	带状切屑
切屑形态简图	1	2	3
影响切屑形态的因素及切屑形态的转化	刀具前角 γ_o	由小────────→大	
	进给量 f	由大────────→小	
	切削速度 V	由低────────→高	
切屑形态对切削加工的影响	切削力的波动	由大────────→小	
	切削过程的平稳性	由差────────→好	
	工件表面粗糙度	由大────────→小	
	工件材料的塑性	由低────────→高	

续表 7-3

	2. 切削脆性金属材料	
切屑形态简图	崩碎切屑	
影响切屑形态的因素	刀具前角 γ_o	γ_o 越小,易得此屑;γ_o 越大,可转化为针状、片状乃至长卷屑(如 $\gamma_o=45°$,切脆黄铜)
	走刀量 f	f 越大,易得此屑
切屑形态对切屑加工的影响	切削力波动	大
	切削过程平稳性	很差
	工件表面粗糙度	大

2. 积屑瘤

在切削钢、球墨铸铁及铝合金等塑性材料时,在一定的切削速度范围内,又能形成带状切屑的情况下,在前刀面上粘结(冷焊)着由一层层金属堆积成的硬度很高的楔块,能代替刀刃和刀面进行切削工作,这个小硬块称为积屑瘤,如图 7-11 所示。

(1) 积屑瘤的成因 切屑底层与前面发生滞流黏结,停留在前面上;该层上面的滞留层又在其上面黏结,如此层层黏结而逐渐层积,长大为积屑瘤;切削过程中切削温度合适,如切削钢时,切削温度要<500℃,否则不会生成积屑瘤。

(2) 积屑瘤的特点 其硬度比工件材料的硬度高几倍;其成分与切屑成分相同,但组织、性质却不同;其形状不定,时生时灭,长大后凸出于刀刃之外。

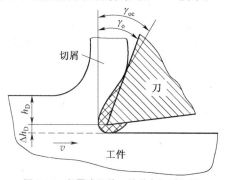

图 7-11 积屑瘤及其工件前角和过切量

(3) 积屑瘤对金属切削的影响 积屑瘤存在时能包住前面和刀刃,故可以保护前面和刀刃,并代替刀刃和前面进行切削,故也称为伪刃。另外它使刀具的工作前角 γ_{oe} 增大(可达 30°),故而减小了切削变形,降低了切削力和功率消耗。因此,积屑瘤的产生对粗加工有利。但积屑瘤对精加工而言却有害,因为它增大了切削厚度,造成过切(过切量 Δh_D),影响加工尺寸精度;它使刀刃粗糙不平整,它时生时灭,使 γ_{oe} 时大时小,从而引起切削力变化产生微振动,它消失时的碎片有些被切屑带走,沿前面流出时划伤前面,加剧了刀具磨损,另一些碎片留在已加工表面上成为毛刺,这些都会影响工件已加工表面粗糙度。

(4) 积屑瘤的控制 可通过改善切削条件来控制积屑瘤的产生,适当提高钢工件的硬度和降低塑性,如对工件正火或调质处理;躲开产生积屑瘤的切削速度范围,进行高速切削,以提高切削温度(>500℃)而不生瘤;提高刀具前面的刃磨质量,减小其表面粗糙度数值;采用润滑性能好的切削液,以减小摩擦,使其不发生滞流黏刀;增大前角和减小切削层厚度 h_D(垂直过渡表面的切削层尺寸)等,都可抑制积屑瘤的产生。

3. 加工硬化

加工硬化亦称为冷作硬化或冷硬,它是在刀刃并非绝对锋利,刃口有 0.01～0.03mm 的圆弧半径,即钝圆切削刃和后面的挤压、摩擦下,已加工表面层产生严重塑性变形,使层内金属晶格被伸长、挤紧、扭曲和碎裂,从而使表面层硬度增高,这种现象称为加工硬化。硬化后的表面硬度比原来高 1.2～2 倍,深度达 0.07～0.5mm。在硬化层表面上会出现细微裂纹和残余应力,从而降低了加工表面质量和材料的疲劳强度,增加了下道工序加工的困难,加速了刀具磨损。工件材料的塑性越大,晶格越易滑移,表面层塑性变形越大,则冷硬越严重,例如高锰钢、耐热合金及不锈钢等难加工材料加工时冷硬都很严重。生产中为了减轻冷硬程度,常采用以下措施:

① 提高刀具刃磨质量,减小刀刃钝圆弧半径(r_n)。r_n 由 0.5mm 减小至 0.005mm 时,会使冷硬程度降低 40%。

② 增大前角,以减小切削变形。

③ 增大后角,以减小摩擦。

④ 提高切削速度,使表面层来不及冷硬。

⑤ 减小背吃刀量(a_p)和尽可能不采用很小的走刀量(f),以减小挤压和切削变形。

⑥ 合理选择切削液,以减小刀-工间的摩擦。

4. 鳞刺

鳞刺是在已加工表面上垂直于切削速度方向突出的鳞片状毛刺,如图 7-12 所示。

(1)鳞刺的产生条件　用较低的切削速度和较大的进给量切削塑性材料,在此条件下,车、铣、刨、钻、攻螺纹、滚齿、插齿等切削加工中均可出现。

(2)鳞刺的成因　切削过程中,切屑与前面产生严重摩擦条件下出现黏结现象,在前面上堆积的黏结层挤压下,加剧了金属层的塑性变形,致使刀刃前方的加工表面上产生导裂,当切削力超过黏结力时,切屑流出,堆积的黏结层被切离,而导裂层残留在已加工表面上形成鳞刺。

只要产生鳞刺,已加工表面的表面粗糙度 Ra 一般会增大 2～4 个级差数,故不可忽视其影响。

(3)抑制鳞刺产生的措施　采用润滑性能好的切削液,如极压切削油或极压乳化液;增大前角 γ_o;减小切削层厚度(h_D);提高刀具刃磨质量。总之,要减小刀-屑、刀-工间的切削变形和摩擦。另外还可采用硬质合金或高硬度刀具进行高速切削,

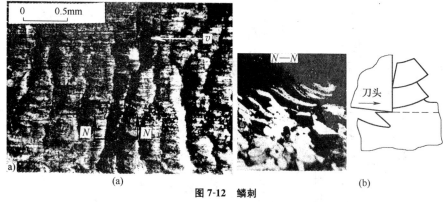

图 7-12 鳞刺
(a)鳞刺分布(拉削 40Cr 钢) (b)鳞刺形状

当切削温度提高到 500℃ 以上时,鳞刺高度会大大降低,甚至消失。若提高切削速度受到限制,则可采用人工加热切削区,如电加热、等离子炬加热等。

5. 影响切削变形的主要因素

(1) 工件材料方面　工件材料的强度越大、塑性越低,则切削变形越小。譬如切削中碳钢时,可进行正火或调质;切削软钢时增大刀具前角,均可减小切削变形。

(2) 刀具方面　增大前角,会减小切削变形。因为 γ_o 越大,刀刃越锋利,切屑流出时的阻力就小,所以,在保证刀具强度条件下,应尽可能采用大的前角。

(3) 切削用量方面

① 切削速度　切削钢时,尽量采用高速切削或低速切削,如轴件采用宽刀低速精车,躲开中等切削速度范围。因为中等切速时,积屑瘤渐小,使 γ_{oe} 也渐小,故切削变形增大。而在低速范围内切速由低增高时,积屑瘤形成并渐大,使 γ_{oe} 也渐增大,故切削变形减小。在高速范围内,积屑瘤随切削温度增高(>500℃)而消失,而且在高切削温度下,工件表层金属强度降低、摩擦系数减小,故切削变形减小。另外,金属切离速度大于其塑性变形速度,即变形来不及,所以切削变形减小。

② 切削层厚度 h_D 或进给量 f　切削层厚度增加或进给量 f 增加,因为 $h_D = f\sin K_r$,会使前面上的摩擦系数减小,从而使切削变形减小。

总之,切削变形的大小会直接影响切削力的大小和功率消耗、影响切削热及切削温度的高低,从而影响刀具磨损、表面加工质量、切削用量的大小及生产率。

二、切削力

1. 切削力的来源及其分解

切削力是工件材料抵抗刀具切削而产生的阻力。它主要来源于三个变形区内产生的弹性变形抗力和塑性变形抗力及刀-屑、刀-工间的摩擦阻力两个方面。这些抗力和阻力的合力 F 作用于切削刃上。因 F 是一个空间力,大小与方向不易确定。因此,为了便于测量和分析计算,常将 F 分解为三个分力,如图 7-13 所示。

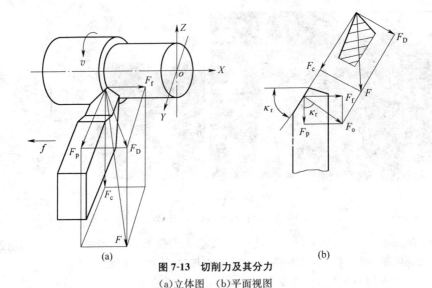

图 7-13 切削力及其分力
(a)立体图 (b)平面视图

(1)主切削力 F_c　在主运动(v)方向上的分力。
(2)背向力(切深抗力)F_p　与进给方向(即工件轴线方向)相垂直的分力。
(3)进给力(进给抗力)F_f　在进给运动(v_f)方向上的分力。

切削力 F 在基面上的分力 F_D 垂直主切削刃,并分解为 F_f 和 F_p 两分力。从图 7-15 中知,F、F_D、F_c 三分力的关系是

$$F=\sqrt{F_c^2+F_D^2}=\sqrt{F_c^2+F_P^2+F_f^2}$$

$$F_f=F_D\sin K_r,\quad F_p=F_D\cos K_r$$

2. 影响切削力的主要因素

(1)工件材料的影响　工件材料的强度、硬度越高,切削力也越大。强度、硬度相近的材料,塑性和韧性越大者,切削力也越大,因为摩擦系数增大、冷硬增强。另外切削钢的切削力比切削铸铁的切削力大得多。

(2)切削用量的影响　保持进给量不变时,背吃刀量 a_p 增大1倍,切削厚度 h_D 和切削面积 A_c($A_c=a_p f$)、切削变形和摩擦均成倍增加,所以 F_c 也增大1倍。而 a_p 保持不变,进给量 f 增大1倍时,虽然切削厚度 h_D 和切削面积 A_c 都增大1倍,但 f 的增大却使切削变形减小,所以 F_c 只增大 70%~80%。

上述 a_p 和 f 对 F_c 的影响规律,对生产有重要意义。从减小功率消耗节约能源来看,采用大进给切削比采用大切深有利。这在生产实际中已经得到体现。

切削速度 v 对切削力的影响规律与 v 对切削变形的影响规律相同。即 v 对 F_c 的影响也主要是由于积屑瘤影响到工作前角和摩擦系数,在低切速范围内,F_c 随 v 的增大而减小;在中速范围内,F_c 随 v 的增大而增大;在高速范围内,F_c 随 v 的增大而减小。但加工脆性材料时,v 对 F_c 的影响不大,因脆性材料的切削变形和摩擦均

很小。上述规律对生产实际有重要指导意义：

①如果刀具和机床性能允许,尽量采用高速切削,既能减小切削力,又可提高生产率；

②精加工钢件时,尽量不用中等切削速度。

(3) 刀具几何参数的影响

①γ_o。 γ_o 增大,切削变形减小,故切削力减小。这在切削塑性材料时表现得最明显,但切削脆性材料时则不明显。

②K_r 切削钢材时,若 K_r 角在 30°~60°内增大,则 F_c 减小,因为 K_r 增大使 h_D 增大,切削变形减小；若 K_r 角在 75°~90°内增大,则 F_c 逐渐增大,主要原因是随 K_r 增大,刀尖圆弧刃的切削工作段增长,使该处挤压加剧、切削变形增大；若 K_r 处在 65°~75°范围内时,F_c 较小并有最小值。另外 K_r 变化,也改变了 F_p 与 F_f 两分力的分配比例。K_r 增大时,F_f 增大而 F_p 减小,因 $F_f=F_D\sin K_r$、$F_p=F_D\cos K_r$。由以上影响规律可知为何生产中的强力车刀多采用 $K_r=60°~75°$,就是因为可减小 F_c,从而可收到节省能源的实效。

③λ_s。 刃倾角 λ_s 改变时,会使切削刃的实际工作长度和前角等有变化,从而引起各分力变化。

当 λ_s 从 $-45°$ 增大至 $+10°$ 时,对 F_c 影响不大。因为 λ_s 增大,使刀刃工作长度增大,故 F_c 将增大,但同时刀具的工作前角增大和刀刃变得锋利,故又使 F_c 减小,二者影响相抵消。λ_s 增大会使 F_p 减小和 F_f 增大,因为 λ_s 增大时,使前角 γ_p 增大、γ_f 减小。这就是生产实际中,当工艺系统刚性差,如加工细长轴时,应采用正值 λ_s 的原因。

④刀尖圆弧半径 r_ε。 r_ε 增大,切削变形增大,故 F_c 增大；又因 r_ε 增大时,圆弧刃上各点的平均主偏角值减小,故使背切削力 F_p 增大。一般 r_ε 由 0.25mm 增大到 1mm 时,F_p 约增大 20%。

⑤倒棱宽度 $b_{\gamma 1}$ 及倒棱前角 γ_{o1} 倒棱是为了增强主切削刃及改善其散热条件,在前面上沿刀刃磨出的小棱面。它的两个参数 $b_{\gamma 1}$ 及 γ_{o1} 增大时,会因挤压和摩擦加剧,使总切削力 F 增加。为了减小背切削力 F_p,应选较小的 $b_{\gamma 1}$,一般取 $\dfrac{b_{\gamma 1}}{f}<0.5$ 为宜。

(4) 其他因素影响 选择性能良好的切削液,可以减小刀-屑、刀-工间的摩擦,明显减小切削力。选用效果良好的切削液可比平时切削的切削力减小 10%~20%。

刀具磨损、刀钝,会增大刀-工间的摩擦,会使 F_c 和 F_p 增大。

刀具材料方面,不同刀具材料,其与工件材料间的亲和力及摩擦系数不同,对切削力的影响就不同。如切削钢材时,YT15 比高速钢刀具的切削力减小 15%~20%。

三、切削热与切削温度

切削热引起切削温度升高,使工件及机床产生变形,使零件加工精度及表面质量降低,尤其严重影响刀具的性能和寿命。

1. 切削热的来源及传出

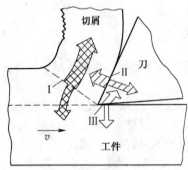

图 7-14 切削热来源与传出

切削热是由切削消耗的功率转变而来。具体地说切削热来源于三个变形区内消耗的变形功及刀-屑、刀-工间消耗的摩擦功转化而成的热量。

如图 7-14 所示,切削热主要以传导方式由切屑、工件、刀具及周围介质传出。加工方式不同,由各方传出热量的比例也不同。如车削时,由切屑传出总热量的 50%～80%,由工件传出 40%～10%,由刀具传出 9%～3%,其余热量由周围介质传出。而钻削时,则由工件传出总热量的约 52.5%,切屑传出约 28%,刀具传出约 14.5%,其余热量由切削液传出。

影响热量传导的主要因素是工件、刀具材料的导热系数大小及周围介质情况。

2. 切削温度分布

切削热使刀具、工件和切屑的温度升高,通过切削温度的实验测量,得知在刀具、工件、切屑中温度的分布规律如下:

①刀-屑之间因摩擦大,热量不易传散,故产生的温度最高。

②最高温度点在前面上靠近切削刃处,也叫压力中心。如用 YT14 刀具,以 $v=60$r/min, $a_p=3$mm, $f=0.25$mm/r 来车削 30Mn4 钢,测得在前面上离切削刃 1mm 处的最高温度约为 900℃。

③切屑上的平均温度高于刀具和工件上的平均温度;工件上的最高温度在近切削刃处,它的平均温度比刀具上的最高温度点低两到三成。平时讲的切削温度(θ)是指切削区的平均温度。

3. 影响切削温度的主要因素

(1) 切削用量的影响 通过切削温度(℃)实验数据整理得出的实验公式为

$$\theta = C_\theta a^{X_\theta} f^{Y_\theta} v^{Z_\theta} K_\theta$$

式中,指数 X_θ、Y_θ、Z_θ 分别表示 a_p、f、v 对切削温度 θ 的影响程度,且其数值关系总是 $Z_\theta > Y_\theta > X_\theta$;$C_\theta$ 为与实验条件有关的常数;K_θ 为实验切削条件改变后的修正系数。

①高速钢刀具切削中碳钢的切削温度为

$$\theta = (140 \sim 170) a_p^{(0.08 \sim 0.10)} f^{(0.2 \sim 0.3)} v^{(0.35 \sim 0.45)}$$

②硬质合金刀具切削中碳钢的切削温度为

$$\theta = 320 a_p^{0.05} f^{0.15} v^{(0.26 \sim 0.41)}$$

实验表明,切削用量对切削温度的影响规律是 v、f、a_p 增加时,切削温度都升高。其中 v 的影响最大,v 增大 1 倍,θ 约增加 32%;其次是 f 的影响,f 增大 1 倍,θ

约增加 8%；a_p 的影响最小，a_p 增大 1 倍，θ 约增加 7%。原因是 v 增大时，摩擦生热多、时间短，而且刀-屑接触面积也减小，热量来不及传出，故 θ 升高多；f 增大时，切削变形有所降低，刀-屑接触面积增大改善了散热条件，故 θ 升高较少；a_p 增大时，F_c 和摩擦使 θ 增加，但刀刃工作长度增长，h_D 增加，使散热面积增大，散热条件改善，又使 θ 减少，综合影响的结果是 θ 略有增加。

切削用量对 θ 的影响规律有重要的实际意义。为了有效控制 θ，以减小刀具磨损，提高刀具耐用度，减小 θ 对加工精度的影响，在机床功率和工艺系统刚性允许情况下，合理选择切削用量三要素的顺序应该是首先选用大背吃刀量 a_p，其次选大进给量 f，最后是选用合理的切削速度 v。

(2) **刀具几何参数的影响**　对切削温度影响最明显的刀具几何参数是 γ_o、K_r，其次是刀尖圆弧半径 r_ε。

① γ_o 由 $-10°$ 增大到 $25°$ 时，切削温度下降 $34\% \sim 25\%$，这是因为刀刃的锋利、切削变形减小，摩擦减小的结果。而 γ_o 由 $25°$ 继续增大时，切削温度不会再降低，这是因为刀具的楔角 β_o 减小太多，使散热条件变坏的结果。所以，在选定 γ_o 值时，不仅要考虑它对 F_c 的影响，还要考虑到刀刃、刀头的强度和散热条件。

② 主偏角 K_r 减小，可降低切削温度。这是因为 K_r 减小时，虽然会使切削变形和摩擦增加，切削热增加，但因刀头体积增大、切削宽度 (b_D) 增大 (b_D 是平行过渡表面测量的切削层尺寸，$b_D = a_P/\sin K_r$)，大为改善了散热条件。由于散热起主要作用，故而切削温度下降。一般 K_r 由 $30°$ 增大至 $90°$ 时，切削温度约增加 20%，所以切削刚性小的冷硬铸铁件时，要用主偏角 K_r 小的刀具。

③ 刀尖圆弧半径 r_ε 增大，仅有利于刀尖处局部切削温度的降低，但对切削区的平均切削温度 θ 基本没有影响。

刀具的倒棱宽度 $b_{\gamma 1} \leqslant 2f$ 时，对切削温度基本无影响，但当 $b_{\gamma 1} > 2f$ 时，切削温度略有增加，因为切削变形和切削力增加，使切削温度的增加比散热条件改善减少的切削温度要多。

(3) **工件材料的影响**　工件材料的强度、硬度越高，导热系数越小，则切削温度越高。切削合金钢的切削温度比切削碳素钢的切削温度高。

(4) **切削液的影响**　选择冷却作用强的切削液可大大降低切削温度，若同时润滑作用也好，则更有利于降低切削温度。

四、刀具磨损与刀具寿命

有经验的工人都知道，判断刀具已经磨钝的依据有过渡表面上出现亮带、已加工表面的表面粗糙度数值变大、切屑的颜色及形态改变、出现振动和噪声、加工尺寸超差等。了解刀具磨损的原因，掌握刀具磨损的规律，才能学会提高刀具耐用度的方法。

1. **刀具磨损形式、磨损过程及磨损标准**

刀具失效形式有正常磨损及非正常磨损两类。

(1) 正常磨损 指正常情况下,随着切削时间增长,自然磨损逐渐扩大的磨损。其磨损形态有三种。

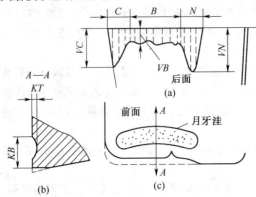

图 7-15 车刀典型正常磨损形态示意图
(a)后面磨损 (b)前面磨损 (c)前、后面同时磨损

① 后面磨损 如图 7-15a 所示,刀尖处的 C 区,因强度低、温度集中,磨损量 VC 较大。中部 B 区,磨损比较均匀,VB 表示其磨损量。边界 N 区,在刀刃与待加工表面切削处,因高温氧化,磨损量 VN 最大。显然 $VB<VC$ 及 VN。

一般切削脆性材料或用较低的切削速度 v 和较小的切宽厚度 h_D 来切削塑性材料时,易见到后面磨损。

② 前面磨损 如图 7-15b 所示,高温、高压下,切屑流出时,摩擦前面形成月牙洼磨损,它的深度为 KT,宽为 KB。用较大的切削速度和较大的切削厚度切削塑性材料时,易出现前面磨损。

③ 前、后刀面同时磨损 如图 7-15c 所示,一般条件下切削塑性金属材料,最为常见。

(2) 磨损过程 如图 7-16 所示,典型的刀具磨损过程可分三个阶段:

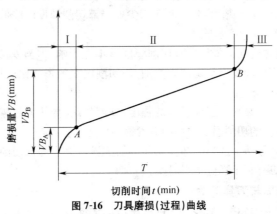

图 7-16 刀具磨损(过程)曲线

① 初磨阶段 I 开始切削的短时间内,刀面上不平的刃磨痕迹很快磨去,其磨损量 $VB_A \approx 0.05 \sim 0.1$ mm。

② 正常磨损阶段 II 磨损量 VB 随切削时间正比增大,磨损慢而均匀。

③ 急剧磨损阶段 III 因为刀已钝,温度升高,磨损急剧增大,过了 B 点如果再切削下去。则刀具损坏了乃至无法重磨。急剧磨损点(B)对应的磨损量和切削时间

T,是两个重要的量。

(3) 磨损标准　标准规定,后刀面上磨损带中部平均磨损量允许达到的最大值称为磨损标准,以 VB 表示。这是因为后面磨损对加工精度、表面质量和切削力等的影响比前面磨损大,而且容易测量,故而不用前面磨损量 KT 而用 VB 作磨损标准。

国标 GB/T 16461—1996 对高速钢刀具和硬质合金刀具的磨损标准规定如下:

①后面磨损带为正常磨损形态时,$VB=0.3$mm。

②后面磨损带不是正常磨损形态如有划伤、崩刃等时,$VB_{max}=0.6$mm。

③硬质合金刀具形成前面磨损形态时,可采用月牙洼深度 $KT=0.06+0.3f$ (mm),其中 f 为进给量。

④磨损标准亦称磨损判据,即只要刀具的实际磨损量达到了规定的标准,必须重磨或更换切削刃(可转位刀片)。

⑤如果不用 VB 而用 VB 对应的切削时间 T 作磨损判据,则 T 称为刀具寿命或耐用度。过去这两个名称不是同一概念。耐用度 T 是刀具磨损达到规定标准 VB 的总切削时间,而刀具寿命=重磨次数×T,单位都是 min。

2. 刀具磨损的主要原因及改善途径

(1) 刀具磨损原因

①磨粒磨损　指工件材料中的碳化物、氧化物、氮化物及铸、锻件表面的夹杂物、积屑瘤碎片等对刀面摩擦、刻划造成的磨损。

②黏结磨损　指刀面与工件材料的冷焊点被剪破碎,而将刀具材料剥落带走、造成的磨损。

③相变磨损　指切削温度升高后,使刀具材料的金相组织转变,引起硬度降低造成的磨损。

④扩散磨损　指高温下,刀具和工件材料中的合金元素相互置换,即合金元素由高浓度的一方向低浓度方迁移,使刀具材料的硬度、黏结强度和耐磨性降低形成的磨损。

⑤氧化磨损　当切削温度达到 700℃~800℃时,刀具材料中的 C、Co 及 WC、TiC 等与空气中的氧起化合作用,产生出硬度、强度较低的氧化膜,切削时被磨掉造成的磨损称为氧化磨损。

(2) 减小磨损的途径

①控制切削速度　使其值在合理范围内。高速钢刀具用低、中速切削时,磨损的主要原因是磨粒磨损,因为切削温度低;高速切削时磨损的主因是相变磨损,因为切削温度达到了高速钢的相变温度 500℃~600℃。硬质合金刀具在中速切削时,磨损的主因是黏结磨损;高速切削时,因为切削温度已接近或超过 1000℃,还将产生扩散磨损和氧化磨损,甚至产生塑性破坏。

②合理选择刀具材料　充分发挥其切削特性。如氧化磨损、黏结磨损等较严重的切削,可用涂层刀具或涂层刀片,而不用普通硬质合金。

③提高刀具刃磨质量　以减少摩擦和冷焊导致的磨粒磨损和黏结磨损。对高速钢刀具还可充分、连续的浇注切削液,使因高温导致的各项磨损大大减小。

④提高刀头和刀刃强度　譬如视加工要求和加工条件,选用较小的前角、适当减小或取负刃倾角、磨出负倒棱、增加刀具或刀片的刚性等,以防止出现疲劳裂纹、崩刃、剥落及热裂等非正常磨损。

3. 影响刀具寿命(或耐用度 T)的主要因素

(1) 切削用量的影响

① v 增大,切削温度就增高,磨损加剧,使刀具寿命 T 降低。

② f 增大,切削温度升高较多,对 T 影响较大;而 a_p 增大,切削温度略有升高,对 T 影响很小。

将实验结果 v、f、a_p 及其他切削条件因素对刀具寿命的影响综合起来,用一个关系式可表达为

$$T=\frac{C_T}{v^{Z_T} f^{Y_T} a_p^{X_T}} \cdot K_T$$

式中,T 的单位为 min,Z_T、Y_T、X_T 为指数,分别表示 v、f、a_p 对刀具寿命的影响程度;且 $Z_T > Y_T > X_T$;C_T 为与切削条件有关的常数;K_T 为修正系数。

由公式可看出,切削用量对 T 的影响规律与对切削温度的影响规律相同;为减小刀具磨损以提高刀具寿命 T 来选择切削用量时,其优选的顺序应该是先选择大的背吃刀量 a_p,再选大的进给量 f,最后根据已选出的 a_p、f 合理选算出 v。

(2) 刀具几何参数的影响　刀具寿命 T 的高低,是衡量所选刀具几何参数合理与否的标志。

① 前角 γ_o。γ_o 增大,T 也随之增大。这是因为切削力和切削温度均减小。但 γ_o 不能增加太大,以免刀头强度降低,散热条件变差,反使 T 减小。

② 主副偏角 K_r、K_r' 及刀尖圆弧半径 r_ε　减小主、副偏角,增大 r_ε,均可提高刀头强度、改善散热条件,故 T 增大。

(3) 工件材料的性能影响　工作材料强度、韧性、硬度越高及伸长率越大或导热系数越小时,均使切削温度升高,故使 T 减小。

(4) 刀具材料的合理选用　在满足加工要求又比较经济的条件下,可采用涂层刀具和新型刀具材料。如加工合金钢时,可用陶瓷刀具替代硬质合金等。

第五节　切削过程基本规律的实际应用

一、切屑控制

切屑的形状、切屑流向和断屑等,都要加以控制,否则会严重影响人身安全、损坏刀具、划伤已加工表面并会影响切屑的运输和处理。

1. 切屑形状分类

工件材料、刀具几何参数和切削用量不同,所产生的切屑的形状也会不同。国

标 GB/T 16461—1996 规定切屑形状与名称分为带状、管状、盘旋状、环形螺旋、锥形螺旋、弧形、单元和针形八类。前五类又各分长、短和缠乱三种。其中 C 形和 6 形，因为不会缠绕工件或刀具、不易伤人和便于收集，是比较理想的屑形；长 100mm 左右的螺旋形(即长紧卷屑)形成过程平稳、清除、收集方便，也是比较理想的屑形。重型车床大切深、大进给切削钢件时，形成盘旋状(即发条状)切屑较好。切削铸铁、脆黄铜等脆性材料时，设法形成卷状或螺状短卷屑为宜，以免崩碎屑飞溅伤人、研损床面、不易清除和不易收集。

2. 切屑流向控制

如图 7-17 所示，可以通过刃倾角 λ_s 控制切屑流出方向。如图 7-17a 所示，$\lambda_s=0°$ 时，切屑沿与主切削刃的正交平面偏一个小角度的方向流出，小角度称为流屑角，是因为有一段副刀刃也参与切削的结果；如图 7-17b 所示，$\lambda_s<0°$ 时，切屑流向已加工表面，会划伤已加工表面；$\lambda_s>0°$ 时，如图 7-17c 所示，切屑流向待加工表面。

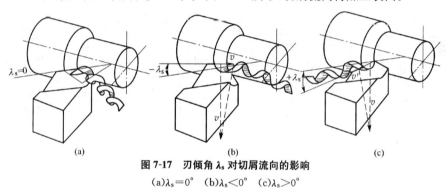

图 7-17　刃倾角 λ_s 对切屑流向的影响
(a)$\lambda_s=0°$　(b)$\lambda_s<0°$　(c)$\lambda_s>0°$

3. 切屑的折断与断屑措施

(1)切屑折断　切屑的变形由基本变形和附加变形两部分组成。基本变形即切屑形成过程中的切削变形；附加变形是切屑流经靠刀面上磨出的卷屑槽或制作的断屑台而产生的变形。大多数情况下，仅靠基本变形达不到断屑目的，必须再经受一次附加变形才能断屑。

(2)断屑措施

①采用适合的断屑槽　焊接车刀可在前面上磨出断屑槽，可转位车刀在刀片压制出断屑槽。如图 7-18 所示，常用槽形有折线形、直线圆弧形和全圆弧形三种。

折线形，尤其直线圆弧形适用于切削碳素钢及合金钢。全圆弧形，刀刃强度高，刃磨掉同样多的刀具材料的情况下，它能获得大前角，故适用于切削塑性高的材料和重型工件。

影响断屑效果的主要参数是槽宽 L_{Bn}、槽深 h_{Bn} 及反屑角 δ_{Bn}。减小 L_{Bn}、增大 h_{Bn} 及 δ_{Bn}，会使切屑的卷曲半径减小，故而易断屑，但 L_{Bn} 不得太小，δ_{Bn} 不得太大，以免造成堵屑。确定断屑槽参数的主要依据是工件材料、刀具角度和切削用量。

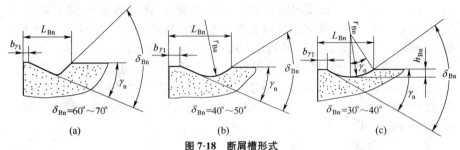

图 7-18 断屑槽形式
(a)折线形 (b)直线圆弧形 (c)全圆弧形

断屑槽在前面上的位置会影响切屑的形状和流向。如图 7-19 所示，常用的断屑槽位置有外斜式、平行式和内斜式三种。

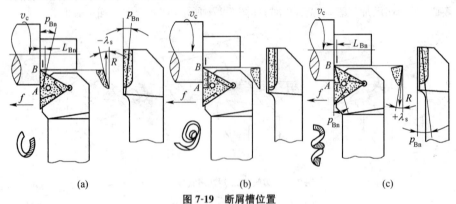

图 7-19 断屑槽位置
(a)外斜式 (b)平行式 (c)内斜式

外斜式槽使切屑翻转碰到后面或待加工表面，折断成 C 形或 6 形屑，外斜式槽的断屑范围较宽，断屑稳定可靠，一般取断屑槽斜角 $p_{Bn}=5°\sim15°$，p_{Bn} 是槽与主切削刃的倾斜角。一般切削中碳钢时，取 $p_{Bn}=8°\sim10°$；切削合金钢时，取 $p_{Bn}=10°\sim15°$。

平行式槽（$p_{Bn}=0°$），其断屑范围和效果与外斜式槽相近，但适用于背吃刀量 a_p 变动范围较大的场合。切屑流经断屑槽而卷曲后，碰到过渡表面而折断。

内斜式槽能形成长螺旋形屑，切削平稳，但断屑范围很窄，不易控制，一般取 $p_{Bn}=8°\sim10°$，适用于背吃刀量 a_p 小的精加工或半精加工。

②改变刀具角度　主偏角对断屑影响最大。在 a_p、f 已定的条件下，K_r 越大，使切削厚度 h_D 也越大，越易断屑。所以生产实际中要求断屑效果好的车刀，都采用 K_r 为 $60°\sim90°$。

其次是 λ_s 的影响，$-\lambda_s$ 时，使切屑流出碰到已加工表面断为 C 形、6 形屑；$+\lambda_s$ 时，使切屑流出碰到待加工表面或后面而断为 C 形屑或甩断成短螺旋屑。

③改变切削用量 对断屑影响最大的是 f,其次是 a_p,影响最小的是 v。增大 f 时,使 h_D 增大,经受附加变形后易断屑;当 f、a_p 同时增大时,易断屑;而单独增大 a_p 时,断屑效果不明显。

④附加断屑块 如图 7-20 所示,在前面上固定附加的断屑块或采用振动切削装置,实现断屑。

二、切削液的选用

合理选择切削液可收到以下好效果:改善了变形区的摩擦,减小了摩擦系数;抑制了积屑瘤和鳞刺的生长;使切削力、切削温度降低和减小工件的热变形。从而减小了刀具磨损,提高了加工精度和表面加工质量,增长了刀具寿命,并提高了生产率。

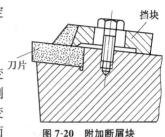

图 7-20 附加断屑块

1. 切削液的作用

(1)冷却作用 切削液注入切削区,利用热传导、对流、汽化,使切削温度降低和减小工艺系统热变形。

(2)润滑作用 切削液渗入到刀-屑、刀-工之间,其中油的极性分子吸附在前、后面的新鲜表面上,形成物理吸附膜(耐温低);或者切削液中的极压添加剂(硫化动植物油、氯化石蜡等)与金属发生化学反应生成化学吸附膜耐高温、高压,如氯化铁、硫化铁等,从而起到高温下减小刀-屑、刀-工间摩擦,减小粘刀和磨损。

(3)排屑和清洗作用 在磨削、钻削尤其深孔加工中,可利用切削液浇注或高压喷射来排除切屑或引导切屑的流向,冲洗掉散落在机床及工具上的碎细切屑与磨粒。

(4)防锈作用 在切削液中加入防锈添加剂如亚硝酸钠、石油酸磺钠等,就在金属表面上吸附形成保护膜,可防止氧化或水及酸性物质等的腐蚀。

另外,不论何种切削液,必须不伤人体,不污染环境,易配制,易保存、不易变质,价廉等。

2. 切削液种类及应用

生产中常用的切削液有冷却为主的水溶性切削液和润滑为主的油溶性切削液两类。

(1)水溶性切削液

①水溶液 软水(不是自来水)为主加防锈剂、防霉剂(如五氯酚等)而成。加工中在工件加工的表面上形成氧化膜起到一定时间的防锈作用。多见于粗加工中,如粗磨等。

②乳化液 一般用 97%～80% 的水加入 3%～20% 的乳化油膏,经搅拌而成为乳化液。市场上可买到的乳化油膏成品是用矿物油加乳化剂即表面活性剂(如油酸钠皂、磺化蓖麻油等)再加稳定剂(乙醇等)配制而成。活性剂的分子带极性,一头亲水,另一头亲油,从而使水、油连接,再加稳定剂的作用,使油水不分离,油均匀弥散在水中。低浓度的乳化液以冷却作用为主,适用于粗加工和普通磨削。高浓度乳化

液以润滑作用为主,适用于精加工和复杂刀具切削中。乳化液的选用见表7-4。表中浓度即乳化油膏加入量。

③合成切削液 由水、各种表面活性剂和化学添加剂组成,不含油,可节约能源而又环保。是国内外推广应用的高性能切削液。国产的DX148多效合成切削液、SLQ水基透明切削磨削液,用于深孔钻效果良好。又如H_1L_2合成切削液可用于不锈钢、钛合金等难加工材料加工,使刀具寿命长,表面加工质量高。

表7-4 乳化液的选用

加工方式及要求	粗车、普通磨削	粗铣	铰孔	切割	拉削	齿轮加工
浓度(%)	3～5	5	10～15	10～20	10～20	15～20

(2)油溶性切削液

①切削油 最常用的是机油、轻柴油和煤油等矿物油,其次有动、植物油和复合油(即矿物油与动植物油的混合油)。就润滑效果而言,矿物油不及动植物油,因后者油性好,油膜较牢。

生产中多用硫化油和间接硫化油,后者中的硫粉不易沉淀,润滑效果较前者好。矿物油主要用于切速较低的精加工、非铁金属及易切削钢加工,其中煤油适用于铝合金、铸铁的精加工。

②极压切削油 它是在矿物油中添加氯化石蜡、氯化脂肪酸、氯化动植物油或有机磷酸酯或硫化棉籽油等极压添加剂制成。它们的共同特点是形成耐高温、高压的化学膜,减小了摩擦系数,润滑性能大为提高。

氯化极压切削油,其形成的化学膜($FeCl_2$等)熔点达600℃。这种油能耐350℃高温,适用于切削难加工材料。含硫的极压切削油形成的化学膜(FeS),其熔点达1100℃以上,这种油能耐750℃。可用于碳钢、合金钢及难加工材料加工,均可提高表面粗糙度精度,延长刀具寿命。含磷的极压切削油,形成的化学膜的耐磨性比含氯、硫化物的切削油高。

除以上两大类切削液外,有时还应用二硫化钼(MoS_2)固体润滑剂,它形成的润滑膜有极小的摩擦系数(<0.09)、很高的熔点(1185℃),能耐高温、高压,有牢固的附着能力和润滑性能。切削时既可涂刷在刀面上和工件表面上,也可添加在切削油中应用。用于各种切削加工方式均获良好效果。

三、提高已加工表面粗糙度精度

工件的已加工表面质量包括表面粗糙度、表面残余应力、表面微观裂纹和表层硬化程度等,其中主要是表面粗糙度。影响表面粗糙度的主要因素有以下几个方面。

(1)刀痕 刀痕主要指工件已加工表面上的残留面积,是形成粗糙度的主要组成部分。影响表面粗糙度Ra的因素有f、K_r、K_r'及r_ε。且f越小,K_r与K_r'越小、r_ε越大,则Ra越小,已加工表面越光洁。因此,可控制这些宏观因素来减小表面粗糙度。

(2)影响表面粗糙度的其他因素 积屑瘤、鳞刺和刀具磨损,它们对表面粗糙度的影响前面已述及。由于加工余量不均匀、积屑瘤的生与灭、工艺系统刚性不足及外部环境干扰等都会引起振动,造成已加工表面上产生振纹,影响表面粗糙度。现场常见有些机床周围都有控制防振沟,就是隔断外来振动。另外,凡影响摩擦、积屑瘤、鳞刺的因素都要控制,如增大前角 γ_o、增大后角 α_o(精加工刀具 $\alpha_o \geqslant 8°$)、尽量避开中等及偏低切削速度、选用润滑性能好的且与切削速度相匹配的切削液等,也是控制表面粗糙度的重要手段。

四、合理选择刀具的几何参数

刀具几何参数包括刀具角度、刀刃及其刃口形状、前面与后面形式等。所谓刀具合理几何参数是指在保证加工质量要求和刀具寿命的前提下,能达到提高生产率和降低加工成本的刀具几何参数。

1. 前角的选择

前角的作用是影响变形区内的切削变形、刀头强度及刀刃的锋利、散热条件、切屑形状、断屑效果及表面加工质量。选择 γ_o 的原则是在保证刀头强度及刀具寿命要求条件下,尽可能增大前角。而选择 γ_o 合理值的根据是工件材料、刀具材料及加工要求。

① 根据工件材料 切塑性材料时,应取较大 γ_o;切脆性材料时,应取较小 γ_o。材料的强度、硬度越高时,应取较小 γ_o 值;材料的韧性、塑性越高时,应取较大 γ_o 值。

② 根据刀具材料 所取的 γ_o 值应是高速钢刀的 γ_o 值>硬质合金刀的 γ_o 值>陶瓷刀的 γ_o 值。常用工件材料用常用刀具材料加工时,γ_o 的合理值可参考表 7-5。

表 7-5 不同刀具材料切削不同工件材料时的前角值

1. 硬质合金刀具前角值									
工件材料	碳钢 σ_b/GPa				40Cr	调质钢	不锈钢	高锰钢	钛和钛合金
	≤0.445	≤0.558	≤0.784	≤0.98					
前角	25°~30°	15°~20°	12°~15°	10°	13°~18°	10°~15°	15°~30°	3°~-3°	5°~10°
工件材料	淬硬钢					灰铸铁		铜		铝及铝合金
	38~41HRC	44~47HRC	50~52HRC	54~58HRC	60~65HRC	≤220HBS	>220HBS	紫铜	黄铜	青铜	
前角	0°	-3°	-5°	-7°	-10°	12°	8°	25°~30°	15°~25°	5°~15°	25°~30°

2. 不同刀具材料加工钢时前角值			
工件材料	刀具材料		
碳钢 σ_b/GPa	高速钢	硬质合金	陶瓷
≤0.784	25°	12°~15°	10°
>0.784	20°	10°	5°

③ 根据加工要求 粗加工及断续切削时,应取 γ_o 值小些;精加工刀具,应取 γ_o 值大些;成形刀具,为了防止刀具廓形失真和保证要求的刀具寿命,应取 $\gamma_o = 0°$ 或很小的正前角值。

2. 前面形式的选择

(1) 正前角平面式　如图 7-21a 所示,优点是形状简单、易磨制,刀刃锋利;缺点是刀刃、刀头强度较低,散热较差。常用于单刃、多刃的精加工刀具和复杂刀具,如车刀、成形车刀、铣刀及齿轮刀具等。

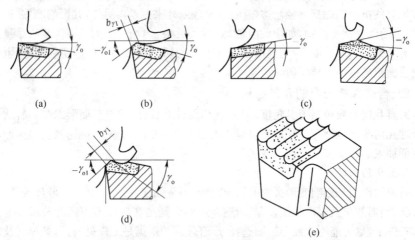

图 7-21　前面形式
(a)正前角平面式　(b)正前角带倒棱式　(c)负前角平面式　(d)曲面式　(e)前面搓板式

(2) 正前角带倒棱式　如图 7-21b 所示,倒棱及其两参数如前述。磨出倒棱目的是提高刀刃强度,改善散热条件。硬质合金刀具用于有冲击、加工硬材料的粗加工及半精加工时,一般取 $b_{\gamma 1}=(0.1\sim 0.8)f$,$\gamma_{o1}=-5°\sim -25°$。高速钢刀具一般不要磨负倒棱。

(3) 负前角平面式　如图 7-21c 所示,又有单面式及双面式两种。双面式可减小前面刃磨面积,提高重磨次数。负前角平面式刀具的刀刃、刀头强度高,散热体积大,刀片受压力又受弯曲力;刀刃不锋利,切削力大且易引起振动,一般取 $\gamma_o=-3°\sim -10°$。多用于硬质合金刀且切削高强度、高硬度钢和间断切削、有冲击的切削。

(4) 曲面式　如图 7-21d 所示,带负倒棱的曲面式,可磨出较大 γ_o,适用于硬质合金刀具粗加工和半精加工各种钢材;不带倒棱的曲面式,γ_o 大、刀刃锋利但强度较弱,适用于切削紫铜、铝合金和低碳钢等。

(5) 波形或前面搓板式　如图 7-21e 所示,在前面上,平行于副刀刃磨有多条弧形槽,因其波形刀刃有可变刃倾角,使切屑向弧形槽内挤压而改变了平面式的变形状态,结果将崩碎切屑转变成了瓦楞状切屑。适用于加工脆黄铜等脆性材料。

3. 后角及后面形式选择

(1) 后角 α_o 的选择　后角 α_o 的作用是影响刀-工间的摩擦、刀刃的锋利、刀头强度及刀具的寿命和加工精度。选择后角的原则是在摩擦减弱条件下,适当减小后角。具体选择原则是粗加工时,以确保刀具强度为主,α_o 可在 $4°\sim 6°$ 范围内选取;精加工时,以保证表面加工质量为主,α_o 可在 $8°\sim12°$ 范围内选取。切削塑性材料时,α_o 取大些;切削脆性材料时,α_o 取小些。另外,进给量 f 大时,α_o 取小些;f 小时,α_o 取大些。

(2)后面形式选择 常用的是单面式(图 7-22a),缺点是重磨后面的工作量大;其次有双重后角式(图 7-22b),优点是减少了刃磨和重磨后面的工作量,最常用;还有消振棱式(图 7-22c),在后面上磨出小棱面即刃带,棱面宽度 $b\alpha_1=0.1\sim0.3\mathrm{mm}$,棱面负后角 $\alpha_{o1}=-3°\sim-10°$,目的是增加阻尼减小切削振动,起到对刀具稳定导向和对已加工表面熨压作用,多见于切断刀、高速螺纹车刀和车长轴车刀等。

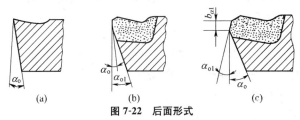

图 7-22 后面形式
(a)单面式 (b)双重后角式 (c)消振棱(刃带)式

4. 副后角 α_o' 的选择

选择原则与 α_o 相同,一般车刀的 α_o' 做成与主后角 α_o 相等。而切断刀、槽铣刀、拉刀等 α_o' 取 $1°\sim2°$,以便提高刀头或刀齿强度,减小重磨后刀刃尺寸及其精度的变化。

5. 主偏角 K_r 及副偏角 K_r' 的选择

(1)主偏角 K_r 的选择 主偏角的作用是影响切削宽度 b_D 与切削厚度 h_D 的比例、表面粗糙度、单位刀刃长度上的负荷、三个分力的比例、刀头与刀尖强度、散热条件及断屑效果。主偏角的选择原则是:

①工艺系统刚性不足时,为减小背向力 F_p,应选取较大的 K_r。譬如加工细长轴时,K_r 可取 $90°\sim92°$。一般情况下 K_r 取 $60°\sim75°$。

②工件材料强度、硬度高时,为提高刀具寿命,要选取较小 K_r。

③加工表面形状要求不同时,选 K_r 值亦应不同。如车台阶轴可选 $K_r=90°$;既车外圆又车端面和倒角的车刀取 $K_r=45°$。

(2)K_r' 选择 K_r' 的主要作用是影响加工表面粗糙度及刀头强度。选择原则是不加大摩擦及不产生振动条件下,应选取较小的 K_r'。K_r、K_r' 在不同加工条件下的参考合理值见表 7-6。

表 7-6 不同加工条件下主偏角 K_r、副偏角 K_r' 选用值

适用范围 加工条件	工艺系统刚性足够,加工淬硬钢、冷硬铸铁	工艺系统刚性较好,可中间切入,加工外圆端面倒角	工艺系统刚性较差,粗车、强力车削	工艺系统刚性差,台阶轴、细长轴、多刀车、仿形车	切断切槽
主偏角 K_r	$10°\sim3°$	$45°$	$60°\sim70°$	$75°\sim73°$	$\geqslant90°$
副偏角 K_r'	$10°\sim5°$	$45°$	$15°\sim10°$	$10°\sim6°$	$1°\sim2°$

6. 倒角刀尖(直线过渡刃)、圆弧刀尖及修光刃的选择

刀尖主要影响刀具寿命和加工表面粗糙度。对粗加工刀具,以增强刀尖强度为主,主要保证刀具寿命;精加工刀具,以保证表面粗糙度精度为主,主要保证表面质量。

(1) 倒角刀尖　如图 7-4a 所示,常用于粗加工、半精加工及间断切削刀具,如车刀、切断刀、可转位铣刀、钻头等。一般取 $K_{r\epsilon}=K_{r/2}$,$b_\epsilon=0.5\sim 2$mm。

(2) 圆弧刀尖　如图 7-4b 所示,主要作用是提高表面粗糙度精度和改善散热条件。常用于切削难加工材料及精加工、半精加工刀具。高速钢刀具的 r_ϵ 可取 0.2～5mm,硬质合金刀具的 r_ϵ 可取 0.2～2mm。

(3) 修光刃　如图 7-4c 所示,主要作用是减小表面粗糙度。它必须与进给方向平行,保证其偏角 $K_{r\epsilon}=0$,刀要平直锋利。要求工艺系统要有足够的刚性,常用于大进给量刀具,如精加工宽刃刨刀。一般取修光刃长度 $b'_\epsilon=(1.2\sim 1.5)f$(mm)。

7. 刃倾角 λ_s 的选择

λ_s 角的作用是影响切屑流向、刀头强度、刀刃的锋利、散热条件、切入切出工件时的平稳性、刀刃工作长度及三个切削分力的比例。λ_s 的选择原则是主要根据刀具强度、流屑方向和加工条件选取其值。精加工刀具,要 $\lambda_s \geq 0°$,λ_s 一般取 $0°\sim +5°$;粗加工刀具,λ_s 一般取 $0°\sim -5°$;加工高硬度、高强度钢的刀具及断续切削刀具,可取更大的负值刃倾角。表 7-7 所列供参考。

表 7-7　刃倾角 λ_s 数值的选用表

λ_s 值	$0°\sim +5°$	$+5°\sim +10°$	$0°\sim -5°$	$-5°\sim -10°$	$-10°\sim -15°$	$-10°\sim -45°$	$-45°\sim -75°$
应用范围	精车钢,车细长轴	精车有色金属	粗车钢和灰铸铁	粗车余量不均匀钢	断续车削钢、灰铸铁	带冲击切削淬硬钢	大刃倾刀具薄切削

五、合理选择切削用量

前面曾讲到,在保证加工质量要求前提下,反映切削加工生产效益的两项指标为:

机动时间　　$t_m = \dfrac{\pi d_w LA}{1000 a_p f v}$

材料切除率　　$Q = 1000 a_p f v$

显然乘积 $(a_p f v)$ 越大,效益越好。

1. 粗加工时切削用量的合理选择

影响选择 $(a_p f v)_{max}$ 的因素很多,但一般情况下主要受到刀具寿命(T)和机床功率(P_E)的限制。

(1) 切削用量选择受 T 限制时　因为已知 $T = \dfrac{C_T}{v^{Z_T} f^{Y_T} a_p^{X_T}}$,且 $Z_T > Y_T > X_T$,所以选择切削用量的原则和顺序应该是先选取尽可能大的 a_p,再选取尽可能大的 f,根据已选的 a_p、f,选算合理的切削速度 v_T。

(2) 当切削用量选择受机床动力(P_B)限制时 因为对切削力影响最大的是 a_p，其次是 f。因此，选择切削用量的原则和顺序应该是先选尽可能大的 f，再选取 a_p 及选算 v。即采用大进给切削有利。

理论和实践都证明，随着机床动力和刚度的增大，保证最低成本和最大利润的选择切削用量基本原则是先选尽量大的 a_p、再选尽量大的 f，据已选 a_p、f 选算合理的 v_T。

2. 精加工时切削用量的合理选择

因为精加工是以加工质量要求为主，因此选切削用量时要首先保证精度和表面质量，并兼顾刀具寿命和生产率。所以，切削用量的选择原则是先选较小的 a_p 与 f，再选算合理的 v_T。因为选 a_p 小，切削力减小，则工艺系统变形小；而选 f 小，会减小表面粗糙度（Ra），都有利于保证加工质量。至于 v 的选择，如前所述，或采用低切速宽刀精切，或采用高速（乃至超高速）切削，尽量躲开中等切速，以免产生积屑瘤和鳞刺。

3. 切削用量的选择方法与步骤

清楚了以上切削用量的选择原则后，就可有步骤地具体选定切削用量：

① 先据工件的加工余量（A）和粗、精加工要求，选定背吃力量 a_p。

② 根据机床、工件、刀具刚度等工艺系统刚度，及加工精度和表面质量要求，选定进给量 f。

③ 根据已选出的 a_p、f，再根据刀具寿命选算出合理的切削速度 v_T，即由前述刀具寿命公式算出 v_T 或查切削用量手册选取。

④ 验算机床功率 $P_E \cdot \eta \geqslant P_c$。

式中，P_E 为机床电动机功率；η 为机床效率；P_c 为切削功率。

随着切削加工的现代化，数控机床、加工中心及柔性剂制造系统不断大量应用，已经推广应用选择切削用量的数学优化计算方法，用数学手段、借助电脑来选出最佳切削用量。可参阅有关资料。

另外，介绍一下超高速切削的概念。按照当前加工技术水平，切削一般的钢和铸铁的切削速度 $\geqslant 1000 m/min$，切削铜、铝及其合金的切削速度 $\geqslant 3000 m/min$ 时，称为超高速切削。对某些加工工种而言，超高速车削速度达 $700 \sim 7000 m/min$，铣削速度达 $300 \sim 6000 m/min$，而磨削速度达 $5000 \sim 10000 m/min$。超高速切削的主要特点是切削变形大为减小；切削温度可使工件表层材料软化，使切削力比普通切削大大降低；切削热大部分被切屑带走，工件温度不高，v 高到一定值时，切削温度随之降低；刀具寿命降低的速率较小，磨损较慢等。超高速切削用的刀具是含 $TaC(NbC)$ 的高 TiC 硬质合金、超细晶粒硬质合金、涂层硬质合金、陶瓷及立方氮化硼等。超高速切削需要的加工条件有高效的切屑处理装置、高压冷却液喷射系统和安全防护装置，机床具有高转速、大功率和具有特殊要求的主轴系统、床身、控制和移动系统等。在汽车制造业、航空制造业及其他高生产率制造业中将有更多的应用。

第六节 常用切削刀具简介

一、车刀

(1) 按加工表面特征分 常用车刀形式如图 7-23 所示。图注括号内的数字表示形式代号。

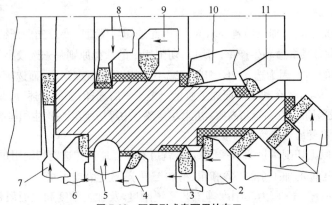

图 7-23 不同形式表面用的车刀

1. 45°端面车刀(02) 2. 90°外圆车刀(06) 3. 外螺纹车刀(16)
4. 70°外圆车刀(14) 5. 成形车刀 6. 90°左切外圆车刀(06L)
7. 切断车刀(07)、车槽车刀(04) 8. 内孔车槽车刀(13) 9. 内螺纹车刀(12)
10. 95°内孔车刀(09) 11. 75°内孔车刀(08)

(2) 按车刀结构分 车刀有：整体式、焊接式、机夹式及可转位式四类。其结构如图 7-24 所示，它们的特点和用途见表 7-8。

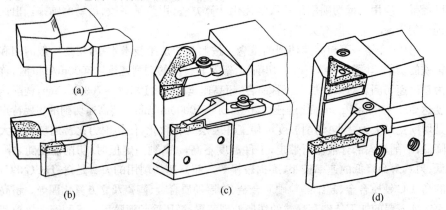

图 7-24 车刀的结构形式
(a)整体式 (b)焊接式 (c)机夹式 (d)可转位式

表 7-8　车刀结构类型、特点与应用

名　称	简　图	特　点	适　用　场　合
整体式	图 7-24a	用整体高速钢制造,刃口可磨得较锋利	小型车床或加工非铁金属
焊接式	图 7-24b	焊接硬质合金或高速钢刀片,结构紧凑,使用灵活	各类车刀特别是小刀具
机夹式	图 7-24c	避免了焊接产生的应力、裂纹等缺陷,刀杆利用率高,刀片可集中刃磨获得所需参数。使用灵活方便	外圆、端面、镗孔、割断、螺纹车刀等
可转位式	图 7-24d	避免了焊接刀的缺点,刀片可快换转位,生产率高,断屑稳定,可使用涂层刀片	大中型车床加工外圆、端面、镗孔,特别使用于自动线、数控机床

①焊接式车刀　使用的是国标规定的普通硬质合金刀片。选择刀片形状的依据是车刀用途及主、副偏角的大小。直头车刀便于制造;弯头车刀通用性好。刀柄一般用 45 钢制造,其截面形状一般为矩形,其截面高度应按机床中心高选定,当高度受限时,为提高其刚性,可用加宽的方形截面。刀柄长度一般取其高度的 6 倍。焊接式车刀因其容易制造,尤其刃磨改变参数灵活,故仍会应用,缺点是焊接报废率高。

②机夹式车刀　如图 7-25 所示,是指用机械方法定位和夹固,通过刀片体外刃磨后安装于刀槽而形成所需刀具角度的车刀。其优点是避免了焊接引起的内应力和裂纹等缺陷,仍可使用普通标准刀片,便于集中刃磨,刀柄寿命长。缺点是计算、制造较复杂。

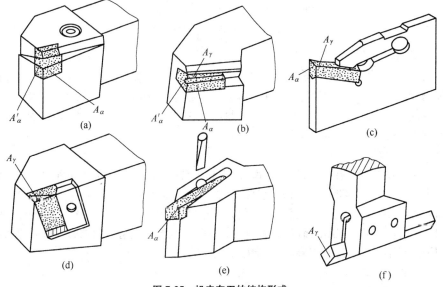

图 7-25　机夹车刀的结构形式
(a)上压式机夹车刀　(b)切削力自锁车刀　(c)弹性夹紧式割刀　(d)侧压立装式重切车刀
(e)削扁销机夹螺纹车刀　(f)弹性夹紧式机夹刨刀

③可转位式车刀　是指通过刀刃转位获得新切削刃的刀具,生产中已大量应

用。其结构形式多样,图 7-26 所示为常见的杠杆压紧式可转位车刀的结构示例。可转位式车刀的特点是几何参数由刀片、刀槽保证,不受工人技术水平影响,不需要操作者重磨;转位换刀刃后,不会改变刀刃、刀尖与工件的相对位置,既可保证加工精度,又可减少换刀时间;刀片报废可回收再制,刀柄寿命更长;因刀片一般不重磨,可使用涂层刀片;刀具已经标准化,可一刀多用,减少刀具储备量,简化了刀具管理工作。

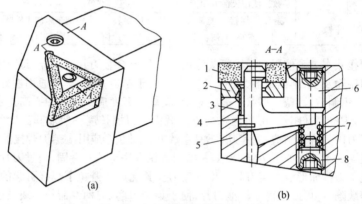

图 7-26 杠杆式压紧可转位车刀结构
(a)立体图 (b)断面结构图
1. 刀片 2. 刀垫 3. 弹簧套 4. 杠杆 5. 刀杆
6. 压紧螺钉 7. 弹簧 8. 调节螺钉

二、铣刀

铣刀是多齿刀具,种类繁多,广泛用于加工平面、台阶、沟槽、切断及成形表面等,如图 7-27 所示。它的特点是使用时工作刀齿数多,是断续切削,切削厚度及切削层横截面积随时变化;有容屑及排屑问题等。它的每个刀齿相当一把车刀,故在铣削过程中的基本规律与车削相似。

1. 铣刀类型

铣刀按结构分有整体、焊接刀齿、镶齿和可转位铣刀 4 类。而按齿背形式分有尖齿铣刀,如图 7-27h、i 等,其特点是刀齿多、锋利,加工表面粗糙度较小;但刀具寿命较短;重磨后刀面后刀刃廓形易变化失其精度;刃磨比较复杂。另一种是铲齿铣刀,其后面(齿背)是铲削而成的,如图 7-27j 所示,其特点是磨损后重磨刀齿的前面,刀刃廓形不变,精度高;刃磨简便,常用于成形铣刀。

2. 铣削方式

(1)圆周铣方式 有逆铣与顺铣两种铣削方式。

①逆铣 在切削区内,铣刀旋转方向与工件进给方向相反时称为逆铣,如图 7-28a 所示。

逆铣特点有:切削厚度从零逐渐增大,造成开始切削时,刀齿在过渡表面上挤压

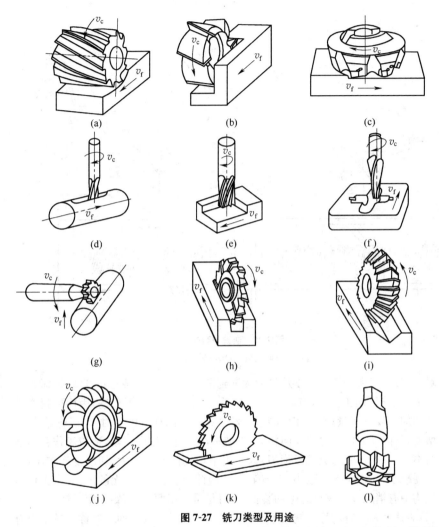

图 7-27 铣刀类型及用途

(a)、(b)圆柱铣刀铣平面　(c)端面铣刀铣平面　(d)键槽铣刀铣键槽　(e)立(棒)铣刀铣台阶平面及侧面　(f)模具铣刀铣型腔　(g)半月键槽铣刀铣键槽　(h)错齿三面刃铣刀铣凹槽　(i)双角度铣刀铣带角度沟槽　(j)圆弧铣刀铣凹弧面　(k)锯片铣刀切断　(l)T形槽铣刀

和打滑,使已加工表面产生冷硬层,加剧了刀齿磨损,并增大了表面粗糙度;当瞬时接触角 Ψ(刀齿所在位置与起始切入位置之间的夹角)增大到一定数值后,垂直进给力 F_{fN} 方向向上,有抬起工件趋势,易产生振动;横向进给力 F_f 的方向与进给速度 v_f 方向相反,在工作台进给丝杠与螺母有间隙情况下,F_f 力始终使丝杠与螺母的传动面贴紧,故工件台不会产生轴向窜动,铣削过程平稳。

②顺铣　在切削区内,铣刀旋转方向与工件进给方向相同时,称为顺铣,如图 7-28b 所示。

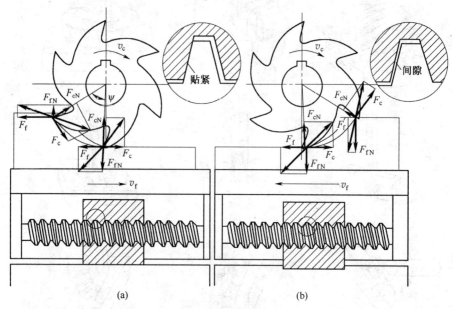

图 7-28 逆铣与顺铣
(a)逆铣 (b)顺铣

顺铣特点：刀齿的切削厚度从最大逐渐到零，避免了产生挤压和打滑，同时垂直进给力 F_{fN} 始终压向工作台，有利于工件夹紧，避免了工件上下振动，因而能提高铣刀寿命和加工表面质量；当工作台的进给丝杠和螺母间存在间隙时，由于进给力 F_f 逐渐增大，且因其方向与进给方向相同，将使工作台向左轴向窜动，造成工作台窜动和进给不均匀，严重时造成铣刀崩刃；因刀齿平均切削厚度较大，切削变形较小，故功率消耗减小，与逆铣比较减小 5%～14%。因此，当工件表面无硬皮、铣床工作台送进机构中有消除丝杠螺母间隙的装置时，可尽量采用顺铣，否则采用逆铣。

(2)端铣方式 有对称端铣与不对称端铣两种端铣方式。而不对称端铣中也有逆铣和顺铣，如图 7-29 所示。

①对称端铣 如图 7-29a 所示，铣刀轴心位于铣削弧长的中心位置，即工件宽度对称中心位置，上面顺铣部分等于下面的逆铣部分，切入角 δ＝切离角($-\delta_1$)时，称为对称端铣。其特点是平均切削厚度较大，故切削变形相对较小，适于切削淬火钢、精铣平面。

②不对称逆铣 如图 7-29b 所示，逆铣部分的宽度大于顺铣部分($h_{D入}<h_{D出}$，$\delta>|-\delta_1|$)时，称为不对称逆铣。特点是因切入冲击力小，比较平稳。适于切削碳钢及合金钢，加工表面粗糙度较小，刀具寿命大有提高，但切出侧毛刺较大。

③不对称顺铣 如图 7-29c 所示，顺铣部分的宽度大于逆铣部分($h_{D入}>h_{o出}$，$\delta<|-\delta_1|$)时，称为不对称顺铣。切出侧毛刺小。适于切削不锈钢、耐热钢等。刀具寿命可成

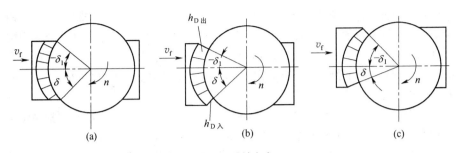

图 7-29 端铣方式
(a)对称端铣 (b)不对称逆铣 (c)不对称顺铣

倍提高。

三、钻头

(1)**扁钻** 如图 7-30 所示,结构最简单、使用最早的一种钻孔工具。有整体式(图 7-30a)和装配式(图 7-30b)两种。整体式扁钻适用于钻削脆硬材料上的浅孔或阶梯孔和成形孔,特别适用于加工直径 0.03~0.5mm 的微孔。装配式扁钻主要用于大直径孔加工。其刀杆刚性大,刀片可用高速钢或硬质合金制造,可修磨成各种形状并能快速更换,故适合在自动线或数控机床上应用,因其技术经济效果好,已得到广泛应用。

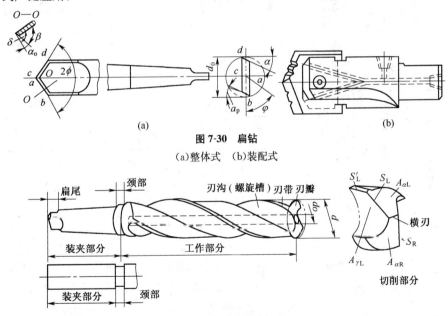

图 7-30 扁钻
(a)整体式 (b)装配式

图 7-31 标准麻花钻组成

(2)**麻花钻** 如图 7-31 所示,标准麻花钻由 3 个部分组成。它的装夹部分,即钻柄有两种,圆柱柄用于小直径钻头,莫氏锥柄用于直径大于 12mm 的钻头。规格、厂标等刻印在颈部。切削部分由6个刀面和5个刀刃组成,即两个螺旋形前面、两个螺旋形或圆锥形的后面、两个圆柱形刃带棱面即副后面;5个刀刃是两个主切削刃(前、后面的交线)、一个横刃(两后面的交线)、两个副切削刃(前面与副后面的交线)。工作部分也叫导向部分,起导向、排屑与备磨作用,它由两个螺旋槽、一个钻心和两个刃带构成。

钻心是连接两个刃瓣的部分,并做成1.4~2mm/100mm的正锥度,以提高钻头的刚度,两个刃带用以保持钻头在孔中钻进的方向。

麻花钻的结构参数是确定钻头几何形状的独立参数,指钻头制造时控制的尺寸与角度,包括直径d,由头向后缩的直径倒锥,倒锥量为0.03~0.12mm/100mm;钻心直径d_0指与两主切削刃相切的圆直径,$d>13$mm的钻头,$d_0=(0.125\sim0.15)d$;刃带棱边螺旋线的螺旋角ω。标准麻花钻的几何参数见表7-9。标准麻花钻用于实孔的粗加工。

表7-9 标准麻花钻的几何参数($d>18$mm)分类、代号与数值

类别			名称	代号	计算公式	标准值
独立参数	结构参数	直径	直径	d	—	—
			钻心直径	d_0	—	$(0.12\sim0.15)d$
		副切削刃参数	副刃前角(刃沟端剖面前角)	γ'_o	—	$\approx 22.3°$
			副刃后角(刃带后角)	α'_o	—	$0°$
			副刃偏角(直径倒锥)	κ'_r	—	0.03~0.12mm/100mm
			副刃倾角(螺旋角)	ω	$\tan\omega_x=\tan\omega\,(d_x/d)$	$25°\sim32°$
		刃带	刃带宽	b_f	—	1.3~3.4
			刃带高	c	—	0.65~2.8
	刃磨角度		顶角	2ϕ	—	$116°\sim118°$
			外缘后角	α_{fc}	—	$8°\sim20°$
			横刃斜角	ψ	—	$125°$
派生角度(正交平面参考系)	主切削刃角度		端面刃倾角	λ_{tx}	$\sin\lambda_{tx}=d_0/d$	$8.5°\sim55°$
			主偏角	κ_{rx}	$\tan\kappa_{rx}=\tan\phi\cos\lambda_{tx}$	$58.6°\sim43.7°$
			刃偏角	λ_{sx}	$\tan\lambda_{sx}=\tan\lambda_{tx}\sin\kappa_{rx}$	$7.3°\sim44.6°$
			前角	γ_{ox}	$\tan\gamma_{ox}=\dfrac{\tan\beta_x}{\sin\kappa_{rx}}+\tan\lambda_{tx}\cos\kappa_{rx}$	$30°\sim-54°$
			后角	α_{ox}	$\cot\alpha_{ox}=\dfrac{\cot\alpha_{fx}}{\sin\kappa_{rx}}+\tan\lambda_{tx}\cos\kappa_{rx}$	$5°\sim18°$
	横刃角度		横刃后角	$\alpha_{o\psi}$	$\tan\alpha_o=\dfrac{1}{\tan\psi\sin\psi}$	$36°$
			横刃前角	$\gamma_{o\psi}$	$\gamma_{o\psi}=-(90°-\alpha_{o\psi})$	$-54°$
			横刃偏角	$\kappa_{r\psi}$	—	$90°$
			横刃倾角	$\lambda_{s\psi}$	—	$0°$

图7-32 基本型群钻

(3)群钻 群钻是1953年我国独创的系列化先进钻形,图7-32所示为基本型群钻,外缘刃磨出较大顶角的外直刃,中段磨出向内凹的圆弧刃,钻心修磨出内直刃与很短的横刃,因此它共有7条主切削刃,即两个外直刃、两个圆弧刃、两个内直刃和1个横刃,外形上出现3个钻尖。直径较大的钻头在一侧外刃上再开1条或两条分屑槽。因此群钻的刃形特征是:三尖七刃锐

当先,月牙弧槽分两边,一侧外刃开屑槽,横刃磨低窄又尖。与标准麻花钻比较,有以下优点:

① 横刃长度缩短 4/5,主刃上平均前角值增大,使进给(轴向)抗力减小 35%~50%,切削阻力矩减小 10%~30%,故可用大进给量钻孔,每转进给量约提高 3 倍,钻孔效率大大提高。

② 其刀具寿命提高 2~3 倍。

③ 定心作用好,钻孔精度高,形位误差小,表面粗糙度值小。

④ 使用不同的钻形加工铝、铜、有机玻璃或加工薄板、斜面等,均可提高加工质量。基本型群钻是演变成其他钻形的基础。

复习思考题

1. 何谓切削用量三要素?
2. 何谓刀具的前面(A_γ)和后面(A_α)?
3. 刀具正交参考系的基面 P_r、切削平面 P_s、正交平面 P_o 及其基本角度 γ_o、α_o、K_r、K_r'、λ_s、α'。如何定义?并画图表示。
4. 刀具切削部分的材料应具备哪些性能? 衡量刀具材料性能的主要指标是什么?
5. 按制作方法,高速钢分哪两大类? 当它们的成分相同时,其切削性能却差别很大,这是为什么?
6. 高性能高速钢为何比普通高速钢的性能高?
7. 常用的硬质合金材料有哪几类? 它们的牌号和用途如何?
8. TiC 涂层和 TiN 涂层的涂层硬质合金刀片,各有何主要特点?
9. 常用的陶瓷刀具材料主要有哪两类? 各有何特点? 各适用于何场合?
10. 人造金刚石和立方氮化硼各有何特点? 各适用于何场合?
11. 切屑是怎样形成的? 不同切削条件下,切屑的形态有哪几种?
12. 何谓积屑瘤? 何谓鳞刺? 何谓表面加工硬化? 它们产生的条件是什么? 对加工质量有何影响? 如何控制?
13. 切削力来源于何处? 三个切削分力的作用特点各是什么?
14. γ_o、K_r 对切削力有何影响? 为何强力车刀都选 $K_r=60°~75°$? 为何车细长轴时车刀的 $K_r=90°~92°$?
15. 切削用量三要素对切削力的影响规律如何?
16. 切削热来源于何处? 切削用量三要素对切削温度的影响规律是什么? γ_o 与 K_r 角对切削温度有何影响?
17. 刀具正常磨损形式有哪几种? 什么叫刀具磨损标准? 什么叫刀具寿命(刀具耐用度)?

18. 刀具磨损的主要原因有哪些？高速钢刀具在用低、中速切削和高速切削时，产生磨损的主要原因是什么？硬质合金用中速和高速切削时的主要磨损原因是什么？

19. 切屑经历怎样的变形才挤断的？断屑措施常见有哪些？切屑的流向和形态与刃倾角的大小和断屑槽在前面上的位置有何关系？

20. 切削液对切削过程、加工质量和刀具寿命有何影响？

21. 切削液是怎样起到冷却作用和润滑作用的？常用的切削液种类有哪些？各适用于什么场合？

22. 影响已加工表面表面粗糙度的因素有哪些？如何通过控制刀具参数（K_r、K'_r等）及进给量（f）来减小表面粗糙度？

23. 前角的作用和选择原则是什么？其合理数值的选择依据是什么？

24. 何谓倒棱？刀具磨出倒棱的主要目的是什么？硬质合金刀具的两个倒棱参数（$b_{\gamma 1}$、γ_{o1}）大约取多大？

25. 后角的作用和选择原则是什么？

26. 主偏角 K_r、刃倾角 λ_s 的作用和选择原则各是什么？

27. 一般情况下，切削用量受到刀具寿命限制。那么，粗加工和精加工时各应遵循什么原则和顺序来选取合理的切削用量？切削用量选择的一般步骤如何？

28. 何谓机夹车刀？何谓可转位车刀？二者主要特点？

29. 铣刀按齿背形式分有哪两类？各有何特点？

30. 何谓逆铣和顺铣？各有何特点？三种端铣方式各有何特点及适用何种场合？

31. 麻花钻由哪些部分组成？其切削部分由哪些刀面和刀刃组成？

32. 基本型群钻与标准麻花钻比较有哪些突出优点？

33. 用直径 $\phi 80mm$ 的棒料，经过一次走刀车出直径 $\phi 70mm$、长 200mm 的工件，已知进给量为 0.5mm/r，机床主轴转速为 240r/min。试问切削速度 v、切削时间 t_m 各为多少？

34. 用 $\gamma_o = 12°$、$\alpha_o = 8°$、$\lambda_s = 0°$ 的切断车刀切断直径 $\phi 50mm$ 的棒料。若刀具安装时高于中心 1mm，试问工作前、后角 γ_{oe}、α_{oe} 各为多少？

35. 车削大径 36mm、中径 33mm、小径 29mm、螺距 6mm 的梯形螺纹时，若使用刀具的 γ_o 为零，左刃后角 $\alpha_{oL} = 12°$、右刃后角 $\alpha_{or} = 6°$。试问左、右刃的工作前、后角各是多少？

第八章 常用金属切削机床及机床夹具

> **培训学习目的** 掌握机床型号编制方法；了解常用金属切削机床；了解机床夹具的功用、组成及分类；掌握常用机床通用夹具的使用方法。

第一节 机床型号编制方法

一、机床分类

机床主要按其工作原理或加工性质等不同方法分类。按加工性质可分为车床、钻床、铣床、刨插床、磨床、镗床、齿轮加工机床、螺纹加工机床、拉床、切断机床和其他机床等。按自动化程度可分为手动、机动、半自动和自动机床。按机床的质量可分为微型机床、中型机床、大型机床(达 10t)、重型机床(达 30t 以上)和超重型机床(100t 以上)。按机床工艺范围(万能程度)大小可分为通用机床、专门化机床和专用机床。

二、机床的型号编制(GB/T 15375 — 1994)

通用机床型号,由基本部分和辅助部分两部分组成,表示方法如下:

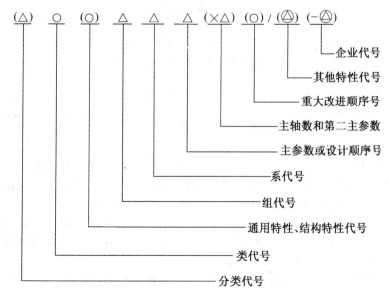

1. 型号构成说明

有( )的代号或数字,表示有些机床无此项内容;O表示大写的汉语拼音字母;△表示阿拉伯数字;⊘表示大写汉语拼音字母或阿拉伯数字或两者兼有。

基本部分与辅助部分中间用"/"隔开。基本部分统一规定,辅助部分纳入型号与否由生产厂家自定。

2. 分类代号及类代号

分类代号用阿拉伯数字表示。第1分类代号前的"1"不写出,例如磨床的分类代号分为 M、2M、3M 三类。

类代号用大写汉语拼音字母表示。必要时,每类可分为若干分类。通用机床的类代号及分类代号见表8-1。

表8-1 机床的类代号及分类代号

类别	车床	钻床	镗床	磨床			齿轮加工机床	螺纹加工机床	铣床	刨插床	拉床	锯床	其他机床
代号	C	Z	T	M	2M	3M	Y	S	X	B	L	G	Q
读音	车	钻	镗	磨	二磨	三磨	牙	丝	铣	刨	拉	割	其

3. 通用特性代号和结构特性代号

(1)通用特性代号 有统一的固定含义,它在各类机床的型号中表示的意义相同。机床的通用特性代号见表8-2。

表8-2 机床通用特性代号

通用特性	高精度	精密	自动	半自动	数控	加工中心(自动换刀)	仿形	轻型	加重型	简式或经济型	柔性加工单元	数显	高速
代号	G	M	Z	B	K	H	F	Q	C	J	R	X	S
读音	高	密	自	半	控	换	仿	轻	重	简	柔	显	速

当某类型机床除有普通外,尚有表中某种通用特性时,则在类代号之后加通用特性代号予以区分,例如"CK"表示数控车床。而若某类型机床仅有某种通用特性,但无普通形式者,则通用特性不予表示。例如C1107型单轴纵切自动车床,因这类自动车床无"非自动"型,所以不必用"Z"表示通用特性。另外,当在一个型号中需要同时使用2~3个通用特性代号时,一般按其通用特性的重要程度排列顺序,例如"MBG"表示半自动、高精度第1类磨床。

(2)结构特性代号 该代号是为了区别主参数相同而结构不同的机床而设置,

且在型号中没有统一的含义。它排在类代号之后;当型号中有通用特性代号时,它应排在通用特性代号之后。结构特性用大写汉语拼音字母表示,通用特性代号已用的字母和"I、O"两字母不能用。当单个字母不够用时,也可将两个字母组合起来使用,如 AD、AE 等。例如 CA6140 卧式车床型号中的"A",表示这种车床在结构上与C6140 有区别,但两者的主参数相同。

4. 组代号与系代号

标准将每类机床划为 10 个组,每个组又划为 10 个系(系列)。

(1)组代号 在同一类机床中,主要结构、布局和使用范围基本相同的机床即为一组,共划分 10 个组,用数字 0~9 表示。组代号位于类代号或通用特性代号、结构特性代号之后。机床的类、组划分见表 8-3。

(2)系代号 在同一组机床中,其主参数相同、主要结构、布局相同的机床即为同一系。系代号用 1 位阿拉伯数字表示,位于组代号之后。例如 MB8240 中"8"是组代号,"2"是系代号。

5. 主参数及表示法

描述机床加工能力的主要技术参数,称为主要参数。型号中的主参数用折算值表示,即主参数实际数值×折算系数=型号中的主参数,位于组、系代号之后。当折算值>1 时,取整数,前面不加"0";当折算值<1 时,取小数点后第一位数,并在前面加"0"。主参数的计算单位为:尺寸以 mm 计;拉力以 kN 计;功率以 W 计;转矩以 N·m 计。如 CA6140 中主参数值为 40,因床身上工件最大回转直径 400mm 是主参数的实际值,折算系数为 1/10,所以 400×1/10=40。

对某些通用机床,当无法用 1 个主参数表示时,则在型号中用设计顺序号表示。设计顺序号由 01,02,03…10,11…组成。例如第 5 种抛光机(仪表磨床)无主参数,则用设计顺序号表示为 M0405,05 即设计顺序号。

6. 主轴数和第二主参数

(1)主轴数表示法 对于多轴车床、多轴钻床、排式钻床等,其主轴数量以实际数值列入型号,置于主参数之后,用"×"分开,读作"乘"。单轴则省略,不予表示。例如,C2150×6 表示最大棒料直径为 50mm 的六轴棒料自动车床;CG1107 表示最大棒料直径为 7mm 的单轴纵切自动车床。

(2)第二主参数表示法 第二主参数(多轴机床的主轴除外),一般不予表示,如有特殊情况,需在型号中表示。列入型号的第二主参数,一般折算成两位数或最多不超过三位数。标准中的第二主参数凡以长度表示的,包括跨距、行程等,采用1/100 为折算系数;凡以直径、深度、宽度表示的,采用 1/10 为折算系数;凡以厚度、模数表示的,则用实际数值列入型号。当折算值<1 时,则取出小数点后第一位数,并在其前面加"0"。常用的部分机床的组、系代号及型号中的主参数和折算系数(摘录自 GB/T15375—1994),见表 8-4。

表 8-3 金属切削机床类、组划分

类别	组别 0	1	2	3	4	5	6	7	8	9
车床 C	仪表车床	单轴自动车床	多轴自动、半自动车床	回轮、转塔车床	曲轴及凸轮轴车床	立式车床	落地及卧式车床	仿形及多刀车床	轮、轴、辊、锭及铲齿车床	其他车床
钻床 Z		坐标镗钻床	深孔钻床	摇臂钻床	台式钻床	立式钻床	卧式钻床	铣钻床	中心孔钻床	其他钻床
镗床 T			深孔镗床		坐标镗床	立式镗床	卧式镗床	精镗床	汽车、拖拉机修理用镗床	其他镗床
磨床 M	仪表磨床	外圆磨床	内圆磨床	砂轮机	坐标磨床	导轨磨床	刀具刃磨床	平面及端面磨床	曲轴、凸轮轴、花键轴、轧辊磨床	工具磨床
磨床 2M		超精机	内圆珩磨机	外圆及其他珩磨机	抛光机	砂带磨及磨削机床	刀具刃磨床	可转位刀片磨削机床	研磨机	其他磨床
磨床 3M		球轴承套圈沟磨床	滚子轴承套圈滚道磨床	滚子轴承套圈超精磨床		叶片磨削机床	滚球加工机床	钢球加工机床	气门、活塞及活塞环磨削机床	汽车、拖拉机修理用磨床、齿轮倒角及检查机
齿轮加工机床 Y	仪表齿轮加工机		锥齿轮加工机		滚齿及铣齿机	剃齿及珩齿机	插齿机	花键轴铣床	齿轮磨齿机	其他齿轮加工机床
螺纹加工机床 S				套螺纹机	攻螺纹机		螺纹铣床	螺纹磨床	螺纹车床	
铣床 X	仪表铣床	悬臂及滑枕铣床	龙门铣床	平面铣床	仿形铣床	立式升降台铣床	卧式升降台铣床	床身式铣床	工具铣床	其他铣床
刨插床 B		悬臂刨床	龙门刨床			插床	牛头刨床		边缘及模具刨床	其他刨床
拉床 L			侧柱拉床	卧式外拉床	连续拉床	立式内拉床	卧式内拉床	立式外拉床	键槽及轮轴拉床	其他拉床
锯床 G		砂轮片锯床		卧式带锯床	立式带锯床	圆锯床	弓锯床			锯床
其他机床 Q	其他仪表机床	管子加工机床	木螺钉加工机床		划线机	切断机	多功能机床			

表 8-4　常用机床的组、系代号及型号中主参考和折算系数(部分)

类	组	系	机床名称	主参数的折算系数	主参数	第二主参数
车床 C	1	1	单轴纵切自动车床	1	最大棒料直径	
	2	1	齿轴棒料自动车床	1	最大棒料直径	轴数
	3	1	滑鞍转塔车床	1/10	卡盘直径	
	3	7	立式转塔车床	1/10	最大车削直径	
	4	1	曲轴车床	1/10	最大工件回转直径	
	5	1	单柱立式车床	1/100	最大车削直径	最大工件高度
	6	1	卧式车床	1/10	床身上最大工件回转直径	最大工件长度
	7	5	多刀车床	1/10	刀架上最大车削直径	最大工件长度
	8	9	铲齿车床	1/10	最大工件直径	
钻床 Z	2	1	深孔钻床	1/10	最大钻孔直径	最大钻孔深度
	3	0	摇臂钻床	1	最大钻孔直径	最大跨度
	4	0	台式钻床	1	最大钻孔直径	
	5	0	圆柱立式钻床	1	最大钻孔直径	
	5	1	方柱立式钻床	1	最大钻孔直径	
	8	2	平端面中心孔钻床	1/10	最大工件直径	
镗床 T	4	1	立式单柱坐标镗床	1/10	工作台宽度	工作台长度
	6	1	卧式镗床	1/10	镗轴直径	
	6	3	卧式镗铣床	1/10	镗轴直径	
	7	1	双面卧式精镗床	1/10	工作台宽度	工作台长度
	8	1	缸体轴瓦镗床	1/10	最大镗孔直径	
磨床 M	0	4	抛光孔			
	0	6	刀具磨床			
	1	3	外圆磨床	1/10	最大磨削直径	最大磨削长度
	1	4	万能外圆磨床	1/10	最大磨削直径	最大磨削长度
	1	6	端面外圆磨床	1/10	最大回转直径	最大工件长度
	2	1	内圆磨床	1/10	最大磨削孔径	最大磨削深度
	3	0	落地砂轮机	1/10	最大砂轮直径	
	6	0	万能工具磨床	1/10	最大回转直径	最大工件长度
	7	1	卧轴矩台平面磨床	1/10	工作台面宽度	工作台面长度
	7	2	立轴矩台平面磨床	1/10	工作台面宽度	工作台面长度
	8	2	曲轴磨床	1/10	最大回转直径	最大工件长度
磨床 2M	6	0	万能刀具刃磨床	1/10	最大回转直径	
	9	6	凸轮磨床	1/10	最大回转直径	
齿轮加工机床 Y	2	3	直齿锥齿轮刨齿机	1/10	最大工件直径	最大模数
	3	1	滚齿机	1/10	最大工件直径	最大模数
	5	1	插齿机	1/10	最大工件直径	最大模数
螺纹加工机床 S	6	3	万能螺纹铣床	1/10	最大铣削直径	
	7	5	万能螺纹磨床	1/10	最大工件直径	

续表 8-4

类	组	系	机床名称	主参数的折算系数	主 参 数	第二主参数
铣床 X	1	6	卧式滑枕铣床	1/100	工作台面宽度	工作台面长度
	2	0	龙门铣床	1/100	工作台面宽度	工作台面长度
	5	0	立式升降台铣床	1/10	工作台面宽度	工作台面长度
	6	0	卧式升降台铣床	1/10	工作台面宽度	工作台面长度
	6	1	万能升降台铣床	1/10	工作台面宽度	工作台面长度
	8	1	万能工具铣床	1/10	工作台面宽度	工作台面长度
刨插床 B	2	0	龙门刨床	1/100	最大刨削宽度	最大刨削长度
	5	0	插床	1/10	最大插削长度	
	6	0	牛头刨床	1/10	最大刨削长度	
拉床 L	3	1	卧式拉床	1/10	额定拉力	最大行程
	5	1	立式内拉床	1/10	额定拉力	最大行程
	6	1	卧式内拉床	1/10	额定拉力	最大行程
	7	1	立式外拉床	1/10	额定拉力	最大行程

7. 机床的重大改进顺序号

当机床的结构、性能有更高的要求,并需按新产品重新设计、试制和鉴定时,才按改进的先后顺序选用 A、B、C……汉语拼音字母(I、O 两字母除外),加在型号基本部分的尾部,以区别原机床型号。例如 XA6140A 为经第一次重大改进的卧式升降台铣床。

8. 其他特性代号

其他特性代号置于辅助部分之首,主要用来反映各类机床的特性。如对于数控机床可用来反映不同的控制系统等;对于加工中心,可用以反映控制系统、自动交换主轴头、自动交换工作台等;对于柔性加工单元,可用以反映自动交换主轴箱;对于一机多能机床,可用来补充表示某些功能;对于一般机床,可以反映同一型号机床的变型等。例如 Z3040×16/1 表示摇臂钻床在原型号基础上第一次变型。

9. 企业代号

企业代号,包括机床生产厂家及机床研究单位代号,置于辅助部分之尾部,用"—"分开,读作"至",若辅助部分仅有企业代号,则不加"—"。例如 CX5112A/WF 表示瓦房店机床厂(代号 WF)生产的最大车削直径 1250mm、经过第一次重大改进的数显单柱立式车床。

国标中还规定了专用机床型号及机床自动线型号的编制方法,不赘述。

第二节　常用金属切削机床

一、车床

车床在机械工业中应用极为普遍,在机床使用总量中,车床占 20%～35%。车床种类繁多,其中卧式车床应用最广(约占车床类的 60%)。车床适用的工作内容很多,详见表 8-5。车床上加工零件的尺寸精度可达 IT12～IT6,表面粗糙度达 $Ra25～0.2\mu m$。

表 8-5 车床的主要工作内容

钻中心孔	铰孔	钻孔	车成形面	扩孔	车端面及阶台
车沟槽及切断	车锥面	滚花	攻螺纹	车螺纹	车外圆

图 8-1 为常用普通卧式车床(CA6140)的外形及组成。可完成表 8-5 中所列的工作内容。该车床自动化程度低,适用于单件、小批生产。

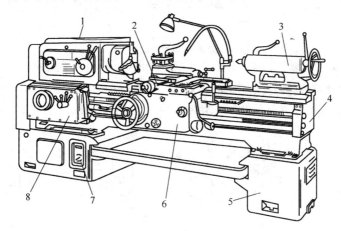

图 8-1 卧式车床外形
1.主轴箱 2.溜板部件 3.尾座 4.床身 5.后床腿 6.溜板箱
7.前床腿 8.进给箱

二、铣床

铣床种类很多,主要有卧式及立式升降台铣床、龙门铣床、万能工具铣床、键槽铣床、仿形铣床等。图 8-2 为卧式升降台铣床,其组成如图示。

铣床用途非常广泛。它可以加工平面、连接面(垂直面、倾斜面)、沟槽(键槽、T

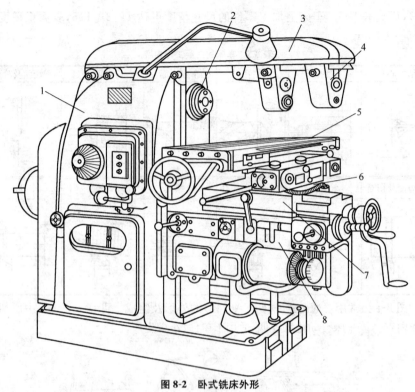

图 8-2 卧式铣床外形

1.床身 2.主轴 3.悬梁 4.支架 5.纵向工作台 6.回转盘 7.溜板 8.升降台

形槽、燕尾槽等)、各种齿槽(齿轮、链轮、棘轮、花键轴等)、螺旋槽、螺旋面及各种曲面。还可加工回转体表面和内孔、切断工件等,如图 8-3 所示。

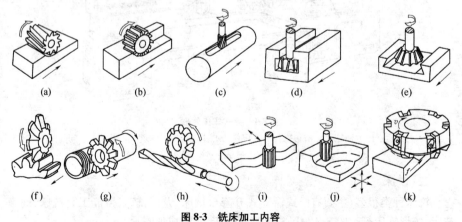

图 8-3 铣床加工内容

(a)铣平面 (b)铣阶梯面 (c)铣键槽 (d)铣 T 形槽 (e)铣燕尾槽 (f)铣齿轮 (g)铣螺杆
(h)铣钻头 (i)铣曲面 (j)铣模具 (k)端铣平面

铣削加工精度可达 IT12~IT7,表面粗糙度可达 $Ra25$~$1.6\mu m$。

三、刨床及插床

刨床有牛头刨床、插床(立刨)及龙门刨床(包括悬臂刨床)等。图 8-4 为常见的牛头刨床及其基本组成。

如图 8-5 所示,刨床可以加工平面、连接面(垂直面及倾斜面)、沟槽(直槽、V 形槽及 T 形槽等)和曲面、齿条等,因其有空行程,故大平面加工时生产率降低,大多已被铣削代替。刨削的加工精度可达 IT17~IT12,表面粗糙度可达 $Ra25$~$1.6\mu m$。

插床又名立刨,主要用于垂直加工沟槽。

四、钻床

钻床有台钻、立式钻床、摇臂钻床和中心钻床等。图 8-6 为立式钻床及其基本组成。

如图 8-7 所示,钻床可用来在实体材料上钻孔,还可以对预制孔进行扩孔、铰孔、攻螺纹、锪孔及刮平面等。

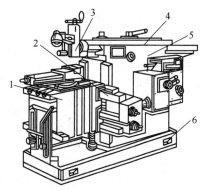

图 8-4 牛头刨床外形图
1.工作台 2.横梁 3.刀架 4.滑枕
5.床身 6.底座

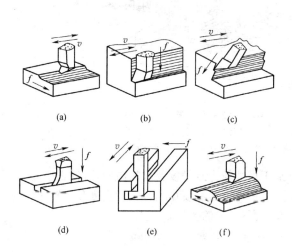

图 8-5 刨削的主要内容
(a)刨水平面 (b)刨垂直面 (c)刨斜面 (d)刨直槽
(e)刨 T 形槽 (f)刨曲面

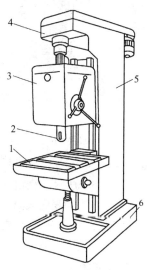

图 8-6 立式钻床外形
1.工作台 2.主轴 3.进给箱
4.变速箱 5.立柱 6.底座

钻削为粗加工,其加工精度达 IT12~IT13,表面粗糙度达 $Ra12.5\mu m$。

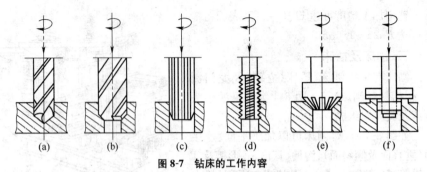

图 8-7 钻床的工作内容
(a)钻孔 (b)扩孔 (c)铰孔 (d)攻螺纹 (e)锪孔 (f)刮平面

五、镗床

镗床有卧式镗床、立式镗床、金刚镗床及坐标镗床等。图 8-8 为 T618 型卧式镗床及其基本组成。

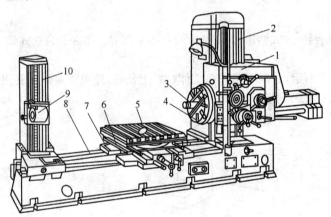

图 8-8 T618 型卧式镗床外形
1.主轴座 2.主立柱 3.主轴 4.平旋盘 5.工作台 6.上滑座
7.下滑座 8.床身 9.镗刀杆支撑座 10.尾立柱

如图 8-9 所示,镗削通常用于加工尺寸较大且精度要求较高的孔,特别适用于加工分布在不同表面或同一表面上,孔距和孔位精度(平行度、垂直度和同轴度)要求高的孔系,如各种箱体、内燃机缸体等零件上的孔系加工。

镗削加工精度达 IT12～IT6,表面粗糙度达 $Ra25\sim0.2\mu m$。

六、磨床

磨床种类很多,主要有外圆磨床、内圆磨床、平面磨床、工具磨床、无心磨床及专用的花键轴磨床、导轨磨床、曲轴磨床等。图 8-10 为常用的 M4132B 型万能外圆磨床及其基本组成。

如图 8-11 所示,磨削可加工很多表面,如内、外圆表面、平面、渐开线齿廓面、螺

第八章　常用金属切削机床及机床夹具　285

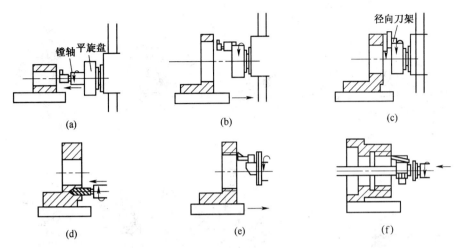

图 8-9　卧式镗床的主要工作内容
(a)在主轴上安装镗刀杆镗削不大的孔　(b)用平旋盘上的镗刀镗削大直径孔　(c)用平旋盘上的径向刀架镗削平面　(d)钻孔　(e)用工作台进给加工螺纹　(f)用主轴进给加工螺纹

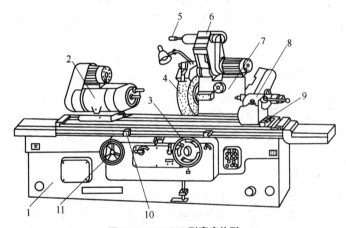

图 8-10　M4132B 型磨床外形
1.床身　2.头架　3.横向进给手轮　4.砂轮　5.内圆磨具　6.内圆磨头
7.砂轮架　8.尾座　9.工作台　10.挡块　11.纵向进给手轮

旋面及各种成形面等。

随着磨具的发展及机床性能的不断改进,高速磨削(砂轮线速度 $v>45m/s$)、强力磨削等高效磨削工艺的采用,磨床不仅用于精密加工而且已扩大到了粗加工领域。

在一般条件下,普通精度磨床的加工精度达 IT6~IT5,表面粗糙度达 $Ra1.25$~$0.32\mu m$;高精度精密磨削的尺寸误差可达 $0.2\mu m$,圆度误差≤$0.1\mu m$,表面粗糙度达 $Ra0.01\mu m$。

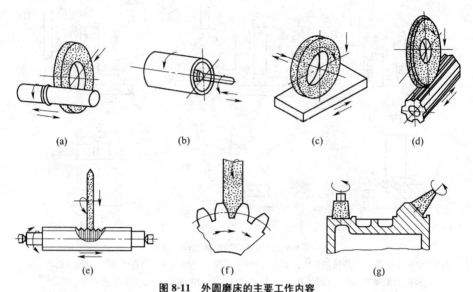

图 8-11 外圆磨床的主要工作内容
(a)磨削外圆 (b)磨削内孔 (c)磨削平面 (d)磨削花键 (e)磨削螺纹 (f)磨削齿轮
(g)磨削导轨

磨床的主运动是砂轮高速旋转,而进给运动则取决于工件表面形状及所采用的磨削方法,可由工件或砂轮单独完成,也可由两者共同完成。磨削过程中最主要的特点是工件表面与砂轮间有强烈挤磨,因此磨削区温度高达 400℃～1000℃ 容易产生工件表面烧伤。另外磨削也有三个磨削分力,但背向力 F_p 不是小于主切削力 F_c,而是比 F_c 大几倍,容易引起工艺系统振动,再者砂轮安装之前应检查其是否有裂纹,安装后要进行静平衡和空转试验,磨削时要严格执行安全操作规程。

七、齿轮加工机床

齿轮加工机床的类型较多,有滚齿机、插齿机、刨齿机、磨齿机和珩齿机等。对于一般渐开线圆柱齿轮加工,用得较多的是滚齿机、插齿机和磨齿机。图 8-12 所示为滚齿机,它的主运动是滚刀的旋转,进给运动有滚刀垂直进给运动、工作台带工件的径向进给运动、工作台的圆周进给运动和工作台回转补偿运动(即加工斜齿轮的差动运动)。由于这些运动单独和联动的结果,可以加工直齿、斜齿圆柱齿轮和蜗轮(需使用蜗轮滚刀)等。

普通滚齿机,一般可加工 7 级齿轮,表面粗糙度可达 $Ra2.5\mu m$。

八、数控机床

数控(NC)是数字程序控制的简称。数控机床是指一个装有程序控制系统的机床。当把加工过程所需的各种操作和步骤都编成程序输入机床的电脑后,数控机床就通过其机电一体化系统,将程序指令转换为各部件的移动或转动,从而完成零件的自动加工。

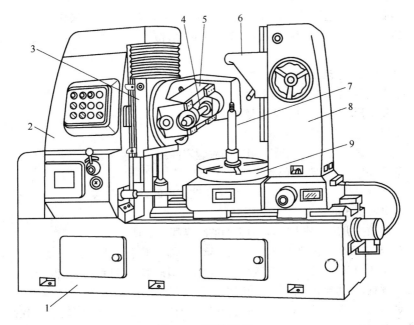

图 8-12 滚齿机外形
1.床身 2.立柱 3.刀架溜板 4.刀杆 5.滚刀架 6.支架 7.工件心轴
8.后立柱 9.工作台

数控系统决定数控机床的整体水平。目前数控加工系统已发展到了成熟的柔性制造系统阶段。它是把一群数控机床与零件、切屑的自动传输线相配合,由电脑统一管理控制的自动生产线。现在计算机集成制造系统也已用于生产。

1. 数控机床的特点及应用

(1) 数控机床的特点

① 加工精度高　加工质量稳定,这是因为一方面它本身的精度、刚度和热稳定性高,并可由计算机系统进行误差补偿;另一方面是它严格按预定的加工程序自动加工,消除了操作者的人为误差,保证了同批零件的互换性。

② 生产率高　因为它可进行强力切削,空行程可快速进给,节省了机动时间和空行程时间,如果采用自动换刀和工作台自动换位的数控加工中心,实行多工序加工,缩短了工件周转时间,生产率会更高。

③ 劳动强度低　因不需要繁重的手工操作,劳动条件也因此而相应改善。

④ 生产柔性好和经济效益好　因为在数控机床上改变加工对象时,一般只需改变相应加工程序即可,不需要制造、更换许多工艺装备,更不需要更新机床,节省了费用,体现出生产柔性。又由于废品率低,使生产成本降低。

⑤ 有利于生产管理现代化　因为能准确计算工时,有效地简化检验、工具、夹具和半成品的管理工作,易于构成柔性制造系统和计算机集成制造系统。

然而，由于数控机床初期投资较大，维修费用较高，对管理及操作人员的文化科技素质要求较高，所以实际应用中，要合理选择、使用和维护，才能保证其全部优点的实现。

(2)数控机床适于加工的零件

①多品种、小批量生产的零件。

②轮廓形状复杂、加工精度要求较高的零件。

③需要频繁改形的零件。

④价格昂贵、加工中不允许报废的关键零件。

⑤需要生产周期最短的急需零件。

⑥用普通机床加工时需要有昂贵的工艺装备的零件。

2. 数控机床的组成

虽然数控机床的种类繁多，但它们的组成基本相同。

(1)机床主体　包括床身、主轴及进给机构等。其主要特点是：采用了高性能主轴及伺服传动系统，机械传动链较短、结构简单；刚性和耐磨性较高，热变形小；采用了滚珠丝杠、滚动导轨等高效传动部件。

(2)数控装置　是数控机床的"大脑"，一般由输入线路、输出线路、主控制器及运算器等组成。

①输入线路　是将接收的信号输出至译码器，经过译码器寄存、校验、译码和识别之后，分别放入缓冲存储器中，作为下一步运算和控制的原始数据。加工程序输入方式有磁盘输入、手动输入(键盘输入)及计算机通信输入三种。纸带打孔输入方式已不使用。

②输出线路　它按照主控制器发出的指令把经运算器运算和分配后的结果输送给伺服系统，伺服系统驱动电动机按要求进行运转，驱动机床各部件完成程序预定的动作。

③主控制器　是数控装置的"神经中枢"。它接收由输入线路经译码和识别后送入的指令，并控制运算器和输出线路按要求的顺序协调地工作，从而控制机床的设备和辅助功能。

④运算器　它接收主控制器的运算指令，对输入线路送来的数据进行高速输入运算和工作运算，并不断地向输出线路送出运算结果。输入运算主要是进行其他进制的数据与二进制数换算，并进行四则运算；工作运算是对进给运动的轨迹进行插补运算，即数控系统按一定的数学原理和运算方法确定刀具运动轨迹的过程。

(3)伺服系统　是机床的执行机构，有如数控装置的"手"。它接收来自数控装置的指令信息(脉冲信号)，并严格按指令信息拖动机床的移动部件，完成对工件的数控加工。伺服系统主要由伺服控制电路、功率放大电路和伺服电动机等组成。一个脉冲信号使机床移动部件产生的位移量，称为脉冲当量，常用的脉冲当量为0.001～0.01mm。这个伺服精度直接决定了刀具和工件之间相对位置的精度，所以很大程度上也决定了数控机床的加工精度。

(4)附加装置 包括自动换刀装置、自动交换工作台及切屑处理装置等。增加这些装置是为了进一步提高自动化程度、加工精度和生产率。

3.数控机床的基本工作原理

如图8-13所示,当加工程序送入数控装置后,数控装置对加工程序代码进行译码、寄存和运算处理,然后其脉冲信号向伺服系统发出控制信号,伺服系统接到控制信号后,驱动工作台按指令要求移动,从而控制刀具与工件的相对运动。与此同时,数控装置还提供信号,控制自动换刀装置完成刀具换位、控制冷却装置完成切削液的开与关等。

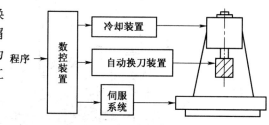

图8-13 数控机床基本工作原理

4.数控机床的分类

(1)按机床的工艺用途分类

①普通数控机床 它是与传统普通机床有相似工艺性的各种数控机床的统称。如数控车床、数控铣床、数控刨床、数控钻床和数控磨床等。如图8-14及图8-15所示,分别为数控车床、数控铣床的外形及其组成部分。

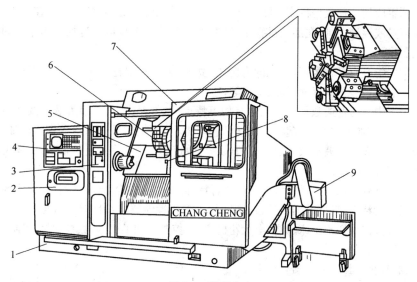

图8-14 数控车床

1.床体 2.光电读带机 3.机床操作台 4.数控系统操作面板 5.倾斜导轨 6.刀盘
7.防护门 8.尾架 9.排屑装置

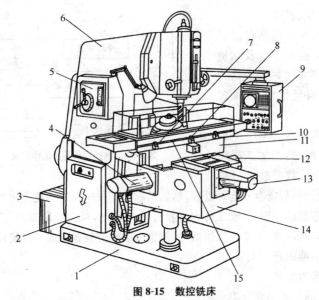

图 8-15 数控铣床

1.底座 2.强电柜 3.变压器箱 4.升降进给伺服电动机 5.主轴变速手柄和按钮板 6.床身立柱 7、10.纵向行程限位保护开关 8.纵向参考点设定挡铁 9.操纵台 11.纵向溜板 12.纵向进给伺服电动机 13.横向进给伺服电动机 14.升降台 15.纵向工作台

②加工中心 是数控加工中心的简称。是带刀库和自动换刀装置,并有多种加工工艺手段的一种数控机床。图 8-16 所示为镗铣加工中心,它的刀库可存放 16 把各类刀具或检测工具,在加工过程中,这些刀具或检测工具可通过加工程序自动选用及更换。

加工中心有多种类别,常见的有卧式、立式、单柱和双柱加工中心,还有单工作台、多工作台及复合(五面)加工中心等。

加工中心与普通数控机床相比有如下特点:自带刀库、自动换刀装置及回转工作台;零件在加工中心上安装一次,就可进行铣、钻、扩、铰、攻螺纹等多道工序加工,避免了零件多次装夹造成的定位、夹紧误差;数控加工中心多用于外形复杂、精密的箱体类零件的加工。

③特种数控机床 是指可以自动进行特种加工的数控机床。特种加工主要是指加工手段特殊、零件的加工部位特殊、加工工艺性能要求特殊等。常见的特种数控机床有数控线切割机床、数控电火花机床、数控激光加工机床、数控火焰切割机床等。

(2)按机床控制的运动轨迹分类

①点位控制数控机床 这类机床的机械运动是用点到点的、准确定位控制的。这类机床有数控钻床、数控冲床、数控坐标镗床、数控测量机等。

②直线控制数控机床 对机床的机械运动方式除要控制刀具相对工件(或工作

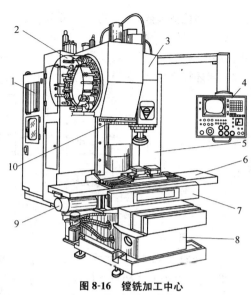

图 8-16 镗铣加工中心
1. 数控柜 2. 刀库 3. 主轴箱 4. 操纵台 5. 驱动电源柜 6. 纵向工作台
7. 滑座 8. 床身 9. X 轴进给伺服电动机 10. 换刀机械手

台)的起点与终点的准确位置外,还要控制点与点之间的运动轨迹是直线,即控制刀具以给定的进给速度做平行某坐标轴方向的直线运动。可知它不能加工复杂平面与复杂轮廓面。简易数控车床、数控磨床等属之。

③轮廓控制数控机床 它能同时对两个或两个以上的坐标轴方向的机械运动进行控制,不仅能控制移动部件移动的起点与终点坐标,且能控制整个加工过程中每个点的速度与位移量,使其形成所需的直线、曲线或曲面。典型的轮廓数控机床有数控铣床、数控线切割机床及数控凸轮磨床等。

(3) 按机床的控制方式分类

①开环控制数控机床 如图 8-17 所示,其开环控制系统是不带检测反馈装置的控制系统,即没有位置反馈信号,无纠正位移偏差的能力,因指令发出后就不再反馈回来,故称为开环控制。这类系统结构简单,成本较低,但控制精度不高。常用于经济型数控机床中。

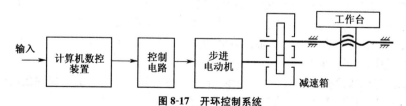

图 8-17 开环控制系统

②半闭环控制数控机床 如图 8-18 所示,半闭环控制系统是在开环控制系统

的丝杠或电动机上装设角位移检测装置,通过检测丝杠或电动机的转角,间接推算出移动部件的实际位移量,从而反馈给数控装置进行位置控制。该系统的控制精度高于开环控制系统,并且角位移检测装置比直线位移检测装置的结构简单得多。故配备了精密滚珠丝杠的半闭环控制系统,在中、低档数控机床中得到广泛应用。

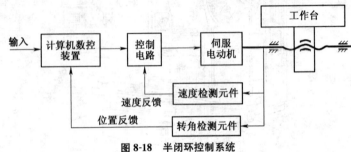

图 8-18 半闭环控制系统

③闭环控制数控机床 如图 8-19 所示,闭环控制系统在数控机床的移动部件上直接装上直线位置检测装置,将检测到的直线位移量反馈给数控装置进行位置控制。因该系统的运动精度取决于检测装置的精度,而与传动链的误差无关,所以可清除机械传动部件的各种误差及其他干扰的影响,使其加工精度大大高于开环及半闭环控制系统。但其控制系统复杂,成本较高,因此常用于高档数控机床中。

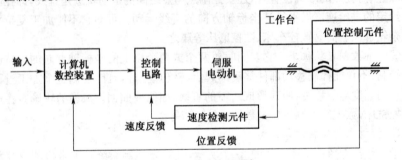

图 8-19 闭环控制系统

(4)按机床控制的坐标轴数分类 数控机床加工零件时,常常要控制两个或两个以上坐标轴方向的运动。若一台数控机床可同时对 n 个坐标轴方向的运动进行联动控制,这台机床就称为"n"坐标数控机床。

①两坐标数控机床 图 8-20a 所示为两坐标数控车床,它能联动控制两个坐标轴(X、Z)方向的运动,可以加工曲线轮廓的零件。常见的还有数控线切割机床和简易数控铣床,都可同时控制两个坐标轴方向的运动。

②三坐标数控机床 图 8-20b 所示,是可以控制和联动运行的坐标轴数均为 3 的数控机床。可用于加工不太复杂的空间曲面。

③两个半坐标数控机床 如图 8-20c 所示,它不仅可控制 X、Y、Z 3 个坐标轴,还能联动控制 3 个坐标轴中的任意两个,即 X-Y 或 X-Z 或 Y-Z。第 3 个不能联动控

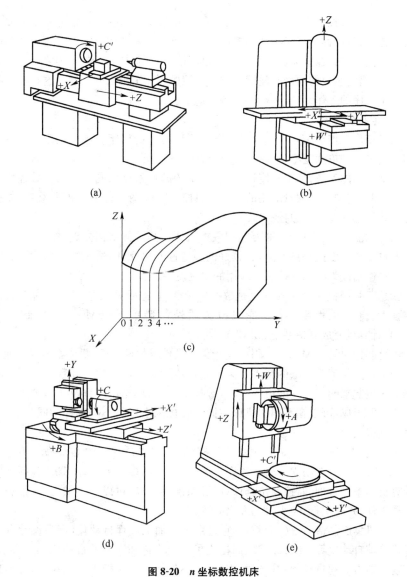

图 8-20 n 坐标数控机床

(a)两坐标数控车床　(b)三坐标数控立式升降台铣床　(c)两个半坐标数控机床加工出的空间曲面　(d)多坐标数控工具磨床　(e)多坐标摆动式数控铣床

制的坐标轴,仅能做等距的周期移动,这类机床有经济型数控铣床和数控钻床等。图 8-20c 所示为这类铣床上铣出的空间曲面,即 X、Z 两坐标轴方向在 X-Z 坐标平面内联动,可使刀具沿断面的轮廓曲线运动,而第 3 个坐标轴 Y 方向可同时做等距的周期性移动。

④多坐标数控机床 如图 8-20d、e 所示,其联动控制的坐标轴为 4 个或 4 个以上的数控机床,统称为多坐标数控机床。图 8-20d 为多坐标数控工具磨床,图 8-20e 为多坐标摆动式数控铣床。该类机床的控制精度较高,加工对象多为复杂的空间曲面,如特殊涡轮芯上的曲面叶轮就是这类数控机床加工出来的。然而这种数控机床编制加工程序的工作复杂,一般要配备自动编程机。

(5)其他分类方式

①经济型数控机床 即用经济型数控系统装备的机床。这类机床的数控系统采用的是单板和单片微型计算机。机械结构比较简单、功能也简单、针对性强,数控加工的基本功能齐备,加工精度适中,整台机床的价格仅为同类全功能数控机床的 1/10~1/8。我国当前大量应用的是这类数控机床,如车、铣、钻、冲压、绕线、纺捻及元件插装等都有经济型数控机床。

②全功能型数控机床 即万能型数控机床。其总体结构先进、控制功能齐全,加工的自动化程度比经济型高,有较好的稳定性和可靠性,适于加工精度较高的零件。它将逐渐成为我国数控机床应用的主流设备。

③超级数控机床 它实际上是数控机床群,其构成更先进、适应功能和管理功能更强大、自动化程度更高。它又分为柔性制造单元(FMC)、柔性制造系统(FMS)、计算机集成制造系统(CIMS)三类。

柔性制造单元(FMC)。"柔性"是指无论硬件或软件方面,机床都能多方面适应不同加工对象与工艺方法的特性。柔性制造单元是在加工中心和数控车削中心的基础上发展起来的。它一般由 3~5 台数控机床、内部输送装置及实施中央管理的控制装置等组成,可以在不同的机床或同一台机床上进行不同工件的同步加工,生产率得到很大提高。

柔性制造系统(FMS)。它由数台数控机床(主要是加工中心)、物料传送装置(包括工业机器人、自动立体仓库和无人运输车等)和多台大型计算机(包括工厂主控计算机和中央管理、监控及仿真计算机)系统等组成,可以同时加工、装配和检验上千种零件,并能实行 24 小时无人化运转。

计算机集成制造系统(CIMS)。它是由工厂加工过程自动化、产品设计自动化和经营管理自动化等系统组成,从而构成了一个优化和完整的自动化生产大系统。它实现了脑力劳动自动化和机器的智能化,不仅使生产率极大地提高,而且提高了产品质量,缩短了生产周期和加快了产品更新换代的速度。它将在今后工业生产中占主导的地位。

第三节 机床夹具的功用、组成及分类

一、机床夹具及其功用

在机床上用来装夹工件的工艺装备称为机床夹具。夹具的主要功用,一是定

位,即通过工件的定位基准与夹具定位元件的定位面相接触或配合,使工件在夹具中有一个正确位置;二是夹紧,即工件定位后,用夹紧装置施加力于工件,将其夹紧固定,使工件正确的定位位置保持不变。此外机床夹具还有两个特殊功能,一是对刀,即通过夹具中的对刀元件,确保刀具在加工前相对于夹具有正确的位置;二是导向,即通过夹具中的导向元件来确定刀具的位置并引导刀具进行加工。总之,夹具在工艺系统中,应满足:工件在夹具中正确定位;夹具在机床上的正确位置;工件与刀具间的正确位置等要求。

在机械加工中使用机床夹具的目的:

(1) **保证加工质量** 用夹具装夹工件,能稳定地保证加工精度,并减少对其他生产条件的依赖,是全面质量管理的一个重要环节。

(2) **提高劳动生产率** 使用夹具能显著地减少辅助时间和机动时间,故而提高了劳动生产率。

(3) **改善工人的劳动条件** 夹具装夹工件方便、省力、安全,当使用气动或液压夹紧装置时,更可大大减轻工人的劳动强度。

(4) **降低生产成本** 在除单件生产外的批量生产中,因为劳动生产率的提高和操作工人技术等级的降低,会明显地降低生产成本。

(5) **保证工艺秩序** 使用夹具可确保生产周期、生产调度等工艺秩序。

(6) **扩大机床的工艺使用范围** 对生产条件受限的企业,这是常用的技术改进措施。如可将车床改装为镗床或拉床、深孔钻床等;也可改用夹具装夹工件加工较复杂的成形面等。

二、机床夹具的基本组成

图 8-21a 为被加工的杠杆,要求在车床上加工孔 $\phi 10H7$。工件要控制孔距尺寸 50 ± 0.01 mm,孔轴线对 $\phi 20h7$ 外圆轴线的平行度公差为 0.02mm。图 8-21b 为其车床夹具。它以工件 $\phi 20h7$、$\phi 20$ 外圆为定位基准,分别在固定 V 形块 2、可调 V 形块 6 上定位,用铰链压板 1 和两个螺钉 5 夹紧。工件定位主要保证的是尺寸 (50 ± 0.01) mm 和平行度要求。

图 8-22a 为被加工件活塞套的简图,欲在铣床上加工活塞上端宽 6mm 槽。图 8-22b 为其铣床夹具。工件的 $\phi 60H7$ 孔、端面 A 及下端已加工出的宽 6mm 槽为定位基准,分别在定位销轴 7、夹具体 12 的平面及键 11 上定位,由螺钉 1 推动滑柱 2,经液体塑料 3、滑柱 4、框架 5、拉杆 6、钩 8、压板 9,将 6 个工件同时夹紧。夹具在机床上的正确位置是由两个圆柱销 14 与铣床工作台的 T 形槽相配合得到。铣刀的正确位置由对刀块 10 决定。由以上两夹具实例可知,夹具由以下基本部分组成:

(1) **定位装置** 如图 8-21b 中的 V 形块 2;图 8-22b 中的定位销轴 7、夹具体 12 的平面及键 11 等均为定位装置(或定位元件),它们的共同作用是确定工件在夹具中的正确位置,从而保证加工时工件相对于机床或刀具之间的正确位置。

(2) **夹紧装置** 如图 8-21b 中的铰链压板 1 和夹紧螺钉 5;图 8-22b 中的螺钉 1、

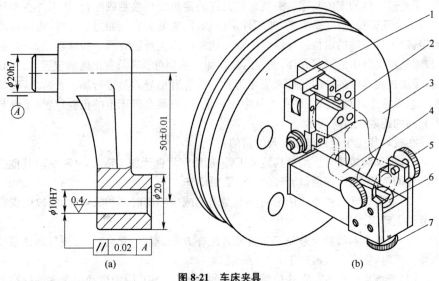

图 8-21 车床夹具
(a)杠杆工件简图 (b)车床夹具结构
1.铰链压板 2.V形块 3.夹具体 4.支架 5.螺钉 6.可调V形块 7.螺杆

滑柱2、液体塑料3、滑柱4、框架5、拉杆6、钩8、压板9组成夹紧装置。它们的共同作用是将工件压紧夹牢在已正确定位的位置上,保证加工过程中工件位置不变。

(3)夹具体 如图8-21b中的夹具体3;图8-22b中的夹具体12。它是夹具的基座和骨架,夹具的所有装置和元件都安装在它的上面。

(4)确定夹具与刀具之间正确相对位置的元件 它包括确定刀具在加工前正确位置的对刀元件,如图8-22b中的对刀块10;确定刀具位置并引导刀具加工方向的导向元件,如常见钻孔夹具中的钻套等。

(5)确定夹具与机床之间相对位置的元件 如图8-22b中与工作台T形槽相配合的圆柱销14,也叫定位销、键。其作用是确定夹具在机床上的位置,从而保证工件与机床之间有正确的加工位置。

(6)其他装置或元件 主要有分度装置、方便拆工件的顶出器及其他标准连接件等。

最简单的夹具,起码需有定位装置、夹紧装置和夹具体。

三、机床夹具的分类

1.按夹具的通用化程度分类

(1)通用夹具 即结构、尺寸已标准化,由专业化生产的、随机床附件供应市场并具有一定通用性的夹具。如三爪自动定心卡盘、四爪单动卡盘、台虎钳、万能分度头、电磁吸盘等。其特点是不需调整或稍加调整即可装夹一定形状和尺寸范围的工件。但夹紧较费时,加工精度不高,生产率低,不易装夹形状复杂的工件,适用于单件小批生产。

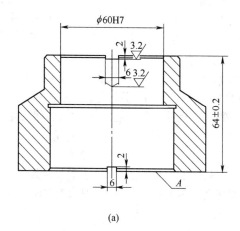

(a)

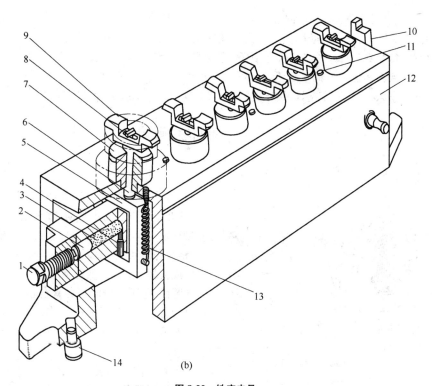

(b)

图 8-22 铣床夹具
(a)活塞套简图 (b)铣床夹具结构
1.螺钉 2、4.滑柱 3.液体塑料(介质) 5.框架 6.拉杆 7.定位销轴 8.钩 9.压板
10.对刀块 11.键 12.夹具体 13.弹簧 14.圆柱销

(2) 专用夹具　指针对某一工件的某道工序专门设计和制造的夹具。如前面实例中的车床夹具和铣床夹具均为专用夹具。特点是没有通用性，定位精度高，一批零件加工后的尺寸稳定、互换性好，生产率高。适用于产品相对稳定、批量较大的生产。

(3) 可调夹具　指对不同类型和尺寸的工件，只需调整或更换夹具的个别定位和夹紧元件便可使用的夹具。它又分通用可调夹具，通用范围比通用夹具更大；成组专用夹具，它是将工件按形状、尺寸和工艺相似性分组，然后为每组工件设计组内通用的专用夹具。它比通用夹具效率高，比专用夹具成本低。适用于多品种的中、小批量生产。

(4) 组合夹具　是一种模块化的夹具。由许多预先制好的、具有较高精度和耐磨性的标准元件组装成的各种专用夹具。夹具用毕即可拆卸，留待组装新的夹具。其特点是生产准备周期短，元件可多次组合重复使用。适用于单件、小、中批量生产和新产品试生产。

(5) 自动线夹具　一种是固定式夹具，与专用夹具相似；另一种是随行夹具，使用中夹具随工件一起运动，使工件沿自动线从一个工位移至下一工位进行加工，所以它担负装夹工件及输送工件两项任务。适用于自动流水线加工。

2. 按夹具使用的机床分类

如车床夹具、铣床夹具、钻床夹具、镗床夹具、磨床夹具、滚齿夹具等。

第四节　常用的机床通用夹具

一、卡盘

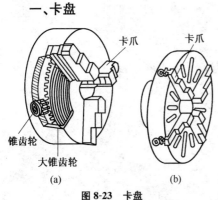

图 8-23　卡盘
(a) 三爪自定心卡盘　(b) 四爪单动卡盘

(1) 三爪自定心卡盘　如图 8-23a 所示，它的 3 个卡爪能同步移动，故夹紧工件时能自动定心。用卡盘扳手拧动锥齿轮副时，大锥齿轮端面的端面螺纹（矩形）带动卡爪形成夹紧运动，卡爪可从外向内夹紧工件外圆面；也可从内向外夹紧空心工件。夹紧比较方便，而夹紧力比较小。其规格按卡盘直径分有 65mm、100mm…500mm 等多种。

使用时要注意不要用手锤敲打三爪，张开或夹紧时要用卡盘扳手（钥匙），不可用其他工具。

(2) 四爪单动卡盘　如图 8-23b 所示，每个卡爪可单独调整。夹紧力大，找正比较麻烦，但装卡精度比前者高。

二、顶尖、中心架和跟刀架

（1）**顶尖** 是机床标准附件。如图 8-24 所示，切削细长工件或卡盘中的工件悬臂过大时，就用顶尖顶住工件的中心孔，使工件与机床主轴保持同一轴线。顶尖的形式很多，常用的有固定顶尖，其莫氏锥度的尾部插入尾座套筒锥孔，靠摩擦力固定，它又分整锥顶和半缺顶尖。一般铣床上用的半缺部分是为了铣刀切入不受限制；另一种是活顶尖或回转顶尖，其锥顶尖随工件旋转，其莫氏锥尾部固定于尾座锥孔中。在车床或磨床上，用鸡心夹头和拨盘带动细长工件回转时，需要前、后两个顶尖。

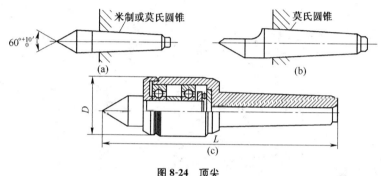

图 8-24 顶尖
(a)固定顶尖 (b)半缺顶尖 (c)回转顶尖（活顶尖）

（2）**中心架** 是机床的标准附件。长径比大于 $25(L/d>25)$ 的轴称为细长轴。这种轴本身刚性差，车削时受切削力、自重和回转时的离心力作用会产生弯曲变形和振动，将严重影响加工质量。为解决此问题，一般可采用中心架，如图 8-25a 是将中心架支承在工件中间。从而使 L/d 减小了一半，细长轴的刚性增加了好几倍。在装上中心架之前，必须在毛坯中部车出一段支承中心架的沟槽，沟槽表面粗糙度及圆柱度误差要小，否则影响工件的加工精度。为使支承爪与工件保持良好接触，也可在支承爪与工件之间加一层砂布或研磨剂进行研磨配合。如果工件坯料中部无法加工沟槽，可以采用过渡套筒支承，如图 8-25b 所示，在工件中部用每端有 4 个螺钉固定的过渡套筒的外圆面与中心架的支承爪接触，螺钉夹住工件毛坯，并调整套筒外圆面的轴线与机床主轴旋转轴线相重合，即可车削。

（3）**跟刀架** 如图 8-26 所示，车细长轴的整个外圆时，必须使用跟刀架。跟刀架的前侧是开口的，它有 3 个或两个支承爪，如车细长轴要用 3 个支承爪。跟刀架用螺钉固定在床鞍上，可跟随车刀移动。支承爪调节到与工件已加工表面接触，从而抵消了背向切削力，增加了工件刚度，减少了变形，提高了细长轴的形状精度和减小了表面粗糙度。

三、花盘

如图 8-27 所示，在车床上加工扁而大且形状不规则的工件，并要求工件的一个

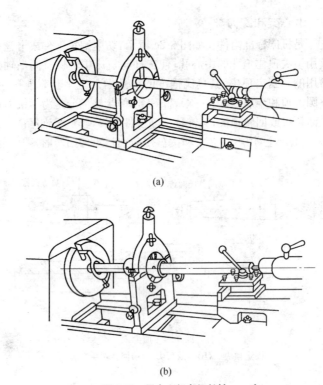

图 8-25 用中心架车细长轴
(a)用中心架　(b)用中心架加过渡套筒

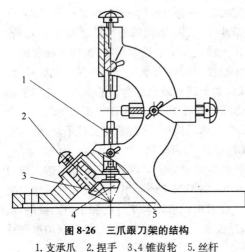

图 8-26 三爪跟刀架的结构
1.支承爪　2.捏手　3,4.锥齿轮　5.丝杆

面与定位面平行,或要求孔(或外圆)的轴线与定位面垂直时,可将工件直接装夹在花盘上加工。而当要求孔的轴线与定位面平行或要求两孔的轴线相交时,可将工件装夹在花盘的弯板上加工。

花盘由灰铸铁铸成,经加工后可直接安装在车床主轴上,盘面上开有辐射状长短不一的T形穿通槽,用来安装各种螺钉,以便固定弯板等附加件和工件。花盘的规格(直径)有250mm、300mm、420mm等。

弯板装夹在花盘面上后,因其质量偏向一边会引起振动而损坏机床主轴与轴承,影响加工质量。因此,在花盘偏重的对面安装平衡块,使之与工件和弯板达到静平衡。平衡块的质量和位置调整好固定后,将机床主轴箱外的变速手柄放在空挡位置,用手转动花盘,观察花盘能否在任意位置停住,能停住,表明其已达到平衡,否则重新调整。

花盘装夹工件前,必须检查花盘的定位基准平面是否平直,花盘与车床主轴的回转轴线是否垂直。将所需加工的孔或外圆对准主轴中心,并用压板轻轻压住工件,再用划针找正。

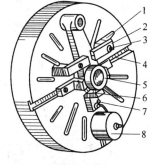

图 8-27　花盘

1.垫块　2.压板　3.螺钉　4.螺钉槽　5.工件
6.角铁　7.紧定螺钉　8.平衡块

四、钻头套

如图 8-28 所示,用来装夹不同莫氏锥度号的锥柄钻头。常用于钻床、车床、钻铣床、镗床等。一般立式钻床主轴的锥孔为莫氏 3 号或 4 号锥度,摇臂钻床主轴锥孔为莫氏 5 号或 6 号锥度。当用小直径钻头钻孔用一个钻头套不能与钻床主轴锥孔相配时,可将几个钻头套连接起来使用。

用楔铁从钻头套中拆卸钻头时,应注意将楔铁带圆弧的一边放在上面,否则会将钻头套或钻床主轴的长圆孔敲坏,同时要用手握住钻头或在钻头与工作台之间垫一木板,以防钻头跌落受损或损坏工作台。

五、机床用平口虎钳

如图 8-29 所示,它主要用于钻床、铣床、刨床、磨床上装夹工件。其规格有 100mm、125mm、160mm、200mm、250mm 几种。使用时要注意减少对虎钳底面的磕碰和拉伤,因底面是基准面、表面粗糙度数值较小,且与钳口面有一定垂直度要求。当钻较大的直径孔时,在对好中心后,要用螺栓把虎钳夹紧在工作台上,以防加工时因钻削力矩大而导致钻头折断事故。

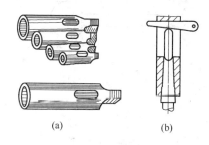

图 8-28　钻头套
(a)钻头套　(b)用楔铁退下钻头套的方法

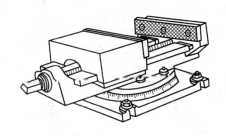

图 8-29　机床用平口虎钳

六、通用回转台和回转工作台

通用回转台有立轴式和卧轴式两种。图 8-30 所示为立式通用手动回转台,已标准化和系列化,转盘有 $\phi250mm$、$\phi300mm$、$\phi450mm$ 等几种规格。常按 2、3、4、6、12 等分分度,多用于铣床。圆盘工作台面可装夹工件或安装专用夹具。卧式通用回转台按中心高分两类,一类用于立式钻床,其中心高为 180mm,转盘有 $\phi210mm$、$\phi350mm$ 等规格;另一类用于摇臂钻床。回转台的分度精度为 $\pm1'$。

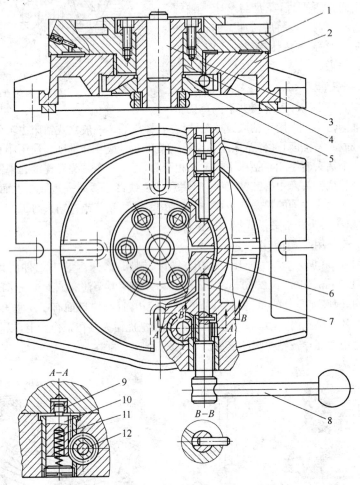

图 8-30 立式通用回转台
1.转盘 2.转台体 3.销 4.转轴 5.锥形圈 6.锁紧圈 7.螺杆轴
8.手柄 9.分度衬套 10.对定销 11.弹簧 12.齿轮套

图示立式通用手动回转台,动作原理是转盘 1 和转轴 4 由螺钉和销子连接,可在转台体 2 中转动。对定销 10 的下端有齿条与齿轮套 12 啮合。分度时逆时针转动手柄,通过螺杆轴 7 上的挡销带动齿轮套 12 转动,使对定销 10 从分度衬套 9 中退出。转盘转位后,再使对定销 10 在弹簧作用下插入另一分度衬套孔中,即完成了一次分度。顺时针转动手柄 8,由于螺杆轴的轴面作用将弹性开口锁紧圈 6 收紧,并带动锥形圈 5 向下将转盘锁紧。

回转工作台又称转盘,有手动和机动两种进给,是铣床附件之一。其外形如图 8-31 所示。它内部有一套蜗杆蜗轮,摇动手轮 4,通过蜗杆轴就能带动与转台 2 相连的蜗轮转动。转台周围有 0~360°刻度,可用来观察和确定转台的转动角度。拧紧固定螺钉 5,可使转台固定不动。转台中央有一孔,可用来确定工件的回转中心。它常用来完成工件的分度及铣削圆弧形表面及沟槽。

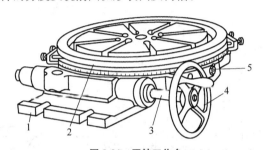

图 8-31 回转工作台
1.底座 2.转台 3.螺杆轴 4.手轮 5.固定螺钉

七、万能分度头

分度头是铣床附件。它能对工件在水平、垂直、倾斜方向上进行等分或不等分地铣削工作,也可用于钳工划线等。它主要用来等分圆周,铣四方、六方、齿轮、花键和刻线等。它有多种类型,而最常用的是万能分度头。

万能分度头常用的型号有 FW125、FW200、FW300 型等。其中"F"代表分度头,"W"表示万能,数字表示能夹持工件的最大直径,单位 mm。

1. 万能分度头的结构外形

如图 8-32a 所示。它由基座 1、回转体 2(能绕基座 1 在 0°~90°范围内扳转任意角度)、主轴 3(前端锥孔可安装顶尖 7,外圆部分有螺纹可安装卡盘,或由法兰盘与卡盘相连。后端锥孔可安装另一根挂轮轴,以进行差动分度)、挂轮轴 4(它与主轴后端安装的差动挂轮轴之间加配挂轮,也可与工作台的纵向丝杠之间配挂轮,以便铣螺旋槽)、分度盘 5(共两块,其正反两面都有很多圈数不同的孔眼,供不同分度要求时选用)、分度手柄 6(转动该手柄,通过分度头内部的蜗杆蜗轮来带动分度头主轴旋转,进行分度)等部分组成。

2. 万能分度头的分度方法

(1) 简单分度法 图 8-32b 为万能分度头的分度传动系统图。其中螺旋齿轮 m 和分度盘连成整体,一起空套在轴上。螺旋齿轮 n 固定在挂轮轴的左端并与 m 相啮合,两齿轮的轴线交叉成 90°,传动比为 1∶1。齿轮 p 与 q 的传动比也为 1∶1。蜗

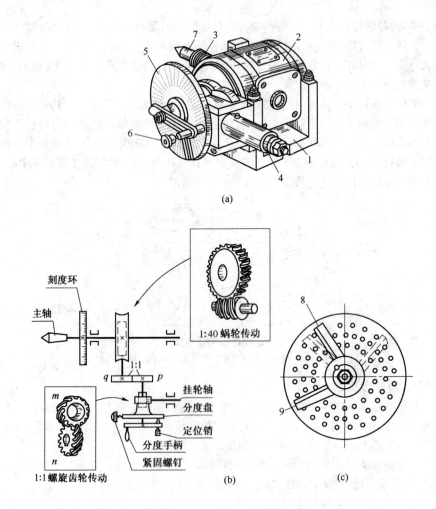

图 8-32 万能分度头及其传动系统
(a)分度头外形 (b)分度头传动系统图 (c)分度盘
1.基座 2.回转体 3.主轴 4.挂轮轴 5.分度盘 6.分度手柄
7.顶尖 8、9.扇脚

杆为单头,蜗轮有40个齿,它们的传动比为1∶40。蜗轮固定于主轴上,蜗杆轴与齿轮 q 相连。简单分度时,分度盘必须用紧固螺钉固定,保持不动。

由传动系统图可知,当拔出分度盘上的定位销,将分度手柄转动40转时,主轴只转了1转。如果工件上有 Z 个等分槽(面),则铣完一个槽后,工件需转动 $\frac{1}{Z}$ 转,则手柄的转数 n 为

$$n=\frac{40}{Z}$$

其中 40 称为分度头的传动定数。

例 1 欲铣削齿数 $Z=35$ 的齿轮,求每次分度时,手柄应转的转数 n。

解 $n=\dfrac{40}{Z}=\dfrac{40}{35}=1\dfrac{1}{7}$

那么,准确地转 $1\frac{1}{7}$ 转要借助图 8-32c 所示分度盘。设使用的是 FW250 型分度头,它的两块分度盘的各圈孔眼数为

第一块　正面:24、25、28、30、34、37;
　　　　反面:38、39、41、42、43。
第二块　正面:46、47、49、51、53、54;
　　　　反面:57、58、59、62、66。

分度时,就应选孔眼数为 7 的倍数的孔圈。本例可选:

第一块正面 28 孔的孔圈,此时　$n=1\dfrac{1}{7}=1\dfrac{4}{28}(r)$

或第一块反面 42 孔的孔圈,此时　$n=1\dfrac{1}{7}=1\dfrac{6}{42}(r)$

或第二块正面 49 孔的孔圈,此时　$n=1\dfrac{1}{7}=1\dfrac{7}{49}(r)$

如选 49 孔的孔圈,则手柄应转一整转再加转 7 个孔距。这即是简单分度法。

为了使手柄每次转过的非整数转(孔距数)方便可靠,可使用分度盘上的扇形夹。如图 8-32c 所示,它的两片扇脚 8 和 9 可根据要求转过的孔距数,调节成不同的扇形夹角。这样既省时间,又不致粗心搞错。

(2)**差动分度法**　简单分度法是有局限性的,就是说有些情况下不能使用简单分度法。具体讲,使用上述分度盘,当工件的齿数大于 60,而其个位数又为 1、3、7、9 时,如 $Z=61$、83、97…则用简单分度法计算的结果在分度盘上找不出要求的孔距数。如 $Z=61$ 时,$n=\dfrac{40}{61}$,则数既不能化简,分度盘又没有 61 孔的孔距数,故不能用简单分度法进行分度。这时,就需要用差动分度法。

①**差动分度法的实质**　当等分数 Z 无法用简单分度时,就取一个与 Z 相近的等分数 Z' 代替 Z,再按 Z' 来简单分度,而 Z' 必须能用简单分度才行。同时在分度头上配置相应齿数的挂轮,使得按 Z' 简单分度时,分度盘相对分度头得到补偿转动量,以补偿分度要求的差额。

②**差动分度的调整**　如图 8-33a 所示,在分度头主轴末端锥孔中插入挂轮轴,在该轴与原有挂轮轴之间配置挂轮 a、b、c、d,分度盘的紧固螺钉必须松开。这样,当按 Z' 进行简单分度时,使分度头主轴转动的同时,又通过挂轮 a、b、c、d 和齿轮 n、m 带动分度盘做补偿转动,来补偿分度差额。其运动关系是:

手柄相对分度盘的转动量＋主轴带动分度盘的补偿转动量＝手柄转动的总量

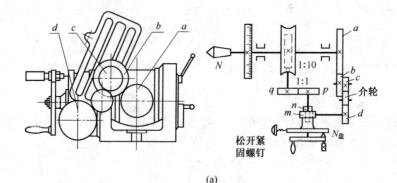

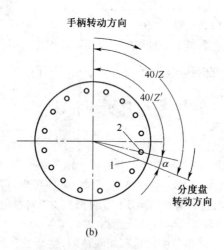

图 8-33 差动分度时的挂轮及转动系统
(a)差动分度挂轮与传动系统 (b)分度盘补偿分度的作用

$$\frac{40}{Z'} + \frac{1}{Z} \cdot \frac{a}{b} \cdot \frac{c}{d} \cdot \frac{1}{1} = \frac{40}{Z}$$

整理后得挂轮传动比计算公式为

$$\frac{a \cdot c}{b \cdot d} = \frac{40(Z'-Z)}{Z'}$$

只要按上式挂轮后,每次按 $40/Z'$ 进行简单分度,工件即可准确得到 $1/Z$ 转的分度结果。

这其中道理可用图 8-33b 来解释。根据要求,手柄每次分度应转过 $40/Z$(手柄应转动的总量),分度时,手柄顺时针转到 $40/Z$ 位置 1 处时,若分度盘固定不动,则手柄上的定位销无法在 1 处插入分度盘中(此处无孔眼),而差动分度时,手柄转动的同时,主轴带动分度盘得到补偿转动,其补偿转动量等于 α 角,这样,恰好手柄转到 1 处时,遇分度盘上相邻孔眼 2,即按 $40/Z'$ 应插入的孔也转到了 1 处,于是手柄插入该孔时,手柄实际上转动了 $40/Z'$ 总量,主轴也就得到 $1/Z$ 的分度结果。

例2 铣削齿数 $Z=99$ 的链轮,求差动挂轮齿数。

解 取 $Z'=100$,则 $\dfrac{ac}{bd}=\dfrac{40(Z'-Z)}{Z'}=\dfrac{40(100-99)}{100}=\dfrac{40}{100}$

$$=\dfrac{1}{2}\times\dfrac{40}{50}=\dfrac{35}{70}\times\dfrac{40}{50}$$

即得 $a=35$、$b=70$、$c=40$ 及 $d=50$。

应注意所选挂轮必须是分度头所带挂轮中有的,否则应另选齿数。

另外,如果 $Z'>Z$,则传动比为正数,说明分度盘的转动方向与手柄转向相同;如果 $Z'<Z$,则传动比为负数,说明分度盘转动方向应与手柄转向相反。挂轮之间的介轮(惰轮)只起改变分度盘转向的作用,不影响传动比大小。

复习思考题

1.将您见过的类代号分别为 C、X、B、Z、M 的机床型号及含义填入下表:

类代号	型 号	含 义
C		
X		
B		
Z		
M		

2.指明车床、铣床、刨(插)床、钻床、磨床、镗床的一般用途?

3.什么是数控?什么是数控机床?什么是 FMS 和 CIMS?

4.数控机床由哪几部分组成?说明其特点和应用范围。

5.什么是数控加工中心?有何特点?

6.何谓开环控制系统、半闭环控制系统和闭环控制系统?各有何特点?

7.机床夹具的主要功能是什么?它通常由哪些部分组成?各个组成部分起何作用?

8.何谓通用夹具、专用夹具和组合夹具?各有何特点?

9.什么情况下使用顶尖、什么情况下使用中心架、什么情况下使用跟刀架?使用的目的是什么？

10. 从机床主轴上拆卸钻头套时，应注意什么问题？

11. 万能分度头有哪些用途？

12. 什么情况下万能分度头使用简单分度法？什么情况下使用差动分度法？

13. 欲用 FW250 万能分度头来铣削 $Z=25$ 齿的齿轮。试选择分度盘及孔圈数和手柄转数。

14. 欲用 FW250 万能分度头来铣削齿数 $Z=101$ 的链轮。试计算选择挂轮齿数，并说明分度盘和手柄的转向。

第九章 钳工基本知识

> **培训学习目的** 了解钳工工作范围及主要设备;熟练掌握钳工划线的目的、要求、工具及方法;掌握錾削、锉削、锯削、孔加工、攻螺纹、套螺纹和刮削的基本操作。

第一节 钳工工作范围及主要设备

一、钳工工作范围

钳工是运用各种手工工具及一些简单设备完成用机械加工方法难以完成的工作的工种。它的工作范围包括:

①划线。即在毛坯或待加工工件上划出加工依据的工艺基准。

②制作和修理各种工具、模具、量具等。

③修复发生故障、损坏或长期使用后精度不够的机械设备。恢复其使用性能和精度。

④装配。即把加工好的零件按图样的装配技术要求结合为组件、部件或机器,其中还包括精度检验、调整、试车等工作。

二、钳工工作内容

主要有划线、錾削、锯削、锉削、钻孔、扩孔、铰孔、攻螺纹、矫正与变形、套扣、刮研、装配与设备维修等。

三、钳工的主要设备及常用工量具

(1)台虎钳 它是用来夹持工件的通用夹具。有固定式和回转式两种。如图9-1所示。其规格以钳口宽度 B 表示,常用的有 100mm(4in)、125mm(5in)、150mm(6in)等几种。

图 9-1a 所示为固定式,用螺栓固定在钳台上后,其固定钳身的位置即被固定。图 9-1b 所示为回转式,其固定钳身 2 装在转座 11 上,可绕转座的轴心转动,转到需要位置后用锁紧手柄 12 使螺钉旋紧,便可在夹紧盘 13 作用下将固定钳身锁紧。活动钳身 1 与固定钳身 2 的导轨孔做滑动配合。丝杠 3 装在活动钳身上,只能转动不能轴向移动,与装在固定钳身中的螺母 4 相配合,摇动手柄 5 使丝杠旋转并带动活动钳身相对固定钳身进退移动,从而可夹紧或松开工件。弹簧 6 靠挡圈 7 和销 8 固定在丝杠上,当放松丝杠时,弹簧可使活动钳身自动退出。

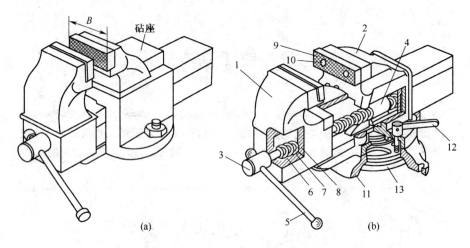

图 9-1 台虎钳
(a)固定式台虎钳　(b)回转式台虎钳
1. 活动钳身　2. 固定钳身　3. 丝杠　4. 螺母　5. 手柄　6. 弹簧　7. 挡圈　8. 销
9. 钢钳口　10. 螺钉　11. 转座　12. 锁紧手柄　13. 夹紧盘

台虎钳在钳台上安装时，必须使固定钳身的钳口工作面处于钳台边缘外，以保证夹持长条形工件时，工件下端不受钳台边缘的阻碍。另外在虎钳上强力作业时，应尽量使力量朝向固定钳身。

(2)钳台　用来安装台虎钳、放置工具和工件等，如图 9-2a 所示。钳台的高度为 800～900mm，使装上台虎钳后钳口恰好与人站立时的手肘平齐为宜，如图 9-2b 所示。

图 9-2　钳台及台虎钳安装高度
(a)钳台　(b)台虎钳的合适安装高度

(3) 砂轮机　用来刃磨钻头、錾子等刀具或其他工具。它由电动机、砂轮、托架和机体等组成，如图 9-3a 所示。使用砂轮机应注意以下事项：

① 刃磨刀具时要站立在砂轮机的侧面或斜侧面，不能正对砂轮的旋转方向，以免万一砂轮破碎飞出伤人。

② 刃磨时必须戴好防护眼镜，以免飞溅的切屑伤害眼睛。

③ 砂轮托架必须靠近砂轮，相距应在 3mm 以内，并安装牢固。

④ 开动砂轮后观察转向是否正确，磨屑应向下飞溅，并等到转速稳定后再使用。

⑤ 刃磨时，应在高于砂轮中心线 5～10mm 处刃磨，并左右移动被磨刀具，使其与砂轮外圆磨削面均匀接触，如图 9-3b 所示。

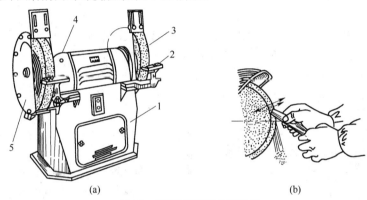

图 9-3　砂轮机及正确刃磨位置
(a) 砂轮机外形　(b) 正确刃磨位置
1. 机体　2. 托架　3. 砂轮　4. 电动机　5. 防护罩

⑥ 刃磨时对砂轮施加的压力不能太大，发现砂轮表面有堵糊且跳动严重时，要及时用砂轮修整器修整或检修。

⑦ 不得用棉纱裹住刀具刃磨。

(4) 钻床　钳工常用的钻床有台式钻床、立式钻床和摇臂钻床。

(5) 钳工常用的工量具　有划线用的划针及划针盘、划规、样冲、平板；錾削用的各种錾子和手锤；锉削用的各种锉刀；锯削用的锯弓和锯条；孔加工用的钻头、各种锪钻与铰刀；攻螺纹、套螺纹用的各种丝锥、板牙和铰杠；刮削用的平面刮刀和曲面刮刀；各种扳手和旋具等。常用量具有钢板尺、角尺、内外卡钳、游标卡尺、千分尺、量角器、百分表、塞尺等。

第二节　划　　线

一、划线目的及要求

在毛坯或半成品工件上，用划线工具划出待加工部位的轮廓线或作为基准的点、线的操作称为划线。一种是平面划线,即在工件的一个表面上划线;另一种是立体划线,即在毛坯或工件的几个不同方位表面上划线。

(1) 划线的目的

① 所划轮廓线就是毛坯或工件的加工界限和依据,所划的点、线是毛坯或工件安装定位时的标志线或校准线,线划错会造成工件报废。

② 划线可检查毛坯或工件的尺寸和形状,以便及时发现不合格品,避免浪费后续工序加工工时和花费。

③ 合理分配加工余量(即借料),减少毛坯或工件报废率。

(2) 对划线的要求 尺寸准确,位置正确,线条清晰和冲眼均匀。

二、划线工具及使用方法

(1) 划线平台(平板) 如图 9-4 所示,是划线的基准平面,安放时要使其平稳牢固地处于水平状态。它用铸铁制成,工作表面经过精密加工和刮削。标准规格成系列,常用的有 630mm×630mm、800mm×800mm、1000mm×630mm、1000mm×1000mm、1600mm×1000mm 等。精度等级有:000 级、00 级、1 级、2 级、3 级。划线一般用 3 级,其余作检验用。

使用时应注意工件和工具在平台上要轻拿轻放,不可损伤工作面;工作面应经常保持清洁,用后要擦拭干净,并涂上机油防锈。

(2) 划针 如图 9-5 所示,用来在工件表面上划出带划痕的线条。它用弹簧钢丝或高速钢制成,直径 $\phi 3 \sim \phi 5$mm,长为 $200 \sim 300$mm。尖端须经过淬火处理,并应磨成 $15°\sim 20°$ 尖角。有的尖端焊有硬质合金,耐磨性更好。

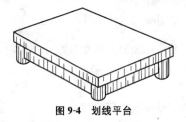

图 9-4 划线平台

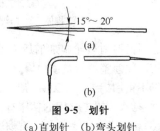

图 9-5 划针
(a)直划针 (b)弯头划针

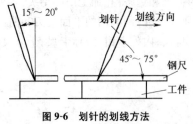

图 9-6 划针的划线方法

如图 9-6 所示,使用划针划线时,针尖要紧靠导向工具的边缘,上部向外倾斜 $15°\sim 20°$,向划线方向倾斜 $45°\sim 75°$ 的夹角;划线时要用均匀的压力使针尖沿直尺移动,尽量做到一次划成,不要重划,以免线条变粗,反而模糊不清、不准确。不用时,不要插在衣袋内,最好套上塑料套管使针尖不外露。

(3) 划针盘 如图 9-7 所示,用来在划线平台上对工件进行划线或找正工件的加工位置。划针盘的正确使用方法如图 9-8 所示。

①划线时划针尽量处于水平位置,不要倾斜太大。
②划针伸出长度尽量短些,并要牢牢夹紧,以免划线时产生振动和尺寸变动。
③移动划针盘划线时,底座要始终与划线平台的工作面贴紧,不能摇晃或跳动。
④划针与工件划线表面之间沿划线方向保持 40°～60°夹角,以减小划线阻力和防止针尖扎入工件表面。
⑤划较长的直线时,应采取分段连接划法,这样可对各线段的首尾进行检查,避免在划线过程中由于划针的弹性变形和划针盘本身移动造成划线误差。
⑥划针盘用完后应使划针处于直立状态,以保证安全并减小所占空间。

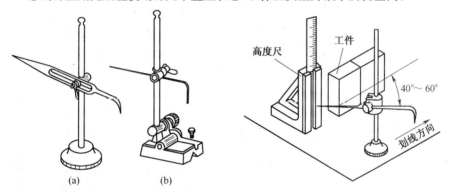

图 9-7 划针盘
(a)普通划针盘　(b)可调式划针盘

图 9-8 划针盘划线方法

(4)划规　用来划圆、划圆弧、等分线段、等分角度及量取尺寸等。常用的 3 种划规如图 9-9 所示。还有一种单脚规,也称卡规,用来确定孔和轴的中心,如图 9-10 所示。划规用中碳钢或工具钢制成,两脚尖端应经过淬硬或焊上一段硬质合金。

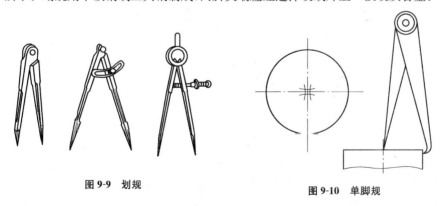

图 9-9 划规

图 9-10 单脚规

使用要点是:划规两脚的长短要磨得稍有不同,两脚并拢时脚尖应靠紧,以便能划出尺寸小的圆弧;划圆时,作旋转中心的一脚加较大压力,另一脚用较小压力,这样可使中心不致滑动。

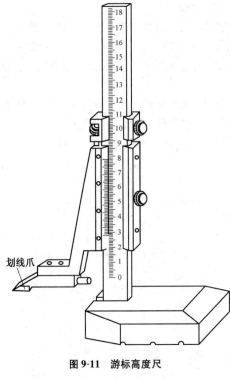

图 9-11 游标高度尺

(5) 高度尺 普通高度尺由钢直尺和底座组成,如图 9-8 所示,量取高度尺寸的精度不高。图 9-11 为游标高度尺,它附有划线爪,能直接划出高度尺寸,其读数精度一般为 0.02mm,是精密划线量具。

(6) 样冲(中心冲) 如图 9-12 所示,用于在工件上所划加工线上冲眼,即用 40°样冲沿所划线条按一定间距冲出小眼,以加强加工界限的标记;或使用 60°样冲冲眼作圆弧或钻孔的中心。样冲用工具钢制成,尖端淬硬,柄部滚花。

冲眼方法及要求如图 9-13 所示,使用时,先将样冲外倾使尖端对准线的正中,然后再将样冲立直,用锤子轻击顶部,打出冲眼;要求位置要准确,中点不能偏离线条。在曲线上冲眼距离要小些,如直径<20mm 的圆周上应有 4 个冲眼,直径>20mm 圆周上应有 8 个以上冲眼;在直线上冲眼距离可大些,但短直线至少有 3 个冲眼;在线条的交叉点处必须冲眼;在薄件或光滑面上冲眼要浅,粗糙表面要深些。

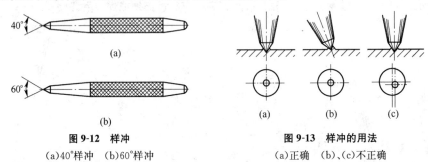

图 9-12 样冲
(a) 40°样冲 (b) 60°样冲

图 9-13 样冲的用法
(a) 正确 (b)、(c) 不正确

(7) V 形铁 如图 9-14 所示,常放置在划线平台上成对使用。用来安放圆柱形工件以便找中心或划中心线。它常用铸铁或碳钢制成,相邻各边相互垂直,V 形槽一般为 90°或 120°角。开口度规格有:50mm、90mm、120mm、150mm、200mm、300mm、350mm、400mm。

(8) 千斤顶 如图 9-15 所示,用于支承不规则或较大工件的划线、找正。为保证工件稳定可靠,一般 3 个为一组。其高度可调整。使用时,各千斤顶支承点离工件重心尽可能远，3个支承点组成的三角形面积尽量大。螺柱规格有 M6、M8、M10、M12、M16。高度 H 范围 $H_{min}=36mm$，$H_{max}=95mm$。

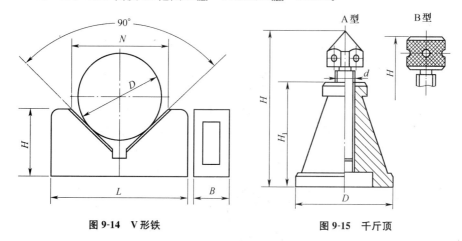

图 9-14　V形铁　　　　　　　图 9-15　千斤顶

三、划线前的准备工作

①按工件图样要求准备好划线工具。

②清理工件表面，如铸件上的浇、冒口，毛边，锻件上的飞边、氧化皮等均要清除。

③给工件划线部位涂色。铸件或锻件毛坯可涂石灰水或白漆，小毛坯可涂粉笔，已加工的表面上涂蓝油或墨汁等。蓝油由紫色颜料加漆片、酒精混合制成。涂料要涂得薄而匀。

④在划线工件孔上装中心塞块，以方便划孔中心线和孔轮廓线。塞块常用木块或铅块制成。

四、划线基准的选择

任何结构和形状不同的零件，都是由点、线、面构成的，划线时用来确定其他点、线、面位置的点、线、面（即依据）称为划线基准。正确合理地选好划线基准，是提高划线质量和零件合格率的重要条件。划线时，应尽量使划线基准与零件的设计基准，即图样上确定零件尺寸、形状的基准相一致。

常见的划线基准有以下3种类型，如图 9-16 所示。

(1) 以两互相垂直平面(线)为基准　如图 9-16a 所示，其宽度和高度方向上的许多尺寸，均是分别根据两个已加工表面来确定的。故选该两互相垂直的平面为划线基准。

(2) 以一个平面和一条中心线为基准　如图 9-16b 所示为以底平面和竖直中心线为基准。因该零件高度方向尺寸以底平面为依据，宽度方向的尺寸对称于中心线。故选此底面和竖直中心线为划线基准。

(3) 以两互相垂直的中心平面(线)为基准　如图 9-16c 所示，该零件两个垂直

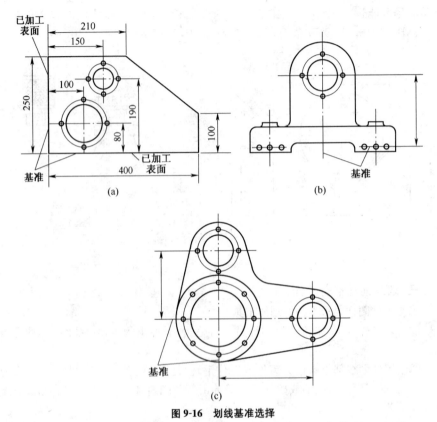

图 9-16 划线基准选择

(a)两互相垂直表面　(b)底平面与一个中心平面(线)　(c)两互相垂直的中心平面(线)

方向的尺寸与其中心线有对称性,并由中心线开始标注,故选此两中心平面(线)为划线基准。

选择划线基准的方法是:

①应首先弄清零件的结构及各部分尺寸的标注关系。一般可选零件标注尺寸的基准,即设计基准作为划线基准。

②根据毛坯的具体形状选择划线基准。例如,毛坯有孔或凸起部分时,可以它们的中心线作划线基准等。

③根据加工情况选择划线基准。例如工件上已有一个已加工表面,则可以此表面为划线基准;若均为毛坯面,则应以较大平面作划线基准等。

显然,平面划线时一般要选两个划线基准;立体划线一般要选 3 个划线基准。

五、划线中的借料

划线前,对一些铸件或锻件毛坯进行检查时,若发现有不合格件毛坯的尺寸、形状和几何要素位置上存在缺陷和误差,用找正方法又不能调整补偿,则可看用借料方法是否可以补救解决。

借料就是通过试划和调整,使各部位的加工余量在允许范围内重新合理分配,相互借用,在保证各加工表面都有足够的加工余量前提下,将原有的误差和缺陷在加工后排除,这种划线方法称为借料。图 9-17 为圆环件划线借料的例子。如图 9-17a 所示,按外圆找正内孔,则内孔有部分加工余量不够;如图 9-17b 所示,按内孔找正外圆的加工线时,外圆左部余量不够;但若按图 9-17c 所示,内孔与外圆兼顾,即借料的方法,适当选取圆心位置在内孔和外圆两圆心之间,则使内孔和外圆均有足够的加工余量。

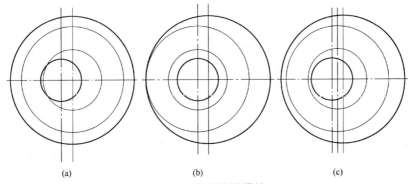

图 9-17　圆环件划线借料
(a)按外圆找正内孔的加工线　(b)按内孔找正外圆的加工线　(c)内孔与外圆兼顾,适当选择圆心位置(在内孔和外圆两圆心之间),则使内孔和外圆均有足够的加工余量

第三节　錾　削

用手锤敲击錾子对金属工件进行切削加工的方法称为錾削。錾削主要用于清理毛坯上的毛刺和飞边、加工平面和沟槽、分割材料等不便于机械加工的场合。

一、錾削工具

(1) 錾子　常用錾子及用途见表 9-1。

表 9-1　常用錾子种类及用途

种类	结构外形	材料	用途
扁錾 (阔錾)	锋口　斜面　柄　剖面　头 35°～70°	T7A 或 T8A	錾切平面、去毛刺、切割。楔角 β=30°～50°,用于錾削软金属;β=50°～60°,用于錾削钢件;β=60°～70°,用于錾削硬钢和铸铁。长度 125～150mm

续表 9-1

种 类	结 构 外 形	材 料	用 途
尖錾（窄錾）	斜面　柄　剖面　头	T7A 或 T8A	开槽、錾削狭长面、去毛刺
油槽錾	锋口　斜面　柄　剖面　头	T7A 或 T8A	錾切油槽

錾子刃磨如图 9-3b 所示。楔角大小除与工件材料有关外，还要注意楔角与錾子中心线对称（油楔錾除外），两楔面相交的切削刃要平直且锋利。

錾子要经过淬火与回火处理：将切削刃以上 20～30mm 段加热至 780℃～800℃，至樱红色后急速水淬，放入水中应 5～6mm 深，并沿水面慢慢移动，冷却至接近黑色时提起，用砂布迅速擦去氧化皮，观察刃部颜色变至金黄色时，将錾子再迅速放入冷水中至完全冷却。

(2) 手锤　如图 9-18 所示，常用锤头规格有 0.49kg(1 磅)、0.69kg(1.5 磅)和 0.92kg(2 磅)。木锤柄长约 350mm，木柄装入锤孔后用楔子楔紧，以防锤头松动、脱落。

图 9-18　手锤

二、錾削的基本操作方法

1. 操作时的站位与站姿

图 9-19 所示为錾削时的正确站位。身体与虎钳中心线大致成 45°，且略向前倾，左脚跨前半步，与虎钳中心线约成 30°，膝盖处稍有弯曲，保持自然状态，右脚站稳伸直，与虎钳中心线成 75°，身体重心落在右脚，不要过于用力。

2. 錾子的握法与錾削角度

錾子的握法有正握法与反握法，如图 9-20 所示。

① 正握法　手心向下，用中指和无名指握住錾子，小指自然合拢，拇指与食指自然地松靠接触，錾子头部伸出 20～25mm，伸出过长手锤易打手。錾削时，錾子的后刀面与工件已加工表面（即切削平面）之间的后角 α，一般取 5°～8°。α 过大，錾子易扎入工件；α 过小，錾子易从工件表面滑脱。

②反握法 手心向上,手指自然握住錾子,手掌悬空。

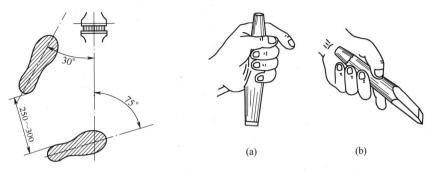

图 9-19 錾削时的站立位置

图 9-20 錾子的握法
(a)正握法 (b)反握法

3. 锤子的握法

(1)松握法 如图 9-21a 所示。只用大拇指和食指始终握紧锤柄。挥锤时,小指、无名指、中指则依次放松;捶击时,又以相反的次序收拢握紧。该握法好处是手不易疲劳,且捶击力大。

(2)紧握法 如图 9-21b 所示。用右手五指紧握锤柄,大拇指合放在食指上,虎口对准锤头方向,锤柄尾部露出 15～30mm。在挥锤和捶击过程中,五指始终握紧。

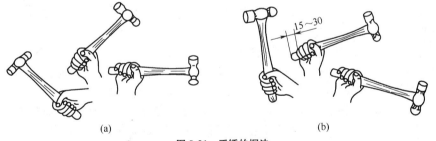

图 9-21 手锤的握法
(a)松握法 (b)紧握法

4. 挥锤方法

(1)腕挥 如图 9-22a 所示,仅用手腕的动作进行捶击,采用紧握法握锤,一般用于錾削余量较少或錾削开始或结尾。

(2)肘挥 如图 9-22b 所示,是用手腕和肘部一起挥动进行捶击。它采用松握法,因挥动幅度较大,故捶击力也较大,应用最广。

(3)臂挥 如图 9-22c 所示,是用手腕、肘和全臂一起挥动,捶击力最大,用于需大力錾削的工作。

錾削时的捶击动作要稳、准、狠,且一下一下有节奏,一般肘挥时捶击速度取 40 次/min 左右,腕挥时约 50 次/min 为宜。锤质量增一倍,捶击的功能也增 1 倍,但速

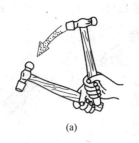  

图 9-22 挥锤方法
(a)腕挥 (b)肘挥 (c)臂挥

度增 1 倍时,锤击动能可增 4 倍。

5. 锤击要领

(1)挥锤 肘收臂提,举锤过肩;手腕后弓,三指微松;锤面朝天,稍停瞬间。

(2)锤击 目视錾口,臂肘齐下;收紧三指,手腕加劲;锤錾一线,锤走弧形;左脚着力,右腿伸直。

锤击要求:稳——速度节奏 40 次/min;准——命中率高;狠——锤击有力。

6. 其他錾削工艺知识

①錾削平面时,应采用斜角起錾,即先在工件的边缘尖角处,将錾子中心线放在低于水平面一个小角度,錾出一斜面,然后按正常錾削角度(后角 $α=5°\sim8°$)逐渐向中间錾削。在錾削过程中,一般每錾削 2~3 次后,将錾子退回一些作短暂停顿,然后再将刃口顶住錾处继续錾削。目的是随时观察被錾表面的平整情况,又使手臂肌肉有节律地得到放松。最后在錾削接近尽头时(约 15mm),必须调头錾去余下的部分,特别是錾削铸铁和青铜时更应如此,以免工件的尽头崩裂。工件伸出钳口高度一般以 10~15mm 为宜,同时工件下面要加木衬垫,工件必须夹牢。

②錾削直槽(键槽)时,要先划出加工线,依据槽宽磨好窄錾,然后正面起錾,即对准划线槽錾出一小斜面,再逐步錾削。第一遍錾削要按一条划线为依据将槽錾直,錾削量取<0.5mm;中间的若干次錾削,錾削量可取 1mm 左右;最后一遍錾削的修正量应在 0.5mm 之内。

③錾削油槽时,要根据沟槽截面形状,如圆弧形、U 形、V 形或⊔形,刃磨出形状一致的切削刃;再根据油槽位置尺寸划线,可只划一条中心线;起錾时要由浅至深地慢慢切至要求尺寸,后按窄錾法一样錾削,錾至尽头时刃口慢慢抬起,保证油槽槽底圆滑过渡。

④錾切板料时,将板料按划线夹成与钳口平齐,用扁錾沿着钳口斜对板料约成 45°角,自右向左錾切。若板料尺寸大或錾切线有曲线不能在虎钳上錾切时,可在铁砧或旧平台上进行,錾子的切削刃应磨成稍带弧形(不是直线刃),以便使前后排錾时的錾痕连接齐整。錾切直线段时,刃口可宽些,錾切曲线段时,刃宽应据曲线弯曲程度而定,使錾痕与曲线基本一致。在虎钳上起錾时錾子应向外放斜些似剪刀状,

然后逐步放成与钳口垂直,依次錾切。

第四节 锉 削

一、锉削及工作内容

用锉刀对工件表面进行切削的加工方法称为锉削。锉削可以加工工件的内外表面(平面与曲面)、内外角、沟槽和各种复杂形状的表面。即使在现代生产条件下,仍有一些不便机械加工而需要锉削加工的零件,如装配过程中对个别零件的修整、修理,单件小批生产条件下某些形状复杂零件的加工,样板、模具加工等,仍不能没有锉削。

二、锉刀及使用方法

锉刀的结构如图 9-23 所示。常用 T12 钢制作,带齿纹的切削部分需经热处理。锉刀的齿纹有两种:

(1)单纹 即齿纹按同一方向排列。适用于锉削铝、铅等软金属及表面的精细加工。

(2)双纹 齿纹用剁齿机剁成。齿纹由两个方向交错排列,刀刃间断形成许多小齿,以便于断屑和排屑,使用省力。常用于锉削钢、铸铁等较硬的工件。

1. 锉刀的种类

(1)按齿纹粗细分 粗纹锉(锉纹号为1号)、中纹锉(2号)、细纹锉(3号)、双细纹锉(4号)、油光锉(5号)五种。它们的工作部分的长度有 100mm、150mm、200mm、250mm、300mm、350mm、400mm 及 450mm。其中三角锉长为 100~350mm,半圆及圆锉长 100~400mm。

(2)按用途分

①普通钢锉 如图 9-24 所示,按其截面形状又分为扁锉(平锉),适用于锉削内外平面、外圆弧面等;方锉,适用于锉削小平面和方孔、方槽等;三角锉,适用于锉削平面、外圆弧面、内角(大于 60°)等;半圆锉,适用于锉削平面、内外圆弧面、圆孔等;圆锉,适用于锉削圆孔及凹下的弧面等。

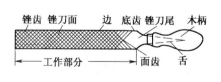

图 9-23 锉刀

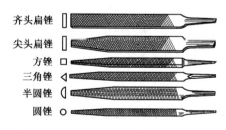

图 9-24 普通钢锉

②整形锉 如图 9-25 所示,又称什锦锉。适用于锉削或修理机器零件的细小

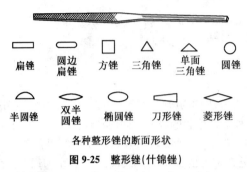

图 9-25 整形锉（什锦锉）

部位及仪表、电器、模具等小而精细的金属件表面。

③ 特种锉 适用于锉削零件上的特殊表面或特种材料的锉刀属于特种锉。如图 9-26a 所示锯锉，专用于锉修木工锯的锯齿；图 9-26b 所示刀锉，用于锉削或修整金属件上的沟槽或木工锯条的锯齿等；图 9-26c 所示异形锉，用于普通锉刀难以锉削且形状复杂的金属模具和工夹具表面；图 9-26d 所示锡锉，用于锉削锡制件或其他软金属制品表面；图 9-26e 所示铝锉，用于锉削及修理铝、铜等制件或塑料制品的表面；图 9-26f 所示金刚石什锦锉，用于锉削硬质合金、淬火或渗氮的工具、合金刀具、模具和工夹具等硬度较高的金属制件表面。

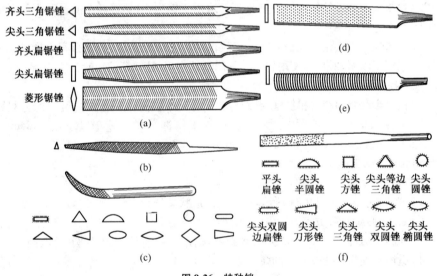

图 9-26 特种锉
(a) 锯锉 (b) 刀锉 (c) 异形锉 (d) 锡锉 (e) 铝锉 (f) 金刚石什锦锉

2. 锉刀的握法

工作部分长≥250mm 的大扁锉刀握法，如图 9-27a 所示，右手紧握锉柄，柄端抵住拇指根部的手掌上，大拇指放在锉柄上部，其余手指自下而上地握着锉柄。左手基本握法是将拇指根部肌肉压在锉刀头上，拇指自然伸直，其余四指弯向手心，用中指、无名指握住锉刀头。还有两种左手握法见图 9-27b。

三、锉削的基本操作方法

(1) 工件装夹 锉削时工件应装夹在虎钳口中间或靠左边。

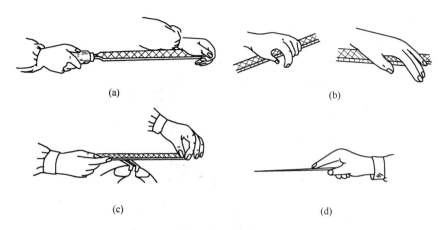

图 9-27 锉刀握法
(a)大扁锉两手握法 (b)左手握法 (c)中锉两手握法 (d)小锉刀握法

(2)锉刀的选用　按工件表面形状和大小选择锉刀截面形状和长度；根据工件材料性质、加工余量大小、加工精度和表面粗糙度要求的高低，选择锉刀的粗细规格。

(3)锉削姿势与动作　锉削时站立姿势如图 9-28 所示，锉削动作如图 9-29 所示。

①图 9-29a 所示锉削起始位，身体前倾 10°，左臂弯曲，右肘与锉削平面保持基本平行，自然摆放。右腿伸长，身体稍向前倾，重心在左脚，左膝成弯曲状态。

②图 9-29b 所示锉刀推至 1/3 行程时，身体与锉刀一起向前并前倾 15°。

③图 9-29c 所示锉刀推至 2/3 行程时，身体前倾 18°左右，左腿继续弯曲，左肘渐直，右臂向前推进。

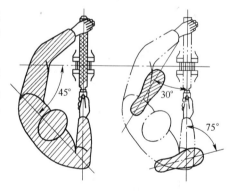

图 9-28　锉削时的站立步位和姿势

④图 9-29d 所示锉刀推尽全行程，身体退回到 15°左右位置。推程终止时，两手按住锉刀，身体恢复到原起始位，锉刀略提高拉回，完成一次锉削动作。然后重复上述动作继续锉削。

(4)锉削时两手施力方法　如图 9-30 所示。要得到平直的平面，必须正确掌握锉削力的平衡。开始位置时(图 9-30a)，左手压力要大，右手压力要小而推力要大；随锉刀推进，左手压力渐小而右手压力渐大，到中间位置时(图 9-30b)，两手压力基本相等；到终了位置前(图 9-30c)，在锉刀推进中，左手压力继续减小，右手压力继续增大，左手引导锉刀推完全程；回程时(图 9-30d)，锉刀略提起，不加压力，以减少锉齿磨损。

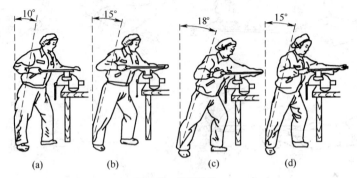

图 9-29 锉削动作
(a)起始位 (b)锉刀推到 1/3 长度时 (c)锉刀推到 2/3 长度时
(d)锉刀全长推完时

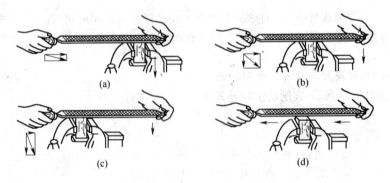

图 9-30 锉平面时两手的施力情况
(a)起始位 (b)中间位 (c)终止位 (d)回程

锉削速度一般为 40 次/min 左右,推出时稍慢,回程稍快,动作要自然协调。

(5)锉削方法 如图 9-31 所示,平面锉削基本方法有交叉锉法、顺向锉法及推锉法 3 种。

①交叉锉法 如图 9-31a 所示,指从两个或两个以上方向交替锉削的方法,粗锉平面时常用。锉削速度快,锉刀容易掌握平稳,适合加工余量大的工件。并且利用锉痕可判断加工情况,便于不断修正锉削部位。

②顺锉法 如图 9-31b 所示,指锉刀顺一个方向锉削的方法,每次锉刀退回时适当横向移动,适用于细纹锉、精锉。

③推锉法 如图 9-31c 所示,指锉刀横放,顺一个方向锉削的方法。适于用细纹锉或油光锉进行精锉修光。

锉削加工表面粗糙度可达 $Ra1.6 \sim 1.8 \mu m$,尺寸精度可达 $0.01mm$。

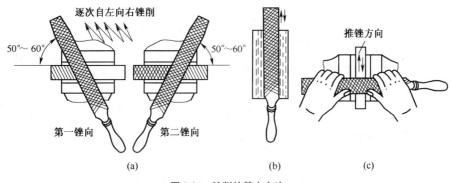

图 9-31 锉削的基本方法
(a)交叉锉法 (b)顺锉法 (c)推锉法

四、安全操作与锉刀保养

①锉刀应放在虎钳右边,因大多数人右手为正手。放在钳台上时,锉刀柄不可露出钳台外,以免掉落砸伤脚或损坏锉刀。

②没装锉刀柄或柄已开裂或没有锉刀柄箍的锉刀不能使用。锉削时锉刀柄不能撞击工件。

③不能用嘴吹锉屑,不能用于触摸锉削表面。锉刀不能当撬棒或锤子用。

④锉削时,工件伸出钳口不可过高。对不规则的工件要加木块或V形铁作衬垫。对精细工件一定要用铜质钳口垫来装夹。对较长的薄板件要加夹板夹持。

⑤锉面堵塞后,要用钢丝刷或铁片沿着齿纹方向清除锉屑。

⑥新锉刀应先用一面,用钝后再用另一面。

⑦不要锉毛坯件的硬皮及淬硬件,铸件表面的硬皮先用砂轮磨去或用锉刀有齿侧边锉去,然后再进行锉削。

⑧锉刀使用完毕,必须清刷干净,以免生锈。锉刀不可与其他工具堆放在一起,也不可与其他锉刀堆放。

第五节 锯 削

一、锯削工具及应用

用锯将材料或工件进行切断、切槽等加工的方法称为锯削。锯削的主要工具是手锯,由锯弓和锯条构成。

(1)**锯弓** 如图9-32所示,用于安装和张紧锯条,它又分为可调式和固定式两种。它们用钢板或钢管制成。

(2)**锯条** 常用碳素工具钢或高速钢制造并经淬硬。锯条规格用两端安装孔中心距表示,常用锯条的中心距(公称长度)为300mm,宽度为12mm,厚度为0.6~0.8mm。锯齿的粗细以每25mm锯条长度内的齿数表示,齿数为14~18齿的为粗

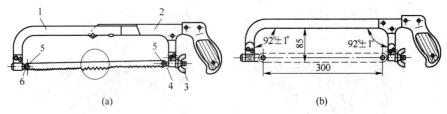

图 9-32 锯弓
(a)可调式(能安装不同长度的锯条) (b)固定式(安装一种长度的锯条)
1. 可调部分 2. 固定部分 3. 翼形拉紧螺母 4. 活动拉杆 5. 销子 6. 固定拉杆

齿,常用于锯削软钢、黄铜、铝、铸铁、人造胶质材料等;齿数为 22~24 的为中齿锯条,常用于锯削中硬钢、厚壁钢管等;32 齿的为细齿锯条,常用于锯削薄片金属、薄壁管子。

锯齿的排列多为交错形或波浪形,一般称为锯路,这种锯路可减少锯条与锯缝之间的摩擦,有利于排屑。

二、锯削的基本操作方法

①工件应装夹在虎钳口的左面,工件伸出钳口不要过长,约 25mm 为宜,以免锯削时产生振动。锯条安装时应使锯齿朝前,张紧力得当。

②手锯握法如图 9-33a 所示,以右手握柄,左手扶锯弓前端,推力和压力的大小主要由右手掌握,左手压力不要过大,而要协同右手扶正锯弓。推锯时身体上部略向前倾斜,给手锯适当压力,并做直线往复运动,不可左右摆动,以保证锯缝平直,回程时稍微提起锯弓不进行切削或轻轻滑过。

③站立姿势如图 9-33b 所示。

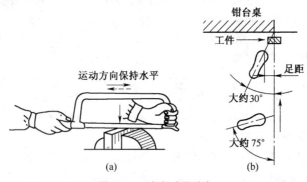

图 9-33 手锯握法及站姿
(a)手锯握法 (b)站立姿势

④如图 9-34 所示,起锯方法分远起锯与近起锯。起锯时,左手拇指靠近锯条引导切入,使锯条正确地锯在要求的位置上,行程要短,压力要小,速度要慢,起锯角一般不大与 15°。

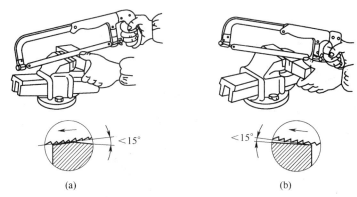

图 9-34 起锯法
(a)远起锯 (b)近起锯

远起锯操作方便,锯齿不易被卡住,最常用。

⑤锯削速度以 30～60 次往复/min 为宜,一般为 40 次往复/min。锯软材料可快些,锯硬材料宜慢些,压力也大些。手锯往复长度一般不应小于锯条长度的 2/3。锯削钢料时要加机油润滑。发现锯缝歪斜时,不要强行扭正,而应将工件翻转 90°后重新起锯。崩落锯齿的锯条,将邻近几个齿向条身内磨成凹圆弧,仍可使用。锯削结束时,用力要轻,且缩短行程,对要切断的工件,可留下一点余量用手摇断。

三、不同材料的锯削

(1) 锯削棒料　要求锯削断面平整时,从起锯到锯断要一锯到底。

(2) 锯削薄板料　如图 9-35a 所示,尽可能从宽面起锯,避免锯齿被钩住。当一定要从板料的狭面起锯时,应将其夹在两木块中间,连木块一起锯断,如图 9-35b 所示。

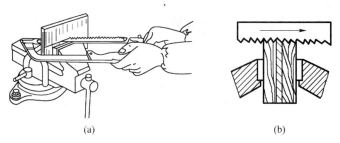

图 9-35 薄板料的锯法
(a)宽面起锯 (b)狭面起锯

(3) 锯削管子　锯切时必须将管子夹正。若为薄壁管或精加工过的管子,则应夹在两 V 形木垫块之间,以防管子夹扁和损伤表面。锯削时应采用转位锯削,即锯切到管壁处后,将管子向推锯的方向转过一定角度,再按原锯缝锯切到内壁处,如此直至锯断为止。

(4)锯削深缝工件　如图 9-36a 所示,当缝深接近锯弓高度时,将锯弓转过 90°安装,继续推锯(图 9-36b),如果仍达不到缝深,可倒装锯条(图 9-36c),继续锯切。

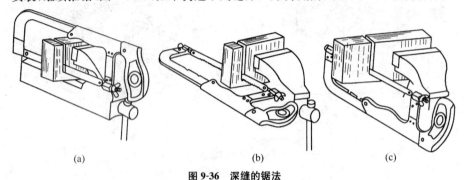

图 9-36　深缝的锯法
(a)锯条正装锯削　(b)锯弓水平锯削　(c)锯条倒装锯销

四、锯削注意事项

1. 掌握锯条损坏的原因,减少锯条损坏和消耗

①锯齿崩裂的原因有:锯薄壁管和薄板时没有选用细齿锯条;起锯角太大或用近起锯时用力过大;锯削压力突然加大、锯齿被工件棱边钩住等。

②锯条折断的原因有:锯条装夹过紧或过松;工件装夹不当,产生松动或抖动;锯缝歪斜后强行矫正,使锯条扭断;锯削压力过大或推锯过猛;新换锯条在原锯缝中卡住而折断;工件锯断时,手锯撞击虎钳等物而折断等。

③锯条过早磨损原因有:锯削速度过快,使锯条受高温而加剧锯齿磨损;锯削较硬材料没有用切削液;锯削的材料过硬等。

2. 锯缝歪斜的原因

装夹工件时,锯缝线没有与铅垂线方向一致;锯条装夹太松或扭曲;锯条的锯齿两面磨损不匀;锯削压力过大使锯条偏摆;未扶正锯弓或用力歪斜,使锯条偏离锯缝中心平面等。

第六节　孔加工及攻螺纹、套螺纹

一、钻孔

钳工钻孔一般使用台钻、立钻或摇臂钻等钻床。钻孔时,钻头旋转(主运动)同时做轴向进给运动。

1. 标准麻花钻的缺陷

标准麻花钻的结构与几何参数内容见第七章。标准麻花钻的主要缺陷有以下几个方面:

①横刃较长且其前角为负值,产生的不良影响是轴向力大、钻头易抖动影响定心等;

②主切削刃上各点前角值很不均匀,越靠近钻心前角越小,钻心处前角为负值,故切削性能差,产生热量多,磨损快;

③钻头的副后角为 0°,致使近切削部分的刃带与孔壁摩擦严重,易磨损;

④主切削刃外缘处的刀尖角较小,而前角很大,成为刀齿的薄弱部位,因该处切削速度最高,故切削热最多,磨损极为严重。

2. 标准麻花钻的修磨方法

(1)修磨横刃 如图 9-37 所示,修磨横刃的目的是增大横刃部分的前角、缩短横刃长度,以减小轴向力(进给力)。常用修磨方式如下:

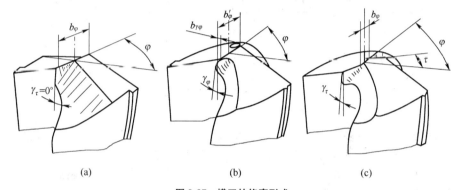

图 9-37 横刃的修磨形式
(a)磨出十字形 (b)磨出横刃前面的容屑槽 (c)磨出内直刃

①将横刃磨出十字形 如图 9-37a 所示,横刃长度不变,刃倾角仍为零,但横刃的前角显著增大了。该方式刃磨操作简单,但钻心强度有所减弱,并要求砂轮圆角半径要小。

②磨出横刃前面的容屑槽 如图 9-37b 所示,横刃长度未变,但留有很窄的倒棱($b_{\gamma\varphi}$ 及 γ_φ)。该修磨方式钻尖强度高,使轴向力显著减小。

③钻尖磨出新的内直刃 如图 9-37c 所示,既缩短了横刃长度(b_φ 只有原长的 $1/3\sim1/5$),又增大了其前角和钻尖处的容屑空间。一般直径>5mm 的钻头均需修磨横刃。该修磨方式既能保持钻尖强度,又显著减小了轴向力,对砂轮圆角也无严格要求,因而得到广泛应用。

(2)修磨主切削刃 如图 9-38 所示,修磨主切削刃的目的是改变刃形或顶角,以增大前角;控制分屑和断屑。从而使刀刃的切削负荷分布合理,改善散热条件,提高钻头寿命。常用修磨方式如下:

①磨出内凹的圆弧刃 如图 9-38a 所示,加强了钻头的定心作用,有助于分屑和断屑。这种修磨的钻头,广泛用于不规则毛坯上扩孔、薄板钻孔(但内凹圆弧深度要大于工件厚度)、套料。

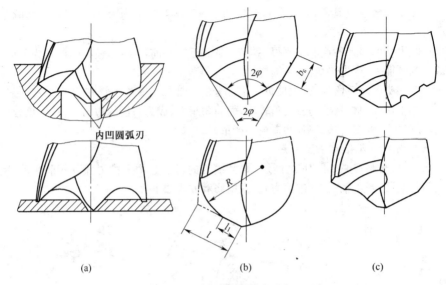

图 9-38 主切削刃的修磨形式
(a)内凹圆弧刃 (b)多重顶角 (c)分屑槽

②磨出双重或多重顶角或磨出外凸圆弧刃 如图 9-38b 所示,可改善主切削刃外缘处的散热条件,提高钻头寿命。这种钻头适于钻铸铁。

③磨出分屑槽 如图 9-38c 所示,分屑槽交错开或单边开,以便于断屑和排屑。这种修磨钻头适用于中等直径钻头钻削钢件。

(3)修磨前面 如图 9-39 所示,修磨前面的目的是改变前角分布,改变刃倾角,以满足不同的加工要求。常用的修磨形式如下:

①外缘处磨出倒棱 如图 9-39a 所示,以减小前角,增大进给力,从而避免"扎刀"。这种修磨钻头适于钻黄铜、塑料、胶木等。钻黄铜时磨成 $\gamma_f=5°\sim10°$,钻胶木时磨成 $\gamma_f=-5°\sim-10°$。

②沿主切削刃磨出倒棱 如图 9-39b 所示,以增加刃口强度。适用于钻较硬材料,其 $\gamma_{o1}=0\sim10°$,$b_{\gamma1}=0.1\sim0.2$mm。

③在前面上磨出卷屑槽 如图 9-39c 所示,增大了前角。适用于钻有机玻璃等软材料。

④在前面上磨出断屑台 如图 9-39d 所示,以强迫断屑,适用于一般钢材钻孔。

⑤前面上磨出大前角和正刃倾角 如图 9-39e 所示,可控制切屑向孔底方向排出,适用于精扩孔钻。

(4)修磨后面 修磨后面的目的是在不影响刃瓣强度下,增大后角,以增大钻槽容屑空间,改善冷却效果。图 9-40 所示是将后面磨出双重后角。一般取第二后角 $\alpha_{f2}=45°\sim60°$。

(5)修磨刃带 修磨刃带的目的是减小刃带宽度,磨出副后角,以减少刃带与孔

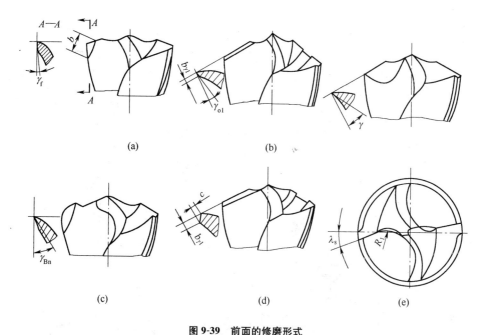

图 9-39 前面的修磨形式

(a)磨出倒棱 (b)磨出倒棱 (c)磨出卷屑槽 (d)磨出断屑台 (e)磨出大 γ、大 λ_s

壁的摩擦。这样修磨的钻头适用于钻韧性大或软材料孔的精加工。图 9-40 所示,修磨参数是 $\alpha_0' = 6°\sim 8°$、$b_{a1} = 0.2\sim 0.4mm$, $l_o = 1.5\sim 4mm$。

3. 钻孔的基本操作

(1)设备选用 直径≤12mm 的孔,可选台式钻床;中型工件上钻孔,可选立式钻床加工;大型工件及一个工件上多孔加工,可选用摇臂钻床。

(2)钻头的刃磨 刃磨前,对砂轮面不平整的砂轮,要用金刚石笔等进行砂轮修整。然后

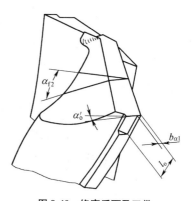

图 9-40 修磨后面及刃带

按钻孔要求选择钻头修磨形式进行修磨。刃磨后对钻头进行检验,一般用目测法或用样板检验其两主切削刃的顶角及对称性、横刃长短等。要严格避免两个 φ 角不对称或两个主切削刃长度不一致,以免造成钻出的孔被扩大或歪斜和钻头很快磨损。

(3)工件的装夹 如图 9-41 所示,钻孔时,要根据工件的不同形状及钻孔直径的大小,采用不同的装夹方法。以保证安全和钻孔质量。常用的工件装夹方法有以下几种:

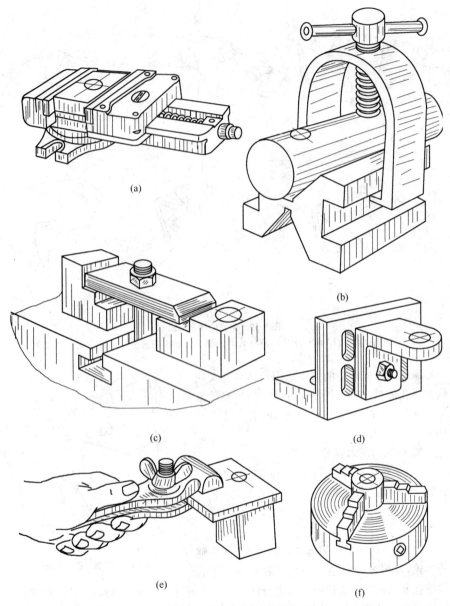

图 9-41 工件装夹方法
(a)用平口钳 (b)用V形铁 (c)用螺旋压板 (d)用角铁 (e)用手虎钳 (f)用三爪卡盘

①平整工件可用平口钳装夹 如图 9-41a 所示,装夹时应使工件表面与钻头垂直;孔径≥12mm 时必须用螺钉、压板将平口钳固定在钻床工作台上;工件底部应垫木块或垫铁,空出落钻部位。

②圆柱形工件可用 V 形铁装夹 如图 9-41b 所示,装夹时应使钻头轴心线与 V 形铁两斜面的对称平面重合,保证钻出孔的中心线过工件的轴线。

③较大工件装夹 如图 9-41c 所示,对较大工件且钻孔直径≥12mm 时,可用压板夹持。当压紧表面为已加工表面时,要用衬垫保护。

④异形件装夹 如图 9-41d 所示,对异形件表面不平或加工基准在侧面的工件,可用角铁进行装夹;图 9-41e 所示,对小型工件、薄板件上的小孔,可将工件置于定位块上,用手虎钳夹持钻孔;图 9-41f 所示,圆工件端面钻孔,可用三爪卡盘装夹。

当工件大而钻孔直径小(<8mm),且便于手握时,可手握工件进行钻孔,但一般情况下工件都应装夹后再钻孔。

钻孔时应加注充足的切削液,一般为乳化液,以进行冷却与润滑。钻钢件可用 3%～5% 的乳化液;钻铸铁可用 5%～8% 乳化液,一般可不加。

(4)钻头的装拆 如图 9-42a 所示,直柄钻头用钻夹头夹持,夹持长度不能小于 15mm,然后用钻夹头钥匙旋转外套,使环形螺母带动 3 个卡爪移动,做夹紧或松开动作。

如图 9-42b 所示,锥柄钻头用莫氏锥度的锥柄与钻床主轴连接,且连接时锥柄和主轴锥孔要揩干净,使舌部的长度方向与主轴腰形孔中心线方向一致,利用冲击力一次装夹。当钻头锥柄小于主轴锥孔时,可加过渡套(图 9-42c)来连接。如图 9-42d 所示,拆卸钻头时,将楔铁敲入套筒或主轴上的腰形孔内,楔铁带圆弧的一边放在上面,便可使钻头退出。

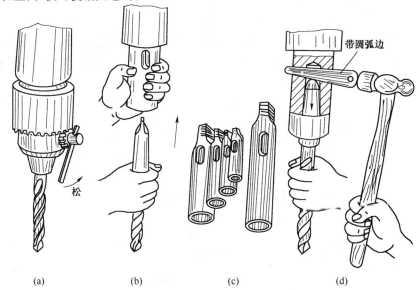

图 9-42 直柄与锥柄钻头的装拆
(a)钻头夹头连接直柄钻头 (b)锥柄钻头安装 (c)过渡套 (d)锥柄钻头拆卸

(5) 钻孔切削用量的选择　主轴转速即钻头转速(r/min) $n=\dfrac{1000v}{\pi d}$

式中,d 为钻孔直径(mm);v 为钻头外缘处的切速(m/min)。

一般钻碳钢时取 $n=300\sim600$r/min,钻铸铁取 $n=200\sim800$r/min。

实孔的半径即钻削的背吃刀量(a_p)。轴向进给可用手动或机动。手动进给时进给力要合适,以免钻头弯曲使孔中心歪斜;钻小孔或深孔时,进给力要小,并经常退出以排除切屑,以免堵塞而折断钻头;钻通孔即将钻穿前,进给必须减小,否则会折断钻头或使工件转动而造成事故。

4. 钻削安全与设备维护、保养

①操作中不可戴手套,袖口必须扎紧,女工必须戴安全帽。

②开动机床前,检查钻夹头钥匙是否未取下或斜铁还插在钻轴上。

③钻孔时不可用手、棉纱或用嘴吹来清除切屑,必须用毛刷清除,钻出的长条(卷)屑要用钩子钩断后除去。

④操作时头部不要离得太近,停车时要让主轴自然停下来,不可用手制动,也不可用反转制动。

⑤严禁开车状态下装卸工件;调整主轴转速时必须在停车状态下进行。

⑥清洁钻床或加注润滑油时,必须切断电源。

二、扩孔

扩孔是用扩孔工具对工件上已有的孔再扩大直径的加工方法。其加工精度可达 IT10～IT9,表面粗糙度可达 $Ra6.3\sim3.2\mu m$。

扩孔常用工具是扩孔钻,它与麻花钻相似,但无横刃、齿数较多(3～4 个)、工作导向性好;扩孔余量较小,容屑槽较浅,钻心较粗,其强度和刚度较大。故而扩孔钻的加工质量比麻花钻高。国标规定,直径 $\phi7.8\sim\phi50$mm 的高速钢扩孔钻做成锥柄,直径 $\phi25\sim\phi100$mm 的做成套式,如图 9-43 所示。

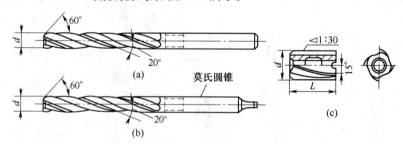

图 9-43　扩孔钻

(a) 直柄扩孔钻　(b) 锥柄扩孔钻　(c) 套式扩孔钻

扩孔的切削用量中,背吃刀量(mm)为　$a_p=\dfrac{d-d_w}{2}$

式中,d 为扩孔直径(mm);d_w 为预加工孔直径(mm)。

进给量为钻孔进给量的1.5~2倍。切削速度为钻孔速度的1/2。操作方法与钻孔基本相同。

三、锪孔

锪孔是指用锪孔钻加工各种埋头螺钉沉孔、凸台面、锥孔等的加工方法。图9-44所示为常用的各种锪钻。图9-44a所示为带导柱平底锪钻,端面及圆周上都有刀齿,前端有导柱,导柱可拆卸,便于制造和刃磨。锥面锪钻的锥度有60°、90°及120°三种,用于加工中心孔及护锥孔口倒角。图9-44b为带导柱90°锥面锪钻,适用于加工锥形沉孔;图9-44c为整体锥面锪钻。图9-44d为端面锪钻,仅端面上有刀齿,工作时以刀杆d_1圆柱部导向。锪钻及可转位锪钻可用高速钢、硬质合金制作。单件小批量生产时,也可用麻花钻改制成锪钻,如图9-45所示。

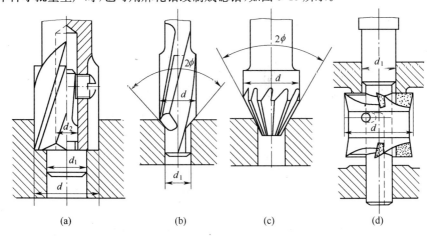

图 9-44 锪钻
(a)带导柱平底锪钻 (b)带导柱90°锥面锪钻 (c)不带导柱锥面锪钻 (d)端面锪钻

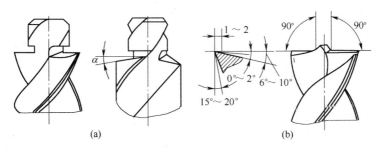

图 9-45 用麻花钻改制的柱形锪钻
(a)带导柱 (b)不带导柱

锪孔的目的是保证孔端面与孔中心线垂直度,以使其与孔连接件位置正确,连接可靠。锪孔操作方法与钻孔基本相同。

四、铰孔

用铰刀对孔进行半精加工和精加工称为铰孔。铰刀的齿数多,刚性和导向性好,一般加工精度可达 IT7～IT6,表面粗糙度可达 $Ra1.6 \sim 0.4 \mu m$。广泛用于中、小孔的半精加工和精加工,也常用于研孔的预加工。

1. 铰刀的结构、种类及应用

铰刀的结构如图 9-46 所示。

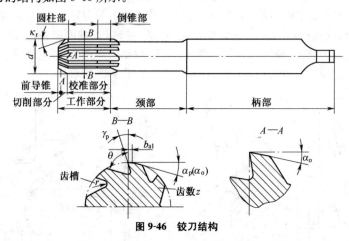

图 9-46 铰刀结构

它的工作部分由切削部分、校准部分组成。而校准部分又由圆柱部分和倒锥部分组成。它的主要参数有直径 d、齿数 z、主偏角 K_r、背前角 γ_p、后角 α_o 及槽形角 θ。

铰刀按使用方式分为手用铰刀和机用铰刀,二者的结构区别是手用铰刀主偏角小,工作部分较长,圆柱柄柄尾截面为正方形;机用铰刀正相反,且锥柄的扁柄尾截面为矩形。

铰刀按用途分为圆柱形铰刀和圆锥形铰刀。按刀齿分为直齿和螺旋齿两种。螺旋齿铰刀多用于铰削有缺口或带槽的孔,铰削时不会被槽边勾住,且切削平稳。各类铰刀如图 9-47 所示。

常用整体手用铰刀如图 9-47b、d 所示,公称直径为 $\phi1 \sim \phi71mm$,适用于单件小批量生产或装配中铰削圆柱孔。可调节手用铰刀如图 9-47c 所示,常用的公称直径为 $\phi6.5 \sim \phi100mm$,其刀条(片)装在刀体的斜槽内,旋转两端的调节螺母,可推动刀条在斜槽内移动,使其直径有微量调整,常用于机器修配。

铰刀圆周上的齿距有等齿距分布与不等齿距分布两种。等齿距制造简单,应用广泛。但等齿距分布铰刀铰孔,当每个刀齿遇到硬质点时,会产生纵向凹痕并使之加深,使孔壁粗糙。因此可改用不等齿距分布,如图 9-47b 所示,为便于制造和测量,采用对顶齿间角相等的不等齿距分布。

用高速钢制造的机用铰刀。直径 $\phi1 \sim \phi20mm$ 时做成圆柱直柄;$\phi5.5 \sim \phi50mm$ 时做成锥柄,如图 9-47a 所示;$\phi25 \sim \phi100mm$ 时做成套式,如图 9-47e 所示。硬质合

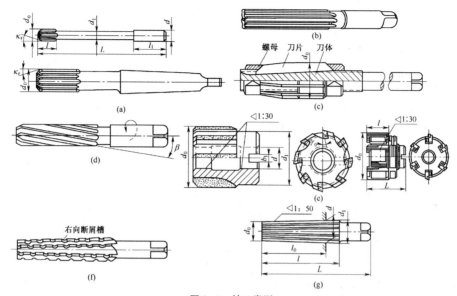

图 9-47 铰刀类型
(a)机用铰刀 (b)手用铰刀 (c)可调节手用铰刀 (d)螺旋槽手用铰刀 (e)套式机用铰刀
(f)手用莫氏锥度粗铰刀 (g)手用1∶50锥销孔铰刀

金机用铰刀,直径为 $\phi6\sim\phi20$mm 时做成圆柱直柄,$\phi8\sim\phi40$mm 做成锥柄,用于成批生产中铰削难加工材料。

图 9-47f 所示,莫氏锥度铰刀有 0~6 号七种规格,分别用于铰削 0~6 号莫氏锥度孔,由于加工余量较大,一般由两把组成一套,其中有分屑槽的为粗铰刀。图 9-47g 所示,1∶50 锥度销子孔用铰刀常用直径为 $\phi0.6\sim\phi50$mm。

铰刀按精度分 3 级,分别适用于铰削 H7、H8、H9 级的孔。

2. 铰孔基本操作

(1)铰削用量的选择

①铰削余量的选择 一般为 0.05~0.2mm。不同直径铰刀的铰削余量参考值见表 9-2。

表 9-2 铰削余量参考值 (mm)

铰刀直径	铰 削 余 量	铰刀直径	铰 削 余 量
≤6	0.05~0.1	>18~30	一次铰:0.2~0.3 二次铰(精铰):0.1~0.15
>6~18	一次铰:0.1~0.2 二次铰(精铰):0.1~0.15	>30~50	一次铰:0.3~0.4 二次铰(精铰):0.15~0.25

选铰削余量时,应考虑到孔径大小、材料软硬、尺寸精度与表面粗糙度要求及铰刀类型等诸因素的综合影响。余量过大,不但孔粗糙度增大,而且铰刀易磨损;余量

过小,则不能去除上道工序留下的刀痕,也达不到要求的表面粗糙度。一般情况下,IT9～IT8 级孔可一次铰出;对 IT7 级孔应分一次(粗铰)、二次(精铰)铰削;对孔径>20mm 的孔,可经过钻—扩—铰。

②铰削速度的选择　机铰时必须避免产生积屑瘤,因而应采取较低的切削速度。高速钢铰刀铰削钢件时,可取切削速度 4～8m/min;铰削铸铁时可取切削速度 6～8m/min;铰削铜件时可取切削速度 8～12m/min。

③机铰进给量的选择　铰削钢及铸铁件时可取 0.5～1mm/r,铰削铜、铝等软材时可取 1～1.2mm/r。

(2)手铰操作　首先工件装夹要牢固、正确,然后选择合适的铰杠。铰孔时,双手用力要平衡,压力适中,不得有侧向压力,铰刀旋转速度要均匀,保持铰刀稳定,使铰刀缓慢地引入孔内,同时保持铰刀轴线与孔轴线重合,避免将铰孔偏、孔径扩大及孔口成喇叭形。铰削过程中应经常变换铰刀每次停歇的位置,以免铰刀在同一位置停歇所造成的振痕;要始终正转铰削;铰孔结束退刀时,不能反转,以防磨钝刀刃及切屑嵌入刀具后面与孔壁间将孔划伤,给铰刀向上的适当拉力,正转退出铰刀。

(3)机铰操作　应在工件一次装夹中进行钻(扩)、铰工作,以保证刀与孔的两中心线重合。铰削完毕后,要等铰刀退出后再停车。

(4)切削液的选择　铰削不同材料要用不同的切削液。铰钢件时,可用 10%～20%的乳化液或工业植物油;铰铸铁件时,可不用切削液,必要时也可用煤油;铰削铝材,可用煤油或松节油;铰削铜材,可用 5%～8%乳化液。

五、攻螺纹

用丝锥加工内螺纹的方法称为攻螺纹。

1. 丝锥与铰杠

(1)丝锥的结构与种类　图 9-48 所示为普通螺纹丝锥。其切削部分有锥角 2ϕ,刀齿不完整,切削负荷分配到几个刀齿上,由于丝锥沿轴向开有几条容屑槽,形成有前角的切削刃,而其顶刃和齿形侧刃经铲磨形成后角。校准部分有完整的齿形,以控制螺纹参数并引导丝锥轴向运动。柄部的方尾与机床连接或通过铰杠传递转矩。中心部的锥芯用以保证丝锥的强度。

按加工螺纹种类分有普通螺纹丝锥、圆柱管螺纹丝锥、圆锥管螺纹丝锥。按加工方法分有手用丝锥和机用丝锥两种。

(2)成套丝锥及其材料　丝锥在螺距、槽数不变条件下,切削锥角(2ϕ)越大,削部分相邻齿的齿升量与切削厚度也越大,切削部分的长度就愈小,使加工表面粗糙度增大。而若锥角过小,齿升量与切削厚度也都减小,切削部分的长度增长,使切削变形增大,切削力矩也增大、攻螺纹时间增长。为了解决这一矛盾,标准推荐手用丝锥成套使用。每套由 2～3 支丝锥组成,使其依次分担切削工作量。

通常 M6～M24 的丝锥由两支成一套;M6 以下及 M24 以上的丝锥每套有 3 支;细牙螺纹则两支一套。使用时丝锥的头、2、3 锥的顺序不能搞错,应按头锥、2

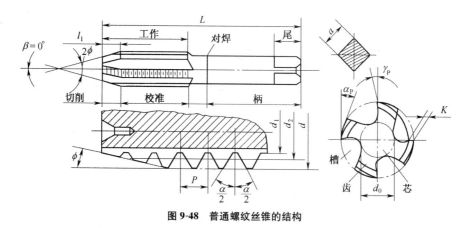

图 9-48 普通螺纹丝锥的结构

d、d_2、d_1—分别为外径、中径、内径　P—螺距　$\frac{\alpha}{2}$—牙形半角　ϕ—锥顶半角　γ_P—前角

α_P—后角　β—槽斜角　l_1—切削部分长度　L—总长　d_0—锥芯直径　K—铲背量

锥、3 锥的顺序攻螺纹。头锥 ϕ 约 4°30′，切削部分长为 8 牙；2 锥的 ϕ 约为 8°30′，切削部分长为 4 牙；3 锥的 ϕ 约为 17°，切削部分长为 2 牙。一般材料攻通孔螺纹时，往往直接用 2 锥攻螺纹。在加工较硬材料或较大螺纹时，就只用 2、3 锥攻螺纹；而盲孔攻螺纹时，最后必须使用 3 锥（精锥）。如需控制排屑方向，可不用直槽丝锥而用螺旋槽丝锥。加工通孔右旋螺纹时用左旋槽丝锥，使切屑从孔底排出；加工盲孔右旋螺纹时用右旋槽丝锥，使屑从孔口排出。螺旋槽丝锥切削力矩小，可提高螺纹加工质量。

手用丝锥常用 T10A、T12A 钢制造。机用丝锥常用高速钢制造。

(3) 铰杠　如图 9-49 所示，铰杠是用来夹持丝锥的工具。它有普通铰杠及丁字铰杠两类。各类铰杠又有固定式和活络式两种。固定式常用于攻 M5 以下的螺孔，活络式可调节方孔尺寸。铰杠的长度据丝锥尺寸大小选择，以控制攻螺纹力矩。

2. 攻螺纹前底孔直径与深度的确定

(1) 底孔直径的确定　若底孔直径过小，则丝锥容屑空间会不够而易被卡住，甚至折断；若底孔直径过大，则加工出的螺纹的牙型高度不够，强度降低。实际中应该使底孔直径略大于螺纹的小径，以使切削刃挤压出的金属向牙顶流动正好形成完整的螺纹牙型，又不会卡住丝锥。底孔直径可按以下经验公式确定。

① 加工铸铁和塑性小的材料（其扩张量较小）。

$$D_{底} = D - (1.05 \sim 1.1)P$$

式中，$D_{底}$ 为钻螺纹底孔用的钻头直径(mm)；D 为螺纹大径(mm)；P 为螺距(mm)。

若为英制螺纹，则 $\quad D_{底} = 25\left(D - \dfrac{1}{N}\right)$

式中，$D_{底}$ 为钻螺纹底孔用的钻头直径(mm)；D 为螺纹大径(in)；N 为每英寸牙数。

② 加工钢和塑性较大的材料（扩张量中等）。

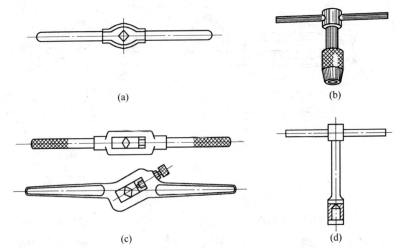

图 9-49 常用的铰杠

(a)固定式普通铰杠 (b)固定式丁字铰杠 (c)活络式普通铰杠 (d)活络式丁字铰杠

$$D_底 = D - P$$

若为英制螺纹,则取 $D_底 = 25(D - \frac{1}{N}) + (0.2 \sim 0.3)$

式中,$D_底$ 为钻螺纹底孔用的钻头直径。

(2)盲孔的底孔深度确定 如图 9-50 所示,钻盲孔的底孔时,因丝锥切削部分不能攻出完整的螺纹,所以钻孔深度至少要等于需要的螺纹有效深度加上丝锥切削部分的长度,这段长度约等于螺纹大径的 0.7 倍。

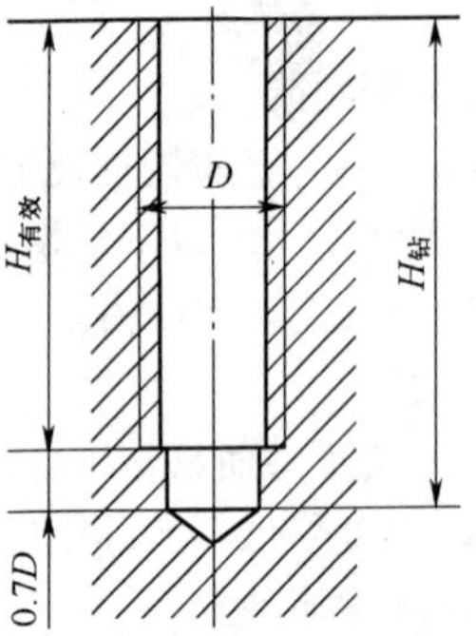

$$H_钻 = H_{有效} + 0.7D$$

式中,$H_钻$ 为盲孔的螺纹底孔深度(mm);$H_{有效}$ 为螺纹有效深度(mm);D 为螺纹大径(mm)。

图 9-50 盲孔的底孔深度

3. 攻螺纹的基本操作方法

①用头锥起攻。如图 9-51 所示,起攻时,可用一手的手掌按住铰杠中部沿丝锥中心线用力加压,另一手配合做顺向旋进(图 9-51a);或两手握住铰杠均匀施加压力,并将丝锥顺向旋进,保证丝锥中心线与孔中心线重合(图 9-51b);在丝锥攻入 1~2 圈后,从前后、左右两方向用直角尺检查丝锥与工作表面的垂直度,并及时校正(图 9-51c)。

②正常攻螺纹时,两手用力要匀,要经常倒转 1/4~1/2 圈,使切屑断后易排除,避免憋屑将丝锥卡住。攻螺纹时,必须按丝锥号顺序攻至要求尺寸。

③攻螺纹盲孔时,可在丝锥上做好深度标记,并经常退出丝锥,清除留在孔内的

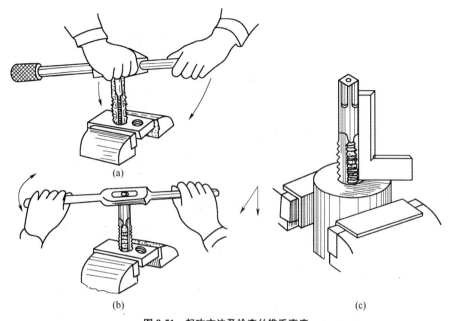

图 9-51 起攻方法及检查丝锥垂直度
(a)单手加压起攻 (b)双手加压起攻 (c)检查丝锥垂直度

切屑,以免切屑堵塞折断丝锥或达不到深度要求。

④攻塑性金属材料螺孔时,应加注切削液。攻钢件时用机油,攻质量要求高的螺纹时可用工业植物油,攻铸铁可加煤油。

六、套螺纹

套螺纹是指用板牙在圆杆上加工出外螺纹的加工方法。

1. 圆板牙及板牙架

(1)圆板牙的结构、调整方法及材料 图 9-52 所示为常用的普通螺纹圆板牙的结构。它由切削部分、校准部分和多个容屑孔组成。它的两端都磨出切削锥角(2ϕ),轴向开出多个容屑孔以形成刀齿的前面和前角,齿顶铲磨出后角。其外圆上有 4 个锥坑和 1 条 V 形槽。圆板牙放入板牙架内后,板牙上两个锥角 60°、中心线与半径方向一致的锥坑,借助板牙架上相应位置的两个紧固螺钉顶紧,即可传递扭转力矩进行套螺纹。

当圆板牙校准部分因磨损使螺纹尺寸变大而超出公差范围时,为延长其使用寿命,可通过其外圆上的 V 形槽调节圆板牙的尺寸,方法是沿 V 形槽用锯片砂轮切割出一条通槽,再用板牙架上的两个螺钉顶入圆板牙上两个偏心的 90°锥坑内并拧紧,迫使圆板牙尺寸缩小,其调节范围为 0.1~0.5mm。调节时需使用标准样件进行尺寸校对。

圆板牙一般由合金工具钢或高速钢制成。

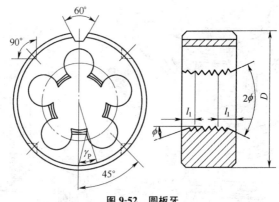

图 9-52 圆板牙

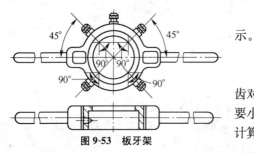

图 9-53 板牙架

(2) 板牙架 其结构如图 9-53 所示。

2. 螺杆直径的确定

与攻螺纹一样,套螺纹过程中,刀齿对螺纹也有挤压作用,因此螺杆直径要小于螺纹大径。可用下列经验公式计算确定。

$$D_{杆}=D-0.13P$$

式中,$D_{杆}$ 为螺杆直径(mm);D 为螺纹大径(mm);P 为螺距(mm)。

螺杆端部倒角取 15°~20°,其倒角的最小直径可略小于螺纹小径,以免螺纹端部出现锋口和卷边。

3. 套螺纹的基本操作方法

① 套螺纹时工件都是圆杆,切削力矩又较大,所以要用 V 形夹块或厚铜衬作衬垫进行装夹,才能保证可靠夹紧。

② 起套时,用一手的手掌按住板牙架中部并沿螺杆轴向施压,另一手配合做顺向切进,压力变大,转动要慢,并保证板牙端面与螺杆轴线的垂直度。在板牙切入 2~3 圈时,应检查其垂直度并及时校正。

③ 正常套螺纹过程中,不要加压,让板牙自然引进,也要经常倒转以便断屑。

④ 在钢件上套螺纹时要加切削液,一般可用机油或较浓的乳化液,要求高时可用工业植物油。

第七节 刮　削

刮削是用刮刀对工件表面进行精确加工,并用标准检具(或与其相对件)涂色检验的反复加工方法。

刮削用于消除机械加工留下的刀痕、表面微细的不平、工件扭曲及中部凹凸等误差,经刮削的表面留下微浅的刮痕,可存留润滑油,减少与相配件的摩擦,从而提高工件的形位精度和配合精度;还可用刮花增加被刮件的美感。在机床等机器的装配、工具与量具制造及修理中,刮削得到广泛应用。

一、刮削工具

1. 刮刀种类

如图 9-54 所示,有平面刮刀和曲面刮刀两大类。

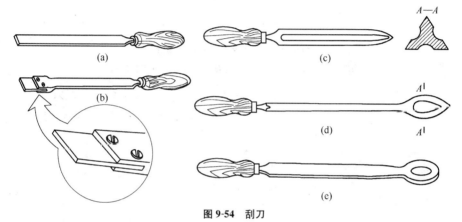

图 9-54 刮刀

(a)平面刮刀 (b)活头平面刮刀 (c)、(d)三角刮刀 (e)蛇头刮刀

(1)平面刮刀 如图 9-54a、b 所示,用于刮削平面和外曲面。它有普通刮刀和活头刮刀两种。

普通刮刀按所刮表面精度不同分为粗刮刀、细刮刀和精刮刀 3 种,均由 T12A 或 GCr15 钢锻造,经磨制和淬硬而成。活头刮刀的刀身为中碳钢,经焊接或机械装夹而成。平面刮刀的规格见表 9-3。

表 9-3 平面刮刀规格 (mm)

种 类	全 长	宽 度	厚 度	活动头长度
粗刮刀	450～600	25～30	3～4	100
细刮刀	400～500	15～20	2～3	80
精刮刀	400～500	10～12	1.5～2	70

(2)曲面刮刀 如图 9-54c、d、e 所示,用于刮内曲面。有三角刮刀和蛇头刮刀两种。

三角刮刀一般有 3 个长弧形刀刃和 3 条长凹槽。蛇头刮刀是用两个圆弧面刮内曲面,有 4 个刃口,刀头的两个平面上各磨出一条凹槽,如图 9-54e 所示。

2. 平面刮刀的刃磨和热处理

(1)平面刮刀的几何角度 粗、细、精刮三种刮刀的顶刃角度如图 9-55 所示。

刮刀平面应平整光洁,刃口无缺陷。

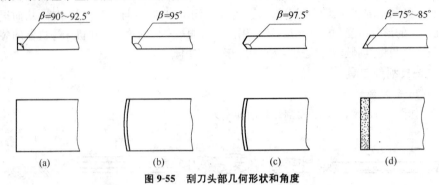

图 9-55 刮刀头部几何形状和角度
(a)粗刮刀 (b)细刮刀 (c)精刮刀 (d)韧性材料刮刀(粗刮)

(2)粗磨 先按图 9-56a 所示磨刮刀两平面,双点划线为开始位,实线为刃磨位,要不断前后移动进行刃磨。然后磨刮刀端面,先以一定的倾斜度与轮缘接触(虚线位),再逐步向下转至水平位(图 9-56b),并在轮缘上左右移动进行刃磨(图 9-56c)。

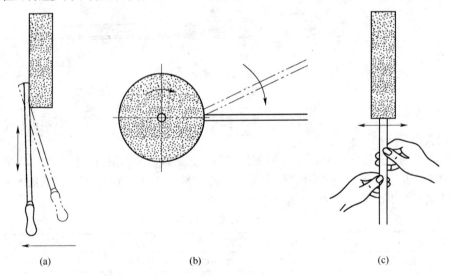

图 9-56 平面刮刀在砂轮上粗磨
(a)粗磨刮刀平面 (b)、(c)粗磨刮刀顶端面

(3)热处理 将粗磨好的刮刀的头部长度 25mm 左右,缓慢加热至 780℃～800℃,取出迅速浸入冷水(或 10％浓度的盐水)8～10mm 深,接触水面时做缓慢平移和间断地上下少许移动,当由水中取出看刃部呈白色时,再浸入水中冷却至常温即可。硬度应达 60HRC 以上,用于粗刮。细、精刮刀可用油淬,硬度接近 60HRC 即可。

(4) 细磨 热处理后的刮刀要在细砂轮上细磨,基本达到刮刀形状和角度要求。刃磨时必须经常蘸水冷却,以免刃口退火。

(5) 精磨 在油石上进行。操作时油石上加适量机油,先将刮刀两平面磨平整,如图 9-57a 所示,达到 $Ra<0.2\mu m$。然后精磨刮刀顶端面,如图 9-57b 所示,左手扶住后部,右手握住刀身,使刀直立于油石上,略带前倾地向前推磨,拉回时刀身略微提起,以免磨伤刃口,如此反复,直到符合要求且刃口锋利为止。

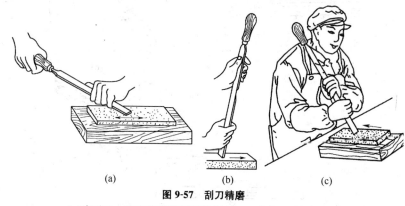

图 9-57 刮刀精磨
(a)磨平面 (b)手持磨顶端面的方法 (c)靠肩双手握持磨法

3. 曲面刮刀的刃磨和热处理

(1) 三角刮刀的刃磨和热处理 先刃磨毛坯,方法是右手握刀柄,按刀刃形状做弧形摆动同时在砂轮上来回移动,成形后将刮刀调转,顺着轮缘进行修整(图 9-58a)。然后用砂轮的角部开槽(图 9-58b),使刀刃处只留 2~3mm 的棱边。

三角刮刀粗磨后对全长进行淬火,方法与平面刮刀相同。淬后必须在油石上精磨(图 9-58c),达到 3 个弧面光洁,刃口锋利为止。

(2) 蛇头刮刀的两平面刃磨 与平面刮刀相同,刀头两圆弧面的刃磨方法与三角刮刀相同,淬火方法相同。只是刮削非铁金属时刮刀一般用油淬。

二、刮削平面的手刮法操作

(1) 手刮姿势 如图 9-59 所示,右手如握锉刀柄的姿势,左手握住近刀头部约 50mm 处,刮刀与刮削表面成 20°~30°角。左脚前跨一步,上身随往前倾,以增加左手压力,但下压落刀要轻。推进到所需位置时,左手要迅速提起完成一个手刮动作。

(2) 刮削常用的显示剂 有红丹粉,又分铁丹(紫红色)、铅丹(橘红色),用机油调和,用于铸铁、铸钢件。蓝油,由普鲁士蓝粉和蓖麻油再加适量机油调和而成,用于铜、巴氏合金等软金属。粗刮时调稀些,涂层略厚些,以增加显点面积。精刮时调稠些,涂层薄且均匀,以保证显点小而清晰。越临近刮削要求,涂层越要薄。显示剂要保持清洁,不能有杂物、污物进入。

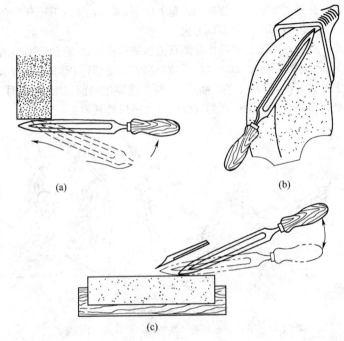

图 9-58 三角刮刀刃磨
(a)磨弧面刀刃 (b)在三角刮刀上开槽 (c)在油石上精磨

(3)显示研点的方法 作涂色显点用的标准平板要放平稳,工件表面涂色后放在平板上,均匀施压并做直线或旋转研点运动。粗刮研点时,移动距离可稍长些,精刮研点时移距应<30mm,以保证准确显点。当工件长度接近或等于平板长度,研点时其错开距离不能超过工件长度的1/4。

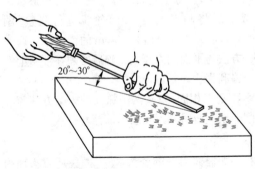

图 9-59 平面的手刮法

(4)刮削表面要求 刮削表面应无明显丝纹、振痕和落刀痕迹。刮削刀迹应交叉。粗刮时刀迹宽度应为刮刀宽度的 2/3~3/4,长度为 15~30mm,接触点每 25mm×25mm 面积上均匀达到 4~6 点;细刮时刀迹宽度约为 5mm,长度约 6mm,接触点每 25mm×25mm 上均匀达到 8~12 点;精刮时刀迹宽度、长度均小于 5mm,接触点每 25mm×25mm 上达 20 点以上。刮削点数在刮削面积小时,按单位面积(25mm×25mm)上有多少接触点计算,但各点连成一体时按一点计,并取各单位面积中最少点数计。当刮削面积较大时,应取平均计数,即在计算面积(规定为 100cm^2)内作平均计算。

(5)刮削平面的缺陷产生原因分析　见表9-4。

表9-4　刮削平面的缺陷及其产生原因

缺　陷	特　征	产　生　原　因
深凹痕	刀迹太深,局部显点稀少	粗刮时用力不匀,局部落刀太重;多次刀痕重叠,刀刃圆弧过小
梗痕	刀迹单面产生刻痕	刮削时用力不均匀,使刃口单面刮削
撕痕	刮削面上呈粗糙刮痕	刀刃不光洁、不锋利;刀刃有缺口或裂纹
落刀或起刀痕	在刀迹的起始或终止处产生深的刀痕	落刀时左手压力和动作速度较大及起刀不及时
振痕	刮削面上呈有规律的波纹	多次同向切削,刀迹没有交叉
划道	刮削面上划有深浅不一的直道	显示剂不干净,或研点时有砂粒、铁屑等杂物
刮削面精度不高	显点变化情况无规律	研点时压力不均匀,工件外露太多而出现假点子;研具不正确,研点时放置不平稳

三、曲面刮削基本操作方法

1. 内、外曲面刮削姿势

图9-60a 所示为刮削内曲面的第一种姿势。即右手握刀柄,左手掌心向下,四指横握刀身,拇指抵着刀身。刮削时左、右手同做圆弧运动,且顺曲面使刮刀做后拉或前推的螺旋运动,刀迹与曲面轴线约成45°夹角,且交叉进行。

图9-60b 为第二种刮内曲面的姿势。刮刀柄搁在右手臂上,双手握住刀身,刮削动作和刀迹与第一种姿势相同。

图9-60c 为刮削外曲面的姿势。两手握住刀身,右手掌握方向,左手加压或提起,刀柄搁在右手小臂下。刮削时刮刀面与工件被刮面倾斜约30°角,也应交叉刮削。

2. 曲面刮削要点

①刮削非铁金属时,显示剂可用蓝油;精刮时可用蓝色或黑色油墨代替蓝油,使显点色泽分明。

②研点时应沿曲面做来回转动,精刮时的转动弧长应<25mm,切忌沿轴线方向做直线研点。

③刮削内曲面时,粗刮时的前角大些,精刮时前角小些,但蛇头刮刀刮削与平面刮刀刮削相同,是利用负前角进行切削。

④内孔刮削精度的检查,也是以25mm×25mm 面积内接触点数而定。一般总是中间点数可少些,而近前后孔端点数要多些。

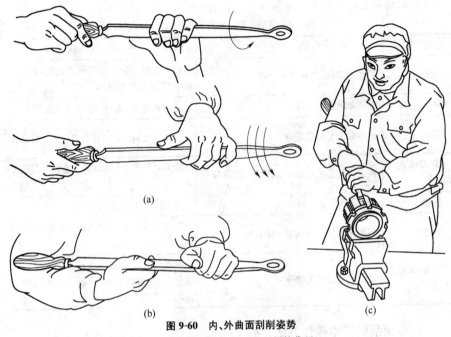

图 9-60 内、外曲面刮削姿势
(a)、(b)刮削内曲面　(c)刮削外曲面

复习思考题

1. 钳工的工作范围及基本操作技能主要有哪些？
2. 台虎钳的规格用什么表示？常用的有哪 3 种？钳台多高为宜？
3. 使用砂轮机应注意哪些主要事项？
4. 何谓划线？划线的目的是什么？
5. 划针与划针盘的使用方法如何？
6. 何谓划线基准？如何选择划线基准？
7. 常见的划线基准有哪几种类型？平面划线和立体划线一般各要选几个划线基准？
8. 何谓借料？
9. 錾削工作范围如何？
10. 錾削时站位应如何？并保持何种站姿？
11. 錾子有几种握法？錾削时錾子的后角(α)一般应取多大为宜？捶击有何要领？
12. 锉削的工作范围如何？
13. 锉刀的齿纹有几种？各适用于何种场合？锉刀按齿纹粗细分哪 5 种？它们的工作部分的长度规格有哪几种？

14. 完成一次锉削过程中,正确的站姿和动作要领应如何?
15. 平面锉削的基本方法有哪3种?各适用于何种场合?
16. 常用锯条的规格(公称长度、宽度和厚度)是多少?粗、细锯齿怎样表示?粗齿与细齿的齿数范围各为多少?粗、细齿锯条各适用于何种加工对象?
17. 简述正确的手锯握法及起锯方法。
18. 锯削过程中,如发现锯缝歪斜,应怎样处置、恢复锯缝平直?锯削中锯削速度及往复长度一般多少为宜?
19. 怎样锯削薄板料、管子和深缝工件?
20. 锯条崩裂、折断、过早磨损的原因各有哪些?
21. 标准麻花钻有哪5个方面的缺陷?要消除这些缺陷,一般可采取哪些修磨方法?
22. 怎样根据钻孔直径选择钻床?
23. 钻头刃磨后应检验、控制哪些方面?为什么?
24. 钻削时必须遵守哪几项安全要求?
25. 扩孔与钻孔相比有何不同(刀具结构、切削用量、加工质量等方面)?
26. 何谓锪孔?锪孔的目的是什么?
27. 铰孔与扩孔相比有何不同(刀具结构、切削用量、加工质量及用途等方面)?
28. 铰刀由哪几部分组成?其主要参数有哪些?
29. 手用铰刀和机用铰刀结构上主要区别有哪些?铰刀有几个精度级?各适用铰削何级精度的孔?
30. 选择铰削加工余量时,应考虑到哪些影响因素?机铰时为何宜采用较低的切削速度?
31. 手铰孔过程中,为何要经常变换铰刀每次停歇的位置?铰孔结束时为何不能反转?
32. 钻孔、扩孔、铰孔,一般可达到的加工精度和表面粗糙度各是多少?
33. 手用丝锥成套使用的原因是什么?成套丝锥攻螺纹时,为何一般按头、二、三锥顺序使用?
34. 攻丝前底孔的直径为何应略大于螺纹的小径?盲孔的底孔深度为何要大于螺纹的有效深度?
35. 正常攻螺纹时,要经常倒转多少圈?为什么?
36. 圆板牙由哪几部分组成?当其校准部分磨损使螺纹尺寸变大超差时,若要继续使用该板牙,应怎么做才行?
37. 为何被套螺纹的螺杆直径应小于螺纹的大径?而螺杆端部倒角的最小直径要略小于螺纹小径?
38. 刮削工件表面有哪些具体要求?刮削点数如何计算?
39. 刮削平面时,是什么原因招致刮削平面出现深凹痕、梗痕、撕痕、落刀或起刀痕、振痕、划道及精度不高等缺陷?

第十章 电工基本常识

> **培训学习目的** 熟练掌握直流电路的概念、术语、基本定律及其计算;了解电磁原理与正弦交流电的概念;了解常用低压电器及使用、常用变压器的基本结构及工作原理、常用异步电动机分类及应用;熟练掌握电气图及其识读方法;熟练掌握电气安全技术基本知识。

第一节 直流电路

一、电路组成及工作状态

电流通过的路径称为电路。它由电源、负载和中间环节3个基本部分组成。

(1)电源 将化学能、热能或原子能转换成电能的装置。

(2)负载 将电能转换成非电能的装置,如照明灯、电动机等。

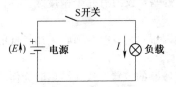

图 10-1 电路图

(3)中间环节 将电源与负载连接在一起的部分。

电路的工作状态有通路状态,即开关合上构成闭合回路,电路中有电流通过的状态;断路状态,即开关断开,电路中无电流的状态;短路状态,即电路或其中一部分被短接的状态,因会形成过大电流而损毁电源、供电线路或负载。

二、电流与电动势、电压、电位的概念

1. 电流 I

电流是带电粒子(电荷)做有规则的定向运动的一种物理现象。电流 I 的数值大小等于单位时间内通过导体某一横截面的电荷量。

$$I = \frac{Q}{t}$$

式中,I 为电流(A);Q 为电荷量(C);t 为时间(s)。

规定正电荷的移动方向为电流的方向,可用箭头表示,也可用双下角标表示,如 I_{AB},表示电流由 A 流向 B。

电流的单位为安培,简称安(A),还有千安(kA)、毫安(mA)和微安(μA)。换算关系是

$$1\text{kA} = 10^3 \text{A}, 1\text{mA} = 10^{-3} \text{A}, 1\mu\text{A} = 10^{-3} \text{mA} = 10^{-6} \text{A}$$

2. 电动势 E

电动势等于电源力将单位正电荷从电源负极移到电源正极所做的功。它是衡量电源力移动电荷做功能力的物理量。

$$E = A_N / Q$$

式中，A_N 为电源力(或非静电力)所做的功(W)；Q 为电荷量(C)。

E 的方向规定，在电源内部由负极指向正极，即从低电位指向高电位。E 的单位为伏特(V)。

3. 电压与电位

(1) 电压　A、B 两点之间的电压 U_{AB} 在数值上等于单位正电荷在电场力作用下，由 A 点移到 B 点所做的功。所以，U_{AB} 是衡量电场力对电荷做功本领大小的物理量。

$$U_{AB} = A / Q$$

式中，A 为电场力做的功(W)；Q 为电荷量(C)。

当电路断开时，电源两极的电压将等于电源内部的电动势，即 $U = E$。

电压的方向规定为由高电位点指向低电位点。表示为 U_{AB}，其中 A 为高电位点，B 为低电位点。或用"＋"极(高电位)与"－"极(低电位)表示。

电压的单位有伏(V)、千伏(kV)、毫伏(mV)和微伏(μV)。

$1kV = 10^3 V$，$1mV = 10^{-3} V$，$1\mu V = 10^{-3} mV = 10^{-6} V$

(2) 电位　电路中某点与参考点(一般是大地)间的电压称为该点的电位。通常把参考点即接地点的电位称零电位。用带下角标的字母 U 表示，如 B 点的电位为 U_B。电位的单位也是伏特(V)。

电路中任意两点(如 A 与 B)的电位差称为这两点间的电压 U_{AB}，且 $U_{AB} = U_A - U_B$。

电位与电压的区别在于电位是某点对参考点的电压，而电压是某两点间的电位之差；电位是相对量，随参考点的改变而改变，而电压是绝对量，不随参考点的改变而改变。

三、电阻

导体对电流起阻碍作用的大小简称为电阻，用 R 表示。R 与导体的电阻率 ρ 及导体长度 L 成正比，与横截面面积 S 成反比。电阻的单位为欧姆，简称欧(Ω)。另有千欧(kΩ)、兆欧(MΩ)。它们的换算关系是

$$1k\Omega = 10^3 \Omega, 1M\Omega = 10^6 \Omega$$

四、欧姆定律

部分电路的欧姆定律是：流过电阻的电流 I 与电阻两端电压 U 成正比，与电路的电阻 R 成反比。

$$I = U / R$$

全电路(含有电源、负载的闭合电路)欧姆定律是

$$I = \frac{E}{R+r}$$

以上两式中,I 为电流(A);E 为电源电动势(V);R 为负载电阻(Ω);r 为电源的内电阻(Ω)。

由电源电压 $U = E - Ir$ 知,当负载开路时,因 $I = 0$,故端电压 $U = E$;当负载 R 减小时,电路中的 I 增加,端电压 U 将减小。

五、电阻的串联与并联

1. 电阻串联

如图 10-2a 所示,电路特点为流过各个电阻的电流均相等,即 $I = I_1 = I_2 = \cdots = I_n$。

电路总电压 U 等于各电阻两端电压之和,即 $U = U_1 + U_2 + \cdots + U_n$。下角标 n 表示串联的电阻个数。

电路的等效电阻 R 等于各个串联电阻之和,即 $R = R_1 + R_2 + \cdots + R_n$。

电路中各电阻上分配的电压(U_1、$U_2 \cdots U_n$)与各电阻值(R_1、$R_2 \cdots R_n$)成正比,即

$$U/R = U_1/R_1 = U_2/R_2 = \cdots = U_n/R_n$$

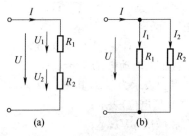

图 10-2 电阻的串联与并联
(a)串联 (b)并联

2. 电阻的并联

如图 10-2b 所示,并联电路特点为各电阻两端的电压相等,且等于电路电压 U,即 $U_1 = U_2 = \cdots = U_n = U$

电路中的总电流 I 等于各电阻电流之和,即 $I = I_1 + I_2 + \cdots + I_n$

电路的等效电阻 R 的倒数等于多并联电阻的倒数之和,即 $1/R = 1/R_1 + 1/R_2 + \cdots + 1/R_n$

电路中,各支路分配的电流与支路的电阻值成反比,即 $IR = I_1 R_1 = I_2 R_2 = \cdots = I_n R_n$

六、电功与电功率

电流流过负载时,负载将电能转换成其他形式能的过程,叫电流做功,简称电功 W。表达式为

$$W = UIt$$

式中,W 为电功〔J(焦耳)〕;U 为电压(V);I 为电流(A);t 为时间(s)。

因为 $U = RI$,代入上式有

$$W = I^2 Rt = \frac{U^2}{R} t$$

工程实际中,电功单位为千瓦小时(kW·h),俗称"度"。

电流在单位时间(1s)所做的功称为电功率,简称功率。负载的功率等于负载两

端的电压 U 与通过负载电流 I 的乘积,即

$$P=UI$$

式中,P 为功率〔W(瓦)〕;U 为电压(V);I 为电流(A)。

将欧姆定律公式代入上式,又得

$$P=UI=I^2R=U^2/R$$

功率的单位有瓦(W)、千瓦(kW)、毫瓦(mW)等,它们的换算关系为

$$1\text{kW}=10^3\text{W}, \quad 1\text{mW}=10^{-3}\text{W}$$

电流流过导体,会使导体发热的现象称为电流的热效应,亦即电能转换成热能的效应。电灯、电炉、电熨斗等就是根据这种效应制成的。实验证明,电流通过导体(电器)时产生的热量 Q(J)与电流(A)的平方,导体的电阻(Ω)及通电时间(s)成正比,该关系称为楞次-焦耳定律,表达式为

$$Q=I^2Rt$$

七. 电容器

由两块彼此绝缘但又互相靠近的金属板构成的用以储存电荷的装置称为电容器,简称电容。电容器与直流电源接通时,两块极板上就分别带上等量的正电荷与负电荷,且电荷量 Q 与电压 U 成正比,其比例常数 C 即电容器的电容量,简称电容。表达式为

$$C=Q/U$$

式中,Q 的单位为库仑(C);U 的单位为伏(V);C 的单位为法(F)。C 的单位还有微法(μF)、皮法(pF),换算关系为

$$1\mu\text{F}=10^{-6}\text{F}, \quad 1\text{pF}=10^{-12}\text{F}$$

电容器种类很多,按结构不同分有固定、可变、半可变电容器。按介质不同有纸质、云母、陶瓷、电解电容器等。其中电解电容器两端标有＋、－,使用时＋极接高电位,－极接低电位,不能接错。

电容器在电路中也有串联和并联。

(1) 电容器串联　如图 10-3a 所示,其特点是每个电容器上的电荷量相等,即

$$Q=Q_1=Q_2=\cdots=Q_n$$

电路上的总电压 U 等于各电容器上电压之和,即 $U=U_1+U_2+\cdots+U_n$。

等效电容 C 的倒数等于各电容倒数之和,即 $1/C=1/C_1+1/C_2+\cdots+1/C_n$。

对图示两个电容器串联的电路,其等效电容 $C=\dfrac{C_1C_2}{C_1+C_2}$

每个电容器分得的电压与其电容量成反比,即 $C_1U_1=C_2U_2=\cdots=C_nU_n=CU$

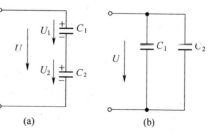

图 10-3　电容器的串、并联
(a)串联　(b)并联

(2) 电容器并联　如图 10-3b 所示，其特点是各个电容器两端的电压相等，即
$$U_1=U_2=\cdots=U_n=U$$
总电荷量等于各电容器上电荷量之和，即　$Q=Q_1+Q_2+\cdots+Q_n$
其等效电容等于各电容器电容之和，即　$C=C_1+C_2+\cdots+C_n$

第二节　电磁原理与正弦交流电

一、磁力线与电流磁场

吸引铁、镍、钴等物质的性能称为磁性。具有磁性的物体称为磁体。使原无磁性的物体具有磁性称为磁化。任何磁体都有北极（N 极）与南极（S 极）两极。磁极间同性相斥、异性相吸。

1. 磁场与磁力线

磁体之间相互吸引或排斥的力称为磁力。磁体周围存在磁力作用的区域称为磁场。磁场的强弱及方向，是通过磁力线表达的。

如图 10-4 所示，若在条形磁体的 N 极附近放一能自由转动的小磁针，然后按磁针 N 极的指向向前移动，每向前移一段距离，磁针就转变一点方向，这样一步步一直移到条形磁体的 S 极为止，如图 10-4a 所示。画出磁针上 N 极在移动路线上各点的位置，并连成由磁体 N 极到 S 极的一条光滑曲线，此曲线就是磁力线，如图 10-4b 所示。若用无数小磁针，如在条形磁体上面的玻璃板上撒上细微铁屑，每粒铁屑被磁化后就相当一个小磁针，同样地能得到一条条闭合磁力线族，如图 10-4c 所示。通常用磁力线的方向表示磁场方向，磁场中磁力线的疏密表示磁场的强弱。磁力线越密，磁场越强；磁力线越疏，磁场越弱。

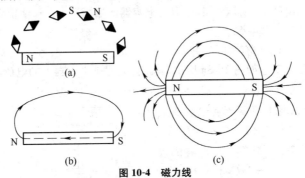

图 10-4　磁力线
(a) 用小磁针实验　(b) 小磁针 N 极位置曲线-磁力线
(c) 无数小磁针 N 极位置曲线族-磁力线族

2. 电流磁场及其方向判定方法

载电流导体周围存在磁场的现象，称为电流的磁效应。导体的电流磁场方向判定方法如下：

(1)直导线的磁场方向的判定 如图10-5a所示,右手握住通电导线(体),拇指指向电流方向,则弯曲四指的指向即为磁场方向。

(2)通电线圈的磁场方向判定 如图10-5b所示,右手握住线圈,弯曲四指指向线圈电流方向,则拇指方向即线圈内部的磁场方向。

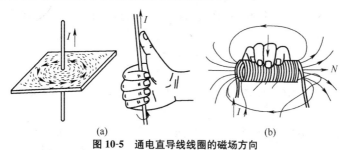

图 10-5 通电直导线线圈的磁场方向
(a)通电直导线 (b)通电线圈

3.电流磁场的基本物理量

(1)磁通 垂直穿过磁场中某一截面的磁力线数称为磁通,用 Φ 表示,其单位为韦伯(Wb)或韦。Φ 反映某一区域磁场的强弱。

(2)磁感应强度 单位面积上垂直穿过的磁力线数称为磁感应强度(也称磁通密度),用 B 表示。单位为特斯拉,简称"特"(T)。磁感应强度反映磁场中某一点的磁场强弱。磁感应强度的方向就是磁场的方向,也即小磁针N极在该点的指向。B 与 Φ 的关系是

$$B=\Phi/S \text{ 或 } \Phi=BS$$

式中,Φ 为垂直穿过 S 截面积的磁通(Wb);S 为磁力线穿过截面的面积(m^2);B 为某点(单位面积)的磁感应强度(T)。

(3)磁导率 通电线圈中放入不同介质,对磁场影响极大。磁导率 μ 就是表示介质对磁场影响的物理量,其单位为亨/米(H/m)。真空中的磁导率 μ_0 为常数,其他介质的磁导率 μ 就用其与 μ_0 的比值 μ_r 表示,即 $\mu_r=\dfrac{\mu}{\mu_0}$ 或 $\mu=\mu_r\mu_0$,μ_r 称为相对磁导率。

$\mu_r<1$ 的介质,称为逆磁物质,如铜、银等;$\mu_r>1$ 的介质,称为顺磁物质,如空气、铝等;$\mu_r\gg1$ 的介质,称为铁磁物质,如硅钢等。

(4)磁场强度 磁场中某点处的磁感应强度与介质磁导率的比值,称为该点的磁场强度,以 H 表示。即

$$H=B/\mu \text{ 或 } B=\mu H$$

H 的方向和所在点的 B 的方向一致。单位为安/米(A/m)。

对通电线圈而言,其 B、H 分别为

$$B=\mu H=\mu\frac{IN}{L},\quad H=IN/L$$

式中，I 为线圈中电流(A)；N 为线圈的匝数；L 为线圈(磁路)长度(m)。

可见，磁场强度只决定于电流的大小和线圈的几何形状。

二、磁场对电流的作用

1. 磁场对通电直导线的作用力

通电直导线在磁场中所受的作用力称为电磁力，以 F 表示。实践证明，当直导线和磁场垂直时，作用于导线上的电磁力 F 的大小与通过导线的电流 I、直导线在磁场中的有效长度 L 及所在位置的磁感应强度 B 均成正比。

$$F = BIL$$

式中，F 为电磁力〔N(牛顿)〕；B 为均匀磁场的磁感应强度(T)；I 为直导线中电流(A)；L 为直导线在磁场中的有效长度(m)。

电磁力 F 的方向，由左手定则判定，如图 10-6a 所示，即拇指与同平面内的四指垂直，使掌心与磁力线垂直(对着 N 极)，四指指向电流方向，则拇指方向即直导线所受电磁力 F 的方向。通电直导线与磁场平行时，直导线不受力，即 $F=0$。

2. 磁场对通电线圈的作用力

在均匀磁场中放置一矩形通电线圈 $abcd$，其 $ad=bc=l_1$，$ab=cd=l_2$，如图10-6b所示。当线圈平面与磁力线平行时，ad、bc 边与磁力线垂直而各受到电磁力 F 的作用，其大小为 $F_1=F_2=BIl_1$，根据左手定则可判定，ad 受的力方向向上，bc 边受的力方向向下，两个方向相反、大小相等的力 F 构成一个力偶，其力偶矩即转矩 M 为

$$M = F \times ab = F \times cd = BIl_1l_2 = BIS$$

式中，$S=l_1l_2$ 为线圈平面与磁场方向垂直时，通过磁力线的最大截面积。

而当线圈平面与磁力线间夹角为 α 时，如图 10-6c 所示，线圈受到的转矩为

$$M = BIS\cos\alpha$$

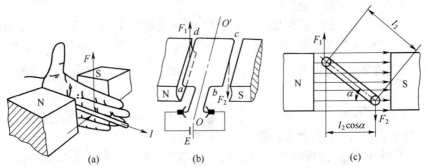

图 10-6　磁场对通电直导线及线圈的电磁力

(a)左手定则判定 F 力的方向　(b)均匀磁场中通电线圈的电磁力矩
(c)线圈平面与磁力线间夹角为 α

三、电磁感应

变化的磁场能使导体中产生感应电动势的现象称为电磁感应。由电磁感应作

用产生的电压和电流,分别称为感应电压和感应电流。

(1)感应电动势或感应电压产生的条件　是磁通发生变化,即导体切割磁力线或者穿过线圈的磁通发生变化。

(2)感应电动势或感应电压的大小　与产生该感应电压的磁通变化率成正比。若一个线圈匝数为 n,穿过它的磁通在瞬时 Δt 的增量为 $\Delta \Phi$ 时,则线圈内在该瞬时产生的感应电压 u(V)的大小为

$$u = n \frac{\Delta \Phi}{\Delta t}$$

式中,$\Delta \Phi / \Delta t$ 为磁通变化率(Wb/s)。

感应电压 u 的极性(即+、-极)由右手定则判定,即右手握住线圈,以拇指指向与 Φ 相反的方向。则四指的方向就是感应电流在线圈中流过的方向,电流流过线圈的一端标为正极,另一端标为负极。若计算的 u 为正值,则与上述标法相同,u 为负值时,极性与上述标法相反。

若为切割磁力线的直导体,感应电流与感应电动势的方向用伸平的右手判定,如图10-7所示。

用右手定则判断线圈中的感应电压极性,其根据是楞次定律。在磁通变化的磁场中,线圈内产生感应电流,而感应电流产生的磁通总是阻碍原磁场磁通的变化。即当线圈中磁通增加时,感应电流产生的磁通与原磁通方向相反;当线圈中磁通减少时,感应电流产生的磁通与原磁通方向相同。

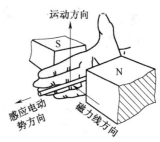

图10-7　右手定则

(3)自感与互感　当线圈本身通过的电流变化时,在线圈内部产生的电磁感应现象称为自感。即当线圈中电流变化时,线圈本身就产生自感电动势来阻碍电流变化。当电流增加时,自感电动势的方向与电源电压方向相反;当电流减小时,自感电动势的方向与电源电压方向相同。

当一个线圈处于另一个通电线圈的磁通变化的磁场中时,两个线圈之间产生的电磁感应现象称为互感。通电的第一个线圈叫一次线圈或初级线圈,第二个线圈叫二次线圈或次级线圈。互感电动势的大小决定于电流变化的快慢和两个线圈的位置、匝数、尺寸及介质情况等,互感电动势的方向符合楞次定律。互感是变压器等工作的基础。

四、正弦交流电路的基本概念

1. 正弦交流电

大小、方向随时间按正弦规律变化的电动势(或电压、电流)称为正弦交流电。正弦交流电是由正弦交流发电机产生的,图10-8a所示为最简单的正弦交流发电机结构原理,有一对产生磁场的定子(也叫磁极)和能产生感应电动势(电压或电流)的线圈即转子,也称电枢。

装线圈的电枢在磁极中,作匀角速逆时针旋转时,切割磁力线而产生感应电动势 $e(V)$。据实验知：

$$e = BLv\sin\alpha$$

式中,B 为磁场强度;L 为线圈导线在磁场中的有效长度;v 为线圈在磁场中运动的圆周速度;α 为圆周速度 v 与磁力线间的夹角。

α 又称为电角度,数值上等于线圈平面与垂直磁力线的中性面 $O-O'$ 的夹角。当导线处于 $O-O'$ 平面位置时,因其运动速度 v 方向与磁力线平行,不切割磁力线,故不产生感应电动势。$O-O'$ 称为中性面。

已知线圈匀速转动的角速度 ω,转过 α 角所需时间为 t,则有 $\alpha = \omega t$。
当 $\alpha = \omega t = 90°$ 时,$\sin 90° = 1$,e 有最大值以 E_m 表示。即 $e = BLv\sin 90° = BLv = E_m$。所以当线圈转至任意位置时,感应电动势为

$$e = E_m \sin\alpha$$
$$= E_m \sin\omega t$$

当取 $\alpha = 45°, 90° \cdots 315°, 360°$ 时（相当于线圈 1 位转至 2、3$\cdots$9 位）,即可据上式画出 e 的正弦波形,如图 10-8b 所示。

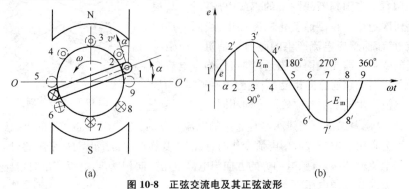

图 10-8 正弦交流电及其正弦波形
(a)正弦交流电的产生 (b)感应电动势的正弦波形

(1)正弦交流电四个要素

①瞬时值　即交流电任意时刻的数值,分别以小写字母 $e、u、i$ 表示电动势、电压、电流的瞬时值。

②最大值　即瞬时值中的最大值,也称为振幅。分别以大写字母带角标 E_m、U_m、I_m 表示电动势、电压、电流的最大值。

③有效值　当交流电流和直流电流分别通过电阻值相等的电阻时,两个电阻产生的热量相等,则把这个直流电流的值称为交流电的有效值。分别用 $E、U、I$ 表示电动势、电压、电流的有效值。交流电的各正弦量的有效值与最大值间的关系分别为

$$E = \frac{E_m}{\sqrt{2}} = 0.707 E_m$$

$$U=\frac{U_m}{\sqrt{2}}=0.707U_m$$

$$I=\frac{I_m}{\sqrt{2}}=0.707I_m$$

通常讲的交流电的大小、交流电压表、电流表的读数，均为有效值。例如电气设备铭牌上标的交流电压 220V，就是有效值。

④平均值　是指半个周期的平均值，电动势、电压、电流的平均值分别以 E_{av}、U_{av}、I_{av} 表示。它们与最大值之间的关系为

$$E_{av}=\frac{2}{\pi}E_m\approx 0.637E_m$$

$$U_{av}=\frac{2}{\pi}U_m\approx 0.637U_m$$

$$I_{av}=\frac{2}{\pi}I_m\approx 0.637I_m$$

(2) 周期、频率与角频率

①周期　指交流电每重复变化一次所需的时间，以 T 表示，单位为秒(s)或毫秒(ms)、微秒(μs)，换算关系为

$$1\mu s=10^{-3}ms=10^{-6}s$$

②频率　指每秒交流电重复变化次数，用 f 表示。且 $f=1/T$ 或 $T=1/f$。f 的单位为赫兹，简称赫(Hz)。常用单位为千赫(kHz)、兆赫(MHz)。换算关系为

$$1kHz=10^3Hz,\quad 1MHz=10^3Hz$$

50Hz 是我国的供电频率，称为工频。

③角频率　指交流电每秒变化的弧度数，以 ω 表示，单位为弧度每秒(rad/s)。ω 与 T、f 的关系为

$$\omega=2\pi/T=2\pi f$$

3 个参数反映交流电变化的快慢。

(3) 相位、初相位和相位差

图 10-9a 所示为发电机电枢结构图，其上装有两个相同的线圈 1、2。它们和中性面间的夹角分别为 φ_1、φ_2。

①初相位　交流发电机线圈开始转动时($t=0$)，线圈平面与中性面间的夹角称为初相角，初相角就是初相位，以 φ 表示。图 10-9a 中两线圈的初相位分别为 φ_1、φ_2。它决定电动势在 $t=0$ 时瞬时值 e_0 的大小，如图 10-9b 中的 e_{10}、e_{20}。φ 可为正、也可为负。

②相位　交流电每一瞬间 t 时的电角度($\omega t+\varphi$)称为相位。它决定电动势每一瞬间 t 时瞬时值 e 的大小。如图 10-9 所示发电机每个线圈中的电动势瞬时值的大小分别为

$$e_1=E_m\sin(\omega t+\varphi_1);\ e_2=E_m\sin(\omega t+\varphi_2)$$

③相位差　同频率交流电的初相位之差 $\Delta\varphi$ 称为相位差。

$$\Delta\varphi=\varphi_1-\varphi_2$$

当 $\Delta\varphi>0$ 时,$\varphi_1>\varphi_2$,表明 e_1 比 e_2 先达到最大值或零,称为 e_1 超前 e_2 一个 $\Delta\varphi$ 角,如图 10-9b 所示。

当 $\Delta\varphi=0$ 时,$\varphi_1=\varphi_2$,表明 e_1、e_2 同时达到最大值或零,称为 e_1 与 e_2 同相,如图 10-9c 所示。

当 $\Delta\varphi<0$ 时,$\varphi_1<\varphi_2$,表明 e_1 比 e_2 后达到最大值或零,称为 e_1 滞后 e_2 一个角度 $\Delta\varphi$。

当 $\Delta\varphi=\pi$ 时,$\varphi_1=\varphi_2=0$,即一个电动势 e_1 达到正最大值时,另一个电动势 e_2 达到负最大值,称为 e_1 与 e_2 反相,如图 10-9d 所示。

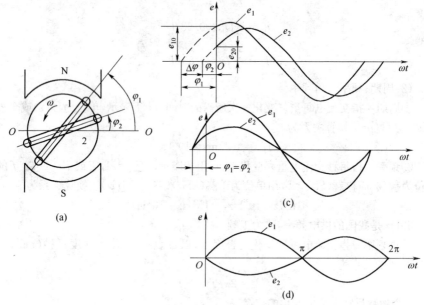

图 10-9 交流电的移相位和相位差
(a)电枢上装两个线圈的发电机 (b)e_1 超前 e_2 (c)e_1、e_2 同相位 (d)e_1 与 e_2 反相

例 1 已知电压 $u_1=311\sin(\omega t-60°)$ 和 $u_2=155\sin(\omega t+30°)$,$f=50\text{Hz}$。试求
① $t=0.01\text{s}$ 时的 u_1、u_2 值;
② 求 u_1、u_2 的最大值和有效值;
③ u_1 与 u_2 的相位差。

解 ① $t=0.01\text{s}$ 时,周期 $T=\dfrac{1}{f}=\dfrac{1}{50}=0.02(\text{s})$。

$$u_1=311\sin(\dfrac{2\pi}{T}t-60°)=311\sin(\dfrac{2\pi}{0.02}\times 0.01-60°)$$
$$=311\sin(\pi-60°)=311\sin120°=311\times 0.866=269.3(\text{V})$$
$$u_2=155\sin(\pi+30°)=155\sin210°=-155\times 0.5=-75.5(\text{V})$$

②u_1、u_2 的最大值为 $U_{m1}=311V$，$U_{m2}=155V$。

u_1、u_2 的有效值 $U_1=0.707U_{m1}=0.707×311=220(V)$

$U_2=0.707U_{m2}=0.707×155=110(V)$

③u_1 的初相位为 $\varphi_1=-60°$，u_2 的初相位 $\varphi_2=30°$，其相位差 $\Delta\varphi_1=\varphi_1-\varphi_2=-60°-30°=-90°$，即 u_1 滞后 u_2 90°，或 u_2 超前 u_1 90°。

2. 正弦交流电路

单相交流电源供电的单相交流电路中的负载，一般是电阻、电感、电容或它们的不同组合。但常常其中一个参数是主要的，其他两参数影响很小，可忽略不计。为了分析电路方便，一般规定电路中电压、电流中的一个方向为参考方向，且电压、电流的参考方向相同。

(1) 纯电阻电路 如图 10-10a 所示。电烙铁、电炉等可视为纯电阻电路。

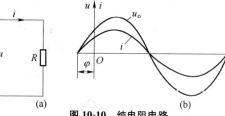

图 10-10 纯电阻电路
(a)电路图 (b)波形图

实验证明，两端的瞬时电压 u 与流过电阻 R 的瞬时电流 i 之间的关系符合欧姆定律。

$$i=u/R=\frac{U_m}{R}\sin(\omega t+\varphi)=I_m\sin(\omega t+\varphi)$$

显然，i 与 u 是同频率、同相位的正弦量，其波形图如图 10-10b 所示。

因有 $I_m=U_m/R$，两边同除以 $\sqrt{2}$ 即得其有效值 $I=\frac{U}{R}$ 或 $U=IR$

纯电阻电路的瞬时功率 $p=ui$，其平均值称为有功功率。

$$P=UI=I^2R=\frac{U^2}{R}$$

该公式与直流电路的电阻功率计算相同，但意义不同。此处 P 为平均功率，U、I 是有效值。

(2) 纯电感电路 如图 10-11a 所示。只有电感负载的交流电路，线圈有产生自感电动势的本领，称为自感系数，简称电感，用 L 表示，单位为亨利(H)，或毫亨(mH)、微亨(μH)，换算关系为

$$1H=10^3mH=10^6\mu H$$

线圈两端加交流电压 u_L 时，有交流电流 i 通过，线圈中就产生自感电动势 e_L 阻碍 i 变化，所以 i 的变化总是滞后 u_L 的变化。

假设电路中通过的电流 $i=I_m\sin\omega t$

据实验及数学分析，可知两端电压 $u_L=\omega L I_m\sin(\omega t+90°)=U_m\sin(\omega t+90°)$

i、u_L 的波形图如图 10-11b 所示。

由 i、u_L 两式可看出线圈两端的 u_L 超前 i 90°。

另由 u_L 方程中可看出：$U_m=\omega LI_m$，两端除以$\sqrt{2}$，即得有效值 $U=\omega LI$。令 $X_L=\omega L=2\pi fL$，则有

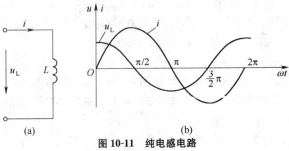

图 10-11 纯电感电路
(a)电路图 (b)波形图

$$U=X_L I \text{ 或 } I=\frac{U}{X_L}$$

式中，X_L 为线圈的感抗(Ω)，X_L 是表示电感线圈对电流的阻碍作用大小；ω 为交流电的角频率(rad/s)；f 为交流电的频率(Hz)；L 为线圈的电感(H)。

由 X_L 表达式知，频率越高，电感越大，对交流电的阻碍作用也较大。由 U_m、U 的表达式知，电流和电压的最大值、有效值的关系满足欧姆定律。

在纯电感电路中，电流通过线圈不消耗能量，而只进行能量转换，因此在一个周期内，这种电路的有功功率 $P=0$。而电路的瞬时功率的最大值称为无功功率，它表示电源与电路间能量转换的规模或速率，以 Q_L 表示。其表达式为

$$Q_L=UI=I^2 X_L=\frac{U^2}{X_L}$$

式中，U、I 为电压、电流的有效值；X_L 为线圈的感抗。

无功功率的单位为乏(var)或千乏(kvar)。

(3)纯电容电路 如图 10-12 所示，交流负载中只有电容，即略去电路中的电阻和电感，并忽略电容器损耗的交流电路称为纯电容电路。

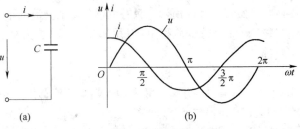

图 10-12 纯电容电路
(a)电路图 (b)波形图

在直流电路中，电容器只有在接通或切断电源时才有充电电流和放电电流，而

电路稳定后不会有电流。但在交流电路中,因电容器两端电压的大小和方向不断变化,极板上的电荷量也随之变化,电容器不断地充电和放电,所以电容器上就有大小、方向不断变化的电流。

设电容器的端电压为 $u=U_m\sin\omega t$

据实验和数学分析可知,电容器电流为

$$i=\omega C U_m \sin(\omega t+90°)=I_m\sin(\omega t+90°)$$

图 10-12b 为 i、u 的波形图。电容器两端的电压滞后电流 90°,令

$$X_C=\frac{1}{\omega C}=\frac{1}{2\pi f C}$$

式中,X_C 为电容的容抗(Ω),表示电容器对电流的阻碍作用大小,C 为电容器的电容(F);ω、f 的意义与单位同前。

显然,频率越高或电容越大,容抗就越小,即对交流电的阻碍作用也越小,高频电流越易通过。在直流电路中,因 $f=0$,$X_C=\infty$,所以电容相当于开路,电流不能通过。故电容器有隔断直流而开通交流的作用。由 i 表达式知有

$$I_m=\omega C U_m=\frac{U_m}{X_C}$$

两端同除以 $\sqrt{2}$,得电压与电流的有效值间关系为

$$I=\frac{U}{X_C}$$

所以,纯电感电路中电压、电流的最大值、有效值关系仍符合欧姆定律。

电容也不消耗有功功率,只与电源进行能量转换。而无功功率反映电容器与电源间能量转换的速率或规模,用 Q_C 表示,其表达式为

$$Q_C=UI=I^2 X_C=\frac{U^2}{X_C}$$

式中各项含意及单位同前述。

第三节 常用低压电器及使用

一、低压开关

低压开关主要用于隔离、转换、接通和分断电路。多数用作机床等电路的电源开关和局部照明电路的控制开关,也可用来直接控制小容量电动机的起动、停止和正反转。

1. 刀开关

(1)普通刀开关 又称为开启式负荷开关,属简单的手动控制电器。在电力拖动控制线路中,它常与熔断器组成负荷开关。其结构与图形符号如图 10-13 所示。因其不设专门灭弧装置,所以不宜分断负载电流,不宜频繁操作。主要适用于照明、电热设备及小功率($<$5.5kW)电动机控制线路中。根据刀极数,它有两极和三极刀

开关,两极刀开关用于控制单相电路,三极刀开关用于控制三相电路。开关的型号及含义如下:

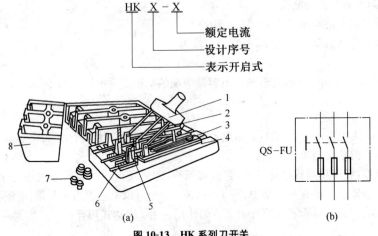

图 10-13 HK 系列刀开关
(a)结构　(b)图形符号
1. 瓷柄　2. 动触头　3. 出线座　4. 瓷底　5. 静触头　6. 进线座
7. 胶盖紧固螺钉　8. 胶盖

(2)铁壳式刀开关　又称为封闭式负荷开关,其结构与图形符号如图 10-14 所

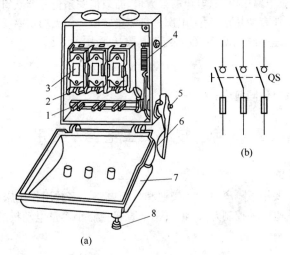

图 10-14 HH 系列封闭式负荷开关
(a)结构　(b)图形符号
1. U 形动触头　2. 静夹座　3. 瓷插式熔断器　4. 速断弹簧
5. 转轴　6. 操作手柄　7. 开关盖　8. 开关盖锁紧螺钉

示。其特点是采用了储能分合闸方式,使触头的分合速度与手柄操作速度无关,有利于迅速灭弧,提高了通断能力,使用寿命长;设置了联锁装置,合闸状态下开关盖打不开,开关盖开启时不能合闸,确保操作安全。常用于不频繁接通、切断的线路,或作电源的隔离开关及用于直接起动小功率电动机。封闭式负荷开关的型号及含义如下:

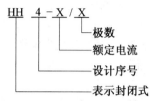

2. 组合开关

又称转换开关,图 10-15 为组合开关的外形、结构和符号图。它是一种刀片转动式的刀开关。它有单极、双极、三极和多极结构,据动触片和静触片的不同组合,可有许多接线方式。

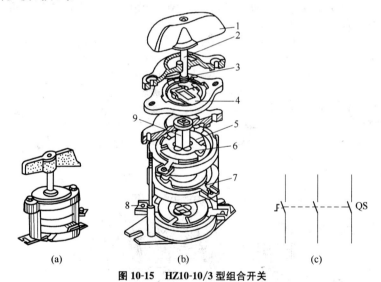

图 10-15　HZ10-10/3 型组合开关
(a)外形　(b)结构　(c)图形符号
1.手柄　2.转轴　3.弹簧　4.凸轮　5.绝缘垫板　6.动触片
7.静触片　8.接线柱　9.绝缘杆

组合开关常用于 50Hz 交流、380V 以下及直流 220V 以下的电气线路中,供手动不频繁地接通和断开电路,换接电源和负荷及控制小容量(<5kW)异步电动机的起动、停止和正反转。常用型号有 HZ10 系列、HZ15 系列等。还有一种专用于手动控制电动机正转、倒转及停止的倒顺开关,只能转 90°,手柄只能从"停"位置左转 45°和右转 45°,常用型号有 HZ3 系列等。其型号及含义如下:

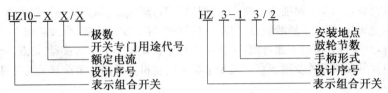

使用时须注意HZ10系列在断开状态时应使手柄处于水平转换位置,HZ3系列外壳上的接地螺钉应可靠接地;倒顺开关接线时,应将开关两侧进出线中的两相互换,并看清开关接线端标记,不能接错,以免发生电源两相短路;组合开关的通断能力较低,不能用于分断故障电流。其选用与刀开关相同。

3. 低压断路器

又称为自动空气断路器或自动空气开关,简称断路器。它是低压配电网络电力拖动系统中常用的一种配电器,它集控制和多种保护功能于一体,在正常情况下可用于不频繁地接通和断开电路以及控制电动机的运行。当电路中发生短路、过载和失压等故障时,能自动切断故障电路,保护线路和电气设备。常用的有3VE系列、DZ类的多个系列。图10-16所示为DZ5-20型低压断路器的外形、结构及符号。其型号及含义如下:

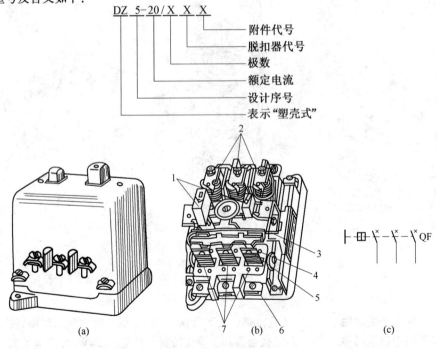

图10-16 DZ5-20型低压断路器
(a)外形 (b)结构 (c)图形符号
1.按钮 2.电磁脱扣器 3.自由脱扣器 4.动触头 5.静触头 6.接线柱 7.热脱扣器

它在电路中,当遇到线路过载、短路时,可自动切断电路,实现过载及短路保护。当需手动分断电路时,按下分断按钮即可。

二、熔断器

熔断器是最常用的短路保护器。熔断器中的熔体,由电阻率较高而熔点较低的合金制成。线路一旦发生短路,熔体立即熔断,及时切断电源,以达到保护线路和电气设备之目的。常用熔断器如图10-17所示。

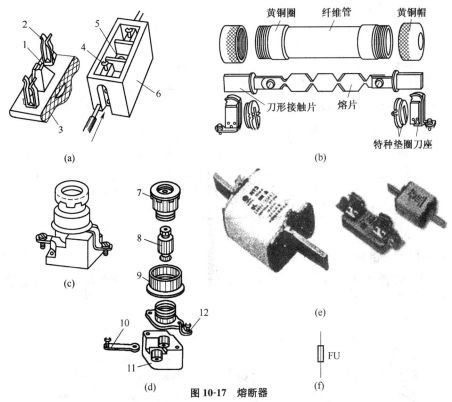

图10-17 熔断器
(a)RC1A型熔断器结构 (b)RM1型熔断器结构 (c)RL1型熔断器外形
(d)RL1型熔断器结构 (e)RT0型熔断器外形 (f)图形符号
1.熔丝 2.动触头 3.瓷盖 4.静触头 5.空腔 6.瓷座 7.瓷帽 8.熔断管 9.瓷套
10.下接线端 11.瓷座 12.上接线端

熔断器类型主要根据负载情况和电路中电流的大小来选择。对低压控制线路的容量较小的照明线路或电动机保护,可用 RC1A 瓷插式半封闭熔断器或 RM1 无填料封闭管式熔断器;对短路电流很大的电路或有易燃、易爆气体的地方,可选用 RL1 型螺旋式熔断器或 RT0 型填料封闭管式熔断器;用于硅元件及闸流管保护时,应采用快速熔断器。

熔体额定电流可如下选择:负载电流比较平稳时,如照明及电热设备线路等其额定电流应等于或稍大于负载的额定电流；保护电动机用的熔断器，若电动机不经常起动且起动时间不长，则熔体额定电流＝1.5倍电动机的额定电流；电动机经常起动或起动时间较长时，则取熔体额定电流＝2.5倍电动机的额定电流；对于多台交流电动机线路上总熔体的额定电流＝线路上功率最大一台电动机额定电流的1.5～2.5倍＋其他电动机的额定电流。

熔断器额定电压和额定电流的选择：熔断器的额定电压必须≥线路的额定电压；熔断器的额定电流≥所装熔体的额定电流。

熔断器的切断电流（能力）应小于可能出现的最大短路电流。

常用熔断器型号及含义如下

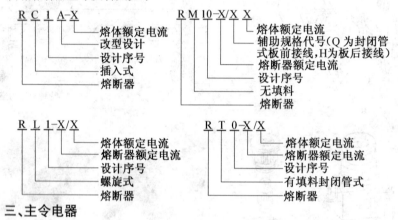

三、主令电器

主令电器是用来接通或断开控制电路，以发出指令或程序控制的开关。常见的有按钮和行程开关。

1. 按钮

它是用手指或手掌等人体某一部分施加力来操作的操动器，并能借弹簧等复位的控制开关。因其允许通过电流很小（＜5A），故一般不能直接控制主电路的通断，而是在控制电路中发出指令或信号去控制接触器、继电器等电器，再由它们去控制主电路的通断、功能转换或电气联锁。其结构外形及符号如图10-18所示。

图10-18 按钮
(a)结构外形 (b)图形符号

（1）按钮分类 按静态（不受外力）时触头的分合状态分三种：

① 常开按钮 又称为起动按钮，未按下时，触头断开；按下时，触头闭合；松

开后,自动复位。

②常闭按钮 又称为停止按钮,未按下时,触头闭合;按下时,触头断开;松开后,自动复位。

③复合按钮 又称为常开、常闭组合按钮,按下时,其常闭触头先断开,然后常开触头才能闭合;松开时,常开触头先断开,然后常闭触头才闭合。

(2)选择按钮的依据

①根据使用场合和具体用途选按钮种类。如为防止无关人员误按动时,宜选用钥匙操作按钮;需显示工作状态时,可选用光标式按钮;有腐蚀性气体处,可选用防腐式按钮;嵌装在操作面板上时,可选用开启式按钮。

②根据工作状态指示和工作情况要求选指示灯颜色。如起动按钮可优选白色或绿色按钮;停止按钮可优选黑色或红色;急停按钮选用红色。

③根据控制回路的需要选按钮数量,如单联钮或双联钮或三联钮等。型号及含义如下:

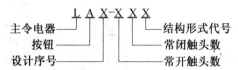

2.行程开关(位置开关)

它是将机械信号(如行程)转换为电气信号发出命令,以控制其运动机构的行程(或速度)和运动方向的开关。其结构外形与图形符号如图 10-19 所示。

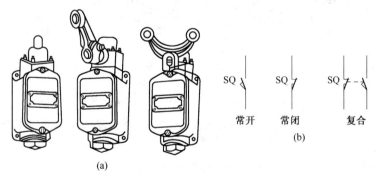

图 10-19 行程开关的结构与图形符号

(a)外形 (b)图形符号

行程开关的型号及含义如下:

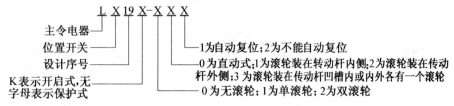

四、热继电器

热继电器是利用流过继电器的电流所产生的热效应而反时限动作的继电器。反时限动作是指继电器的延时动作时间随通过电路电流的增加而缩短。它主要用于电动机的过载保护、断相保护、电流不平衡运行的保护及其他电气设备发热状态的控制。但因其具有热惯性和机械惰性,故不能用作短路保护。热继电器的结构与图形符号如图10-20所示。

(1)热继电器的工作原理 使用时将它的三相热元件分别串接在电动机的三相主电路中,常闭触头串接在控制电路的接触器线圈回路中。当电动机过载时,流过热元件的电阻丝的电流超过继电器整定电流,电阻丝发热,由两种热膨胀系数不同的金属片复合而成的主双金属片弯曲,机构动作使动触头与常闭静触头分开,接触器断电,触头断开将电源切除,起保护作用。电源切除后,主双金属片逐渐冷却恢复原位,动触头靠弹簧自动复位。

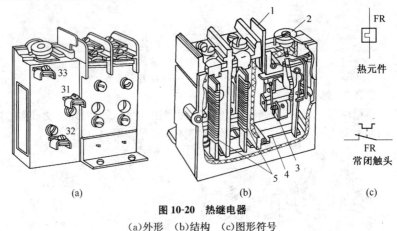

图 10-20 热继电器
(a)外形 (b)结构 (c)图形符号
1.复位按钮 2.调整整定电流装置 3.常闭触头 4.动作机构 5.热元件

为防止故障排除前设备带故障再次投入运行,热继电器也可采用手动复位。热继电器的型号及含义如下:

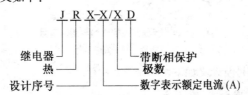

(2)热继电器的选用 根据电动机的额定电流选择规格,一般应使继电器的额定电流略大于电动机的额定电流。根据所需的整定电流值选择热元件的编号和电流等级,一般情况下,热元件的整定电流应为电动机额定电流的0.95~1.05倍;如果电动机带动的是冲击负载或起动时间较长及带动的设备不允许停电,则热继电器

的整定电流可取为电动机额定电流的 1.1～1.5 倍;如果电动机过载能力较差,热继电器的整定电流可取电动机额定电流的 0.6～0.8 倍,且整定电流应留有一定的上下限调整范围。要根据电动机定子绕组的联结方式选择热继电器的结构形式,即定子绕组作星形联结时选用普通三相结构的热继电器;而定子绕组作三角形联结时,选用三相结构带断相保护装置的热继电器。

五、接触器

它是一种自动电磁式开关。适用于远距离频繁地接通或断开交、直流主电路及大容量控制电路。其主控对象是电动机,也可控制电热设备、电焊机、电容器等负载。其特点是不仅能实现远程自动操作和欠电压释放保护,而且控制容量大、工作可靠、操作频率高、使用寿命长,因而在电力拖动系统中得到广泛应用。

1. 交流接触器的结构与符号

图 10-21 所示为 CJ10-20 型交流接触器的结构与图形符号。它主要由电磁系统、触头系统、灭弧装置及辅助部件等组成。

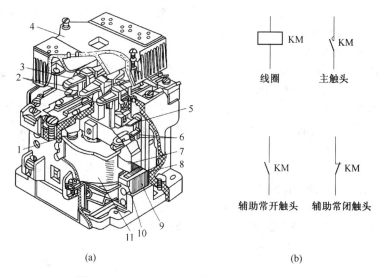

图 10-21 CJ10-20 型交流接触器的结构和图形符号
（a)结构　（b)图形符号
1.反作用弹簧　2.主触头　3.触头压力弹簧　4.灭弧罩　5.辅助常闭触头
6.辅助常开触头　7.动铁心　8.缓冲弹簧　9.静铁心　10.短路环　11.线圈

(1) 电磁系统　主要由线圈、铁心与衔铁组成。其作用是利用电磁线圈的通、断电,使衔铁和铁心吸合或释放,从而带动动触头与静触头闭合或分断,实现接通或断开电路之目的。

(2) 触头系统　分主触头和辅助触头。主触头用以通断电流较大的主电路,一般由三对接触面较大的常开触头组成。辅助触头用以通断电流较小的控制电路,一般由常开和常闭触头组成。

(3)灭弧装置　主要用以保证触头断开电路时能可靠地熄灭产生的电弧,减小电弧对触头的破坏作用。常用的灭弧方法有电动力灭弧、纵缝灭弧、栅片灭弧和磁吹式灭弧(用于直流灭弧)等。交流接触器的型号及含义如下:

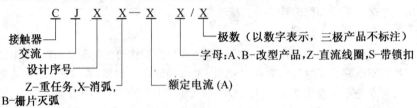

2. 工作原理

接触器的线圈通电后,电流产生磁场,使铁心产生足够的吸力,克服弹簧的反作用力,将衔铁吸合,通过传动机构带动三对主触头和辅助常开触头闭合,辅助常闭触头断开。当线圈断电或电压显著下降时,则因电磁吸力消失或过小,衔铁被弹簧力作用复位,带动各触头恢复至原始状态。

3. 接触器的选用

①所选接触器主触头的额定电压应大于或等于控制线路的额定电压。

②接触器控制电阻性负载时,主触头的额定电流应等于负载的额定电流;接触器用以控制电动机时,主触头的额定电流应大于或稍大于电动机的额定电流;接触器用于频繁起动、制动及正反转场合时,接触器主触头的额定电流应降低一个等级使用。

③当控制线路简单、所用电器较少时,吸引线圈的电压可直接选用 380V 和 220V,节省掉变压器;而当线路复杂,使用电器超过 5h 时,为确保人身和设备安全,吸引线圈的电压应选低些,可用 36V 或 110V 电压的线圈。

④所选接触器的触头数量和类型,应满足控制的要求。

第四节　常用变压器

变压器是通过电磁耦合关系,将一种交流电转换成同频率的另一种交流电的设备,它有改变交流电压、电流,变换阻抗和改变相位的作用,应用广泛。

一、变压器的分类及基本结构

1. 变压器分类

(1)按用途可分为　电力变压器、特种变压器、仪用互感器、试验用高压变压器和调压器等。

(2)按相数可分为　单相、三相和多相变压器。

(3)按绕组可分为　双绕组、三绕组、多绕组变压器和自耦变压器。

(4)按铁心结构可分为 心式变压器和壳式变压器。

(5)按冷却方式可分为 油浸式、充气式和干式变压器。

2.变压器的基本构成

(1)**绕组** 是变压器的电路部分,用以接受和输出电能。它用绝缘的铜或铝线绕制而成,与电源相连的绕组称为一次侧绕组,与负载相连的绕组称为二次侧绕组。绕组的形状有同心式和交叠式,如图10-22所示。同心式是一次侧与二次侧绕组套在一起;交叠式是一次侧与二次侧绕组分层交叠在一起。

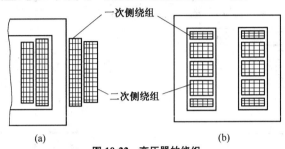

图10-22 变压器的绕组

(a)同心式 (b)交叠式

(2)**铁心** 是变压器的主磁路并支撑绕组。它通常用0.35mm或0.5mm厚的硅钢片叠成,硅钢片两面涂漆,片与片间彼此绝缘,以提高磁路的导磁性和减小涡流及磁滞损耗。按铁心构造可分心式和壳式,如图10-23所示。心式的铁心被绕组包围,而壳式的铁心包围绕组。

二、变压器工作原理

1.变压器的空载运行

图10-24a为单相变压器的空载运行原理图。在一次侧绕组两端加交流电压U_1,绕组中产生很小的空载电流I_0,I_0通过匝数为N_1的一次侧绕组,则铁心中产生交变磁通(垂直穿过铁心磁场截面的磁力线数),除去在空气中闭合的漏磁通Φ_{01}外,绝大部分沿铁心闭合并交连一、二次侧绕组的磁通Φ称为主磁通。由电磁感应定律可知,Φ在一、二次侧绕组中产生的感应电动势为

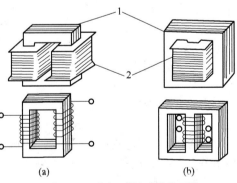

图10-23 心式变压器和壳式变压器

(a)心式 (b)壳式

1.铁心 2.绕组

$$E_1 = 4.44 f \Phi_m N_1$$
$$E_2 = 4.44 f \Phi_m N_2$$

式中,E_1、E_2分别为一、二次绕组的感应电动势(V);f为交流电频率(Hz);Φ_m为铁

心中主磁通的最大值(Wb);N_1、N_2 分别为一、二次侧绕组的匝数。

另据基尔霍夫电压定律可知,忽略 Φ_{01} 的影响,有

$$U_1 \approx E_1 \text{ 及 } U_2 \approx E_2$$

故变压器空载运行时的电压比为

$$U_1/U_2 = E_1/E_2 = N_1/N_2 = K$$

式中,U_1、U_2 分别为一次侧、二次侧电压有效值(V);K 为变压器的变比。

由上式可知,变压器空载运行的电压比近似等于两侧绕组的匝数之比。当 $N_1 > N_2$ 时,$K>1$,则变压器降压;若 $N_1 < N_2$ 时,$K<1$,则变压器升压。

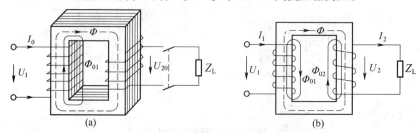

图 10-24 单相变压器运行原理图
(a)变压器空载运行 (b)变压器负载运行

2. 变压器的负载运行

图 10-24b 为其负载运行原理图。负载运行时二次侧绕组中有电流 I_2 流过,此时一次侧绕组电流由 I_0 增大到 I_1,忽略损失,则变压器输入功率 P_1 与输出功率 P_2 相等,即 $P_1 = P_2$,可写为

$$U_2 I_2 \approx U_1 I_1 \text{ 或 } \frac{I_1}{I_2} \approx \frac{U_2}{U_1} = \frac{N_2}{N_1}$$

故有 $\dfrac{I_1}{I_2} \approx \dfrac{N_2}{N_1} = \dfrac{1}{K}$

由此可知,变压器负载运行时,一、二次侧绕组的电流之比与它们的匝数成反比。

因为高压绕组的匝数多,它所通过的电流就小;低压绕组的匝数少,它所通过的电流就大。所以,改变一次侧、二次侧绕组的匝数,可以改变它们的电流比值,这就是变压器可变换电流的道理。显然,变压器在改变电压的同时,也改变了电流。

变压器只能改变交流电压,而不能改变直流电压。这是因为直流电的大小、方向不随时间变化,在铁心中产生的磁通也恒定不变,因此就不会在二次侧绕组中感应出感应电动势(即 $E_2=0$)。

三、变压器的型号及技术数据

变压器的铭牌中记载有型号、额定值及绕组接线图等。

(1)型号 表示变压器的结构特点和额定容量等。例如

```
        BK-300
           └── 额定容量(VA)表示变压器传送电功率的能力
        └── 控制变压器
```

(2) 额定电压 U_{1N}/U_{2N}　U_{1N} 是加在一次侧绕组上的正常工作电压有效值。U_{2N} 在电力系统中是二次侧空载电压有效值；在仪器仪表中是二次侧接额定负载时的输出电压有效值。

(3) 额定电流 I_{1N}/I_{2N}　是变压器连续运行时，一次侧、二次侧绕组允许通过的最大电流有效值。超过了额定电流就是超负荷运行，这是不允许的，因为绕组产生高温，会严重影响变压器寿命。

第五节　常用异步电动机

一、电动机的分类及应用

电动机是根据电磁感应原理，将电能转换成机械能，输出机械转矩的动力设备，即原动机。

1. 分类

电动机可分为交流电动机和直流电动机两大类。交流电动机又分为异步电动机和同步电动机。异步电动机按所使用交流电源的相数又可分为三相交流异步电动机和单相交流异步电动机。在三相交流异步电动机中，按其转子结构不同又分为笼型（鼠笼式）异步电动机和绕线式异步电动机。

2. 电动机的应用范围

(1) 三相鼠笼式异步电动机　它结构简单、价廉、工作可靠、使用维修方便，但起动和调速性能较差。广泛用于驱动不要求调速和起动性能要求不高的各种机械设备。

(2) 三相绕线式异步电动机　结构比鼠笼式异步电动机复杂，但有一定的调速性能。主要用于起动、制动比较频繁，起动及制动转矩较大、且有一定调速要求的生产机械上。

(3) 三相同步电动机　主要用于大功率、恒转速（不能调速）和改善功率因数、长时间工作的各种生产机械中。

(4) 直流电动机　直流电动机的结构比三相异步电动机复杂，维护不便，但它的调速性能好，可实现无级平滑调速，且调速范围大、精度高，起动转矩也大。故它主要用于调速要求高和需要准确位置控制的生产机械，如龙门刨床、轧钢机等或需要大起动转矩的生产机械，如起重机械、大型卷扬机等。

以上 4 类电动机的结构如图 10-25 所示。

二、三相鼠笼式异步电动机的构造及工作原理

1. 构造

三相鼠笼式异步电动机有定子（静止部分）和转子（旋转部分）两个基本部分，其结构如图 10-25a、图 10-26 所示。

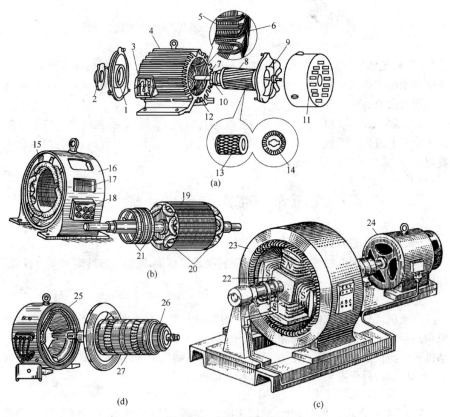

图 10-25　各类电动机结构
(a)三相鼠笼式异步电动机　(b)绕线式异步电动机　(c)三相同步电动机　(d)直流电动机
1.端盖　2.轴承盖　3、18 接线盒　4.散热筋　5、17 定子铁心　6、15 定子绕组　7.转轴
8.转子　9.风扇　10.轴承　11.罩壳　12、16 机座　13.笼型绕组　14、19 转子铁心
20.转子绕组　21.滑环　22、25.磁极　23、27.电枢　24、励磁机　26.换向器

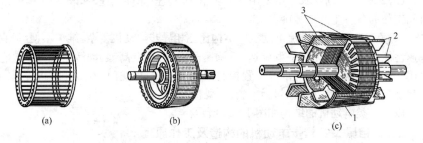

图 10-26　三相鼠笼式异步电动机转子结构
(a)鼠笼式绕组　(b)铜条鼠笼式转子外形　(c)铸铝鼠笼式转子
1.转子铁心　2.风叶　3.铸铝条

(1) 定子　定子由机座、定子铁心和定子绕组等组成。

机座主要用来固定和支撑定子铁心，由铸铁或铸钢制成，要求有足够的强度和刚度，并要满足通风散热要求。

定子铁心作为电动机中磁路的一部分放置定子绕组。它由互相绝缘的、导磁性良好的、厚 0.35～0.5mm 的硅钢片叠装而成。

定子绕组是定子的电路部分，其作用是接三相电源，产生旋转磁场。它由 3 个独立的绕组组成，3 个绕组的首端分别用 U1、V1、W1 表示，末端分别用 U2、V2、W2 表示，6 个端点均从机座上的接线盒内引出。三相绕组间联结成星形或三角形。

(2) 转子　如图 10-26 所示，转子主要由转子铁心、转子绕组和转轴组成。

转子铁心也是磁路的一部分，通常由 0.5mm 厚的硅钢片叠装而成。它的外圆周上有许多均布的槽，槽内安放转子绕组。转子铁心固定在转轴上和转子支架上。

转子绕组的功用是产生感应电流以形成电磁转矩。它有鼠笼式和绕线式两种结构。

鼠笼式转子外圆上有若干均布的平行斜槽，槽内插放铜导条(图 10-26b)或槽中浇铸铝(图 10-26c)形成鼠笼状的转子。

绕组式转子(图 10-25b)也是一个对称三相绕组并接成星形，3 个出线端分别接到转子轴上的 3 个滑环(集电环)上，再通过电刷把电流引出来使转子绕组与外电路接通。其特点是可通过滑环和电刷在转子绕组回路中接入变阻器，以改善绕线式电动机的起动性能或调节电动机的转速。三相绕线式异步电动机与鼠笼式异步电动机构造外形上的区别是前者有滑环，后者无。

定子和转子之间的间隙称为气隙，中小型电动机一般为 0.2～2mm。气隙大小对电动机性能影响很大。为了提高定子与转子之间的感应作用和提高功率因数、降低空载电流，气隙应尽量减小，但气隙又不能过小，以免造成装配困难和运行不安全。

2. 工作原理

三相异步电动机是利用定子绕组中三相交流电所产生的旋转磁场与转子绕组内的感应电流相互作用，产生电磁力形成电磁转矩使转子转动起来。

(1) 旋转磁场的产生　三相异步电动机所以能转动，主要是由于旋转磁场的作用。所谓旋转磁场就是以一定速度、按一定方向不断旋转的磁场。三相异步电动机产生旋转磁场是由于定子绕组中通入三相交流电的结果。

图 10-27 所示为最简单的三相异步电动机的定子绕组，每个绕组只用一匝线圈表示。3 个绕组 U1-U2、V1-V2、W1-W2 在定子铁心上相隔 120°排列，起端 U1、V1、W1 与电源接通，末端 U2、V2、W2 接在一起，即作星形联结。分别通入绕组的三相电流 i_1、i_2、i_3 是

U1-U2 绕组通入　$i_1 = I_m \sin\omega t$

V1-V2 绕组通入　$i_2 = I_m \sin(\omega t - \dfrac{2}{3}\pi)$

W1-W2 绕组通入　　$i_3 = I_m \sin(\omega t - \dfrac{4}{3}\pi)$

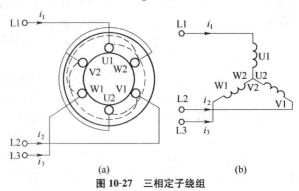

(a)　　　　　　　　　　(b)

图 10-27　三相定子绕组

(a)三相定子绕组的布置　(b)三相绕组星形联结

规定电流的参考方向由首端 U1、V1、W1 流进,从末端 U2、V2、W2 流出。i_1、i_2、i_3 的波形如图 10-28 所示,其上通过标出的 4 个不同的瞬间分析来了解形成旋转磁场的全过程。

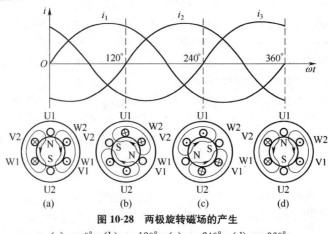

图 10-28　两极旋转磁场的产生

(a)$\omega t = 0°$　(b)$\omega t = 120°$　(c)$\omega t = 240°$　(d)$\omega t = 360°$

当 $\omega t = 0°$ 时,U1-U1 绕组中电流 $i_1 = 0$;V1-V2 绕组中电流 i_2 为负值,即实际电流方向与参考方向相反,也即电流从末端 V2 流入,从首端 V1 流出;W1-W3 绕组中电流 i_3 为正值,即实际电流方向与规定参考方向一致,电流由 W1 流入,从 W2 流出,如图 10-28a 所示。应用右手定则,可以确定合成磁场的方向是从上而下的,相当于 N 极在上,S 极在下的两极磁场。

当 $\omega t = 120°$ 时,i_1 为正值,电流由 U1 流入,从 U2 流出;$i_2 = 0$;i_3 为负值,电流由 W2 流入,从 W1 流出。其合成磁场如图 10-28b 所示。可见合成磁场按顺针方向转过了 120°。

当 $\omega t=240°$ 时,i_1 为负值;i_2 为正值;$i_3=0$,按上面同样的分析法,可知合成磁场又顺时针方向转过了 120°,如图 10-28c 所示。

当 $\omega t=360°$ 时,$i_1=0$;i_2 为负值;i_3 为正值。则其合成磁场又顺时针方向转过 120°,如图 10-28d 所示,电流的流向与 $\omega t=0°$ 时相同,说明当正弦交流电变化一周时,合成磁场在空间也旋转了一周。如果电流的频率 $f=50Hz$,则 1s 内电流完成 50 个循环,旋转磁场也转了 50 圈。

如果用 p 表示旋转磁场磁极的对数(即 p 个 N、S 极),以 n_0(r/min)表示旋转磁场每分钟的转速,f 表示频率,则当 $p=1$ 时,有

$$n_0=60f$$

如果每相有两个绕组(U1-U2 与 U1'-U2',V1-V2 与 V1'-V2',W1-W2 与 W1'-W2'),则三相共有 6 个绕组,各绕组间隔了 60°。把两个互隔 180°的绕组串联起来,如图 10-29 所示。通入三相交流电后,所产生的旋转磁场具有两对磁极,即 $p=2$。在此情况下,当电流由 ωt 从 0°到 60°也旋转 60°时,而旋转磁场仅转了 30°(图 10-29c),就是说,当电流交变了一个周期时,旋转磁场仅转了半转。即 $n_0=60f/2$。同理如果每相有 3 个绕组,适当联结后通入三相电流,便可产生 $p=3$ 对磁极,当电流交变 1 个周期时,旋转磁场仅转了 1/3 转,即 $n_0=60f/3$。由此推知,当旋转磁场有 p 对磁极时,旋转磁场的转速为

$$n_0=\frac{60f}{p}$$

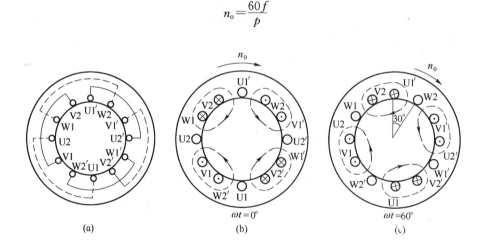

图 10-29 $p=2$ 的绕组接法及三相电流产生的旋转磁场
(a)$p=2$ 的绕组联结法 (b)、(c)分别为 $\omega t=0°$、60°时的旋转磁场

可见,旋转磁场的转速 n_0 的大小决定于电流的频率 f 和磁场的极对数 p。我国交流电的工频 $f=50Hz$,当 p 一定时,这台三相异步电动机的旋转磁场的转速 n_0 为常数,p 数对应的 n_0 见表 10-1。

表 10-1　p 数对应的 n_0 值

p	1	2	3	4	5	6
$n_0/(\text{r/min})$	3000	1500	1000	750	600	500

(2) 三相异步电动机转子转动原理

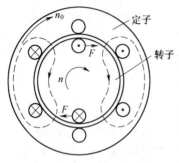

图 10-30　三相异步电动机转子转动原理

当定子通入三相交流电时,定子绕组产生旋转磁场,并以转速 n_0 顺时针方向旋转,如图 10-30 所示。此时静止的转子和旋转磁场间有相对运动,也可认为磁场不动而转子以转速 n 做逆时针方向转动。因此转子绕组切割磁力线,在其中产生感应电动势,但转子绕组是被端头的铜(或铝)环短接构成回路,故转子绕组中有感应电流通过,感应电动势和电流的方向可用右手定则确定。在转子绕组中,由于感应电流和旋转磁场间相互作用而产生电磁力 F,F 的方向可用左手定则判定,电磁力对转子轴形成电磁转矩 M,M 的方向与旋转磁场的旋转方向一致,转子就顺时针方向转动起来。这就是三相异步电动机转子转动原理。

转子的转向虽然与旋转磁场的旋转方向相同,但转子的转速 n 不可能达到旋转磁场的转速 n_0,即永远 $n<n_0$。因为,如果二者相等,则转子与旋转磁场之间就没有相对运动,因而磁力线就不切割转子绕组,转子感应电动势、转子感应电流及转矩也就都不存在。因此,转子转速 n 与旋转磁场转速 n_0 之间必须有差别,这就是"异步"电动机名称的由来。而旋转磁场的转速 n_0 称为同步转速。

(n_0-n) 称为转差,它与同步转速 n_0 之比称为转差率,以 S 表示。

$$S=\frac{n_0-n}{n_0}\times 100\%$$

S 表示 n 与 n_0 相差的程度。通常三相异步电动机在额定负载时,S 为 $1.5\%\sim 6\%$。

因为三相异步电动机转子的转向总是和旋转磁场的转向一致,故改变旋转磁场的转向,就能改变转子的转向。只需将定子绕组与三相电源联结的 3 根导线中的任意两根对调(即改变了相序),就改变了转子的转向。

3. 三相异步电动机的铭牌内容

(1) 型号　由 4 部分组成:

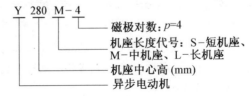

(2)额定功率 额定转速下转子轴能输出的机械功率,单位为瓦(W)或千瓦(kW)。
(3)额定转速 即电动机满载时的转子转速,单位为 r/min。
(4)额定频率 额定运行时的电源频率。国产电动机为工频 50Hz。
(5)额定电压 定子线圈规定使用的线电压,单位为 V 或 kV。
(6)额定电流 电动机输出额定功率时,定子绕组允许通过的线电流,单位为 A。
(7)绝缘等级 指电动机绝缘材料的耐热等级,分 7 个等级。
(8)接法 指定子绕组的联结方式。若铭牌上标的电压为 380V,表明每相定子绕组的额定电压为 380V,则应接成三角形(D)。若铭牌上标出 380V/220V,接法为 Y/D(星形/三角形)时,表明定子绕组的额定电压是 220V,故当电源电压为 380V 时,定子绕组应接成星形(Y),当电源电压为 220V 时,定子绕组应接成三角形(D)。
(9)定额 指电动机的运转状态,通常分为连续、短时和断续 3 种定额。

三、单相异步电动机

使用单相交流电源的异步电动机称为单相异步电动机。广泛应用于空调器、吸尘器、电冰箱、洗衣机、电风扇、各种医疗器械和小型机械上。

单相异步电动机的转子多采用鼠笼式转子。当定子绕组接通单相电源后,产生交变脉动磁场,而不是旋转磁场。因此,单相异步电动机没有起动转矩,不能自行起动,这既是它的特点,也是它的缺点。这就要求必须采取起动措施,常用的起动方式是电容分相式。下面简要介绍电容分相式单相异步电动机的结构及转动原理。

(1)电容分相式单相异步电动机的结构

图 10-31 所示为电容分相式单相异步电动机的结构示意图。它的定子上有两个相隔 90°的绕组,起动绕组 B1、B2 与工作绕组 A1、A2,绕组 B 与电容器串联后与绕组 A 并联于单相交流电源上。电容器使通过两绕组的电流 i_B 超前 i_A 接近 90°,即把单相交流电变为两相交流电,此即"分相"。这两相交流电分别通入两个绕组产生旋转磁场。设两相电流为

$$i_A = I_{mA}\sin\omega t$$
$$i_B = I_{mB}\sin(\omega t + 90°)$$

它们的正弦波形如图 10-31b 所示。

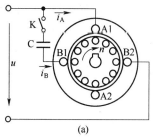

图 10-31 电容分相式电动机
(a)结构 (b)电流波形

(2) 电容分相式单相异步电动机的转动原理

定子绕组通电后,空间相隔 90°的两绕组便产生了旋转磁场,如图 10-32 所示。旋转磁场切割鼠笼转子产生感应电动势和电流,从而产生电磁力形成电磁转矩,使转子顺着旋转磁场的转向转动起来。在接近额定转速时,借助离心力将开关 K 断开(在起动时是靠弹簧使其闭合),以切断起动绕组。也有用起动继电器的,它的吸引线圈串联在工作绕组电路中。

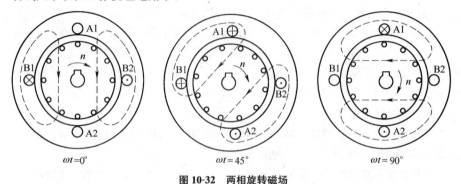

图 10-32 两相旋转磁场

当两个绕组相同时,调换一个绕组与电容器 C 相串联,即可改变电动机转向。

第六节 电气图及其识读方法

一、常用电气图种类

由电路图、技术说明、电气设备及元件明细表、标题栏组成的图样称为电气图。

电气图的种类很多,常用的有电路图,即电气原理图;接线图,即电气安装接线图;布置图,即平面布置图。

(1) **电路图** 是用图形符号绘制,并按工作顺序排列,详细表示电器元件、设备或成套装置的基本组成部分和连接关系而不考虑其实际位置的一种简图。它用于详细理解电路的作用原理、分析与计算电路特性、并作为编制接线图的依据。简单的电路图还可直接用于接线。所以,电路图能充分表达电气设备和元件的作用和工作原理,是电气线路安装、调试和维修的理论依据。

(2) **接线图** 根据电气设备和电器元件的实际位置和安装情况绘制的图即为接线图。用于表示电气设备、电器元件的位置、配线和接线方式,而不明显表示电气动作原理。主要用于安装接线、线路的检修和故障处理。

(3) **布置图** 是根据电器元件在控制板上的实际安装位置,用简化的外形符号,如正方形、矩形、圆形等绘制的一种简图。它不表达各种电器的具体结构、作用、接线情况及工作原理,主要用于电器元件的布置和安装。要求图中各电器的文字符号必须和电路图、接线图的标注相一致。

二、电路图及接线图的识读方法

1. 电路图识读方法

识读电路图时,首先要分清电源电路、主电路和辅助电路、交流电路和直流电路,并按照先识读电源电路和主电路,再看辅助电路的顺序进行。看主电路时,通常从下往上看,即从电气设备(如电动机等)开始,经控制元件,顺次往电源看。看辅助电路时,则自上而下、从左向右看,即先看电源,再顺次看各条回路,分析各回路元件的工作情况及对主电路的控制关系。

主电路是指受电的动力设备及控制、保护电器的支路等,它主要由熔断器(FU)、接触器主触头(KM)、热继电器的热元件(FR)及电动机等组成,如图 10-33 所示。主电路通过的电流较大,是电动机的工作电流。一般主电路图在电路图的左侧并垂直于电源电路。电源电路如图 10-33b 所示,其中 L_1、L_2、L_3 是三相交流电源的相序,它还包括保护接地线 PE 和中性线 N。

识读主电路,主要应搞清所用电气设备如何取得电源,电源经哪些元件到达负载等。

辅助电路一般包括控制主电路工作状态的控制电路、显示主电路工作状态的指示电路、提供设备局部照明的照明电路等,如图 10-33d 所示。辅助电路有主令电器的触头(常闭触头 FR、常闭按钮 SB2、常开按钮 SB1)、接触器线圈及辅助触头(KM)、继电器线圈及触头和指示灯、照明灯。辅助电路通过的电流都较小,一般<5A。识读电路图还应注意:

①电路图中,各电器的触头位置都是按电路未通电或电器未受外力作用时的常态位置。分析原理时应从触头的常态位出发。

②电路图中各种电器都是按国标规定的电气图形符号画出的。识读电路图前应对规定的图形符号和文字符号有所了解。若图中相同的电器较多时,在电器文字符号后面加不同数字以示区别,如图 10-33 中的 FU1、FU2;SB1、SB2 等。

③电路图中直接电联系的交叉导线连接点,都用小黑圈点表示;无直接电联系的交叉导线则不画小黑圈点。

④电路中的各个接点都是用字母或数字编号的,而且有一定的规则。

主电路在电源开关的出线端按相序依次编号为 U11、V11、W11。然后是按从上至下、从左至右的顺序,每经过一个电器元件后,编号都递增,如 U12、V12、W12;U13、V13、W13⋯单台三相交流电动机的三根引出线按相序依次为 U、V、W。对多台电动机引出线的编号,为不致误解和混淆,一般在字母前用不同数字加以区别,如 1U、1V、1W、2U、2V、2W 等。

辅助电路中的编号,是按"等电位"原则从上至下、从左至右的顺序用数字依次编号的,且每经过一个电器元件后,编号就依次递增。控制电路编号的起始数字必须是 1,其他辅助电路编号的起始数字依次递增 100,如照明电路编号由 101 开始;指示电路编号从 201 开始等。

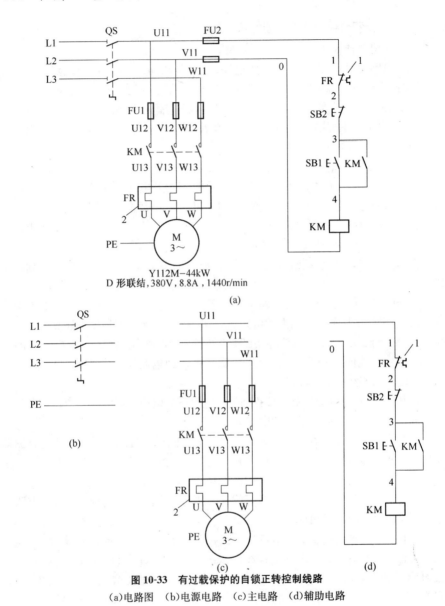

图 10-33 有过载保护的自锁正转控制线路
(a)电路图　(b)电源电路　(c)主电路　(d)辅助电路

2. 接线图的识读方法

识读接线图时,也是先看主电路,再看辅助电路。看主电路时,从电源引入端开始,顺次经控制元件和线路到用电设备。看辅助电路时,要从电源的一端到电源的另一端,按元件顺序对每个回路进行分析研究。要对照电路图看接线图,因为后者是根据前者绘制的。回路标号是电器元件之间导线连接的标记,标号相同的导线原则上都可接到一起。要弄清接线端子板内外电路的连接方式,内外电路的相同标号的导线,是接在端子板的同号接点上的。图 10-34a 就是图 10-33 所示电路图的接线图,图 10-34b 为其布置图。识读接线图还应注意:

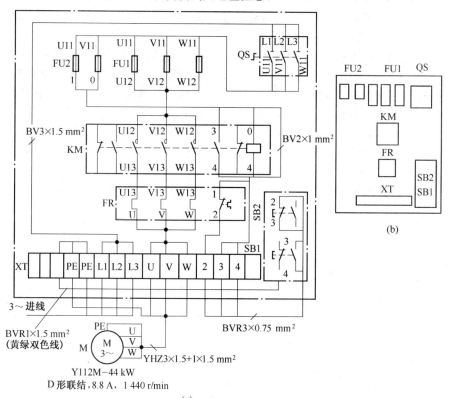

图 10-34　有过载保护的自锁正转控制线路
(a)接线圈　(b)布置图

①接线图示出的内容一般包括电气设备与电器元件的相对位置、文字符号、端子号、导线号、导线类型、导线截面面积、屏蔽和导线绞合等。

②图上所示电气设备、电器元件都是按其实际位置画出的。其中用点划线框框上的是同一电器的各元件实际结构,使用与电路图相同的图形符号,其文字符号及接线端子的编号也与电路图一致,这样便于对照检查接线,例如图 10-34a 中的按钮 SB、接触器 KM 等,均用点划线框起。

③图中凡走向相同的导线均合并为线束,而导线组、电缆等有时是用粗线条表示。导线及管子的型号、根数和规格都有清楚的标注。例如图 10-34a 中,BVR1×1.5mm^2 黄绿双色线表示的是该导线的类型是 BVR(铜芯聚氯乙烯软电线),截面面积为 1.5mm^2,导线颜色为黄绿色,这是接地线,因为只有接地线才用黄绿双色线,其他导线都只用一种颜色;又例如 BV3×1.5mm^2,表示导线类型是 BV(铜芯聚氯乙

烯绝缘电线)、3 表示有 3 根同型号导线,导线截面面积为 1.5mm²。

三、识读三相鼠笼式异步电动机的基本控制线路

1. 三相鼠笼式异步电动机的起动控制线路

(1)全压起动控制线路

①手动正转控制线路　这种线路只有主电路,通过各种形式的低压开关来控制电动机的起动和停止。它适用于功率不大的电动机的起动及对控制条件要求不高的场合。常用的开关有铁壳式刀开关、组合开关及低压断路器等。分别如图 10-35 所示。以铁壳式刀开关控制的手动正转控制线路为例说明其工作原理如下:

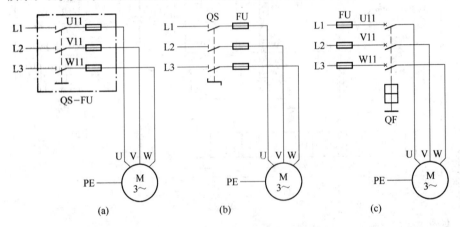

图 10-35　手动正转控制线路
(a)铁壳式刀开关控制　(b)组合开关控制　(c)低压断路器控制

起动:合上铁壳式刀开关 QS,电动机 M 通电起动运转。

停止:拉开铁壳式刀开关 QS,电动机 M 断电停转。熔断器用于主电路的短路保护。

②点动正转控制线路　它是用按钮、接触器控制电动机运转最简单的正转控制线路,如图 10-36 所示,组合旋钮开关作电源隔离开关;熔断器 FU1、FU2 分别作主电路和控制电路的短路保护;按钮 SB 控制接触器 KM 的线圈通电与断电;KM 的主触头控制电动机的起动与停止。该线路的工作原理如下。

先合上电源开关 QS。

起动:按下按钮 SB,控制电路通电→接触器 KM 线圈通电→接触器的三对主触头闭合→主电路接通→电动机 M 通电起动运转。

停止:松开按钮 SB,控制电路分断→接触器 KM 线圈断电→接触器的三对主触头分断→主电路断开→电动机 M 断电停转。

其线路特点就是"一按就通,一松就停"。

停止使用时,将 QS 断开(拉闸)。

③具有过载保护的自锁正转控制线路 电动机工作过程中可能会过载或因缺相、频繁起动、频繁正反转等,引起通过电动机绕组的工作电流过大而使其过热,招致电动机绝缘老化或烧毁电动机,因此需要增加专门的过载保护装置。在多种过载保护装置中,最常用的是热继电器。前面的图 10-33a 就是具有过载保护的自锁正转控制线路。过热继电器 FR 的热元件串联在主电路中,其常闭辅助触头 1、2 串联在控制电路中。所谓"自锁",就是接触器通过自身常开辅助触头而使线

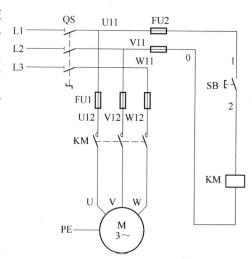

图 10-36 点动正转控制线路

圈保持通电作用。而与起动按钮并联起到自锁作用的常开辅助触头称为自锁触头。该线路的工作原理如下:

合上电源开关 QS。

起动:按下起动按钮 SB1→KM 线圈得电─┐
　　┌→KM 主触头闭合　　　　　　　　　　　┤
　　└→KM 自锁触头闭合→电动机 M 起动连续运转

停止:按下停止按钮 SB2→KM 线圈失电─┐
　　┌→KM 主触头分断　　　　　　　　　　　┤
　　└→KM 自锁触头分断→电动机 M 失电停止运转

过载保护:因过载等工作电流过大时,继电器 FR 的双金属片热元件弯曲,通过继电器内部的动作机构使常闭触头 1、2 断开,使控制电路分断,接触器线圈断电,主触头断开,电动机断电停转。主电路中的熔断器起短路保护作用。

该控制线路,除有以上两种保护外,尚有失压、欠压保护功能。

(2)降压起动控制线路及其保护

①定子绕组串联电阻的降压起动控制线路 该线路如图 10-37 所示。

电阻 R 串接在定子绕组与电源之间,通过电阻的分压来降低定子绕组上的电压。待电动机起动后,再将电阻短接,使电动机在额定电压下正常运转。工作原理如下:

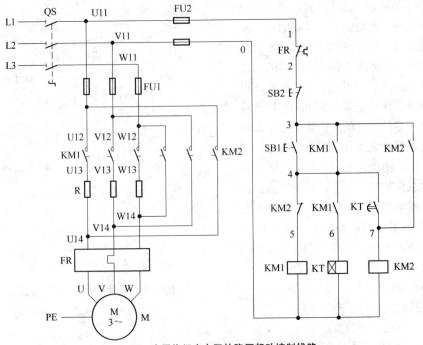

图 10-37 定子绕组串电阻的降压起动控制线路

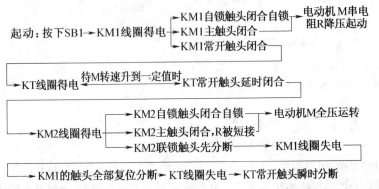

停止:按下 SB2 即可实现电动机停止运行。

②星形(Y)-三角形(D)自动降压起动控制线路　星形-三角形降压起动是指电动机起动时,把定子绕组联结成星形(Y),以降低起动电压,限制起动电流。待电动机起动后,再把定子绕组改换成三角形(D),使电动机全压运行。凡正常运行时定子绕组作三角形联结的异步电动机,都可用这种降压起动方法。

电动机起动时联结成 Y 形,则加在每相定子绕组上的起动电压、起动电流,均分别只有 D 形联结的 $1/\sqrt{3}$,起动转矩也只有 D 形联结的 $1/\sqrt{3}$。所以这种降压起动方法,只适用于空载或轻载下起动的场合。

图 10-38 所示即为时间继电器自动控制降压起动线路。该线路由 3 个接触器（KM、KM_D 及 KM_Y）、一个热继电器（FR）、一个时间继电器（KT）和两个按钮（SB1、SB2）组成。KT 用作控制 Y 形降压起动时间和完成 Y-D 自动切换。

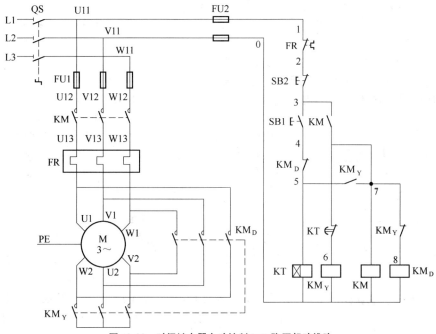

图 10-38　时间继电器自动控制 Y-D 降压起动线路

该线路工作原理如下：

先合上电源开关 QS。起动：

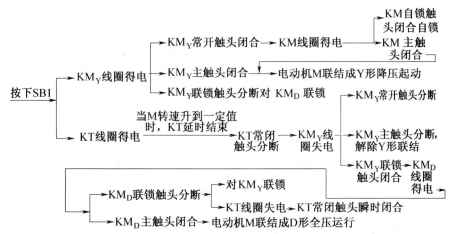

停止：按下 SB2 电动机停止运行。

该线路中的接触器 KM_Y 得电后,通过 KM_Y 的常开辅助触头使 KM 得电动作,故 KM_Y 的主触头是在无负载条件下进行闭合的,从而可延长 KM_Y 的主触头的使用寿命。

2. 三相鼠笼式异步电动机的正反转控制线路

前面介绍的正转控制线路只能使电动机朝一个方向转动。但许多机械常常要求其运动部件能正、反两个方向运动,如铣床主轴的正、反转,起重机的提升与下降等,它们都要求电动机能实现正反转控制。

改变通入电动机定子绕组的三相电源的相序,即将接入电动机三相电源进线中的任意两相对调接线时,电动机即可反转。常用的几种正反转控制线路介绍如下:

(1) 倒顺开关正反转控制线路 如图 10-39 所示,其工作原理是当操作倒顺开关 QS 的手柄处于"停"位时,动静接头不接触,电路不通,电动机不转。当手柄扳至"顺"位时,QS 的动触头 2 和左面的静触头接触,电路按 L1-U、L2-V、L3-W 接通,输入定子绕组的电源相序为 L1-L2-L3,电动机正转;当手柄扳至"倒"位时,QS 的动触头和右边的静触头 1 接触,电路按 L1-W、L2-V、L3-U 接通,输入定子绕组的电源相序为 L3-L2-L1,电动机反转。

必须注意,正、反转状态转换时,必须先把手柄扳至"停"位使电动机停转,然后再将手柄扳至"倒"或"顺"位。否则,定子绕组会因电源突然反接而产生很大的反接电流,易使定子绕组过热而损坏。

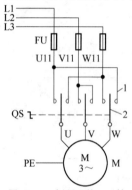

图 10-39 倒顺开关正反转控制电路

(2) 接触器联锁的正反转控制线路 如图 10-40 所示,线路中 KM1 是正转接触

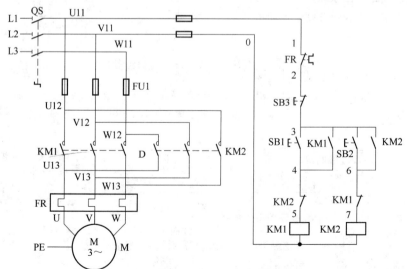

图 10-40 接触器联锁的正反转控制线路

器,KM2 为反转接触器。其工作原理如下:

正转控制:

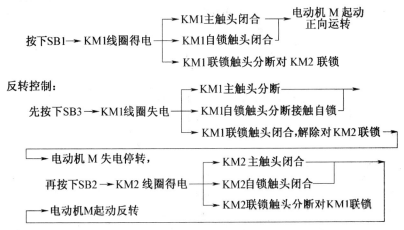

该线路的优点是工作安全可靠,缺点是操作不便。

(3)按钮联锁的正反转控制线路 如图 10-41 所示,为克服接触器联锁的正反转控制线路的缺点,现在把正转按钮和反转按钮换成两个复合按钮,并使两个复合按钮的常闭触头代替接触器的联锁接触器联锁,即构成了按钮联锁的正反转线路。

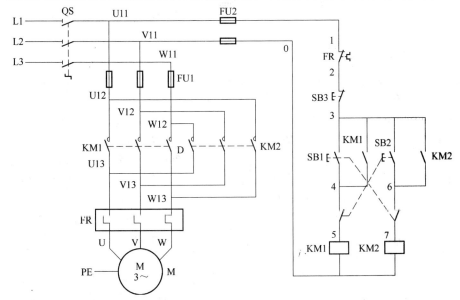

图 10-41 按钮联锁的正反转控制线路

该线路的工作原理与接触器联锁的正反转控制线路的工作原理基本相同。只有当电动机正转变反转时,直接按下反转按钮(SB2)即可,不必先按停止按钮(SB3)。它的优点是操作方便,缺点是易产生电源两相短路事故。为消除该缺点,可采用下面的按钮、接触器双重联锁的正反转控制线路。

3. 识读 CA6140 型车床电气线路图

CA6140 型车床电气线路图如图 10-42 所示。

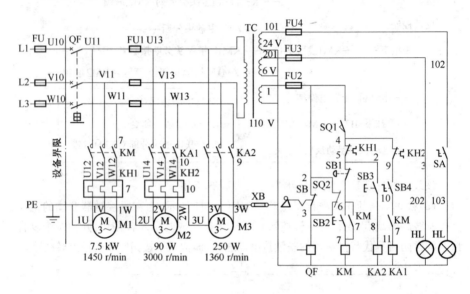

图 10-42　CA6140 型车床电气线路图

(1)识读主电路　三相电源由漏电保护断路器 QF 引入,主轴电动机 M1 的起动与停止由接触器的三对常开主触头的接通和断开来控制。主电动机 M1 容量较小,故采用直接起动。熔断器 FU 做 M1 的短路保护,热继电器 KH1 用作过载保护,接触器 KM 用作欠压和失压保护,冷却泵电动机 M2 由中间继电器 KA1 控制,热继电器 KH2 作 M2 的过载保护用。刀架快速移动电动机 M3 的起动和停止由继电器 KA2 控制,由于 M3 常为点动短时工作,故不需要过载保护。熔断器 FU1 用作冷却泵电动机 M2、快速移动电动机 M3、控制变压器 TC 的短路保护。

(2)识读控制电路　控制电路的电源由控制变压器 TC 的二次侧输出 110V 电压提供。位置开关 SQ1 在正常工作时,其常开触头是闭合的,打开机床带轮罩时,SQ1 断开,切断控制电路,以确保人身安全。

钥匙开关 SB 和位置开关 SB2 在正常工作时是断开的,QF 线圈不通电,断路器 QF 能合闸,当维修打开配电盘门时,SQ2 闭合,QF 线圈得电,断路器 QF 自动断开。

①主轴电动机 M1 控制电路的工作原理。

起动:

$$\text{按下 SB2} \rightarrow \text{KM 线圈得电} \begin{cases} \rightarrow \text{KM 辅助触头闭合,SB2 自锁} \\ \rightarrow \text{KM 的三对主触头闭合,M1 运转} \\ \rightarrow \text{KM 常开触头闭合,为 KA1 得电做准备} \end{cases}$$

停止:按下 SB1→KM 线圈失电→KM 触头复位断开→M1 停转

②冷却泵电动机 M2 控制电路的工作原理　由于 M1 和 M2 在控制电路中为顺序控制,故只有当 M1 运转后,M2 才能起动使冷却泵动作。

起动:合上按钮开关 SB4→KA1 线圈得电→KA1 常开触头闭合→M2 起动运转

停止:M1 停止运行时,M2 自行停止。

③刀架快速移动电动机 M3 控制电路的工作原理　M3 为点动控制,刀架移动方向的改变是由进给手柄配合机械装置实现的。

起动:按下起动按钮 SB3→继电器 KA2 线圈得电→常开触头闭合→M3 起动运转→拖动刀架快速移动

停止:松开起动按钮 SB3→KA2 线圈失电→常开触头复原→M3 停转→刀架停止移动。

④照明电路与信号指示电路　照明电路用 24V 交流电压,由开关 SA 控制灯泡 EL 工作,灯泡的另一端必须接地,以防止变压器的一次侧和二次侧间发生短路时发生触电事故。熔断器 FU4 是照明电路的短路保护。

信号指示电路用 6V 交流电压,指示灯泡接在 TC 的二次侧 6V 线圈上,指示灯亮表示控制电路有电,熔断器 FU3 是信号指示电路的短路保护。

第七节　电气安全基本常识

一、触电

因人体接触或接近带电体而引起的局部伤害或死亡的现象称为触电。按人体受伤害程度不同,触电分为电击和电伤两种类型。

(1)电击　通常指人体接触带电体后,人的内部器官受到电流的伤害。它会破坏人的心脏、呼吸和神经系统的正常工作,甚至危及生命。电击是触电死亡的主要原因,是最严重的触电事故。

电击可分为直接电击和间接电击两种。直接电击是指人体直接触及正常运行的带电体发生的电击;间接电击是指电气设备发生故障后,人体触及其意外带电部分发生的电击。直接电击多发生在误触相线、刀开关或其他设备带电部分等情况下;间接电击多发生在电动机等用电设备的线圈绝缘损坏导致外壳带电等情况下。

(2)电伤　通常指人体外部受到的伤害,如电弧灼伤、大电流下使金属熔化飞溅出的金属造成的灼伤及人体局部与带电体接触造成肢体受伤等。

电流造成的人体内部伤害程度与流过人体电流的频率、大小、时间长短、触电部位及触电者的生理性质等情况有关。低频电流对人体的伤害大于高频电流;电流通过心脏和中枢神经系统最危险。通常,1mA 工频电流(频率为 50Hz)通过人体时会有不舒服的感觉,10mA 电流人体尚可摆脱,称为摆脱电流,而 50mA 通过人体时就有生命危险了,当通过人体电流达 100mA 时,足以致命。而且在同样电流情况下,受电击时间越长,后果越严重。

二、常见的触电原因及触电形式

1. 常见的触电原因

①人们在某种场合没有遵守安全工作规程,直接触及或过分靠近用电设备的带电部分。

②用电设备安装不符合规程要求,接地不良,带电体对地绝缘不够。

③人体触及绝缘损坏的电气设备的外壳和与之相连的金属架构。

④不懂电气技术和一知半解的人,随意乱拉电线、电器等造成触电。

2. 常见的触电形式

(1)单相触电 如图 10-43 所示,当人体直接触到漏电设备或线路的一相时,电流通过人体而发生的触电称为单相触电。

对三相四线制中性点接地的电网,单相触电如图 10-43a 所示,此时人体受相电压作用,电流经人体与大地构成回路。对三相三线制中性点不接地的电网,单相触电形式如图 10-43b 所示。

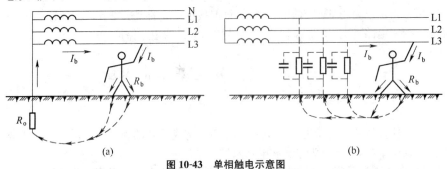

图 10-43 单相触电示意图
(a)中性点直接接地电网 (b)中性点不接地电网

(2)两相触电 如图 10-44 所示,人体的两个部分同时触及漏电设备或线路中的两相导体而发生的触电现象称为两相触电。这时人体受到线压(380V)作用,通过人体的电流更大,是最危险的触电方式。

(3)接触电压与跨步电压触电 高压设备的情况下,若人手触及外壳带电的设备,而两脚站在离接地体一定距离的地方,这时人手接触的电位为 V_1,两脚站地点的电位为 V_2,则人手与脚之间的电位差为 $U=V_1-V_2$。这种在供电为短路接地的电网系统中,人体触及外壳带电设备的一点同站立地面点之间的电位差称为接触电压。

电气设备发生接地故障时,在电流流入接地体周围电位分布区内行走的人,两

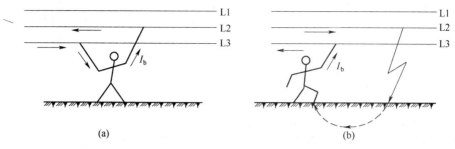

图 10-44 两相触电示意图
(a)直接触及两相 (b)触电形成两相

脚之间承受较高的电位差称为跨步电压,一般指距接地体半径 15~20m 范围内,两脚跨步 0.8m 的径向距离时,两脚之间的电位差。

接触电压与跨步电压的大小与接地电流大小、土壤的电阻率、设备接地电阻及人体位置等因素有关。在遇到高压设备时必须慎重对待,不然会受到这两种电压招致的电击。

三、安全用电的基本措施

为防止直接触电或间接触电,必须采用必要的安全防护措施。

(1)保护接地 将电气设备在正常情况下不带电的金属外壳或架构,与大地之间做良好的接地金属(接地体)连接,称为保护接地。它适用于低压系统中电源中性线不直接接地的电气设备,如图 10-45a 所示。采用保护接地后,即使偶然触及漏电设备也不会触电。接地体对地电阻和接地线电阻的总和称为接地电阻。例如机床电气设备的保护接地电阻一般应≤4Ω。

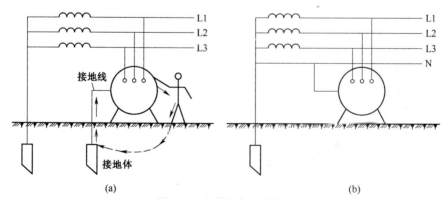

图 10-45 保护接地和保护接零
(a)保护接地 (b)保护接零

(2)保护接零 将电气设备在正常情况下不带电的金属外壳或架构,与供电系统中的中性线(零线)连接称为保护接零,如图 10-45b 所示。它适用于电压

380/220V的三相四线制、中性线直接接地的供电系统。保护接零要严防零线断线，在零线上不准单独装设开关和熔断器；严防有的设备不接零，同一系统中所有电气设备的外壳均与零线连接起来，严防中性线接地线断开；在同一电源上，不准将一部分电气设备接地，而另一部分电气设备接零。

(3) 工作接地与重复接地　将变压器低压侧的中性点与接地极紧密连接称为工作接地。这样可减轻高压电窜入低压电的危险，以提高电气设备运行的可靠性。

在变压器低压侧中性点接地的配电系统中，将零线上一处或多处通过接地装置与大地再次连接称为重复接地。它的作用是降低漏电设备外壳的对地电压；减轻零线断线时的危险。

(4) 采用安全电压　要按照国标来选用安全电压。一般机床照明、移动行灯、手持电动工具及潮湿场所的电气设备，可使用 36V 的安全电压。凡工作地点狭窄、工作人员活动困难、周围有大面积接地导体或金属容器等架构，因而存在高度触电危险的环境和特殊场所，应采用 12V 的安全电压。

(5) 保证电气设备的绝缘性能　即应采取绝缘防护。就是用绝缘材料将带电导体防护隔离起来，防止人身触电，又使线路及电气设备能正常工作。绝缘不良，会导致设备漏电、短路，从而招致设备损坏及人身触电事故。而电气设备的绝缘必须与其工作电压相符，是实现绝缘防护的前提条件。

(6) 装设漏电保护装置　漏电保护的作用是电气设备发生漏电或接地故障时，能在人尚未触及时，就切断电源；而当人体触及带电体时，能在 0.1s 内切断电源。此外还可防止漏电引起火灾事故。漏电保护已广泛应用于低压配电系统中作防止低压触电伤亡事故的后备保护。

四、触电急救

及时、正确的救护，会大大减少触电死亡率，有效的急救在于快而得法。触电急救的第一步是使触电者迅速脱离电源，第二步是现场救护。

1. 使触电者迅速脱离电源

对低压触电，具体做法可按"五字诀"进行。

一"拉"　即就近拉开电源开关，拔出插头或瓷插熔断器。

二"切"　即用带绝缘的利器切断电源线。

三"挑"　若带电导线搭落在触电者身上或身下时，可用干燥的木棍、竹竿等挑开导线，或用干燥的绝缘绳套拉导线，使触电者脱离电源。

四"拽"　救护人员戴上手套或在手上包缠干燥的衣服、围巾、帽子等绝缘物品拖拽触电者，使其脱离电源。

五"垫"　若带电导线缠绕在触电者身上，救护人员可先用干燥的木板塞进触电者身下，使其与地绝缘，以隔断电源通路，然后再用其他办法将电源迅速切断。

2. 紧急通知附近医院急救

打电话紧急通知附近医院做好急救准备，或派人通知医务人员到现场救护，并做好送触电者去医院的准备工作。

3. 现场救护

(1) 触电者未失去知觉的救护措施　如果触电者伤害不太严重,神志尚清醒,或有一度昏迷,但未失去知觉,则应让他在温度适宜、通风良好的处所静卧休息,并派人严密观察,同时请医生前来或送医院救治。

(2) 触电者有心跳无呼吸的救护措施　此时需进行人工呼吸,如图 10-46 所示。人工呼吸法的口诀是"病人仰卧平地上,鼻孔朝天颈后仰。首先清理口鼻腔,然后松扣解衣裳,捏鼻吹气要适量,排气应让口鼻畅,嘴吹两秒停三秒,共计五秒最恰当"。口对口人工呼吸的另一口诀是"张口捏鼻手抬颈,深吸缓吹口对紧,张口困难吹鼻孔,五秒一次坚持吹"。

图 10-46　口对口(鼻)人工呼吸法
(a) 平卧　(b) 后仰　(c) 吹气　(d) 排气

(3) 触电者有呼吸无心跳的救护措施　此时应采用胸外挤压法进行救护,如图 10-47 所示。胸外挤压法的口诀是"病人仰卧平地上,松开领口解衣裳,当胸放掌不鲁莽,中指应该对凹膛。掌根用力向下按,下压一寸至半寸。压力轻重要适当,过分用力会压伤。慢慢压下突然放,一秒一次最恰当"。

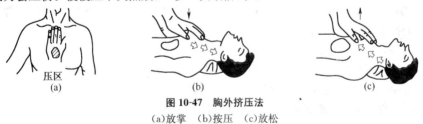

压区
(a)　　(b)　　(c)

图 10-47　胸外挤压法
(a) 放掌　(b) 按压　(c) 放松

(4) 触电者既无心跳也无呼吸的救护措施　此时应同时采用胸外挤压和口对口人工呼吸。口诀同上。如果有两位操作者,可以一人做胸外心脏按压,另一人对口吹气,如图 10-48 所示。操作时,心脏按压 4~5 次,暂停,吹气一次,称为 4:1 或 5:1。如果一人操作,最好是向肺部吹气 2 次,接着进行 15 次胸部挤压,称为 15:2。肺部充气时,不应按压胸部,以免损伤肺部和降低通气的效果。

人口呼吸前必须的注意事项有:解衣扣和解裤带,使触电者易于呼吸;清理呼吸道,将口腔内的食物及假牙取出,若有痰也要设法排出等。

(5) 现场急救无效时的措施　当触电者脱离电源后,若现场紧急救护不能奏效

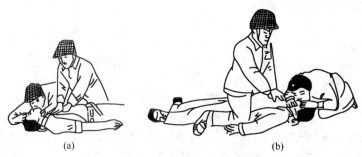

图 10-48 人工呼吸和胸外挤压同时进行
(a)单人操作 (b)双人操作

或不能解决问题时,应立即护送医院,并做好送触电者去医院的准备工作,或通知医务人员到现场救护。

五、电气火灾原因、主要预防措施和电气火灾扑救常识

1. 电气火灾的原因

电气火灾一般由于电力线路或电气设备老化造成短路引起;或是线路年久失修常处于裸露、超负荷运行状态引起;或是操作者缺乏安全操作常识及安全保护措施,对电器使用不当或安装不符合要求所引起等。

2. 电气火灾主要防护措施

①合理选用电气设备和导线,不要使其超负荷运行。

②安装开关、熔电器或架线时,应避开易燃物,并与易燃物保持必要的防火间距。

③保持电气设备正常运行,特别注意线路或设备连接处的接触应保持正常状态,以免因连接不牢或接触不良使设备过热。

④要定期清扫电气设备,保持设备清洁。

⑤加强对设备的管理,要定期进行检修、试验,防止因绝缘损坏等造成短路。

⑥电气设备的金属外壳必须可靠接地或接零。

⑦要保证电气设备的通风良好,散热好。

3. 电气火灾的扑救常识

(1)断电灭火 当发生电气火灾或引燃周围可燃物时,首先要设法切断电源,并必须注意断电时要使用绝缘工具,因火区电气设备受潮或烟熏、绝缘能力会降低;切断电线时,不同相电线应错位剪断,防止电线剪断后落在地上造成电击或短路;若火势已威胁到邻近电气设备时,要迅速拉开相应的开关;夜间发生电气火灾需切断电源时,要考虑到临时照明问题。如需供电部门切断电源时,要及早联系。

(2)带电灭火 如果无法及时切断电源而需带电灭火时,必须注意要选用不导电的灭火器材灭火,如干粉灭火器、二氧化碳灭火器和1211灭火器,严禁使用泡沫灭火器;要保证人和所用导电消防器材与带电体之间有足够的安全距离,扑救人员应戴绝缘手套；对架空线路等空中设备进行灭火时，人与带电体之间的仰角不应超过45°，而且要站在线路外侧，以防电线断落后触及人体，如果带电体已落在地上，则应划出一定的警戒区，以防跨步电压伤人。

复习思考题

1. 何谓电流、电动势与电压、电位？各自的单位是什么？它们的方向是如何规定的？
2. 何谓欧姆定律和直流全电路欧姆定律？
3. 直流电阻串联电路和并联电路各有何特点？
4. 何谓电功率？直流电路的电功率如何计算，单位是什么？
5. 何谓电容？直流电容串联电路和并联电路各有何特点？
6. 何谓磁场？何谓电流的磁效应？通电直导线、通电线圈的磁场方向如何判定（右手定则）？何为磁通和磁感应强度、磁场强度？
7. 磁场对通电直导线的电磁力的方向如何判定（左手定则）？
8. 何谓电磁感应？何谓感应电压和感应电流？感应电压发生变化的条件是什么？其极性如何判定（右手定则）？何谓楞次定律？
9. 何谓自感？何谓互感？它们的自感电势、互感电势的方向如何确定？
10. 何谓正弦交流电？何谓正弦交流电的最大值、有效值和平均值？它们之间有何数量关系？
11. 何谓交流电的周期、频率和角频率？何谓交流电的初相位、相位和相位差？
12. 纯电阻交流电路的电流、电压有效值及平均功率如何计算？
13. 何谓电感？
14. 纯电感交流电路的电流、电压有效值及无功功率如何计算？
15. 开启式负荷开关和封闭式负荷开关各有何特点？各适用于哪些场合？
16. 转换开关、低压断路器各适用于哪些场合？
17. 熔断器的熔体额定电流如何选择？熔断器的额定电压和额定电流如何选择？
18. 选择按钮的依据有哪些？
19. 何谓热继电器？有何用途？其额定电流大小据何选定？一般情况下热元件的整定电流如何选定？
20. 接触器的用途有哪些？简述其工作原理。接触器如何选用？
21. 变压器绕组和铁心的功能如何？何谓一次侧与二次侧绕组？
22. 变压器空载运行时的电压比与负荷运行时的电流比，都与一次侧二次侧线圈的匝数是何关系？
23. 变压器为何不能改变直流电压？
24. 三相异步电动机的定子绕组和转子绕组的功用是什么？

25. 何谓同步转速(n_0)？其大小由哪些因素决定？

26. 为何三相异步电动机的转子转速(n)与旋转磁场转速(n_0)之间必须恒有 $n<n_0$？何谓转差率？

27. 怎样做就可改变三相异步电动机转子轴的转动方向？为什么？

28. 说明牌号 Y280S—6 的含义。

29. 在三相鼠笼式异步电动机的铭牌上，什么叫额定功率、额定转速、额定频率、额定电压、额定电流？当标出的额定电压为 380V 时，定子绕组应该用何接法？当标出 380V/220V 及 Y/D 时，其含义为何？

30. 单相鼠笼式异步电动机为何不能自行起动？常用的起动方式是什么？该方式中的"分相"有何含义？

31. 单相鼠笼式异步电动机的转向怎样改变？

32. 何谓电路图和接线图？各有何功用？

33. 简要说明识读电路图的方法。

34. 何谓触电？有哪两种类型？

35. 何谓直接电击和间接电击？何谓电伤？

36. 电流造成的人体内部伤害程度与哪些因素有关？

37. 低频电流与高频电流哪种对人体伤害大？人体摆脱电流为多大？

38. 常见的触电原因与触电方式各有哪些？

39. 防止触电的安全保护措施有哪些？何谓保护接地、保护接零、工作接地和重复接地？

40. 常用的安全电压为多大？

41. 为使触电者迅速脱离电源的"五字诀"做法各是什么？

42. 下列情况下应各采取何种救护措施：触电者未失知觉、触电者有心跳无呼吸、触电者有呼吸无心跳、触电者呼吸与心跳全无。

43. 怎样进行人工呼吸？怎样进行胸外挤压？人工呼吸前必须注意的事项有哪些？

44. 电气火灾的起因一般有哪些？如何防护？如何扑灭？